Lecture Notes on Exercise Class in Mathematical Analysis

数学分析习题课讲义 3

李傅山　王培合　编著

图书在版编目（CIP）数据

数学分析习题课讲义. 3 / 李傅山，王培合编著. —北京：北京大学出版社，2018. 9

ISBN 978-7-301-29765-0

Ⅰ. ①数… Ⅱ. ①李… ②王… Ⅲ. ①数学分析—高等学校—教学参考资料 Ⅳ. ① O17

中国版本图书馆 CIP 数据核字（2018）第 179639 号

书 名 数学分析习题课讲义 3
SHUXUE FENXI XITIKE JIANGYI 3

著作责任者 李傅山 王培合 编著

责任编辑 曾琬婷

标准书号 ISBN 978-7-301-29765-0

出版发行 北京大学出版社

地 址 北京市海淀区成府路 205 号 100871

网 址 http://www.pup.cn 新浪微博：@ 北京大学出版社

电子信箱 zpup@pup.cn

电 话 邮购部 010-62752015 发行部 010-62750672 编辑部 010-62762021

印 刷 者 北京虎彩文化传播有限公司

经 销 者 新华书店

880 毫米 × 1230 毫米 A5 12.125 印张 348 千字

2018 年 10 月第 1 版 2024 年 8 月第 3 次印刷

定 价 38.00 元

内 容 简 介

本书是与华东师范大学数学系编写的教材《数学分析(第四版)》配套的学习辅导书,内容安排上与教材相一致,是在作者近二十年讲授“数学分析”课程和参与考研辅导以及全国大学生数学竞赛辅导所积累的大量教学资料的基础上多次修订而成的. 本书共分三册,按节进行编写,每节先梳理知识结构,再按照题目的类型和难度对教材中的习题进行重新编排并给予详细解答. 很多题目提供了多种解法并加以分析和备注,有利于学生理解数学知识蕴涵的数学思想,建构知识的内在联系. 本书还选取了一些教材之外的有代表性的习题,以拓宽知识面,也有利于夯实学习后续专业课的基础.

本书可供高等院校数学各专业学生学习“数学分析”课程使用,也可作为考研学生的复习资料,还可作为“数学分析”课程教师的参考书.

作 者 简 介

李傅山　曲阜师范大学数学科学学院教授,研究生导师.2005年于复旦大学获理学博士学位.主要研究方向是偏微分方程及其应用.主持多项国家级、省部级科研课题;在*Journal of Differential Equations*,*Nonlinear Analysis: Real World Applications*等国际权威期刊发表论文多篇.长期讲授"数学分析""偏微分方程"等课程,主讲数学类专业的考研辅导课和全国大学生数学竞赛辅导课.出版了著作《数学分析中的问题与方法》;主持省级教学改革项目,并于2014年获省级教学成果二等奖.

王培合　曲阜师范大学数学科学学院教授,研究生导师.2003年于华东师范大学获理学博士学位.主要研究方向是几何分析.主持国家自然科学基金等多项国家级、省部级科研课题;在*Journal of Functional Analysis*,*Journal of Differential Equations*等国际权威期刊发表论文多篇.长期讲授"解析几何""微分几何"等课程,并参与全国大学生数学竞赛辅导工作.承担省级教学改革项目,并于2014年获省级教学成果二等奖.

前　言

“数学分析” 是高等院校数学各专业最重要的一门基础课程. 它是数学各专业学生学习后续专业课程的基础, 也是数学各专业研究生入学考试的必考科目. 华东师范大学数学系编写的《数学分析 (第四版)》是国内 “数学分析” 课程使用最广的教材之一. 本书是与该教材配套的学习辅导书, 可满足高等院校数学各专业学生学习、复习和提高之用, 对该课程教师的教学也有一定的参考价值.

在编写本书时, 我们突出了以下几点:

第一, 按节编写, 简明归纳每节的主要内容, 对理论性较强的部分章节编写了知识结构图.

第二, 对每节的习题按照题目的类型和难度进行重新梳理、归类、排序, 努力使得课后习题的编排更系统、更有条理, 对少部分难度较大的习题标注上星号 “*”.

第三, 书中许多题目都给出了多种解法, 有的解法是同类书中所没有的, 便于学生举一反三, 触类旁通.

第四, 在习题解答后面给出分析和备注, 引导学生深刻思考, 梳理并理解问题的本质, 并建构前后知识的内在联系.

第五, 部分章节后面增加了适量的教材之外的习题, 以便初学者适当扩大知识面, 提高解决问题的能力. 对这类题目建议读者先审题思考, 自己写出解答过程, 再参考本书的解答和备注进行比较、归纳和总结, 以达到 “学习 — 消化 — 转化 — 创新” 的目的.

与华东师范大学数学系编写的《数学分析 (第四版)》配套的学习指导书有很多版本, 为学生学习该课程提供了很大的帮助和指导. 在教学实践中, 我们发现某些版本省略或回避了部分有难度的习题的解答, 个别题目解法单一或者不自然, 有些题目缺乏必要的从数学思想高度上的分析和备注. 所有这些现象, 促使我们编写了此套 “数学分析” 学习辅导书. 本书是李傅山教授在近二十年讲授 “数学分析” 课程和参与考研辅导以及全国大学生数学竞赛辅导所积累的大量教学资料的基础上撰写而成的. 王培合教授对本书做了试用并参与了书稿的修改, 增加了部分问题的新解法. 在本书编写过程中, 得到了曲阜师范大学数学科学学院领导和同事们的大力支持和关心. 本书的出版还得到了曲阜师范大学教材建设基金的资助. 另外, 王前、许文秀、尹清等同学帮助校对了书稿内容. 在此, 一并表示衷心感谢.

限于作者的水平有限, 书中的不足之处在所难免, 恳请读者提出宝贵意见.

编者

2018 年 7 月

目　　录

第十六章　多元函数的极限与连续

§ 16.1　平面点集与多元函数

内容要求　掌握点集的概念 (内点、外点、边界点; 聚点、孤立点; 开集、闭集、有界集、无界集、区域) 及它们的关系; 掌握函数定义域的求法; 理解平面 $\mathbb{R}^2$ 上的四个基本定理及其证明, 并和实数系上的基本定理对比.

例 16-1-1　解答下列各题 (点集的概念):

1. 判断下列平面点集哪些是开集、闭集、有界集或区域, 并分别指出它们的聚点集合与边界:

(1) $[a,b)\times[c,d)$;　　(2) $\{(x,y)|xy\neq 0\}$;

(3) $\{(x,y)|xy=0\}$;　　(4) $\{(x,y)|y>x^2\}$;

(5) $\{(x,y)|x<2,y<2,x+y>2\}$;

(6) $\{(x,y)|xy\geqslant 0\}$;　　*(7) $\left\{(x,y)\middle|y=\sin\dfrac{1}{x},x>0\right\}$;

(8) $\{(x,y)|x^2+y^2=1\}\cup\{(x,y)|y=0,0\leqslant x\leqslant 1\}$;

(9) $\{(x,y)|x^2+y^2\leqslant 1\}\cup\{(x,y)|y=0,1\leqslant x\leqslant 2\}$;

(10) $\{(x,y)|x,y\in\mathbb{Z}\}$.

解　(1) 此点集为长方形区域除掉右边和上边, 既不是开集也不是闭集, 是有界集, 也是包含部分边界的区域. 它的聚点集合为 $[a,b]\times[c,d]$, 边界为长方形的四条边, 即

$$\{(x,y)|x=a,y\in[c,d]\}\cup\{(x,y)|x=b,y\in[c,d]\}$$
$$\cup\{(x,y)|y=c,x\in[a,b]\}\cup\{(x,y)|y=d,x\in[a,b]\}.$$

(2) 此点集为 $\mathbb{R}^2$ 除掉两条坐标轴, 是开集和无界集, 不是区域 (因为不连通). 它的聚点集合为 $\mathbb{R}^2$, 边界为

$$\{(x,y)|xy=0\}.$$

(3) 此点集为两条坐标轴, 是闭集和无界集, 不是区域 (因为每一点都不是内点). 它的聚点集合为 $\{(x,y)|xy=0\}$, 边界为

$$\{(x,y)|xy=0\}.$$

(4) 此点集是抛物线 $\{(x,y)|y=x^2\}$ 上方的点集, 是开集、无界集和开区域. 它的聚点集合为 $\{(x,y)|y\geqslant x^2\}$, 边界为

$$\{(x,y)|y=x^2\}.$$

(5) 此点集是不包含边界的三角形区域, 是开集、有界集和区域. 它的聚点集合为

$$\{(x,y)|x\leqslant 2, y\leqslant 2, x+y\geqslant 2\},$$

边界为三角形的三条边, 即

$$\begin{aligned}&\{(x,y)|x=2, 0\leqslant y\leqslant 2\}\cup\{(x,y)|y=2, 0\leqslant x\leqslant 2\}\\&\quad\cup\{(x,y)|x+y=2, 0\leqslant x\leqslant 2\}.\end{aligned}$$

(6) 此点集为坐标平面中的第一、三象限及坐标轴, 是闭集、无界集和闭区域. 它的聚点集合为 $\{(x,y)|xy\geqslant 0\}$, 边界为

$$\{(x,y)|x=0\}\cup\{(x,y)|y=0\}.$$

(7) 此点集既不是开集也不是闭集, 是无界集 (不要和函数有界混淆), 不是区域 (因为每一点都不是内点). 它的聚点集合为

$$\left\{(x,y)\middle|y=\sin\frac{1}{x}, x>0\right\}\cup\{(0,y)|-1\leqslant y\leqslant 1\},$$

边界为

$$\left\{(x,y)\middle|y=\sin\frac{1}{x}, x>0\right\}\cup\{(0,y)|-1\leqslant y\leqslant 1\}.$$

(8) 此点集是闭集和有界集, 不是区域 (因为每一点都不是内点). 它的聚点集合为

$$\{(x,y)|x^2+y^2=1\}\cup\{(x,y)|y=0, 0\leqslant x\leqslant 1\},$$

边界为

$$\{(x,y)|x^2+y^2=1\}\cup\{(x,y)|y=0,0\leqslant x\leqslant 1\}.$$

(9) 此点集是闭集和有界集, 不是区域 (因为 $\{(x,y)|y=0,1\leqslant x\leqslant 2\}$ 中的点不是内点). 它的聚点集合为

$$\{(x,y)|x^2+y^2\leqslant 1\}\cup\{(x,y)|y=0,1\leqslant x\leqslant 2\},$$

边界为

$$\{(x,y)|x^2+y^2=1\}\cup\{(x,y)|y=0,1\leqslant x\leqslant 2\}.$$

(10) 此点集是闭集和无界集, 不是区域 (因为每一点都不是内点). 它的聚点集合为 $\varnothing$, 边界为 $\{(x,y)|x,y\in\mathbb{Z}\}$.

注 (8) 说明一个点集的聚点集合和边界可能是其自身.

2. 试问: 下面两个集合是否相同?

$$\{(x,y)|0<|x-a|<\delta,0<|y-b|<\delta\},$$
$$\{(x,y)||x-a|<\delta,|y-b|<\delta,(x,y)\neq(a,b)\}.$$

解 不相同. 点集 $E:=\{(x,y)|0<|x-a|<\delta,0<|y-b|<\delta\}$ 是由直线 $x=a\pm\delta,y=b\pm\delta$ 围成的正方形区域除掉直线 $x=a$ 与 $y=b$ 上的点的点集, 而点集 $F:=\{(x,y)||x-a|<\delta,|y-b|<\delta,(x,y)\neq(a,b)\}$ 是该正方形区域仅除掉点 (a,b) 的点集.

注 在定义二元函数极限时用到点集 F, 不要错误地用成 E.

例 16-1-2 解答下列各题 (多元函数的函数值与定义域):

1. 求下列各函数的函数值:

(1) $f(x,y)=\left[\dfrac{\arctan(x+y)}{\arctan(x-y)}\right]^2$, 求 $f\left(\dfrac{1+\sqrt{3}}{2},\dfrac{1-\sqrt{3}}{2}\right)$;

(2) $f(x,y)=\dfrac{2xy}{x^2+y^2}$, 求 $f\left(1,\dfrac{y}{x}\right)$;

(3) $f(x,y)=x^2+y^2-xy\tan\dfrac{x}{y}$, 求 $f(tx,ty)(t\neq 0)$.

解 (1) $f\left(\dfrac{1+\sqrt{3}}{2},\dfrac{1-\sqrt{3}}{2}\right)=\left(\dfrac{\arctan 1}{\arctan\sqrt{3}}\right)^2=\left(\dfrac{\pi/4}{\pi/3}\right)^2=\dfrac{9}{16}$.

(2) $f\left(1,\dfrac{y}{x}\right)=\dfrac{2\cdot 1\cdot\dfrac{y}{x}}{1+\dfrac{y^2}{x^2}}=\dfrac{2xy}{x^2+y^2}=f(x,y)$.

(3) $f(tx,ty)=t^2x^2+t^2y^2-t^2xy\tan\dfrac{x}{y}=t^2\left(x^2+y^2-xy\tan\dfrac{x}{y}\right)$
$=t^2f(x,y)$.

注 满足 $f(tx,ty)=t^kf(x,y)(t>0)$ 的函数 $f(x,y)$ 称为 k 次齐次函数. 上述 (3) 中的函数为 2 次齐次函数.

2. 设 $F(x,y)=\ln x\ln y$, 证明: 若 $u>0,v>0$, 则

$$F(xy,uv)=F(x,u)+F(x,v)+F(y,u)+F(y,v).$$

证 $F(xy,uv)=\ln(xy)\ln(uv)=(\ln x+\ln y)(\ln u+\ln v)$

$$=\ln x\ln u+\ln x\ln v+\ln y\ln u+\ln y\ln v$$
$$=F(x,u)+F(x,v)+F(y,u)+F(y,v).$$

3. 求下列函数的定义域, 并说明这是何种点集 (开集、闭集; 有界集、无界集; 区域):

(1) $f(x,y)=\dfrac{x^2+y^2}{x^2-y^2}$; (2) $f(x,y)=\dfrac{1}{2x^2+3y^2}$;

(3) $f(x,y)=\sqrt{xy}$; (4) $f(x,y)=\sqrt{1-x^2}+\sqrt{y^2-1}$;

(5) $f(x,y)=\ln x+\ln y$; (6) $f(x,y)=\sqrt{\sin(x^2+y^2)}$;

(7) $f(x,y)=\ln(y-x)$; (8) $f(x,y)=\mathrm{e}^{-(x^2+y^2)}$;

(9) $f(x,y,z)=\dfrac{z}{x^2+y^2+1}$;

(10) $f(x,y,z)=\sqrt{R^2-x^2-y^2-z^2}+\dfrac{1}{\sqrt{x^2+y^2+z^2-r^2}}$, 其中 $R>r\geqslant 0$.

解 (1) 函数的定义域为 $\{(x,y)|x^2\neq y^2\}=\{(x,y)|y\neq\pm x\}$, 此点集为无界开集, 不是区域 (因为不连通).

(2) 函数的定义域为 $\{(x,y)|(x,y)\neq(0,0)\}$, 此点集为坐标平面除去原点的点集, 是无界开集和开区域.

(3) 函数的定义域为 $\{(x,y)|xy \geqslant 0\}$, 此点集包含坐标轴和第一、三象限中的点, 是无界闭集和闭区域.

(4) 函数的定义域为 $\{(x,y)||x| \leqslant 1, |y| \geqslant 1\}$, 此点集为无界闭集, 不是区域.

(5) 函数的定义域为 $\{(x,y)|x>0, y>0\}$, 此点集为无界开集和开区域.

(6) 函数的定义域为 $\{(x,y)|2k\pi \leqslant x^2+y^2 \leqslant (2k+1)\pi, k \in \mathbb{N}\}$, 此点集为无界闭集, 不是区域 (因为不连通).

(7) 函数的定义域为 $\{(x,y)|y>x\}$, 此点集为直线 $y=x$ 上方的点集, 为无界开集和开区域.

(8) 函数的定义域为 $\mathbb{R}^2$, 此点集为无界集, 且既是开集也是闭集, 既是开区域也是闭区域.

(9) 函数的定义域为 $\mathbb{R}^3$, 此点集为无界集, 且既是开集也是闭集, 既是开区域也是闭区域.

(10) 函数的定义域为 $\{(x,y,z)|r^2 < x^2+y^2+z^2 \leqslant R^2\}$, 此点集为有界集, 且既不是开集也不是闭集, 是包含部分边界的区域.

例 16-1-3 解答下列各题 (点集的有关证明):

1. 证明: 当且仅当存在各点互不相同的点列 $\{P_n\} \subset E, P_n \neq P_0$, 使得 $\lim\limits_{n\to\infty} P_n = P_0$ 时, P_0 是 E 的聚点.

证 P_0 为点集 E 的聚点: 对 $\forall \delta > 0, U(P_0;\delta)$ 含有 E 中的无限多个点 $\Longleftrightarrow$ 对 $\forall \delta > 0, U^\circ(P_0;\delta)$ 含有 E 中的点 $\Longleftrightarrow$ 对 $\forall \delta > 0, U(P_0;\delta)$ 含有 E 中异于 P_0 的点.

"$\Rightarrow$": 由 $\{P_n\} \subset E, P_n \neq P_0$ 且 $\lim\limits_{n\to\infty} P_n = P_0$ 可知, 对 $\forall \delta > 0, U^\circ(P_0;\delta)$ 含有 E 中的点, 即 P_0 是 E 的聚点.

"$\Leftarrow$": 由聚点的定义有

对 $\delta_1 = 1, \exists P_1 \in U^\circ(P_0;\delta_1) \cap E$;

对 $\delta_2 = \min\left\{\dfrac{1}{2}, \rho(P_0,P_1)\right\}, \exists P_2 \in U^\circ(P_0;\delta_2) \cap E$;

……

对 $\delta_n = \min\left\{\dfrac{1}{n}, \rho(P_0,P_{n-1})\right\}, \exists P_n \in U^\circ(P_0;\delta_n) \cap E$;

显然, $\{P_n\} \subset E$, P_n 互不相同, $P_n \neq P_0$, 且

$$\rho(P_n, P_0) < \delta_n \leqslant \frac{1}{n} \to 0 \quad (n \to \infty).$$

2. 证明: 闭区域必为闭集. 反之是否成立? 并说明理由.

证 设 D 为闭区域, 下面证明 D 为闭集, 即证明 D 的聚点都属于 D. 事实上, 因为闭区域 D 是开区域连同其边界所组成的点集, 设 P 为 D 的任意聚点, 则 $P \in \mathrm{int}(D)$ 或 $P \in \partial D$. 若 $P \in \mathrm{int}(D)$, 则由内点的定义可知 $P \in D$. 若 $P \in \partial D$, 则由闭区域的定义可知 $P \in D$.

闭集不一定是闭区域, 例如 $D := \{(x, y) | y = x\}$ 是闭集 (D 的每个聚点都属于 D), 但没有内点 (不是开集), 因此不是区域, 从而不是闭区域.

3. 证明: 开集与闭集具有对偶性 —— 若 E 为开集, 则 E^c 为闭集; 若 E 为闭集, 则 E^c 为开集.

证 设 E 为开集, 下证 E^c 为闭集, 即证 E^c 的任意聚点都属于 E^c. 事实上, 设 P 为 E^c 的任意聚点, 则 $P \notin E$ (若 $P \in E$, 由 E 是开集知 $\exists \delta > 0$, 使得 $U(P; \delta) \subset E$, 即 $U(P; \delta) \cap E^c = \varnothing$. 这与 P 为 E^c 的聚点矛盾), 从而 $P \in E^c$.

设 E 为闭集, 下证 E^c 为开集, 即证 E^c 的任意点为内点. 事实上, 设 $P \in E^c$, 则可证 $\exists \delta > 0$, 使得 $U(P; \delta) \subset E^c \Longleftrightarrow U(P; \delta) \cap E = \varnothing$ (若对 $\forall \delta > 0, U(P; \delta) \cap E \neq \varnothing$, 则 P 为 E 的聚点. 由 E 为闭集知 $P \in E$. 这与 $P \in E^c$ 矛盾).

4. 证明:

(1) 若 F_1, F_2 为闭集, 则 $F_1 \cup F_2$ 与 $F_1 \cap F_2$ 都为闭集;

(2) 若 E_1, E_2 为开集, 则 $E_1 \cup E_2$ 与 $E_1 \cap E_2$ 都为开集;

(3) 若 F 为闭集, E 为开集, 则 $F \backslash E$ 为闭集, $E \backslash F$ 为开集.

证 (1) 设 P 为 $F_1 \cup F_2$ 的任意聚点, 下证 $P \in F_1 \cup F_2$. 事实上, 由 P 是 $F_1 \cup F_2$ 的聚点, 则对 $\forall \delta > 0, U(P; \delta)$ 含有 $F_1 \cup F_2$ 中的无限多个点, 因此 $U(P; \delta)$ 至少含有 F_1 或 F_2 中的无限多个点. 再由 F_1, F_2 为闭集知 $P \in F_1$ 或 $P \in F_2$, 故 $P \in F_1 \cup F_2$.

设 P 为 $F_1\cap F_2$ 的任意聚点, 下证 $P\in F_1\cap F_2$. 事实上, 由 P 是 $F_1\cap F_2$ 的聚点, 则对 $\forall\delta>0, U(P;\delta)$ 含有 $F_1\cap F_2$ 中的无限多个点, 因此 $U(P;\delta)$ 既含有 F_1 中的无限多个点又含有 F_2 中的无限多个点. 再由 F_1, F_2 为闭集知 $P\in F_1$ 且 $P\in F_2$, 故 $P\in F_1\cap F_2$.

(2) 对 $\forall P\in E_1\cup E_2$, 下证 P 为 $E_1\cup E_2$ 的内点, 即 $\exists\delta>0$, 使得 $U(P;\delta)\subset E_1\cup E_2$. 因为 $P\in E_1\cup E_2 \Longleftrightarrow P\in E_1$ 或 $P\in E_2$, 又由于 E_1, E_2 为开集, 由开集的定义知 $\exists\delta>0$, 使得 $U(P;\delta)\subset E_1$ 或 $U(P;\delta)\subset E_2$, 从而 $U(P;\delta)\subset E_1\cup E_2$, 即 P 为 $E_1\cup E_2$ 的内点.

对 $\forall P\in E_1\cap E_2$, 下证 P 为 $E_1\cap E_2$ 的内点, 即 $\exists\delta>0$, 使得 $U(P;\delta)\subset E_1\cap E_2$. 因为 $P\in E_1\cap E_2 \Longleftrightarrow P\in E_1$ 且 $P\in E_2$, 又由于 E_1, E_2 为开集, 由开集的定义知 $\exists\delta>0$, 使得 $U(P;\delta)\subset E_1$ 且 $U(P;\delta)\subset E_2$, 从而 $U(P;\delta)\subset E_1\cap E_2$, 即 P 为 $E_1\cap E_2$ 的内点.

(3) **法一** (i) 设 P 为 $F\backslash E$ 的任意聚点, 下证 $P\in F\backslash E$. 事实上, 由 P 是 $F\backslash E$ 的聚点, 则对 $\forall\delta>0, U(P;\delta)$ 含有 $F\backslash E$ 中的无限多个点, 因此 $U(P;\delta)$ 含有 F 中的无限多个点. 再由 F 为闭集知 $P\in F$ 且 $P\notin E$ (若 $P\in E$, 由 E 为开集知 $\exists\delta>0$, 使得 $U(P;\delta)\subset E$. 这与 P 为 $F\backslash E$ 的聚点矛盾), 所以 $P\in F\backslash E$.

(ii) 对 $\forall P\in E\backslash F$, 下证 P 为 $E\backslash F$ 的内点, 即 $\exists\delta>0$, 使得 $U(P;\delta)\subset E\backslash F$. 因为 $P\in E\backslash F\Longrightarrow P\in E$ 且 $P\notin F$, 又由于 E 为开集,F 为闭集, 由开集的定义知 $\exists\delta>0$, 使得 $U(P;\delta)\subset E$ 且 $U(P;\delta)\cap F=\varnothing$ (若对 $\forall\delta>0, U(P;\delta)\cap F\neq\varnothing$, 由 F 为闭集得 $P\in F$. 这与 $P\in E\backslash F$ 矛盾), 从而 $U(P;\delta)\subset E\backslash F$, 即 P 为 $E\backslash F$ 的内点.

法二 (i) $F\backslash E=F\cap E^c$. 由于 E 为开集, 则 E^c 为闭集 (根据第 3 题). 再由结论 (1) 知 $F\backslash E=F\cap E^c$ 为闭集.

(ii) $E\backslash F=E\cap F^c$. 由于 F 为闭集, 则 F^c 为开集 (根据第 3 题). 再由结论 (2) 知 $E\backslash F=E\cap F^c$ 为开集.

例 16-1-4 解答下列各题 (有关点列的证明):

1. 设 $D\subset\mathbb{R}^2$, 则

$$f \text{ 在 } D \text{ 上无界} \Longleftrightarrow \exists\{P_n\}\subset D, \text{ 使得 } \lim_{n\to\infty} f(P_n)=\infty.$$

证 必要性 若 f 在 D 上无界, 则对 $\forall M>0, \exists P\in D$, 使得 $|f(P)|>M$. 于是, 对 $M_n=n\ (n=1,2,\cdots), \exists P_n\in D$, 使得 $|f(P_n)|>n$, 即 $\exists\{P_n\}\subset D$, 使得 $\lim\limits_{n\to\infty} f(P_n)=\infty$.

充分性 若 $\exists\{P_n\}\subset D$, 使得 $\lim\limits_{n\to\infty} f(P_n)=\infty$ 则对 $\forall M>0, \exists P_{n_0}\in D$, 使得 $|f(P_{n_0})|>M$, 即 f 在 D 上无界.

注 设 $D\subset\mathbb{R}^2$, 则 f 在 D 上无上 (下) 界 $\Longleftrightarrow \exists\{P_n\}\subset D$, 使得 $\lim\limits_{k\to+\infty} f(P_n)=+\infty(-\infty)$.

2. 证明: 点列 $\{P_n(x_n,y_n)\}$ 收敛于 $P_0(x_0,y_0) \Longleftrightarrow \lim\limits_{n\to\infty} x_n=x_0$ 且 $\lim\limits_{n\to\infty} y_n=y_0$.

证 必要性 若 $\{P_n(x_n,y_n)\}$ 收敛于 $P_0(x_0,y_0)$, 则对 $\forall\varepsilon>0$, $\exists N>0$, 当 $n>N$ 时, 有

$$\rho(P_n,P_0)=\sqrt{(x_n-x_0)^2+(y_n-y_0)^2}<\varepsilon,$$

从而

$$|x_n-x_0|\leqslant\sqrt{(x_n-x_0)^2+(y_n-y_0)^2}<\varepsilon,$$

且

$$|y_n-y_0|\leqslant\sqrt{(x_n-x_0)^2+(y_n-y_0)^2}<\varepsilon,$$

故 $\lim\limits_{n\to\infty} x_n=x_0$ 且 $\lim\limits_{n\to\infty} y_n=y_0$.

充分性 若 $\lim\limits_{n\to\infty} x_n=x_0$ 且 $\lim\limits_{n\to\infty} y_n=y_0$, 则对 $\forall\varepsilon>0, \exists N>0$, 当 $n>N$ 时, 有

$$|x_n-x_0|<\frac{\varepsilon}{2},\quad |y_n-y_0|<\frac{\varepsilon}{2}.$$

此时, 有

$$\rho(P_n,P_0)=\sqrt{(x_n-x_0)^2+(y_n-y_0)^2}\leqslant|x_n-x_0|+|y_n-y_0|<\varepsilon,$$

即 $\{P_n(x_n,y_n)\}$ 收敛于 $P_0(x_0,y_0)$.

例 16-1-5 解答下列各题 (基本定理的证明):

1. 闭区域套定理可推广为闭集套定理, 试证明之.

证 设 $\{D_n\}$ 为闭集套, 即 (i) $D_n \supset D_{n+1}$ $(n=1,2,\cdots)$; (ii) $d(D_n)\to 0$ $(n\to\infty)$. 下面证明存在唯一 $P_0\in D_n(n=1,2,\cdots)$.

存在性 任取 $P_n\in D_n(n=1,2,\cdots)$, 对 $\forall k\in\mathbb{N}^+$, 取 $P_{n+k}\in D_{n+k}\subset D_n$, 由于 $\lim\limits_{n\to\infty} d(D_n)=0$, 所以对 $\forall\varepsilon>0,\exists N>0$, 当 $n>N$ 时, 对 $\forall k\in\mathbb{N}^+$, 有 $\rho(P_{n+k},P_n)\leqslant d(D_n)<\varepsilon$, 即 $\{P_n\}$ 为 $\mathbb{R}^2$ 上的 Cauchy 列. 因此, $\exists P_0\in\mathbb{R}^2$, 使得 $\lim\limits_{n\to\infty}P_n=P_0$. 又对 $\forall n\in\mathbb{N}^+$, 存在 $P_{n+k}\in D_{n+k}\subset D_n$. 令 $k\to\infty$ 并由 D_n 为闭集, 得 $P_0\in D_n(n=1,2,\cdots)$.

唯一性 假设存在 $Q_0\in D_n(n=1,2,\cdots)$, 则

$$\rho(Q_0,P_0)\leqslant d(D_n)\to 0 \quad (n\to\infty).$$

故 $Q_0=P_0$.

2. 证明平面点集的有限覆盖定理: 设 $D\subset\mathbb{R}^2$ 为一有界闭区域, $\{\Delta_\alpha\}$ 为一开区域族, 覆盖 D, 即 $D\subset\bigcup\limits_\alpha\Delta_\alpha$, 则 $\{\Delta_\alpha\}$ 中存在有限个开区域 $\Delta_1,\Delta_2,\cdots,\Delta_n$ 覆盖 D, 即 $D\subset\bigcup\limits_{i=1}^n\Delta_i$.

证 因为 $D\subset\mathbb{R}^2$ 为有界区域, 因此存在正方形区域 S, 使得 $D\subset S$. 假设 D 不能被有限覆盖. 将 S 等分成四个正方形区域, 则至少有一个正方形区域 S_1 所包含的 D 的闭子区域 D_1 不能被有限覆盖; 再将 S_1 等分成四个正方形区域, 则至少有一个正方形区域 S_2 所包含的 D_1 的闭子区域 D_2 不能被有限覆盖 ······ 这样不断进行下去, 得到一个正方形区域序列 $\{S_n\}$ 和 D 的一个闭子区域序列 $\{D_n\}$, 满足:

(1) $D_n\supset D_{n+1}$ $(n=1,2,\cdots)$;

(2) $d(D_n)\leqslant d(S_n)=\dfrac{d(S)}{2^n}\to 0$ $(n\to\infty)$;

(3) $D_n(n=1,2,\cdots)$ 不能被有限覆盖.

由 (1), (2) 及闭区域套定理知存在 $P_0\in D_n\subset D(n=1,2,\cdots)$. 因为 $D\subset\bigcup\limits_\alpha\Delta_\alpha$, 所以存在 $\Delta_{\alpha_0}\in\{\Delta_\alpha\}$, 使得 $P_0\in\Delta_{\alpha_0}$. 再由 (2) 可知, 当 n 充分大时, 有 $D_n\subset\Delta_{\alpha_0}$. 这与 (3) 矛盾. 所以, $\{\Delta_\alpha\}$ 中

存在有限个开区域 $\Delta_1, \Delta_2, \cdots, \Delta_n$ 覆盖 D, 即 $D \subset \bigcup_{i=1}^{n} \Delta_i$.

§ 16.2　二元函数的极限

内容要求　掌握判定极限是否存在的方法; 掌握求极限的方法 (定义、两边夹定理、四则运算、连续函数、常用极限、初等变形、变量替换); 掌握累次极限和重极限的关系及其应用.

例 16-2-1　解答下列各题 (极限的定义):

1. 试应用 $\varepsilon-\delta$ 定义证明: $\lim\limits_{(x,y)\to(0,0)} \dfrac{x^2y}{x^2+y^2}=0$.

证　由于 $\left|\dfrac{x^2y}{x^2+y^2}-0\right| \leqslant |y|$, 所以对 $\forall\varepsilon>0, \exists\delta=\varepsilon$, 当 $|x|<\delta, |y|<\delta, (x,y)\neq(0,0)$ 时, 有

$$\left|\frac{x^2y}{x^2+y^2}-0\right| \leqslant |y|<\varepsilon,$$

即

$$\lim_{(x,y)\to(0,0)} \frac{x^2y}{x^2+y^2}=0.$$

2. 试写出下列类型极限的精确定义:

(1) $\lim\limits_{(x,y)\to(-\infty,\infty)} f(x,y)=A$;　　(2) $\lim\limits_{(x,y)\to(0,\infty)} f(x,y)=A$.

解　(1) 对 $\forall\varepsilon>0, \exists M>0$, 当 $x<-M, |y|>M$ 时, 有

$$|f(x,y)-A|<\varepsilon.$$

(2) 对 $\forall\varepsilon>0, \exists M>0, \exists\delta>0$, 当 $0<|x|<\delta, |y|>M$ 时, 有

$$|f(x,y)-A|<\varepsilon.$$

3. 证明: 二元函数极限存在的唯一性定理、局部有界性定理与局部保号性定理.

证　完全类似于一元函数极限性质的证明.

例 16-2-2　解答下列各题 (求极限):

1. 试求下列极限 (包括非正常极限):

(1) $\lim\limits_{(x,y)\to(0,0)} \dfrac{x^2y^2}{x^2+y^2}$;　　(2) $\lim\limits_{(x,y)\to(0,0)} \dfrac{1+x^2+y^2}{x^2+y^2}$;

(3) $\lim\limits_{(x,y)\to(0,0)} \dfrac{x^2+y^2}{\sqrt{1+x^2+y^2}-1}$;　　(4) $\lim\limits_{(x,y)\to(0,0)} \dfrac{xy+1}{x^4+y^4}$;

(5) $\lim\limits_{(x,y)\to(1,2)} \dfrac{1}{2x-y}$;　　(6) $\lim\limits_{(x,y)\to(0,0)} (x+y)\sin\dfrac{1}{x^2+y^2}$;

(7) $\lim\limits_{(x,y)\to(0,0)} \dfrac{\sin(x^3+y^3)}{x^2+y^2}$.

解　(1) **法一**　由于 $0\leqslant \dfrac{x^2y^2}{x^2+y^2}\leqslant x^2$, 由两边夹定理知

$$\lim_{(x,y)\to(0,0)} \frac{x^2y^2}{x^2+y^2}=0.$$

法二　令 $\begin{cases} x=r\cos\theta, \\ y=r\sin\theta, \end{cases}$ 则 $\dfrac{x^2y^2}{x^2+y^2}=r^2\cos^2\theta\sin^2\theta$. 所以

$$\lim_{(x,y)\to(0,0)} \frac{x^2y^2}{x^2+y^2}=\lim_{r\to0} r^2\cos^2\theta\sin^2\theta=0.$$

(2) 由四则运算法则知

$$\lim_{(x,y)\to(0,0)} \frac{1+x^2+y^2}{x^2+y^2}=1+\lim_{(x,y)\to(0,0)} \frac{1}{x^2+y^2}=+\infty.$$

(3) **法一**　分母有理化得

$$\lim_{(x,y)\to(0,0)} \frac{x^2+y^2}{\sqrt{1+x^2+y^2}-1}=\lim_{(x,y)\to(0,0)} \sqrt{1+x^2+y^2}+1=2.$$

法二　令 $\begin{cases} x=r\cos\theta, \\ y=r\sin\theta, \end{cases}$ 则

$$\begin{aligned} \lim_{(x,y)\to(0,0)} \frac{x^2+y^2}{\sqrt{1+x^2+y^2}-1} &= \lim_{r\to0} \frac{r^2}{\sqrt{1+r^2}-1} \\ &= \lim_{r\to0}(\sqrt{1+r^2}+1)=2. \end{aligned}$$

(4) 由四则运算法则得

$$\lim_{(x,y)\to(0,0)} \frac{x^4+y^4}{xy+1} = \frac{\lim\limits_{(x,y)\to(0,0)}(x^4+y^4)}{\lim\limits_{(x,y)\to(0,0)}(xy+1)} = \frac{0}{1} = 0,$$

于是

$$\lim_{(x,y)\to(0,0)} \frac{xy+1}{x^4+y^4} = +\infty.$$

(5) 由于 $\lim\limits_{(x,y)\to(1,2)}(2x-y)=0$, 因此

$$\lim_{(x,y)\to(1,2)} \frac{1}{2x-y} = \infty.$$

(6) 由于 $0 \leqslant \left|(x+y)\sin\dfrac{1}{x^2+y^2}\right| \leqslant |x+y|$, 由两边夹定理知

$$\lim_{(x,y)\to(0,0)} (x+y)\sin\frac{1}{x^2+y^2} = \lim_{(x,y)\to(0,0)} |x+y| = 0.$$

(7) 由于 $0 \leqslant \left|\dfrac{\sin(x^3+y^3)}{x^2+y^2}\right| \leqslant \dfrac{|x^3|+|y^3|}{x^2+y^2} \leqslant |x|+|y|$, 由两边夹定理得

$$\lim_{(x,y)\to(0,0)} \frac{\sin(x^3+y^3)}{x^2+y^2} = \lim_{(x,y)\to(0,0)} (|x|+|y|) = 0.$$

注 第 (2) 题也可以用极坐标变换来求解.

2. 试求下列极限:

(1) $\lim\limits_{(x,y)\to(+\infty,+\infty)} \dfrac{x^2+y^2}{x^4+y^4}$;

(2) $\lim\limits_{(x,y)\to(+\infty,+\infty)} (x^2+y^2)\mathrm{e}^{-(x+y)}$;

(3) $\lim\limits_{(x,y)\to(+\infty,+\infty)} \left(1+\dfrac{1}{xy}\right)^{x\sin y}$;

(4) $\lim\limits_{(x,y)\to(+\infty,0)} \left(1+\dfrac{1}{x}\right)^{\frac{x}{x+y}}$.

解 (1) 由于 $\left|\dfrac{x^2+y^2}{x^4+y^4}\right| = \left|\dfrac{x^2}{x^4+y^4}\right| + \left|\dfrac{y^2}{x^4+y^4}\right| \leqslant \dfrac{1}{x^2}+\dfrac{1}{y^2}$, 由两边夹定理知

$$\lim_{(x,y)\to(+\infty,+\infty)} \frac{x^2+y^2}{x^4+y^4} = \lim_{(x,y)\to(+\infty,+\infty)} \left(\frac{1}{x^2}+\frac{1}{y^2}\right) = 0.$$

(2) 当 $x>0, y>0$ 时, 有

$$0 \leqslant (x^2+y^2)\mathrm{e}^{-(x+y)} \leqslant (x+y)^2\mathrm{e}^{-(x+y)}.$$

令 $t=x+y$, 则

$$\lim_{(x,y)\to(+\infty,+\infty)} (x+y)^2\mathrm{e}^{-(x+y)} = \lim_{t\to+\infty} t^2\mathrm{e}^{-t} = \lim_{t\to+\infty} \frac{t^2}{\mathrm{e}^t} = 0.$$

由两边夹定理知

$$\lim_{(x,y)\to(+\infty,+\infty)} (x^2+y^2)\mathrm{e}^{-(x+y)} = 0.$$

(3) $$\lim_{(x,y)\to(+\infty,+\infty)} \left(1+\frac{1}{xy}\right)^{x\sin y}$$
$$= \lim_{(x,y)\to(+\infty,+\infty)} \left(1+\frac{1}{xy}\right)^{xy\cdot\frac{\sin y}{y}}$$
$$= \mathrm{e}^0 = 1.$$

(4) $$\lim_{(x,y)\to(+\infty,0)} \left(1+\frac{1}{x}\right)^{x\cdot\dfrac{1}{x+y}} = \mathrm{e}^0 = 1.$$

注 (3), (4) 中用到常用极限 $\lim\limits_{t\to\infty}\left(1+\dfrac{1}{t}\right)^t = \mathrm{e}$.

例 16-2-3 解答下列各题 (证明极限):

1. 证明: $\lim\limits_{\substack{p\to p_0\\ p\in D}} f(p) = a \Longleftrightarrow$ 对 $\forall E\subset D$, 只要 p_0 为 E 的一个聚点, 就有 $\lim\limits_{\substack{p\to p_0\\ p\in E}} f(p) = a$.

证 必要性 由 $\lim\limits_{\substack{p\to p_0\\ p\in D}} f(p) = a$ 的定义知, 对 $\forall\varepsilon>0, \exists\delta>0$, 当

$\forall p \in U^{\circ}(p_0;\delta) \cap D$ 时, 有

$$|f(p) - a| < \varepsilon,$$

从而对 $\forall p \in U^{\circ}(p_0;\delta) \cap E \subset U^{\circ}(p_0;\delta) \cap D$, 有

$$|f(p) - a| < \varepsilon,$$

即 $\lim\limits_{\substack{p \to p_0 \\ p \in E}} f(p) = a$.

充分性 反证法. 若 $\lim\limits_{\substack{p \to p_0 \\ p \in D}} f(p) \neq a$, 则 $\exists \varepsilon_0 > 0$, 对 $\forall \delta > 0, \exists p' \in D$, 使得 $|p' - p_0| < \delta$, 但

$$|f(p') - a| \geqslant \varepsilon_0.$$

特别地, 对 $\delta_n = \dfrac{1}{n}, \exists p_n \in D$, 使得 $|p_n - p_0| < \dfrac{1}{n}$, 但

$$|f(p_n) - a| \geqslant \varepsilon_0.$$

取 $E := \{p_n\}$, 则 p_0 为 E 的聚点, 但

$$\lim_{\substack{p \to p_0 \\ p \in E}} f(p) \neq a.$$

这与假设条件矛盾.

推论 1 设 $\exists E \subset D, p_0$ 为 E 的一个聚点. 若 $\lim\limits_{\substack{p \to p_0 \\ p \in E}} f(p)$ 不存在, 则 $\lim\limits_{\substack{p \to p_0 \\ p \in D}} f(p)$ 不存在.

推论 2 设 $\exists E_1, E_2 \subset D, p_0$ 为 E_1, E_2 的一个聚点. 若 $\lim\limits_{\substack{p \to p_0 \\ p \in E_1}} f(p) \neq \lim\limits_{\substack{p \to p_0 \\ p \in E_2}} f(p)$, 则 $\lim\limits_{\substack{p \to p_0 \\ p \in D}} f(p)$ 不存在.

推论 3 $\lim\limits_{\substack{p \to p_0 \\ p \in D}} f(p) = a \Longleftrightarrow$ 对 $\forall \{p_n\} \subset D, p_n \to p_0, p_n \neq p_0$, 有 $\lim\limits_{n \to \infty} f(p_n)$ 存在.

注 此结果及其推论提供了否定极限存在的方法.

2. 证明: 若 (1) $\lim\limits_{(x,y)\to(a,b)} f(x,y)$ 存在且等于 A; (2) 当 y 在 b 的某个空心邻域 $U^\circ(b;\delta_0)$ 内时, 有 $\lim\limits_{x\to a} f(x,y)=\phi(y)$, 则

$$\lim_{y\to b}\lim_{x\to a} f(x,y)=A.$$

证 由于 $\lim\limits_{(x,y)\to(a,b)} f(x,y)=A$, 所以对 $\forall\varepsilon>0, \exists\delta_1>0$, 当 $|x-a|<\delta_1, |y-b|<\delta_1, (x,y)\neq(a,b)$ 时, 有

$$|f(x,y)-A|<\varepsilon, \tag{1}$$

因为对 $\forall y: 0<|y-b|<\delta=\min\{\delta_0,\delta_1\}$, 有 $\lim\limits_{x\to a} f(x,y)=\phi(y)$, 所以在 (1) 式中令 $x\to a$ 得

$$|\phi(y)-A|<\varepsilon,$$

即

$$\lim_{y\to b}\lim_{x\to a} f(x,y)=\lim_{y\to b}\phi(y)=A.$$

注 此结果揭示了重极限和累次极限的关系, 比一般数学分析教材中关于重极限和累次极限的关系定理更一般.

3. 试作函数 $f(x,y)$, 使当 $x\to+\infty, y\to+\infty$ 时, 分别有

(1) 两个累次极限存在而重极限不存在;

(2) 两个累次极限不存在而重极限存在;

(3) 重极限和累次极限都不存在;

(4) 重极限与一个累次极限存在, 另一个累次极限不存在.

解 由熟知的 $(x,y)\to(0,0)$ 时重极限和累次极限的关系, 我们构造函数如下:

(1) $f(x,y)=\dfrac{\dfrac{1}{xy}}{\dfrac{1}{x^2}+\dfrac{1}{y^2}}=\dfrac{xy}{x^2+y^2}$;

(2) $f(x,y)=\dfrac{1}{x}\sin y+\dfrac{1}{y}\sin x$;

(3) $f(x,y)=\sin x+\sin y$;

(4) $f(x,y)=\dfrac{1}{x}\sin y$.

4. 设函数 $f(x,y)$ 在点 $p_0(x_0,y_0)$ 的某个空心邻域 $U^\circ(p_0)$内有定义, 且满足

(1) 在 $U^\circ(p_0)$内, 对 $\forall y\neq y_0$, $\lim\limits_{x\to x_0} f(x,y)=\psi(y)$;

(2) 在 $U^\circ(p_0)$内, $\lim\limits_{y\to y_0} f(x,y)=\varphi(x)$ 关于 x 一致成立.

证明:

$$\lim_{y\to y_0}\lim_{x\to x_0} f(x,y)=\lim_{x\to x_0}\lim_{y\to y_0} f(x,y),$$

即

$$\lim_{y\to y_0}\psi(y)=\lim_{x\to x_0}\varphi(x).$$

证 由于 $\lim\limits_{y\to y_0} f(x,y)=\varphi(x)$ 关于 x 一致成立, 即对 $\forall\varepsilon>0,\exists\delta_1>0$, 当 $0<|y-y_0|<\delta_1$ 时, 对 $\forall x$(只要 $(x,y)\in U^\circ(p_0)$), 有

$$|f(x,y)-\varphi(x)|<\frac{\varepsilon}{2},$$

所以对 $\forall y',y'':0<|y'-y_0|<\delta_1,0<|y''-y_0|<\delta_1$, 有

$$|f(x,y')-f(x,y'')|\leqslant|f(x,y')-\varphi(x)|+|f(x,y'')-\varphi(x)|<\varepsilon.$$

令 $x\to x_0$, 得

$$|\psi(y')-\psi(y'')|\leqslant\varepsilon.$$

由函数极限的 Cauchy 准则得 $\lim\limits_{y\to y_0}\psi(y)$ 存在, 记 $\lim\limits_{y\to y_0}\psi(y)=A$.

下面只要证明 $\lim\limits_{x\to x_0}\varphi(x)=A$ 即可. 事实上,

$$|\varphi(x)-A|\leqslant|f(x,y)-\varphi(x)|+|f(x,y)-\psi(y)|+|\psi(y)-A|.$$

由条件 (2) 及 $\lim\limits_{y\to y_0}\psi(y)=A$, 对上述 $\varepsilon>0,\exists\delta_2>0$, 当 $0<|y-y_0|<\delta_2$ 时, 有

$$|f(x,y)-\varphi(x)|<\frac{\varepsilon}{3},\quad|\psi(y)-A|<\frac{\varepsilon}{3}.$$

固定满足上述条件中的 y, 由条件 (2) 知, 对上述 $\varepsilon>0,\exists\delta_3>0$, 当 $0<|x-x_0|<\delta_3$ 时, 有

$$|f(x,y)-\psi(y)|<\frac{\varepsilon}{3}.$$

结合上述各式, 得

$$|\varphi(x)-A|\leqslant|f(x,y)-\varphi(x)|+|f(x,y)-\psi(y)|+|\psi(y)-A|<\varepsilon.$$

例 16-2-4 解答下列各题 (重极限与累次极限):

1. 讨论下列函数在点 (0,0) 的重极限与累次极限:

(1) $f(x,y)=\dfrac{y^2}{x^2+y^2}$; (2) $f(x,y)=(x+y)\sin\dfrac{1}{x}\sin\dfrac{1}{y}$;

(3) $f(x,y)=\dfrac{x^2y^2}{x^2y^2+(x-y)^2}$; (4) $f(x,y)=\dfrac{x^3+y^3}{x^2+y}$;

(5) $f(x,y)=y\sin\dfrac{1}{x}$.

解 (1) 对 $\forall x\neq 0, \lim\limits_{y\to 0}\dfrac{y^2}{x^2+y^2}=0\Longrightarrow\lim\limits_{x\to 0}\lim\limits_{y\to 0}\dfrac{y^2}{x^2+y^2}=0$;

对 $\forall y\neq 0, \lim\limits_{x\to 0}\dfrac{y^2}{x^2+y^2}=1\Longrightarrow\lim\limits_{y\to 0}\lim\limits_{x\to 0}\dfrac{y^2}{x^2+y^2}=1$.

由于

$$\lim_{\substack{(x,y)\to(0,0)\\ x=ky}}f(x,y)=\lim_{\substack{(x,y)\to(0,0)\\ x=ky}}\frac{y^2}{x^2+y^2}=\frac{1}{1+k^2},$$

即可以找到两条不同路径, 使其极限不同, 因此 $\lim\limits_{(x,y)\to(0,0)}f(x,y)$ 不存在.

(2) 对 $\forall x\neq 0$, 极限 $\lim\limits_{y\to 0}(x+y)\sin\dfrac{1}{x}\sin\dfrac{1}{y}$ 不存在, 因此极限 $\lim\limits_{x\to 0}\lim\limits_{y\to 0}(x+y)\sin\dfrac{1}{x}\sin\dfrac{1}{y}$ 不存在;

同理可知极限 $\lim\limits_{y\to 0}\lim\limits_{x\to 0}(x+y)\sin\dfrac{1}{x}\sin\dfrac{1}{y}$ 不存在.

由于

$$0\leqslant\left|(x+y)\sin\frac{1}{x}\sin\frac{1}{y}\right|\leqslant|x+y|,$$

由两边夹定理知

$$\lim_{(x,y)\to(0,0)}f(x,y)=\lim_{(x,y)\to(0,0)}|x+y|=0,$$

即重极限为 0.

(3) 我们有

$$\text{对 } \forall x \neq 0, \lim_{y\to 0} \frac{x^2y^2}{x^2y^2+(x-y)^2} = 0 \Longrightarrow \lim_{x\to 0}\lim_{y\to 0} \frac{x^2y^2}{x^2y^2+(x-y)^2} = 0,$$

$$\text{对 } \forall y \neq 0, \lim_{x\to 0} \frac{x^2y^2}{x^2y^2+(x-y)^2} = 0 \Longrightarrow \lim_{y\to 0}\lim_{x\to 0} \frac{x^2y^2}{x^2y^2+(x-y)^2} = 0,$$

即两个累次极限存在且都等于零.

由于

$$\lim_{\substack{(x,y)\to(0,0)\\ y=x}} f(x,y) = \lim_{\substack{(x,y)\to(0,0)\\ y=x}} \frac{x^2y^2}{x^2y^2+(x-y)^2} = 1,$$

$$\begin{aligned}\lim_{\substack{(x,y)\to(0,0)\\ y=x+x^2}} f(x,y) &= \lim_{\substack{(x,y)\to(0,0)\\ y=x+x^2}} \frac{x^2y^2}{x^2y^2+(x-y)^2} \\ &= \lim_{\substack{(x,y)\to(0,0)\\ y=x+x^2}} \frac{x^6+2x^5+x^4}{x^6+2x^5+2x^4} = \frac{1}{2},\end{aligned}$$

即沿着不同的两条路径其极限不同, 故 $\lim\limits_{(x,y)\to(0,0)} f(x,y)$ 不存在.

或者

$$\lim_{\substack{(x,y)\to(0,0)\\ y=kx}} f(x,y) = \lim_{\substack{(x,y)\to(0,0)\\ y=kx}} \frac{k^2x^4}{k^2x^4+(1-k^2)x^2} = \begin{cases} 1, & k=\pm 1, \\ 0, & k\neq \pm 1, \end{cases}$$

即可以选择两条不同的路径, 使其极限不同, 故 $\lim\limits_{(x,y)\to(0,0)} f(x,y)$ 不存在.

(4) 我们有

$$\text{对 } \forall x \neq 0, \lim_{y\to 0} \frac{x^3+y^3}{x^2+y} = x \Longrightarrow \lim_{x\to 0}\lim_{y\to 0} \frac{x^3+y^3}{x^2+y} = 0,$$

$$\text{对 } \forall y \neq 0, \lim_{x\to 0} \frac{x^3+y^3}{x^2+y} = y^2 \Longrightarrow \lim_{y\to 0}\lim_{x\to 0} \frac{x^3+y^3}{x^2+y} = 0,$$

即两个累次极限存在且都等于零.

由于

$$\lim_{\substack{(x,y)\to(0,0)\\ y=-x^2+x^p}} f(x,y)=\lim_{\substack{(x,y)\to(0,0)\\ y=-x^2+x^p}} \frac{x^3+y^3}{x^2+y}$$
$$=\lim_{\substack{(x,y)\to(0,0)\\ y=-x^2+x^p}} \frac{x^3-x^6+x^{3p}+3x^{4+p}-3x^{2p+2}}{x^p},$$

所以

$$\lim_{\substack{(x,y)\to(0,0)\\ y=-x^2+x^3}} f(x,y)=\lim_{\substack{(x,y)\to(0,0)\\ y=-x^2+x^3}} \frac{x^3+y^3}{x^2+y}=1,$$
$$\lim_{\substack{(x,y)\to(0,0)\\ y=-x^2+x^6}} f(x,y)=\lim_{\substack{(x,y)\to(0,0)\\ y=-x^2+x^6}} \frac{x^3+y^3}{x^2+y}=\infty.$$

因此极限 $\lim\limits_{(x,y)\to(0,0)} f(x,y)$ 不存在. 或者

$$\lim_{\substack{(x,y)\to(0,0)\\ y=-x^2+kx^3}} f(x,y)=\lim_{\substack{(x,y)\to(0,0)\\ y=-x^2+kx^3}} \frac{x^3+y^3}{x^2+y}=\frac{1}{k},$$

即可以选择两条不同路径, 使其极限不同, 故 $\lim\limits_{(x,y)\to(0,0)} f(x,y)$ 不存在.

(5) 我们有

对 $\forall x\neq 0, \lim\limits_{y\to 0} y\sin\dfrac{1}{x}=0 \Longrightarrow \lim\limits_{x\to 0}\lim\limits_{y\to 0} y\sin\dfrac{1}{x}=0;$

对 $\forall y\neq 0, \lim\limits_{x\to 0} y\sin\dfrac{1}{x}$ 不存在, 所以 $\lim\limits_{y\to 0}\lim\limits_{x\to 0} y\sin\dfrac{1}{x}$ 不存在.

由于 $0\leqslant \left|y\sin\dfrac{1}{x}\right|\leqslant |y|$, 由两边夹定理知

$$\lim_{(x,y)\to(0,0)} f(x,y)=\lim_{(x,y)\to(0,0)} |y|=0.$$

注 在 (1) 中, 由两个累次极限存在但不相等也可以知道极限 $\lim\limits_{(x,y)\to(0,0)} f(x,y)$ 不存在; (2) 的结论说明, 两个累次极限都不存在时, 重极限可能存在; (3) 的结论说明, 两个累次极限都存在且相

等时, 重极限可能不存在; (5) 的结论说明, 两个累次极限一个存在一个不存在时, 重极限可能存在.

2. 讨论下列函数在点 (0, 0) 的重极限与累次极限:

(1) $f(x,y)=\dfrac{x^2y^2}{x^3+y^3}$;　　*(2) $f(x,y)=\dfrac{\mathrm{e}^x-\mathrm{e}^y}{\sin xy}$.

解　(1) 我们有

$$\text{对 } \forall x\neq 0, \lim_{y\to 0}\frac{x^2y^2}{x^3+y^3}=0 \Longrightarrow \lim_{x\to 0}\lim_{y\to 0}\frac{x^2y^2}{x^3+y^3}=0,$$

$$\text{对 } \forall y\neq 0, \lim_{x\to 0}\frac{x^2y^2}{x^3+y^3}=0 \Longrightarrow \lim_{y\to 0}\lim_{x\to 0}\frac{x^2y^2}{x^3+y^3}=0.$$

由于

$$\lim_{\substack{(x,y)\to(0,0)\\ y=x}} f(x,y)=\lim_{\substack{(x,y)\to(0,0)\\ y=x}}\frac{x^2y^2}{x^3+y^3}=0,$$

$$\lim_{\substack{(x,y)\to(0,0)\\ y=-x+x^p}} f(x,y)=\lim_{\substack{(x,y)\to(0,0)\\ y=-x+x^p}}\frac{x^4-2x^{p+3}+x^{2p+2}}{3x^{2+p}-3x^{2p+1}+x^{3p}}$$

$$\Longrightarrow \lim_{\substack{(x,y)\to(0,0)\\ y=-x+x^2}} f(x,y)=\frac{1}{3},$$

即沿着两条不同路径其极限不同, 故 $\lim\limits_{(x,y)\to(0,0)} f(x,y)$ 不存在. 或者

$$\lim_{\substack{(x,y)\to(0,0)\\ y=-x+kx^2}} f(x,y)=\lim_{\substack{(x,y)\to(0,0)\\ y=-x+kx^2}}\frac{x^4-2kx^5+k^2x^{2p+2}}{3kx^4-3k^2x^5+k^3x^6}=\frac{1}{3k},$$

即可以选择两条不同路径, 使其极限不同, 故 $\lim\limits_{(x,y)\to(0,0)} f(x,y)$ 不存在.

(2) 我们有

$$\text{对 } \forall x\neq 0, \lim_{y\to 0}\frac{\mathrm{e}^x-\mathrm{e}^y}{\sin xy}=\lim_{y\to 0}\mathrm{e}^y\frac{\mathrm{e}^{x-y}-1}{x-y}\frac{x-y}{xy}\frac{xy}{\sin xy}=\infty$$

$$\Longrightarrow \lim_{x\to 0}\lim_{y\to 0}\frac{\mathrm{e}^x-\mathrm{e}^y}{\sin xy} \text{ 不存在},$$

$$对\ \forall y\neq 0,\ \lim_{x\to 0}\frac{e^x-e^y}{\sin xy}=\lim_{x\to 0}e^y\frac{e^{x-y}-1}{x-y}\frac{x-y}{xy}\frac{xy}{\sin xy}=\infty$$

$$\Longrightarrow \lim_{y\to 0}\lim_{x\to 0}\frac{e^x-e^y}{\sin xy}不存在.$$

初等变形得

$$f(x,y)=\frac{e^x-e^y}{\sin xy}=\frac{e^x-e^y}{xy}\frac{xy}{\sin xy}=e^y\frac{e^{x-y}-1}{x-y}\frac{x-y}{xy}\frac{xy}{\sin xy}.$$

由于

$$\lim_{(x,y)\to(0,0)}e^y\frac{e^{x-y}-1}{x-y}=\lim_{(x,y)\to(0,0)}e^y\cdot\lim_{(x,y)\to(0,0)}\frac{e^{x-y}-1}{x-y}=1,$$

$$\lim_{(x,y)\to(0,0)}\frac{xy}{\sin xy}=1;$$

$$\lim_{\substack{(x,y)\to(0,0)\\ y=x}}\frac{x-y}{xy}=0,\ \lim_{\substack{(x,y)\to(0,0)\\ y=2x}}\frac{x-y}{xy}=\infty$$

$$\Longrightarrow \lim_{(x,y)\to(0,0)}\frac{x-y}{xy}不存在,$$

故 $\lim\limits_{(x,y)\to(0,0)}f(x,y)$ 不存在.

注 (2) 的结论说明, 存在函数的重极限和累次极限都不存在的例子.

§ 16.3 二元函数的连续性

内容要求 掌握连续函数的定义、连续函数的局部性质、连续函数的整体性质 (有界闭集上连续函数的有界性、最值性、一致连续性及其证明, 区域上连续函数的介值性).

例 16-3-1 解答下列各题 (函数连续性的判定):

1. 讨论下列函数的连续性:

(1) $f(x,y)=\tan(x^2+y^2)$; (2) $f(x,y)=[x+y]$;

(3) $f(x,y)=\begin{cases} y^2\ln(x^2+y^2), & x^2+y^2\neq 0,\\ 0, & x^2+y^2=0;\end{cases}$

(4) $f(x,y)=\dfrac{1}{\sin x\sin y}$;　　　(5) $f(x,y)=\mathrm{e}^{-x/y}$;

(6) $f(x,y)=\begin{cases}\dfrac{\sin xy}{\sqrt{x^2+y^2}}, & x^2+y^2\neq 0,\\ 0, & x^2+y^2=0;\end{cases}$

*(7) $f(x,y)=\begin{cases}\dfrac{\sin xy}{y}, & y\neq 0,\\ 0, & y=0;\end{cases}$

*(8) $f(x,y)=\begin{cases}0, & x\in\overline{\mathbb{Q}},\\ y, & x\in\mathbb{Q}.\end{cases}$

解 (1) 由于函数 $\tan t$ 在 $t=k\pi+\dfrac{\pi}{2}$ $(k\in\mathbb{Z})$ 处间断, 因此函数 $f(x,y)=\tan(x^2+y^2)$ 的间断点为

$$\left\{(x,y)\middle|x^2+y^2=k\pi+\frac{\pi}{2},k\in\mathbb{N}\right\}.$$

此点集为曲线圆族.

(2) 由于函数 $[t]$ 的间断点为 $t\in\mathbb{Z}$, 因此函数 $f(x,y)=[x+y]$ 的间断点为

$$\{(x,y)|x+y=n,n\in\mathbb{Z}\}.$$

此点集为直线族.

(3) 当 $(x,y)\neq(0,0)$ 时, 由连续函数的四则运算知 $f(x,y)$ 在点 (x,y) 连续;

当 $(x,y)=(0,0)$ 时,

$$\begin{aligned}\lim_{(x,y)\to(0,0)}f(x,y)&=\lim_{(x,y)\to(0,0)}y^2\ln(x^2+y^2)\\&=\lim_{r\to 0}r^2\ln r^2\cdot\sin^2\theta=0=f(0,0),\end{aligned}$$

即 $f(x,y)$ 在点 $(0,0)$ 连续.

总之, 函数 $f(x,y)$ 在 $\mathbb{R}^2$ 上连续.

(4) 函数 $f(x,y)$ 的定义域为 $\{(x,y)|x\neq k\pi,y\neq m\pi,k,m\in\mathbb{Z}\}$. 在定义域内, 由连续函数的四则运算知函数 $f(x,y)$ 连续.

(5) 函数 $f(x,y)$ 的定义域为 $\{(x,y)|y\neq 0\}$. 在定义域内, 由连续函数的复合运算知函数 $f(x,y)$ 连续.

(6) 当 $(x,y)\neq(0,0)$ 时, 由连续函数的四则运算知 $f(x,y)$ 在点 (x,y) 连续.

当 $(x,y)=(0,0)$ 时,

$$
\begin{aligned}
\lim_{(x,y)\to(0,0)} f(x,y) &= \lim_{(x,y)\to(0,0)} \frac{\sin xy}{\sqrt{x^2+y^2}} \\
&= \lim_{(x,y)\to(0,0)} \frac{\sin xy}{xy}\cdot\frac{xy}{\sqrt{x^2+y^2}} \\
&= \lim_{(x,y)\to(0,0)} \frac{\sin xy}{xy}\cdot \lim_{(x,y)\to(0,0)} \frac{xy}{\sqrt{x^2+y^2}} \\
&= \lim_{r\to 0} r\cos\theta\sin\theta = 0 = f(0,0),
\end{aligned}
$$

即 $f(x,y)$ 在点 (0, 0) 连续.

因此, 函数 $f(x,y)$ 在 $\mathbb{R}^2$ 上连续.

(7) 由连续函数的四则运算知函数 $f(x,y)$ 在 $\mathbb{R}^2\backslash\{(x,y)|y\neq 0\}$ 上连续. 下面考察函数 $f(x,y)$ 在 $\{(x,y)|y=0\}$ 上的连续性.

在点 $(0,0)$ 处, 有

$$
\begin{aligned}
\lim_{\substack{(x,y)\to(0,0)\\ y\neq 0}} f(x,y) &= \lim_{(x,y)\to(0,0)} \frac{\sin xy}{y} = \lim_{(x,y)\to(0,0)} x\frac{\sin xy}{xy} \\
&= 0 = f(0,0), \\
\lim_{\substack{(x,y)\to(0,0)\\ y=0}} f(x,y) &= \lim_{(x,y)\to(0,0)} 0 = f(0,0),
\end{aligned}
$$

所以 $f(x,y)$ 在点 $(0,0)$ 连续.

在点 $(x_0,0)(x_0\neq 0)$ 处, 有

$$
\begin{aligned}
\lim_{\substack{(x,y)\to(x_0,0)\\ y\neq 0}} f(x,y) &= \lim_{(x,y)\to(x_0,0)} \frac{\sin xy}{y} = \lim_{(x,y)\to(x_0,0)} x\frac{\sin xy}{xy} \\
&= x_0 \neq f(0,0),
\end{aligned}
$$

所以函数 $f(x,y)$ 的间断点为 $\{(x,0)|x\neq 0\}$, 此点集为 x 轴上除掉点 $(0,0)$ 的所有点.

(8) 对 $\forall(x_0,y_0)\in\mathbb{R}^2$, 当 $x_0\in\overline{\mathbb{Q}}$ 时,

$$\lim_{\substack{(x,y)\to(x_0,y_0)\\ x\in\mathbb{Q}}} f(x,y)=\lim_{\substack{(x,y)\to(x_0,y_0)\\ x\in\mathbb{Q}}} y=y_0\begin{cases}=f(x_0,y_0)=0, & y_0=0,\\ \neq f(x_0,y_0)=0, & y_0\neq 0,\end{cases}$$

$$\lim_{\substack{(x,y)\to(x_0,y_0)\\ x\in\overline{\mathbb{Q}}}} f(x,y)=\lim_{\substack{(x,y)\to(x_0,y_0)\\ x\in\overline{\mathbb{Q}}}} 0=0=f(x_0,y_0),$$

即函数 $f(x,y)$ 在点 $(x_0,y_0)(y_0\neq 0)$ 不连续, 在点 $(x_0,0)$ 连续.

当 $x_0\in\mathbb{Q}$ 时,

$$\lim_{\substack{(x,y)\to(x_0,y_0)\\ x\in\mathbb{Q}}} f(x,y)=\lim_{\substack{(x,y)\to(x_0,y_0)\\ x\in\mathbb{Q}}} y=y_0=f(x_0,y_0),$$

$$\lim_{\substack{(x,y)\to(x_0,y_0)\\ x\in\overline{\mathbb{Q}}}} f(x,y)=\lim_{\substack{(x,y)\to(x_0,y_0)\\ x\in\overline{\mathbb{Q}}}} 0=0\begin{cases}\neq f(x_0,y_0)=y_0, & y_0\neq 0,\\ =f(x_0,y_0)=y_0, & y_0=0,\end{cases}$$

即函数 $f(x,y)$ 在点 $(x_0,y_0)(y_0\neq 0)$ 不连续, 在点 $(x_0,0)$ 连续.

总之, 函数 $f(x,y)$ 在 $\{(x,y)|y=0\}$ 上连续, 在其他点都不连续.

练习 讨论函数 $f(x,y)=\begin{cases}\dfrac{\sin xy}{x^2+y^2}, & x^2+y^2\neq 0,\\ 0, & x^2+y^2=0\end{cases}$ 的连续性.

2. 设函数 $f(x,y)=\begin{cases}\dfrac{x}{(x^2+y^2)^p}, & x^2+y^2\neq 0,\\ 0, & x^2+y^2=0,\end{cases}$ 讨论它在点 $(0,0)$ 的连续性.

解 由于

$$\lim_{(x,y)\to(0,0)} f(x,y)=\lim_{(x,y)\to(0,0)}\frac{x}{(x^2+y^2)^p}$$
$$=\lim_{r\to 0}\frac{r\cos\theta}{r^{2p}}\begin{cases}=f(0,0), & p<\dfrac{1}{2},\\ \text{不存在}, & p\geqslant\dfrac{1}{2},\end{cases}$$

所以当 $p<\dfrac{1}{2}$ 时, 在点 $(0,0)$ 连续; 当 $p\geqslant\dfrac{1}{2}$ 时, 在点 $(0,0)$ 不连续.

例 16-3-2 解答下列各题 (连续函数的性质):

1. 叙述并证明二元连续函数的局部保号定理.

解 连续函数的局部保号定理: 记 $p_0=(x_0,y_0)$, 设 $f(x_0,y_0)>0$ (或 $f(x_0,y_0)<0$) 且 $f(x,y)$ 在点 (x_0,y_0) 连续, 则 $\exists\delta>0$, 使得 $f(x,y)$ 在 $U(p_0;\delta)$ 内大于零 (或小于零).

证明上述定理: 不妨设 $f(x_0,y_0)>0$ (否则考虑 $-f(x_0,y_0)$). 取 $\varepsilon=\dfrac{1}{2}f(x_0,y_0),\exists\delta>0$, 当 $p\in U(p_0;\delta)$ 时, 有

$$|f(p)-f(p_0)|<\varepsilon,$$

即

$$-\varepsilon<f(p)-f(p_0)<\varepsilon\Longleftrightarrow 0<\frac{1}{2}f(p_0)<f(p)<\frac{3}{2}f(p_0).$$

2. 证明: 若 $D\subset\mathbb{R}^2$ 是有界闭区域, f 为 D 上的连续函数, 且不是常数, 则 $f(D)$ 不仅有界, 而且是闭区间.

证 先证明 $f(D)$ 有界.

法一 用反证法及聚点原理. 假设 $f(D)$ 无界, 则对 $\forall M>0,\exists p\in D$, 使得 $|f(p)|>M$. 特别地, 对 $\forall n\in\mathbb{N},\exists p_n\in D$, 使得

$$|f(p_n)|>n.$$

由于 $\{p_n\}\subset D$ 有界, 由聚点原理及 D 为闭集, 则存在 $\{p_{n_k}\}\subset\{p_n\}\subset D$, 使得 $p_{n_k}\to p_0\in D$. 再由 f 在 D 上连续知 $f(p_{n_k})\to f(p_0)$. 这与 $|f(p_n)|>n$ 矛盾. 故 $f(D)$ 有界.

法二 因为 f 在 D 上连续, 由连续函数的局部有界定理知, 对 $\forall p_i\in D,\exists M_i>0,\delta_i>0$, 使得

$$|f(p)|<M_i,\quad\forall p\in U(p_i;\delta_i)\cap D.$$

这样 $\{U(p_i;\delta_i)|p_i\in D\}$ 为 D 的一个开覆盖, 由有限覆盖定理知存在 $U(p_i;\delta_i)(i=1,2,\cdots,k)$ 覆盖 D. 取 $M=\max\{M_1,M_2,\cdots,M_k\}$, 对 $\forall p\in D,\exists U(p_{i_0};\delta_{i_0})(i_0\in\{1,2,\cdots,k\})$, 使得 $p\in U(p_{i_0};\delta_{i_0})$, 因此

$$|f(p)|\leqslant M_{i_0}\leqslant M,$$

即 $f(D)$ 有界.

再证 $f(D)$ 为闭区间.

由闭集上连续函数的最值定理知, f 在 D 上取得最大值和最小值, 记为

$$M = \max_D f(p), \quad m = \min_D f(p).$$

由于 f 不是常数, 所以 $m < M$ 且 $f(D) \subset [m, M]$. 再由区域上连续函数的介值定理知, 对 $\forall \mu \in [m, M], \exists p_0 \in D$, 使得 $f(p_0) = \mu$. 因此有 $f(D) = [m, M]$.

注 定理中 $f(D)$ 的有界性只要求 D 为有界闭集 (不需要是闭区域), 而 $f(D)$ 为闭区间时需要点集的连通性, 从而需要 D 是闭区域.

例 16-3-3 解答下列各题 (有关一致连续性的证明):

1. 若一元函数 $\varphi(x)$ 在 $[a, b]$ 上连续, 令 $f(x, y) = \varphi(x), (x, y) \in D = [a, b] \times (-\infty, +\infty)$, 试讨论 $f(x, y)$ 在 D 上是否连续, 是否一致连续.

解 $f(x, y)$ 在 D 上连续且一致连续. 事实上, 对 $\forall (x_0, y_0) \in D$, 因为 $\varphi(x) \in C[a, b]$, 所以 $\varphi(x)$ 在点 x_0 连续, 即对 $\forall \varepsilon > 0, \exists \delta > 0$, 当 $|x - x_0| < \delta$ 时, 有 $|\varphi(x) - \varphi(x_0)| < \varepsilon$, 从而当 $|x - x_0| < \delta, |y - y_0| < \delta$ 时, 有

$$|f(x, y) - f(x_0, y_0)| = |\varphi(x) - \varphi(x_0)| < \varepsilon.$$

由 (x_0, y_0) 的任意性知 $f(x, y)$ 在 D 上连续.

因为 $\varphi(x) \in C[a, b]$, 由闭区间上连续函数的性质知 $\varphi(x)$ 在 $[a, b]$ 上一致连续, 即对 $\forall \varepsilon > 0, \exists \delta > 0$, 对 $\forall x_1, x_2 \in [a, b]$, 当 $|x_1 - x_2| < \delta$ 时, 有 $|\varphi(x_1) - \varphi(x_2)| < \varepsilon$, 从而对 $\forall (x_1, y_1), (x_2, y_2) \in D$, 当 $|x_1 - x_2| < \delta, |y_1 - y_2| < \delta$ 时, 有

$$|f(x_1, y_1) - f(x_2, y_2)| = |\varphi(x_1) - \varphi(x_2)| < \varepsilon,$$

即 $f(x, y)$ 在 D 上一致连续.

2. 设函数

$$f(x, y) = \frac{1}{1 - xy}, \quad (x, y) \in D = [0, 1) \times [0, 1),$$

证明: $f(x,y)$ 在 D 上连续, 但不一致连续.

证 对 $\forall (x_0,y_0)\in D$, 由连续函数的四则运算知 $f(x,y)$ 在点 (x_0,y_0) 连续.

取 $P_n\left(1-\frac{1}{n},1-\frac{1}{n}\right), Q_n\left(1-\frac{1}{\sqrt{n}},1-\frac{1}{\sqrt{n}}\right)$, 则

$$\begin{aligned}\rho(P_n,Q_n)&=\sqrt{\left(\frac{1}{n}-\frac{1}{\sqrt{n}}\right)^2+\left(\frac{1}{n}-\frac{1}{\sqrt{n}}\right)^2}\\&\leqslant\sqrt{\left(\frac{1}{n}\right)^2+\left(\frac{1}{n}\right)^2}+\sqrt{\left(\frac{1}{\sqrt{n}}\right)^2+\left(\frac{1}{\sqrt{n}}\right)^2}\\&\to 0\quad(n\to\infty),\end{aligned}$$

且

$$\begin{aligned}|f(P_n)-f(Q_n)|&=\frac{1}{1-\left(1-\frac{1}{n}\right)^2}-\frac{1}{1-\left(1-\frac{1}{\sqrt{n}}\right)^2}\\&=\frac{n^2}{2n-1}-\frac{n}{2\sqrt{n}-1}=n\left(\frac{n}{2n-1}-\frac{1}{2\sqrt{n}-1}\right).\end{aligned}$$

而

$$\lim_{n\to\infty}\left(\frac{n}{2n-1}-\frac{1}{2\sqrt{n}-1}\right)=\frac{1}{2},$$

于是 $\exists\varepsilon_0=\frac{1}{3}$, 对 $\forall\delta>0,\exists P_n,Q_n\in D$, 当 n 充分大时, 有 $\rho(P_n,Q_n)<\delta$, 但

$$|f(P_n)-f(Q_n)|>\varepsilon_0,$$

即 $f(x,y)$ 在 D 上不一致连续.

注 有界闭区域上的连续函数一定一致连续, 但有界非闭区域上的函数不一定一致连续. 有限区间 (a,b) 上的一致连续函数一定有界; 类似地, 有界区域上的一致连续函数也一定有界. 而此题中函数 $f(x,y)$ 在 $D=[0,1)\times[0,1)$ 上无界, 因此非一致连续.

3. 设 $f(x,y)$ 在 $\mathbb{R}^2$ 上连续, 且 $\lim\limits_{r\to+\infty}f(x,y)=A, r=\sqrt{x^2+y^2}$, 证明:

(1) $f(x,y)$ 在 $\mathbb{R}^2$ 上有界;　　(2) $f(x,y)$ 在 $\mathbb{R}^2$ 上一致连续.

证 (1) 因为 $\lim\limits_{r\to+\infty} f(x,y)=A$, 所以对 $\varepsilon=1, \exists R>0$, 当 $r>R$ 时, 有

$$|f(x,y)-A|<1 \Longrightarrow |f(x,y)|<1+|A|.$$

又因为 $f(x,y)$ 在有界闭集 $D:=\{(x,y)|x^2+y^2\leqslant R^2\}$ 上连续, 由有界闭集上连续函数的性质可知, $\exists M_1>0$, 使得对 $\forall(x,y)\in D$, 有 $|f(x,y)|\leqslant M_1$. 取 $M=\max\{M_1,1+|A|\}$, 则对 $\forall(x,y)\in\mathbb{R}^2$, 有 $|f(x,y)|\leqslant M$, 即 $f(x,y)$ 在 $\mathbb{R}^2$ 上有界.

(2) 因为 $\lim\limits_{r\to+\infty} f(x,y)=A$, 所以对 $\forall\varepsilon>0, \exists R>0$, 当 $r\geqslant R$ 时, 有

$$|f(x,y)-A|<\frac{\varepsilon}{2}.$$

因此, 当 $r_1:=\sqrt{x_1^2+y_1^2}\geqslant R, r_2:=\sqrt{x_2^2+y_2^2}\geqslant R$ 时, 有

$$|f(x_1,y_1)-f(x_2,y_2)|\leqslant|f(x_1,y_1)-A|+|f(x_2,y_2)-A|<\varepsilon. \tag{1}$$

又因为 f 在 $E:=\{(x,y)|x^2+y^2\leqslant(R+1)^2\}$ 上连续, 由闭区域上连续函数的一致连续性知 f 在 E 上一致连续, 因此对上述 $\varepsilon<0, \exists\delta_1>0$, 对 $\forall P_1(x_1,y_1),P_2(x_2,y_2)\in E$, 当 $\rho(P_1,P_2)<\delta_1$ 时, 有

$$|f(x_1,y_1)-f(x_2,y_2)|<\varepsilon. \tag{2}$$

取 $\delta=\min\{\delta_1,1\}$, 对 $\forall P_1(x_1,y_1),P_2(x_2,y_2)\in\mathbb{R}^2$, 当 $\rho(P_1,P_2)<\delta$ 时, 有

(i) 若 $P_1(x_1,y_1),P_2(x_2,y_2)\in E$, 由 (2) 式知

$$|f(x_1,y_1)-f(x_2,y_2)|<\varepsilon.$$

(ii) 若 $P_1(x_1,y_1),P_2(x_2,y_2)$ 满足 $\sqrt{x_1^2+y_1^2}\geqslant R, \sqrt{x_2^2+y_2^2}\geqslant R$, 由 (1) 式知

$$|f(x_1,y_1)-f(x_2,y_2)|<\varepsilon.$$

总之, 有 $|f(x_1,y_1)-f(x_2,y_2)|<\varepsilon$. 所以 $f(x,y)$ 在 $\mathbb{R}^2$ 上一致连续.

4. 设 (1) 函数 $f(x,y)$ 在 $[a,b]\times[c,d]$ 上连续; (2) $\{\varphi_k(x)\}$ 在 $[a,b]$ 上一致收敛, 且 $c\leqslant\varphi_k(x)\leqslant d, x\in[a,b], k=1,2,\cdots$. 试证: $\{F_k(x)\}:=\{f(x,\varphi_k(x))\}$ 在 $[a,b]$ 上一致收敛.

证 由函数列一致收敛的 Cauchy 准则, 只需证明对 $\forall\varepsilon>0$, $\exists N>0$, 当 $n,m>N$ 时, 对 $\forall x\in[a,b]$, 有

$$|F_n(x)-F_m(x)|<\varepsilon.$$

事实上, 由条件 (1) 及闭区域上连续函数的一致连续性知, 对 $\forall\varepsilon>0,\exists\delta>0$, 对 $\forall(x',y'),(x'',y'')\in[a,b]\times[c,d]$, 当 $|x'-x''|<\delta$, $|y'-y''|<\delta$ 时, 有

$$|f(x',y')-f(x'',y'')|<\varepsilon. \tag{1}$$

由条件 (2) 及函数列一致收敛的 Cauchy 准则知, 对上述 $\delta>0,\exists N>0$, 当 $n,m>N$ 时, 对 $\forall x\in[a,b]$, 有

$$|\varphi_n(x)-\varphi_m(x)|<\delta. \tag{2}$$

此时, 由 (1), (2) 两式知

$$|F_n(x)-F_m(x)|=|f(x,\varphi_n(x))-f(x,\varphi_m(x))|<\varepsilon.$$

注 在一元函数连续性部分也有类似的结果.

例 16-3-4 解答下列各题 (关于单变量连续和连续关系的证明):

1. 设函数 $f(x,y)$ 定义在闭矩形域 $S=[a,b]\times[c,d]$ 上. 若 $f(x,y)$ 对 y 在 $[c,d]$ 上处处连续, 对 x 在 $[a,b]$ 上 (且关于 y) 为一致连续, 证明: $f(x,y)$ 在 S 上处处连续.

证 对 $\forall(x_0,y_0)\in S,\forall\varepsilon>0,\exists\delta_1>0$, 当 $|x-x_0|<\delta_1$ 时, 对 $\forall y\in[c,d]$, 有

$$|f(x,y)-f(x_0,y)|<\frac{\varepsilon}{2}.$$

又因为 $f(x_0,y)$ 在点 y_0 连续, 对上述 $\varepsilon>0,\exists\delta_2>0$, 当 $|y-y_0|<\delta_2$ 时, 有

$$|f(x_0,y)-f(x_0,y_0)|<\frac{\varepsilon}{2}.$$

取 $\delta=\min\{\delta_1,\delta_2\}$, 当 $|x-x_0|<\delta,|y-y_0|<\delta$ 时, 有

$$|f(x,y)-f(x_0,y_0)|\leqslant|f(x,y)-f(x_0,y)|+|f(x_0,y)-f(x_0,y_0)|<\varepsilon,$$

所以 $f(x,y)$ 在点 (x_0,y_0) 连续. 由 (x_0,y_0) 的任意性知 $f(x,y)$ 在 S 上连续.

2. 设函数 $f(x,y)$ 在点集 $G\subset\mathbb{R}^2$ 上对 x 连续, 对 y 满足 Lipchitz 条件:

$$|f(x,y')-f(x,y'')|\leqslant L|y'-y''|,$$

其中 $(x,y'),(x,y'')\in G,L$ 为正常数, 证明: $f(x,y)$ 在 G 上处处连续.

证 对 $\forall(x_0,y_0)\in G,\forall\varepsilon>0,\exists\delta_1>\dfrac{\varepsilon}{2L}$, 当 $|y-y_0|<\delta_1$ 时, 对 $\forall x$, 有

$$|f(x,y)-f(x,y_0)|\leqslant L|y-y_0|<\frac{\varepsilon}{2}.$$

又因为 $f(x,y_0)$ 在点 x_0 连续, 所以对上述 $\varepsilon>0,\exists\delta_2>0$, 当 $|x-x_0|<\delta_2$ 时, 有

$$|f(x,y_0)-f(x_0,y_0)|<\frac{\varepsilon}{2}.$$

取 $\delta=\min\{\delta_1,\delta_2\}$, 当 $|x-x_0|<\delta,|y-y_0|<\delta$ 时, 有

$$|f(x,y)-f(x_0,y_0)|\leqslant|f(x,y)-f(x,y_0)|+|f(x,y_0)-f(x_0,y_0)|<\varepsilon,$$

所以 $f(x,y)$ 在点 (x_0,y_0) 连续. 由 (x_0,y_0) 的任意性知 $f(x,y)$ 在 G 上连续.

注 Lipchitz 连续一定一致连续, 因此此题的条件比第 1 题的条件强.

3. 设函数 $f(x,y)$ 在 $\mathbb{R}^2$ 上分别对每一个自变量 x 和 y 是连续的, 并且每当固定 x 时, 对 y 是单调的, 证明: $f(x,y)$ 是 $\mathbb{R}^2$ 上的连续函数.

证 不妨设 $f(x,y)$ 关于 y 单调递增. 对 $\forall(x_0,y_0)\in\mathbb{R}^2$, 因为 $f(x,y)$ 关于 y 连续, 所以对 $\forall\varepsilon>0,\exists\delta_1>0$, 使得

$$|f(x_0,y_0\pm\delta_1)-f(x_0,y_0)|<\frac{\varepsilon}{4}. \tag{1}$$

又 $f(x,y)$ 关于 x 连续, 故对上述 $\varepsilon>0, \exists\delta_2>0$, 当 $|x-x_0|<\delta_2$ 时, 有

$$|f(x,y_0\pm\delta_1)-f(x_0,y_0\pm\delta_1)|<\frac{\varepsilon}{4}. \tag{2}$$

取 $\delta=\min\{\delta_1,\delta_2\}$, 当 $|x-x_0|<\delta, |y-y_0|<\delta$ 时, 有

$$f(x,y_0-\delta_1)-f(x_0,y_0)\leqslant f(x,y)-f(x_0,y_0)\leqslant f(x,y_0+\delta_1)-f(x_0,y_0),$$

故

$$\begin{aligned}|f(x,y)-f(x_0,y_0)|\leqslant \max\{\ &|f(x,y_0-\delta_1)-f(x_0,y_0)|,\\ &|f(x,y_0+\delta_1)-f(x_0,y_0)|\}.\end{aligned} \tag{3}$$

由 (1), (2) 两式知, 当 $|x-x_0|<\delta$ 时, 有

$$\begin{aligned}|f(x,y_0\pm\delta_1)-f(x_0,y_0)|\leqslant{}&|f(x,y_0\pm\delta_1)-f(x_0,y_0\pm\delta_1)|\\ &+|f(x_0,y_0\pm\delta_1)-f(x_0,y_0)|<\frac{\varepsilon}{2}.\end{aligned} \tag{4}$$

由 (3), (4) 两式知

$$|f(x,y)-f(x_0,y_0)|<\varepsilon.$$

由 (x_0,y_0) 的任意性知 $f(x,y)$ 在 $\mathbb{R}^2$ 上连续.

总 练 习 题

例 16-z-1 解答下列各题 (有关点集的证明):

1. 设 $E\subset\mathbb{R}^2$ 是有界闭集, $d(E)$ 为 E 的直径, 证明: 存在 $p_1,p_2\in E$, 使得

$$\rho(p_1,p_2)=d(E).$$

证 因为 $d(E)=\sup\limits_{p',p''\in E}\rho(p',p'')$, 由上确界的定义知 $\exists p_n',p_n''\in E\ (n=1,2,\cdots)$, 使得

$$\lim_{n\to\infty}\rho(p_n',p_n'')=d(E). \tag{1}$$

因为 E 为有界闭集，所以 $E\times E$ 也为有界闭集. 由聚点原理知, $\exists\{p'_{n_k}\}\subset\{p'_n\},\{p''_{n_k}\}\subset\{p''_n\}$, 使得 $(p'_{n_k},p''_{n_k})\to(p_1,p_2)\in E\times E$. 再由距离函数 ρ 的连续性及 (1) 式可知

$$\rho(p_1,p_2)=\lim_{n\to\infty}\rho(p'_{n_k},p''_{n_k})=d(E).$$

注 要证明存在点满足某结论, 一般采用聚点原理 "聚出" 点, 闭集套定理 "套出" 点, 介值定理 "介出" 点, 简称 "聚" "套" "介" 方法.

2. 设 $f(x,y)$ 为定义在 $\mathbb{R}^2$ 上的连续函数, α 是任一实数, 记

$$E=\{(x,y)|f(x,y)>\alpha,(x,y)\in\mathbb{R}^2\},$$
$$F=\{(x,y)|f(x,y)\geqslant\alpha,(x,y)\in\mathbb{R}^2\},$$

证明: E 是开集, F 是闭集.

证 (1) 要证明 E 是开集, 只要证明 E 中任意点为内点即可. 事实上, 对 $\forall(x_0,y_0)\in E$, 有

$$f(x_0,y_0)>\alpha\Longleftrightarrow f(x_0,y_0)-\alpha>0,$$

由连续函数局部保号性可知, $\exists\delta>0$, 当 $(x,y)\in U((x_0,y_0);\delta)$ 时, 有

$$F(x,y):=f(x,y)-\alpha>0,$$

即 $U((x_0,y_0);\delta)\subset E$. 由 (x_0,y_0) 的任意性知 E 是开集.

(2) 要证 F 是闭集, 只要证明 F 的任意聚点都属于 F 即可. 事实上, 设 $p_0(x_0,y_0)$ 为 F 的任意聚点, 由聚点的定义知 $\exists\{p_n\}\subset F$, 使得 $\lim\limits_{n\to\infty}\rho(p_n,p_0)=0$. 由 $f(p_n)\geqslant\alpha$ 及 $f(x,y)$ 的连续性可知

$$f(p_0)=\lim_{n\to\infty}f(p_n)\geqslant\alpha,$$

即 $p_0(x_0,y_0)\in F$.

注 要证 E 是开集 $\Longleftrightarrow$ 证明 E^c 为闭集; 要证 F 是闭集 $\Longleftrightarrow$ 证明 F^c 为开集.

例 16-z-2 解答下列各题 (有关极限的证明):

1. 设函数 $f(x,y)=\dfrac{1}{xy}, k>1$, 记

$$r=\sqrt{x^2+y^2},\quad D_1=\left\{(x,y)\left|\frac{1}{k}x\leqslant y\leqslant kx\right.\right\},$$
$$D_2=\{(x,y)|x>0,y>0\},$$

试分别讨论 $i=1,2$ 时极限 $\lim\limits_{\substack{r\to+\infty\\(x,y)\in D_i}} f(x,y)$ 是否存在.

解 (1) 由于 $k>1$, 所以 $D_1=\left\{(x,y)\left|\frac{1}{k}x\leqslant y\leqslant kx\right.\right\}$ 在第一象限, 从而

$$\frac{1}{kx^2}\leqslant\frac{1}{xy}\leqslant\frac{k}{x^2}. \tag{1}$$

注意到在 D_1 上 $r\to+\infty\Longleftrightarrow x\to+\infty$, 由 (1) 式及两边夹定理知

$$\lim_{\substack{r\to+\infty\\(x,y)\in D_1}} f(x,y)=0.$$

(2) 由于

$$\lim_{\substack{r\to+\infty\\(x,y)\in D_2\\y=1/x}} f(x,y)=\lim_{r\to+\infty}1=1,$$
$$\lim_{\substack{r\to+\infty\\(x,y)\in D_2\\y=1/x^2\\x\to+\infty}} f(x,y)=\lim_{x\to+\infty}x=+\infty,$$

即沿着两条不同路径其极限不同 (或沿着某条路径其极限不存在), 因此 $\lim\limits_{\substack{r\to+\infty\\(x,y)\in D_2}} f(x,y)$ 不存在.

2. 设 $\lim\limits_{y\to y_0}\phi(y)=A$, $\lim\limits_{x\to x_0}\psi(x)=0$, 且在点 (x_0,y_0) 附近有 $|f(x,y)-\phi(y)|\leqslant|\psi(x)|$, 证明:

$$\lim_{(x,y)\to(x_0,y_0)} f(x,y)=A.$$

证 在点 (x_0,y_0) 附近, 由条件可知

$$|f(x,y)-A|\leqslant|f(x,y)-\phi(y)|+|\phi(y)-A|\leqslant|\psi(x)|+|\phi(y)-A|. \tag{1}$$

再由条件可知, 对 $\forall\varepsilon>0,\exists\delta>0$, 当 $(x,y)\in U((x_0,y_0);\delta)$ 时, 有

$$|\phi(y)-A|<\frac{\varepsilon}{2},\quad |\psi(x)-0|<\frac{\varepsilon}{2},$$

此时, 由 (1) 式可知

$$|f(x,y)-A|<\varepsilon,$$

即

$$\lim_{(x,y)\to(x_0,y_0)}f(x,y)=A.$$

注 此证明应用插项法. 这类问题先根据条件得到 (1) 式, 再利用条件结合 (1) 式得到结果.

3. 设函数 $f(t)$ 在区间 (a,b) 内具有连续导数, 函数

$$F(x,y)=\begin{cases}\dfrac{f(x)-f(y)}{x-y}, & x\neq y,\\ f'(x), & x=y\end{cases}$$

定义在区域 $D=(a,b)\times(a,b)$ 上, 证明: 对 $\forall c\in(a,b)$, 有

$$\lim_{(x,y)\to(c,c)}F(x,y)=f'(c).$$

证 由 Lagrange 中值定理得

$$F(x,y)=\frac{f(x)-f(y)}{x-y}=f'(x+\theta(y-x)),\quad \theta\in(0,1),x\neq y,$$

再结合 $f'(t)$ 的连续性可得

$$\lim_{(x,y)\to(c,c)}F(x,y)=\lim_{(x,y)\to(c,c)}f'(x+\theta(y-x))=f'(c).$$

注 此结果也说明了函数 $F(x,y)$ 在 $\forall(\xi,\xi)\in(a,b)\times(a,b)$ 处的连续性.

例 16-z-3 解答下列各题 (有关一致连续的证明):

1. 设 $f(x,y)$ 在有界开集 E 上一致连续, 证明:

(1) 可将 $f(x,y)$ 连续延拓到 E 的边界;

(2) $f(x,y)$ 在 E 上有界.

证 (1) 对 $\forall p_0\in\partial E$, 因为 $f(x,y)$ 在 E 上一致连续, 所以对 $\forall\varepsilon>0,\exists\delta>0$, 对 $\forall p,q\in E$, 当 $\rho(p,q)<\delta$ 时, 有

$$|f(p)-f(q)|<\varepsilon.$$

特别地, 对 $\forall p,q\in U^\circ\left(p_0;\dfrac{\delta}{2}\right)\cap E$, 有

$$|f(p)-f(q)|<\varepsilon,$$

由函数极限存在的 Cauchy 准则知 $\lim\limits_{\substack{p\to p_0\\p\in E}}f(p)$ 存在. 定义 $f(p_0)=\lim\limits_{\substack{p\to p_0\\p\in E}}f(p)$ 即实现 $f(x,y)$ 连续延拓到 E 的边界.

(2) 令

$$F(x,y)=\begin{cases}f(x,y), & (x,y)\in E,\\ \lim\limits_{\substack{(u,v)\to(x,y)\\(u,v)\in E}}f(u,v), & (x,y)\in\partial E,\end{cases}$$

则 $F(x,y)$ 在有界闭集 $\overline{E}:=E\cup\partial E$ 上连续. 由有界闭集上连续函数的性质可知 $F(x,y)$ 在 $\overline{E}:=E\cup\partial E$ 上有界, 从而 $f(x,y)$ 在 E 上有界.

2. 设函数 $u=\varphi(x,y)$ 与 $v=\psi(x,y)$ 在 xy 平面中的点集 E 上一致连续; $\varphi(x,y)$ 与 $\psi(x,y)$ 把点集 E 映射为 uv 平面中的点集 D, $f(u,v)$ 在 D 上一致连续. 证明: 复合函数 $f(\varphi(x,y),\psi(x,y))$ 在 E 上一致连续.

证 因为 $f(u,v)$ 在 D 上一致连续, 所以对 $\forall\varepsilon>0,\exists\eta>0$, 对 $\forall(u,v),(u',v')\in D$, 当 $|u-u'|<\eta,|v-v'|<\eta$ 时, 有

$$|f(u,v)-f(u',v')|<\varepsilon.$$

由 $u=\varphi(x,y)$ 与 $v=\psi(x,y)$ 在 xy 平面中的点集 E 上一致连续知, 对上述 $\eta>0,\exists\delta>0$, 对 $\forall(x,y),(x',y')\in E$, 当 $|x-x'|<\delta,|y-y'|<\delta$ 时, 有

$$|\varphi(x,y)-\varphi(x',y')|<\eta,\quad |\psi(x,y)-\psi(x',y')|<\eta,$$

从而

$$|f(\varphi(x,y),\psi(x,y))-f(\varphi(x',y'),\psi(x',y'))|<\varepsilon,$$

即复合函数 $f(\varphi(x,y),\psi(x,y))$ 在 E 上一致连续.

第十七章　多元函数微分学

§ 17.1　偏导数与全微分

内容要求　掌握偏导数和全微分的背景、定义, 连续、偏导数存在、可微的关系, 可微的必要条件、充分条件、充分必要条件, 曲面的切平面方程和法线方程的求法, 近似值和误差界的求法.

例 17-1-1　解答下列各题 (偏导数、连续性和可微性):

1. 求下列函数的偏导数:

(1) $z=x^2y$;　　(2) $z=y\cos x$;

(3) $z=\dfrac{1}{\sqrt{x^2+y^2}}$;　　(4) $z=\ln(x+y^2)$;

(5) $z=\mathrm{e}^{xy}$;　　(6) $z=\arctan\dfrac{y}{x}$;

(7) $z=xy\mathrm{e}^{\sin(xy)}$;　　(8) $u=\dfrac{y}{x}+\dfrac{z}{y}-\dfrac{x}{z}$;

(9) $u=(xy)^z$;　　*(10) $u=x^{y^z}$.

解　(1) 由偏导数求导法则可得

$$z_x=2xy,\quad z_y=x^2.$$

(2) 由偏导数求导法则可得

$$z_x=-y\sin x,\quad z_y=\cos x.$$

(3) 由偏导数求导法则可得

$$\begin{aligned}z_x&=\frac{\partial}{\partial x}\left(\frac{1}{\sqrt{x^2+y^2}}\right)=\frac{\partial}{\partial x}((x^2+y^2)^{-1/2})\\&=-x(x^2+y^2)^{-3/2},\\z_y&=\frac{\partial}{\partial y}\left(\frac{1}{\sqrt{x^2+y^2}}\right)=\frac{\partial}{\partial y}((x^2+y^2)^{-1/2})\end{aligned}$$

$$= -y(x^2+y^2)^{-3/2}.$$

(4) 由偏导数求导法则可得

$$z_x = \frac{1}{x+y^2}, \quad z_y = \frac{2y}{x+y^2}.$$

(5) 由偏导数求导法则可得

$$z_x = y\mathrm{e}^{xy}, \quad z_y = x\mathrm{e}^{xy}.$$

(6) 由偏导数求导法则可得

$$z_x = \frac{-\dfrac{y}{x^2}}{1+\left(\dfrac{y}{x}\right)^2} = \frac{-y}{x^2+y^2}, \quad z_y = \frac{\dfrac{1}{x}}{1+\left(\dfrac{y}{x}\right)^2} = \frac{x}{x^2+y^2}.$$

(7) 由偏导数求导法则可得

$$z_x = y\mathrm{e}^{\sin(xy)} + xy^2\mathrm{e}^{\sin(xy)}\cos(xy) = \mathrm{e}^{\sin(xy)}[y+xy^2\cos(xy)],$$
$$z_y = x\mathrm{e}^{\sin(xy)} + x^2y\mathrm{e}^{\sin(xy)}\cos(xy) = \mathrm{e}^{\sin(xy)}[x+x^2y\cos(xy)].$$

(8) 由偏导数求导法则可得

$$u_x = -\frac{y}{x^2} - \frac{1}{z}, \quad u_y = \frac{1}{x} - \frac{z}{y^2}, \quad u_z = \frac{1}{y} + \frac{x}{z^2}.$$

(9) 由偏导数求导法则可得

$$u_x = zy(xy)^{z-1}, \quad u_y = zx(xy)^{z-1}, \quad u_z = (xy)^z\ln(xy).$$

(10) 由偏导数求导法则可得

$$u_x = y^z x^{(y^z-1)}, \quad u_y = x^{y^z}\ln x\cdot(zy^{z-1}) = zy^{z-1}x^{y^z}\ln x,$$
$$u_z = x^{y^z}y^z\ln x\ln y.$$

注 本题中的 (7), (9), (10) 也可以用复合函数求导法则来求.

2. 设函数 $f(x,y) = x+(y-1)\arcsin\sqrt{\dfrac{x}{y}}$, 求 $f_x(x,1)$.

解　法一　先代入 $y=1$, 再对 x 求导数:

$$f(x,1)=x\Longrightarrow f_x(x,1)=1.$$

法二　先对 x 求偏导数, 再代入 $y=1$:

$$f_x(x,y)=1+(y-1)\frac{\dfrac{1}{2}\sqrt{\dfrac{1}{xy}}}{\sqrt{1-\dfrac{x}{y}}}\Longrightarrow f_x(x,1)=1.$$

注　求偏导数就是把其他变量均看成常数, 因此先代入其他变量再求导数和先求偏导数再代入其他变量都是可以的. 比较两种方法, 显然是先代入其他变量再求导数简单些.

3. 设函数 $f(x,y)=\begin{cases} y\sin\dfrac{1}{x^2+y^2}, & x^2+y^2\neq 0,\\ 0, & x^2+y^2=0,\end{cases}$ 考察 $f(x,y)$ 在点 $(0,0)$ 的偏导数.

解　由于

$$\lim_{x\to 0}\frac{f(x,0)-f(0,0)}{x}=\lim_{x\to 0}\frac{0-0}{x}=0,$$

所以 $f_x(0,0)=0$.

由于

$$\lim_{y\to 0}\frac{f(0,y)-f(0,0)}{y}=\lim_{y\to 0}\sin\frac{1}{y^2}$$

不存在, 所以 $f_y(0,0)$ 不存在.

注　$f(x,y)$ 在点 $(0,0)$ 连续, 一个偏导数存在而另一个偏导数不存在 (当然不可微), 方向导数 $(\alpha\neq 0,\pi,2\pi)$ 也不存在.

4. 证明: 函数 $f(x,y)=\sqrt{x^2+y^2}$ 在点 $(0,0)$ 连续, 但偏导数不存在.

证　令 $\begin{cases} x=r\cos\theta,\\ y=r\sin\theta,\end{cases}$ 则

$$\lim_{(x,y)\to(0,0)}\sqrt{x^2+y^2}=\lim_{r\to 0}r=0=f(0,0).$$

由连续函数的定义知 $f(x,y)$ 在点 $(0,0)$ 连续.

由于

$$\lim_{x\to 0}\frac{f(x,0)-f(0,0)}{x}=\lim_{x\to 0}\frac{\sqrt{x^2}}{x}=\lim_{x\to 0}\frac{|x|}{x}$$

不存在, 所以 $f_x(0,0)$ 不存在. 同理, $f_y(0,0)$ 不存在.

注 $f(x,y)$ 在点 $(0,0)$ 连续, 其偏导数都不存在 (从而不可微), 但沿任何方向的方向导数都等于 1. 也就是说, 任何方向的方向导数都存在且相等的函数其偏导数也不一定存在, 从而不一定可微. 曲面 $z=f(x,y)=\sqrt{x^2+y^2}$ 表示顶角为 90° 的倒立锥面.

5. 考察函数

$$f(x,y)=\begin{cases}xy\sin\dfrac{1}{x^2+y^2}, & x^2+y^2\neq 0,\\ 0, & x^2+y^2=0\end{cases}$$

在点 $(0,0)$ 的可微性.

解 由偏导数的定义容易求得

$$f_x(0,0)=f_y(0,0)=0.$$

由于

$$\begin{aligned}&\lim_{(x,y)\to(0,0)}\frac{f(x,y)-f(0,0)-f_x(0,0)x-f_y(0,0)y}{\sqrt{x^2+y^2}}\\ =&\lim_{(x,y)\to(0,0)}\frac{xy\sin\dfrac{1}{x^2+y^2}}{\sqrt{x^2+y^2}}=\lim_{r\to 0}\frac{r^2\cos\theta\sin\theta\sin\dfrac{1}{r^2}}{r}=0,\end{aligned}$$

由可微的定义知函数 $f(x,y)$ 在点 $(0,0)$ 可微.

注 $f(x,y)$ 在点 $(0,0)$ 可微, 由可微的必要条件可知此函数在点 $(0,0)$ 连续、偏导数存在、方向导数也存在.

6. 证明: 函数

$$f(x,y)=\begin{cases}\dfrac{x^2y}{x^2+y^2}, & x^2+y^2\neq 0,\\ 0, & x^2+y^2=0\end{cases}$$

在点 $(0,0)$ 连续且偏导数存在, 但不可微.

证 令 $\begin{cases} x = r\cos\theta, \\ y = r\sin\theta, \end{cases}$ 则

$$\lim_{(x,y)\to(0,0)} \frac{x^2y}{x^2+y^2} = \lim_{r\to 0} r\cos^2\theta\sin\theta = 0 = f(0,0),$$

由连续函数的定义知 $f(x,y)$ 在点 $(0,0)$ 连续.

由偏导数的定义容易求得

$$f_x(0,0) = f_y(0,0) = 0.$$

由于

$$\begin{aligned}
&\lim_{(x,y)\to(0,0)} \frac{f(x,y)-f(0,0)-f_x(0,0)x-f_y(0,0)y}{\sqrt{x^2+y^2}} \\
&= \lim_{(x,y)\to(0,0)} \frac{\dfrac{x^2y}{x^2+y^2}}{\sqrt{x^2+y^2}} = \lim_{r\to 0} \frac{r^3\cos^2\theta\sin\theta}{r^3} \\
&= \cos^2\theta\sin\theta \neq 0 \quad \left(\theta \neq 0, \frac{\pi}{2}, \pi, \frac{3}{2}\pi, 2\pi\right),
\end{aligned}$$

由可微的定义知函数 $f(x,y)$ 在点 $(0,0)$ 不可微.

注 此函数在点 (0, 0) 沿任何方向的方向导数都存在.

7. 证明: 函数

$$f(x,y) = \begin{cases} (x^2+y^2)\sin\dfrac{1}{\sqrt{x^2+y^2}}, & x^2+y^2 \neq 0, \\ 0, & x^2+y^2 = 0 \end{cases}$$

在点 $(0,0)$ 连续、偏导数存在且可微, 但偏导数在点 $(0,0)$ 不连续.

证 (1) 由于 $0 \leqslant \left|(x^2+y^2)\sin\dfrac{1}{\sqrt{x^2+y^2}}\right| \leqslant x^2+y^2$, 由两边夹定理可知

$$\lim_{(x,y)\to(0,0)} (x^2+y^2)\sin\frac{1}{\sqrt{x^2+y^2}} = \lim_{(x,y)\to(0,0)} (x^2+y^2) = 0 = f(0,0),$$

再由连续函数的定义可知 $f(x,y)$ 在点 $(0,0)$ 连续.

(2) 由偏导数的定义容易求得

$$f_x(0,0)=f_y(0,0)=0.$$

(3) 由于

$$\begin{aligned}&\lim_{(x,y)\to(0,0)}\frac{f(x,y)-f(0,0)-f_x(0,0)x-f_y(0,0)y}{\sqrt{x^2+y^2}}\\=&\lim_{(x,y)\to(0,0)}\frac{(x^2+y^2)\sin\dfrac{1}{\sqrt{x^2+y^2}}}{\sqrt{x^2+y^2}}\\=&\lim_{(x,y)\to(0,0)}\sqrt{x^2+y^2}\sin\frac{1}{\sqrt{x^2+y^2}}=0,\end{aligned}$$

由可微的定义知函数 $f(x,y)$ 在点 $(0,0)$ 可微.

(4) 我们有

$$f_x(x,y)=\begin{cases}2x\sin\dfrac{1}{\sqrt{x^2+y^2}}-\dfrac{x}{\sqrt{x^2+y^2}}\cos\dfrac{1}{\sqrt{x^2+y^2}}, & x^2+y^2\neq 0,\\ 0, & x^2+y^2=0,\end{cases}$$

$$f_y(x,y)=\begin{cases}2y\sin\dfrac{1}{\sqrt{x^2+y^2}}-\dfrac{y}{\sqrt{x^2+y^2}}\cos\dfrac{1}{\sqrt{x^2+y^2}}, & x^2+y^2\neq 0,\\ 0, & x^2+y^2=0.\end{cases}$$

由于

$$\begin{aligned}\lim_{\substack{(x,y)\to(0,0)\\y=0}}f_x(x,y)&=2\lim_{\substack{(x,y)\to(0,0)\\y=0}}x\sin\frac{1}{\sqrt{x^2+y^2}}\\&\quad-\lim_{\substack{(x,y)\to(0,0)\\y=0}}\frac{x}{\sqrt{x^2+y^2}}\cos\frac{1}{\sqrt{x^2+y^2}}\\&=0-\lim_{x\to 0}\frac{x}{|x|}\cos\frac{1}{|x|},\end{aligned}$$

又

$$\left.\begin{aligned}&\lim_{x=\frac{1}{2n\pi}\to 0}\frac{x}{|x|}\cos\frac{1}{|x|}=1,\\&\lim_{x=\frac{1}{2n\pi+\frac{\pi}{2}}\to 0}\frac{x}{|x|}\cos\frac{1}{|x|}=0\end{aligned}\right.\quad(n\in\mathbb{N}^+),$$

即 $\lim\limits_{\substack{(x,y)\to(0,0)\\ y=0}} f_x(x,y)$ 不存在, 故 $\lim\limits_{(x,y)\to(0,0)} f_x(x,y)$ 不存在, 从而偏导数 $f_x(x,y)$ 在点 $(0,0)$ 不连续.

同理, 偏导数 $f_y(x,y)$ 在点 $(0,0)$ 不连续.

注 偏导数存在且偏导数连续是函数可微的充分非必要条件; 证明函数的极限不存在一般只要证明 "沿着某条路径其极限不存在" "沿着两条不同路径其极限不同" "两个累次极限存在但不相等" 中的任何一条.

例 17-1-2 解答下列各题 (全微分):

1. 求下列函数在给定点的全微分:

(1) $z=x^4+y^4-4x^2y^2$, 在点 $(0,0),(1,1)$;

(2) $z=\dfrac{x}{\sqrt{x^2+y^2}}$, 在点 $(1,0),(0,1)$.

解 (1) 由偏导数求导法则容易得 $z_x(0,0)=0, z_y(0,0)=0$, 再由全微分的定义可知

$$\mathrm{d}z|_{(0,0)}=z_x(0,0)\mathrm{d}x+z_y(0,0)\mathrm{d}y=0.$$

由偏导数求导法则容易得 $z_x(1,1)=-4, z_y(1,1)=-4$, 再由全微分的定义可知

$$\mathrm{d}z|_{(1,1)}=z_x(1,1)\mathrm{d}x+z_y(1,1)\mathrm{d}y=-4(\mathrm{d}x+\mathrm{d}y).$$

(2) 由偏导数求导法则容易得 $z_x(1,0)=0, z_y(1,0)=0$, 再由全微分的定义可知

$$\mathrm{d}z|_{(1,0)}=z_x(1,0)\mathrm{d}x+z_y(1,0)\mathrm{d}y=0.$$

由偏导数求导法则容易得 $z_x(0,1)=1, z_y(0,1)=0$, 再由全微分的定义可知

$$\mathrm{d}z|_{(0,1)}=z_x(0,1)\mathrm{d}x+z_y(0,1)\mathrm{d}y=\mathrm{d}x.$$

注 求函数的全微分关键是求偏导数. 求在具体点处的偏导数一般采用两种方法: (1) 求关于一个变量的偏导数时, 将其他变

量的值代入化为求一元函数的导数; (2) 由偏导数求导法则求偏导数后再代入变量的值.

2. 求下列函数的全微分:

(1) $z=y\sin(x+y)$;　　(2) $u=x\mathrm{e}^{yz}+\mathrm{e}^{-z}+y$.

解　(1) 由偏导数求导法则可得

$$z_x=y\cos(x+y),\quad z_y=\sin(x+y)+y\cos(x+y),$$

再由全微分的定义可知

$$\mathrm{d}z=[y\cos(x+y)]\mathrm{d}x+[\sin(x+y)+y\cos(x+y)]\mathrm{d}y.$$

(2) 由偏导数求导法则可得

$$u_x=\mathrm{e}^{yz},\quad u_y=xz\mathrm{e}^{yz}+1,\quad u_z=xy\mathrm{e}^{yz}-\mathrm{e}^{-z},$$

再由全微分的定义可知

$$\mathrm{d}u=\mathrm{e}^{yz}\mathrm{d}x+(xz\mathrm{e}^{yz}+1)\mathrm{d}y+(xy\mathrm{e}^{yz}-\mathrm{e}^{-z})\mathrm{d}z.$$

注　这里仅是求一阶全微分. 当 x,y 为自变量时, 高阶全微分公式为

$$\mathrm{d}^kz=\left(\mathrm{d}x\frac{\partial}{\partial x}+\mathrm{d}y\frac{\partial}{\partial y}\right)^kz(x,y).$$

例 17-1-3　解答下列各题 (几何应用):

1. 求曲面 $z=\arctan\dfrac{y}{x}$ 在点 $P_0\left(1,1,\dfrac{\pi}{4}\right)$ 处的切平面方程和法线方程.

解　曲面法向量的方向数为

$$\overrightarrow{n}=(f_x,f_y,-1)_{P_0}=\left(-\frac{y}{x^2+y^2},\frac{x}{x^2+y^2},-1\right)_{P_0}=\left(-\frac{1}{2},\frac{1}{2},-1\right),$$

故切平面方程为

$$\left(x-1,y-1,z-\frac{\pi}{4}\right)\perp\overrightarrow{n},$$

即

$$-\frac{1}{2}(x-1)+\frac{1}{2}(y-1)-\left(z-\frac{\pi}{4}\right)=0,$$

化简即为

$$x-y+2z=\frac{\pi}{2};$$

法线方程为

$$\left(x-1,y-1,z-\frac{\pi}{4}\right)//\overrightarrow{n},$$

即

$$-2(x-1)=2(y-1)=-\left(z-\frac{\pi}{4}\right).$$

2. 求曲面 $3x^2+y^2-z^2=27$ 在点 $P_0(3,1,1)$ 处的切平面方程和法线方程.

解 曲面法向量的方向数为

$$\overrightarrow{n}=(F_x,F_y,F_z)_{P_0}=(6x,2y,-2z)_{P_0}=(18,2,-2),$$

故切平面方程为

$$(x-3,y-1,z-1)\perp\overrightarrow{n},$$

即

$$9(x-3)+(y-1)-(z-1)=0,$$

化简即为

$$9x+y-z=27;$$

法线方程为

$$(x-3,y-1,z-1)//\overrightarrow{n},$$

即

$$\frac{x-3}{9}=\frac{y-1}{1}=\frac{z-1}{-1}.$$

3. 在曲面 $z=xy$ 上求一点, 使得这点处的切平面平行于平面 $x+3y+z+9=0$, 并写出这切平面的方程和该点处的法线方程.

解 曲面 $z = xy$ 的法向量的方向数为 $\overrightarrow{n}_1 = (y, x, -1)$. 平面 $x + 3y + z + 9 = 0$ 的法向量的方向数为 $\overrightarrow{n}_2 = (1, 3, 1)$. 切平面平行于已知平面即这两个平面的法向量的方向数平行, 亦即

$$\overrightarrow{n}_1 // \overrightarrow{n}_2 \Longleftrightarrow \frac{y}{1} = \frac{x}{3} = \frac{-1}{1},$$

从而 $x = -3, y = -1$. 代入曲面 $z = xy$, 得到曲面上的点 $(-3, -1, 3)$.

在点 $(-3, -1, 3)$ 处的法向量的方向数为 $\overrightarrow{n}_1 = (-1, -3, -1)$. 因此, 所求的切平面方程为

$$(x + 3, y + 1, z - 3) \perp (-1, -3, -1),$$

即

$$(x + 3) + 3(y + 1) + (z - 3) = 0,$$

亦即

$$x + 3y + z + 3 = 0;$$

所求的法线方程为

$$(x + 3, y + 1, z - 3) // (-1, -3, -1),$$

即

$$\frac{x + 3}{-1} = \frac{y + 1}{-3} = \frac{z - 3}{-1}.$$

注 求曲面在点 $P_0(x_0, y_0, z_0)$ 处的切平面方程和法线方程的一般方法: 设曲面 $F(x, y, z) = 0$, 则曲面法向量的方向数为

$$\overrightarrow{n} = (F_x, F_y, F_z)_{P_0},$$

从而切平面方程为

$$(x - x_0, y - y_0, z - z_0) \perp \overrightarrow{n},$$

法线方程为

$$(x-x_0,y-y_0,z-z_0)//\overrightarrow{n}.$$

4. 求曲面 $z=\dfrac{x^2+y^2}{4}$ 与平面 $y=4$ 的交线在点 $x=2$ 处的切线与 x 轴的交角.

解 由偏导数的几何意义, 设切线与 x 轴的交角为 θ, 则

$$\tan\theta=\left.\frac{\partial z}{\partial x}\right|_{(2,4)}=\left.\frac{x}{2}\right|_{(2,4)}=1.$$

所以 $\theta=\dfrac{\pi}{4}$.

例 17-1-4 解答下列各题 (偏导数的有关证明):

1. 证明: 若二元函数 $f(x,y)$ 在点 $P(x_0,y_0)$ 的某个邻域 $U(P)$ 内的偏导数 f_x,f_y 有界, 则 $f(x,y)$ 在 $U(P)$ 内连续.

证 对 $\forall(x,y),(x+\Delta x,y+\Delta y)\in U(P)$, 有

$$\begin{aligned}&f(x+\Delta x,y+\Delta y)-f(x,y)\\&=f(x+\Delta x,y+\Delta y)-f(x+\Delta x,y)+f(x+\Delta x,y)-f(x,y)\\&=f_y(x+\Delta x,y+\theta_1\Delta y)\Delta y+f_x(x+\theta_2\Delta x,y)\Delta x,\quad \theta_1,\theta_2\in(0,1),\end{aligned}$$

所以

$$\begin{aligned}|f(x+\Delta x,y+\Delta y)-f(x,y)|\leqslant{}&|f_y(x+\Delta x,\Delta y+\theta_1\Delta y)||\Delta y|\\&+|f_x(x+\theta_2\Delta x,y)||\Delta x|,\\&\theta_1,\theta_2\in(0,1).\end{aligned}$$

由条件知 $\exists M>0$, 使得 $|f_x|\leqslant M,|f_y|\leqslant M$. 于是, 对 $\forall\varepsilon>0,\exists\delta=\dfrac{\varepsilon}{2M}$, 当 $|\Delta x|<\delta,|\Delta y|<\delta$ 时, 有

$$|f(x+\Delta x,y+\Delta y)-f(x,y)|\leqslant M(|\Delta y|+|\Delta x|)<\varepsilon.$$

注 在此题条件下可以得到 $f(x,y)$ 在 $U(P)$ 上一致连续. 这和一元函数中导函数有界则函数一定一致连续是相同的. 还要注意到 $U(P)$ 中任意两点的连线能在 $U(P)$ 内 (称 $U(P)$ 为凸区域), 对一

般区域上述证明是不行的, 因为 $(x+\Delta x, y+\theta_1\Delta y),(x+\theta_2\Delta x, y)$ 不一定在 $U(P)$ 内.

2. 设二元函数 $f(x,y)$ 在区域 $D=[a,b]\times[c,d]$ 上连续.

(1) 若在 $\text{int}D$ 内 $f_x\equiv 0$, 试问: $f(x,y)$ 在 D 上有何特性?

(2) 若在 $\text{int}D$ 内 $f_x=f_y\equiv 0$, 试问: $f(x,y)$ 在 D 上有何特性?

(3) 在 (1) 的讨论中, 关于 $f(x,y)$ 在 D 上的连续性假设是否可以省略? 矩形区域是否可以改为任意区域?

解 (1) 对 $\forall x_1,x_2\in[a,b]$, $\forall y\in(c,d)$, 由中值定理知 $\exists\theta\in(0,1)$, 使得

$$f(x_1,y)-f(x_2,y)=f_x(x_1+\theta(x_2-x_1),y)(x_1-x_2)=0. \tag{1}$$

对 $y=c$ 或 $y=d$, 由 $f(x,y)$ 在 $[a,b]\times[c,d]$ 上连续知 $\exists\{y_n\}\subset(c,d)$, 使得

$$f(x,y)=\lim_{n\to\infty}f(x,y_n),\quad \forall x\in[a,b]. \tag{2}$$

于是, 对 $\forall x_1,x_2\in[a,b]$, 由 (1) 式有 $f(x_1,y_n)=f(x_2,y_n)$, 再由 (2) 式知对 $y=c$ 或 $y=d$ 有

$$f(x_1,y)=\lim_{n\to\infty}f(x_1,y_n)=\lim_{n\to\infty}f(x_2,y_n)=f(x_2,y). \tag{3}$$

由 (1), (3) 两式可知 $f(x,y)$ 在 D 上为与 x 无关的函数.

(2) 由 (1) 知, 对 $\forall x_1,x_2\in[a,b]$, $\forall y\in[c,d]$, 有

$$f(x_1,y)=f(x_2,y).$$

由同 (1) 类似的证明可知, 对 $\forall y_1,y_2\in[c,d],\forall x\in[a,b]$, 有

$$f(x,y_1)=f(x,y_2).$$

因此 $f(x,y)$ 在 D 上为既与 x 无关又与 y 无关的函数, 即 $f(x,y)$ 在 D 上为常数.

(3) 若 $f(x,y)$ 在 D 上的连续性假设被省略, 只能得到 $f(x,y)$ 在 $\text{int}D$ 上为常数, 不能得到 $f(x,y)$ 在 D 上为常数, 例如

$$f(x,y)=\begin{cases}0, & (x,y)\in(a,b)\times(c,d),\\ 1, & x=a,b \text{ 或 } y=c,d.\end{cases}$$

矩形区域可改为任何凸闭区域 (即区域内任何两点的连线均在区域内), 换成一般的区域时结论不一定成立. 例如, 对于 $D=[-1,1]\times\{y|0\leqslant y\leqslant x^2, x\in[-1,1]\}$ 及函数

$$f(x,y)=\begin{cases}-y, & (x,y)\in[-1,0]\times\{y|0\leqslant y\leqslant x^2, x\in[-1,0]\},\\ y, & (x,y)\in[0,1]\times\{y|0\leqslant y\leqslant x^2, x\in[0,1]\}\end{cases}\in C(D),$$

在 $\text{int}D$ 内 $f_x\equiv 0$, 但

$$f\left(-\frac{1}{2},\frac{1}{5}\right)=-\frac{1}{5}\neq\frac{1}{5}=f\left(\frac{1}{2},\frac{1}{5}\right).$$

注 (1) 的结果的几何意义是 $f(x,y)$ 沿着平行于 x 轴且位于矩形区域 $[a,b]\times[c,d]$ 内的线段为常数.

(2) 的结果的几何意义是 $f(x,y)$ 沿着平行于 x 轴或平行于 y 轴且位于矩形 $[a,b]\times[c,d]$ 内的线段均为常数, 从而 $f(x,y)$ 在 D 上为常数.

例 17-1-5 解答下列各题 (近似计算):

1. 计算近似值:

(1) $1.002\times 2.003^2\times 3.004^3$; (2) $\sin 29^\circ\times\tan 46^\circ$.

解 (1) 令 $f(x,y,z)=xy^2z^3$, 取 $P_0(1,2,3), \Delta x=0.002, \Delta y=0.003, \Delta z=0.004$, 则

$$\begin{aligned}&1.002\times 2.003^2\times 3.004^3=f(1.002,2.003,3.004)\\&\quad\approx f(1,2,3)+f_x(1,2,3)\times 0.002+f_y(1,2,3)\times 0.003\\&\qquad+f_z(1,2,3)\times 0.004\\&\quad=108+108\times 0.002+108\times 0.003+108\times 0.004\\&\quad=108\times 1.009=108.972.\end{aligned}$$

(2) 令 $f(x,y)=\sin x\tan y$, 取 $P_0\left(\frac{\pi}{6},\frac{\pi}{4}\right), \Delta x=-\frac{\pi}{180}, \Delta y=\frac{\pi}{180}$, 则

$$\begin{aligned}&\sin 29^\circ\times\tan 46^\circ=f\left(\frac{\pi}{6}-\frac{\pi}{180},\frac{\pi}{4}+\frac{\pi}{180}\right)\\&\quad\approx f\left(\frac{\pi}{6},\frac{\pi}{4}\right)+f_x\left(\frac{\pi}{6},\frac{\pi}{4}\right)\left(-\frac{\pi}{180}\right)+f_y\left(\frac{\pi}{6},\frac{\pi}{4}\right)\frac{\pi}{180}\end{aligned}$$

$$=\frac{1}{2}-\frac{\sqrt{3}}{2}\cdot\frac{\pi}{180}+\frac{\pi}{180}=\frac{1}{2}+\left(1-\frac{\sqrt{3}}{2}\right)\frac{\pi}{180}\approx 0.5023.$$

注 这里是应用 “$f(P_0)+$ 一阶微分” 来求近似值, 也可以根据 Taylor 公式用 “$f(P_0)+$ 从一阶到高阶微分” 来求近似值.

2. 证明: 在点 $(0,0)$ 的充分小的邻域内有

$$\arctan\frac{x+y}{1+xy}\approx x+y.$$

证 记 $f(x,y)=\arctan\dfrac{x+y}{1+xy}$, 由全微分的定义可知

$$\arctan\frac{x+y}{1+xy}=f(x,y)\approx f(0,0)+f_x(0,0)x+f_y(0,0)y=x+y.$$

3. 设圆台的下、上底的半径分别为 $R=30$ cm, $r=20$ cm, 高为 $h=40$ cm. 若 R,r,h 分别增加 3 mm, 2 mm, 4 mm, 求圆台体积变化的近似值.

解 圆台的体积函数为

$$V(R,r,h)=\frac{\pi h}{3}(R^2+Rr+r^2).$$

这里 $P_0(30,20,40),\Delta R=0.3,\Delta r=0.2,\Delta h=0.4$, 则由全微分的定义可知

$$\begin{aligned}\Delta V&\approx V_R(30,20,40)\times 0.3+V_r(30,20,40)\times 0.2+V_h(30,20,40)\times 0.4\\&=\frac{3200}{3}\pi\times 0.3+\frac{2800}{3}\pi\times 0.2+\frac{1900}{3}\pi\times 0.4\\&=760\pi\ (\text{单位：cm}^3).\end{aligned}$$

注 圆台的体积可以用中学的初等方法 (两圆锥体积的差)、定积分求旋转体的体积方法、三重积分来计算.

4. 证明:

(1) 乘积的相对误差限近似于各因子的相对误差限之和;

(2) 商的相对误差限近似于分子和分母的相对误差限之和.

证 (1) 记 $z=xy$, 则 $\mathrm{d}z=y\mathrm{d}x+x\mathrm{d}y$. 所以

$$\left|\frac{\Delta z}{z}\right|\approx\left|\frac{\mathrm{d}z}{z}\right|=\left|\frac{y\mathrm{d}x+x\mathrm{d}y}{xy}\right|=\left|\frac{\mathrm{d}x}{x}+\frac{\mathrm{d}y}{y}\right|$$
$$=\left|\frac{\Delta x}{x}+\frac{\Delta y}{y}\right|\leqslant\left|\frac{\Delta x}{x}\right|+\left|\frac{\Delta y}{y}\right|,$$

即乘积的相对误差限近似于各因子的相对误差限之和.

(2) 记 $z=\dfrac{x}{y}$, 则 $\mathrm{d}z=\dfrac{1}{y}\mathrm{d}x-\dfrac{x}{y^2}\mathrm{d}y=\dfrac{y\mathrm{d}x-x\mathrm{d}y}{y^2}$. 所以

$$\left|\frac{\Delta z}{z}\right|\approx\left|\frac{\mathrm{d}z}{z}\right|=\left|\frac{\dfrac{y\mathrm{d}x-x\mathrm{d}y}{y^2}}{\dfrac{x}{y}}\right|=\left|\frac{\mathrm{d}x}{x}-\frac{\mathrm{d}y}{y}\right|=\left|\frac{\Delta x}{x}-\frac{\Delta y}{y}\right|$$
$$\leqslant\left|\frac{\Delta x}{x}\right|+\left|\frac{\Delta y}{y}\right|,$$

即商的相对误差限近似于分子和分母的相对误差限之和.

5. 测得一物体的体积为 $V=4.45\ \mathrm{cm}^3$, 其绝对误差限为 $0.01\ \mathrm{cm}^3$; 又测得该物质的质量为 $W=30.80$ g, 其绝对误差限为 0.01 g. 求由公式 $\rho=\dfrac{W}{V}$ 计算出的密度 ρ 的相对误差限和绝对误差限.

解 由条件知 $|\Delta V|\leqslant 0.01, |\Delta W|\leqslant 0.01$. 密度 ρ 的绝对误差限为

$$|\Delta\rho|\approx\left|\frac{\partial\rho}{\partial W}\mathrm{d}W+\frac{\partial\rho}{\partial V}\mathrm{d}V\right|=\left|\frac{1}{V}\mathrm{d}W-\frac{W}{V^2}\mathrm{d}V\right|=\left|\frac{1}{V}\Delta W-\frac{W}{V^2}\Delta V\right|$$
$$\leqslant\left|\frac{1}{V}\right||\Delta W|+\left|\frac{W}{V^2}\right||\Delta V|=\frac{0.01}{4.45}+\frac{30.8}{4.45^2}0.01$$
$$\approx 0.02\ (\text{单位}:\mathrm{g/cm^3}),$$

相对误差限为

$$\left|\frac{\Delta\rho}{\rho}\right|\approx\left|\frac{1}{V\rho}\mathrm{d}W-\frac{W}{V^2\rho}\mathrm{d}V\right|=\left|\frac{\Delta W}{W}-\frac{\Delta V}{V}\right|$$
$$\leqslant\left|\frac{\Delta W}{W}\right|+\left|\frac{\Delta V}{V}\right|=\frac{0.01}{30.8}+\frac{0.01}{4.45}\approx 0.0026.$$

§ 17.2　复合函数的可微性与偏导数公式

内容要求　掌握复合函数的可微性与求导的链式法则成立的条件; 熟练掌握复合函数求导的链式法则 (能将复杂函数写成复合函数的形式); 掌握一阶微分形式不变性及其应用; 掌握行列式函数求导方法、齐次函数求导方法及 Euler 公式.

例 17-2-1　解答下列各题 (偏导数和全微分):

1. 计算下列复合函数的偏导数或导数:

(1) 设 $z=\dfrac{x^2+y^2}{xy}\mathrm{e}^{\frac{x^2+y^2}{xy}}$, 求 $\dfrac{\partial z}{\partial x},\dfrac{\partial z}{\partial y}$;

(2) 设 $z=\arctan(xy), y=\mathrm{e}^x$, 求 $\dfrac{\mathrm{d}z}{\mathrm{d}x}$;

(3) 设 $z=x^2+xy+y^2, x=t^2, y=t$, 求 $\dfrac{\mathrm{d}z}{\mathrm{d}t}$;

(4) 设 $z=x^2\ln y, x=\dfrac{u}{v}, y=3u-2v$, 求 $\dfrac{\partial z}{\partial u},\dfrac{\partial z}{\partial v}$;

(5) 设 $u=f(x+y,xy)$, 求 $\dfrac{\partial u}{\partial x},\dfrac{\partial u}{\partial y}$;

(6) 设 $u=f\left(\dfrac{x}{y},\dfrac{y}{z}\right)$, 求 $\dfrac{\partial u}{\partial x},\dfrac{\partial u}{\partial y},\dfrac{\partial u}{\partial z}$;

(7) 设 $f(u)$ 是可微函数, $F(x,t)=f(x+2t)+f(3x-2t)$, 求 $F_x(0,0),F_t(0,0)$.

解　(1) 令 $u=\dfrac{x^2+y^2}{xy}$, 则 $z=u\mathrm{e}^u$. 由复合函数求导的链式法则得

$$\begin{aligned}
\frac{\partial z}{\partial x}&=\frac{\mathrm{d}z}{\mathrm{d}u}\frac{\partial u}{\partial x}=\mathrm{e}^u(1+u)\frac{\partial}{\partial x}\left(\frac{x}{y}+\frac{y}{x}\right)\\
&=\mathrm{e}^{\frac{x^2+y^2}{xy}}\left(1+\frac{x^2+y^2}{xy}\right)\left(\frac{1}{y}-\frac{y}{x^2}\right),\\
\frac{\partial z}{\partial y}&=\frac{\mathrm{d}z}{\mathrm{d}u}\frac{\partial u}{\partial y}=\mathrm{e}^u(1+u)\frac{\partial}{\partial y}\left(\frac{x}{y}+\frac{y}{x}\right)\\
&=\mathrm{e}^{\frac{x^2+y^2}{xy}}\left(1+\frac{x^2+y^2}{xy}\right)\left(\frac{1}{x}-\frac{x}{y^2}\right).
\end{aligned}$$

(2) **法一** 由于 $z=\arctan(x\mathrm{e}^x)$, 所以

$$\frac{\mathrm{d}z}{\mathrm{d}x}=\frac{\mathrm{e}^x(1+x)}{1+x^2\mathrm{e}^{2x}}.$$

法二 由复合函数求导的链式法则得

$$\frac{\mathrm{d}z}{\mathrm{d}x}=\frac{\partial z}{\partial x}+\frac{\partial z}{\partial y}\frac{\mathrm{d}y}{\mathrm{d}x}=\frac{y}{1+x^2y^2}+\frac{x}{1+x^2y^2}\mathrm{e}^x=\frac{\mathrm{e}^x(1+x)}{1+x^2\mathrm{e}^{2x}}.$$

(3) **法一** 由于 $z=t^4+t^3+t^2$, 所以

$$\frac{\mathrm{d}z}{\mathrm{d}t}=4t^3+3t^2+2t.$$

法二 由复合函数求导的链式法则得

$$\begin{aligned}\frac{\mathrm{d}z}{\mathrm{d}t}&=\frac{\partial z}{\partial x}\frac{\mathrm{d}x}{\mathrm{d}t}+\frac{\partial z}{\partial y}\frac{\mathrm{d}y}{\mathrm{d}t}=(2x+y)\cdot 2t+(x+2y)\\&=(2t^2+t)\cdot 2t+(t^2+2t)=4t^3+3t^2+2t.\end{aligned}$$

(4) 由复合函数求导的链式法则得

$$\begin{aligned}\frac{\partial z}{\partial u}&=\frac{\partial z}{\partial x}\frac{\partial x}{\partial u}+\frac{\partial z}{\partial y}\frac{\partial y}{\partial u}=(2x\ln y)\frac{1}{v}+x^2\frac{1}{y}\cdot 3\\&=2\frac{u}{v^2}\ln(3u-2v)+3\frac{u^2}{v^2}\frac{1}{3u-2v}\\&=\frac{u}{v^2}\left[2\ln(3u-2v)+\frac{3u}{3u-2v}\right].\end{aligned}$$

$$\begin{aligned}\frac{\partial z}{\partial v}&=\frac{\partial z}{\partial x}\frac{\partial x}{\partial v}+\frac{\partial z}{\partial y}\frac{\partial y}{\partial v}=(2x\ln y)\left(-\frac{u}{v^2}\right)+x^2\frac{1}{y}(-2)\\&=-2\frac{u^2}{v^3}\ln(3u-2v)-2\frac{u^2}{v^2}\frac{1}{3u-2v}\\&=-2\frac{u^2}{v^2}\left[\frac{1}{v}\ln(3u-2v)+\frac{1}{3u-2v}\right].\end{aligned}$$

(5) 令 $v=x+y, w=xy$, 由复合函数求导的链式法则得

$$\begin{aligned}\frac{\partial u}{\partial x}&=\frac{\partial f}{\partial v}\frac{\partial v}{\partial x}+\frac{\partial f}{\partial w}\frac{\partial w}{\partial x}=f_v(v,w)+f_w(v,w)y\\&=f_v(x+y,xy)+yf_w(x+y,xy),\\\frac{\partial u}{\partial y}&=\frac{\partial f}{\partial v}\frac{\partial v}{\partial y}+\frac{\partial f}{\partial w}\frac{\partial w}{\partial y}=f_v(v,w)+f_w(v,w)x\\&=f_v(x+y,xy)+xf_w(x+y,xy).\end{aligned}$$

(6) 令 $v=\dfrac{x}{y}, w=\dfrac{y}{z}$, 由复合函数求导的链式法则得

$$\frac{\partial u}{\partial x}=\frac{\partial f}{\partial v}\frac{\partial v}{\partial x}+\frac{\partial f}{\partial w}\frac{\partial w}{\partial x}=f_v(v,w)\frac{1}{y}=\frac{1}{y}f_v\left(\frac{x}{y},\frac{y}{z}\right),$$

$$\begin{aligned}\frac{\partial u}{\partial y}&=\frac{\partial f}{\partial v}\frac{\partial v}{\partial y}+\frac{\partial f}{\partial w}\frac{\partial w}{\partial y}=f_v(v,w)\left(-\frac{x}{y^2}\right)+f_w(v,w)\frac{1}{z}\\&=-\frac{x}{y^2}f_v\left(\frac{x}{y},\frac{y}{z}\right)+\frac{1}{z}f_w\left(\frac{x}{y},\frac{y}{z}\right).\end{aligned}$$

$$\frac{\partial u}{\partial z}=\frac{\partial f}{\partial v}\frac{\partial v}{\partial z}+\frac{\partial f}{\partial w}\frac{\partial w}{\partial z}=f_w(v,w)\left(-\frac{y}{z^2}\right)=-\frac{y}{z^2}f_w\left(\frac{x}{y},\frac{y}{z}\right).$$

(7) $$\begin{aligned}F_x(0,0)&=F_x(x,t)|_{(0,0)}=f'(x+2t)|_{(0,0)}+3f'(3x-2t)|_{(0,0)}\\&=f'(0)+3f'(0)=4f'(0),\end{aligned}$$

$$\begin{aligned}F_t(0,0)&=F_t(x,t)|_{(0,0)}=2f'(x+2t)|_{(0,0)}-2f'(3x-2t)|_{(0,0)}\\&=2f'(0)-2f'(0)=0.\end{aligned}$$

注 此题中的 (1) 可以用求偏导数的法则直接求; (4) 也可以先将 $x=\dfrac{u}{v}, y=3u-2v$ 代入 $z=x^2\ln y$, 再对 u,v 求偏导数.

2. 设函数 $z=(x+y)^{xy}$, 求全微分 $\mathrm{d}z$.

解 令 $u=x+y, v=xy$, 由复合函数求导的链式法则得

$$\begin{aligned}\frac{\partial z}{\partial x}&=\frac{\partial z}{\partial u}\frac{\partial u}{\partial x}+\frac{\partial z}{\partial v}\frac{\partial v}{\partial x}=vu^{v-1}+yu^v\ln u\\&=xy(x+y)^{xy-1}+y(x+y)^{xy}\ln(x+y),\\\frac{\partial z}{\partial y}&=\frac{\partial z}{\partial u}\frac{\partial u}{\partial y}+\frac{\partial z}{\partial v}\frac{\partial v}{\partial y}=vu^{v-1}+xu^v\ln u\\&=xy(x+y)^{xy-1}+x(x+y)^{xy}\ln(x+y),\end{aligned}$$

所以

$$\begin{aligned}\mathrm{d}z&=[xy(x+y)^{xy-1}+y(x+y)^{xy}\ln(x+y)]\mathrm{d}x\\&\quad+[xy(x+y)^{xy-1}+x(x+y)^{xy}\ln(x+y)]\mathrm{d}y\\&=(x+y)^{xy}\left\{\left[\frac{xy}{x+y}+y\ln(x+y)\right]\mathrm{d}x\right.\\&\quad\left.+\left[\frac{xy}{x+y}+x\ln(x+y)\right]\mathrm{d}y\right\}.\end{aligned}$$

例 17-2-2 解答下列各题 (有关偏导数的证明):

1. 设函数 $z=\dfrac{y}{f(x^2-y^2)}$, 其中 f 为可微函数, 证明:

$$\frac{1}{x}\frac{\partial z}{\partial x}+\frac{1}{y}\frac{\partial z}{\partial y}=\frac{z}{y^2}.$$

证 由于

$$\frac{\partial z}{\partial x}=-\frac{2xyf'(x^2-y^2)}{f^2(x^2-y^2)},\quad \frac{\partial z}{\partial y}=\frac{1}{f(x^2-y^2)}+\frac{2y^2f'(x^2-y^2)}{f^2(x^2-y^2)},$$

所以

$$\begin{aligned}\frac{1}{x}\frac{\partial z}{\partial x}+\frac{1}{y}\frac{\partial z}{\partial y}&=-\frac{2yf'(x^2-y^2)}{f^2(x^2-y^2)}+\frac{1}{yf(x^2-y^2)}+\frac{2yf'(x^2-y^2)}{f^2(x^2-y^2)}\\&=\frac{1}{yf(x^2-y^2)}=\frac{z}{y^2}.\end{aligned}$$

2. 设函数 $z=\sin y+f(\sin x-\sin y)$, 其中 f 为可微函数, 证明:

$$\frac{\partial z}{\partial x}\sec x+\frac{\partial z}{\partial y}\sec y=1.$$

证 由于

$$\frac{\partial z}{\partial x}=f'(\sin x-\sin y)\cos x,\quad \frac{\partial z}{\partial y}=\cos y-f'(\sin x-\sin y)\cos y,$$

所以

$$\begin{aligned}\frac{\partial z}{\partial x}\sec x+\frac{\partial z}{\partial y}\sec y&=f'(\sin x-\sin y)\cos x\sec x\\&\quad+[\cos y-f'(\sin x-\sin y)\cos y]\sec y\\&=f'(\sin x-\sin y)+1-f'(\sin x-\sin y)=1.\end{aligned}$$

3. 设函数 $f(x,y)$ 可微, 证明: 在坐标旋转变换

$$\begin{cases}x=u\cos\theta-v\sin\theta,\\ y=u\sin\theta+v\cos\theta\end{cases}$$

(其中旋转角 θ 为常数) 下, $f_x^2+f_y^2$ 是一个形式不变量, 即若

$$g(u,v)=f(u\cos\theta-v\sin\theta,u\sin\theta+v\cos\theta),$$

则必有

$$f_x^2+f_y^2=g_u^2+g_v^2.$$

证 由于

$$\begin{aligned}
g_u&=\frac{\partial f}{\partial x}\frac{\partial x}{\partial u}+\frac{\partial f}{\partial y}\frac{\partial y}{\partial u}=\cos\theta f_x+\sin\theta f_y,\\
g_v&=\frac{\partial f}{\partial x}\frac{\partial x}{\partial v}+\frac{\partial f}{\partial y}\frac{\partial y}{\partial v}=-\sin\theta f_x+\cos\theta f_y,
\end{aligned}$$

所以

$$\begin{aligned}
g_u^2+g_v^2&=(\cos\theta f_x+\sin\theta f_y)^2+(-\sin\theta f_x+\cos\theta f_y)^2\\
&=f_x^2+f_y^2.
\end{aligned}$$

注 $T:\begin{cases}x=u\cos\theta-v\sin\theta,\\ y=u\sin\theta+v\cos\theta\end{cases}$

$$\Longleftrightarrow\begin{pmatrix}x\\y\end{pmatrix}=\begin{pmatrix}\cos\theta&-\sin\theta\\ \sin\theta&\cos\theta\end{pmatrix}\begin{pmatrix}u\\v\end{pmatrix}:=\boldsymbol{A}\begin{pmatrix}u\\v\end{pmatrix}.$$

显然

$$\boldsymbol{A}\boldsymbol{A}^{\mathrm{T}}=\boldsymbol{E},$$

所以此变换为正交变换, 表示向量的旋转, 不改变向量的长度.

4. 设有行列式表示的函数

$$D(t)=\begin{vmatrix}a_{11}(t)&\dots&a_{1n}(t)\\ \vdots&&\vdots\\ a_{n1}(t)&\cdots&a_{nn}(t)\end{vmatrix},$$

其中 $a_{ij}(t)(i,j=1,2,\cdots,n)$ 的导数都存在, 证明:

$$\frac{\mathrm{d}D(t)}{\mathrm{d}t}=\sum_{k=1}^{n}\begin{vmatrix}a_{11}(t) & \cdots & a_{1n}(t)\\ \vdots & & \vdots\\ a'_{k1}(t) & \cdots & a'_{kn}(t)\\ \vdots & & \vdots\\ a_{n1}(t) & \cdots & a_{nn}(t)\end{vmatrix}.$$

证　法一　令 $D(t)=\begin{vmatrix}u_{11} & \ldots & u_{1n}\\ \vdots & & \vdots\\ u_{n1} & \cdots & u_{nn}\end{vmatrix}, u_{ij}=a_{ij}(t)$, 则

$$\begin{aligned}\frac{\mathrm{d}D(t)}{\mathrm{d}t}&=\sum_{i,j=1}^{n}\frac{\partial D}{\partial u_{ij}}\frac{\mathrm{d}u_{ij}}{\mathrm{d}t}=\sum_{i,j=1}^{n}\frac{\partial}{\partial u_{ij}}\left(\sum_{k=1}^{n}u_{kj}A_{kj}\right)a'_{ij}(t)\\&=\sum_{i,j=1}^{n}\left[\sum_{k=1}^{n}\frac{\partial}{\partial u_{ij}}(u_{kj}A_{kj})\right]a'_{ij}(t)=\sum_{i,j=1}^{n}A_{ij}a'_{ij}(t)\\&=\sum_{i=1}^{n}\begin{vmatrix}a_{11}(t) & \cdot & a_{1n}(t)\\ \vdots & & \vdots\\ a'_{i1}(t) & \cdots & a'_{in}(t)\\ \vdots & & \vdots\\ a_{n1}(t) & \cdots & a_{nn}(t)\end{vmatrix}=\sum_{k=1}^{n}\begin{vmatrix}a_{11}(t) & \cdots & a_{1n}(t)\\ \vdots & & \vdots\\ a'_{k1}(t) & \cdots & a'_{kn}(t)\\ \vdots & & \vdots\\ a_{n1}(t) & \cdots & a_{nn}(t)\end{vmatrix}.\end{aligned}$$

法二　由于

$$\begin{aligned}D(t)&=\begin{vmatrix}a_{11}(t) & \ldots & a_{1n}(t)\\ \vdots & & \vdots\\ a_{n1}(t) & \cdots & a_{nn}(t)\end{vmatrix}\\&=\sum_{j_1,\cdots,j_n}(-1)^{\tau(j_1,j_2,\cdots,j_n)}a_{1j_1}a_{2j_2}\cdots a_{nj_n},\end{aligned}$$

所以

$$\frac{\mathrm{d}D(t)}{\mathrm{d}t} = \sum_{j_1,\cdots,j_n} (-1)^{\tau(j_1,j_2,\cdots,j_n)}$$

$$\cdot(a'_{1j_1}a_{2j_2}\cdots a_{nj_n} + a_{1j_1}a'_{2j_2}\cdots a_{nj_n} + \cdots + a_{1j_1}a_{2j_2}\cdots a'_{nj_n})$$

$$= \sum_{k=1}^{n} \begin{vmatrix} a_{11}(t) & \cdots & a_{1n}(t) \\ \vdots & & \vdots \\ a'_{k1}(t) & \cdots & a'_{kn}(t) \\ \vdots & & \vdots \\ a_{n1}(t) & \cdots & a_{nn}(t) \end{vmatrix}.$$

例 17-2-3 解答下列各题 (齐次函数):

1. 若函数 $u = f(x,y,z)$ 满足

$$f(tx,ty,tz) = t^k f(x,y,z) \quad (t>0),$$

则称 $f(x,y,z)$ 为 k 次齐次函数. 证明:

(1) $z = \dfrac{xy^2}{\sqrt{x^2+y^2}} - xy$ 为 2 次齐次函数;

(2) Euler 定理:

可微函数 $f(x,y,z)$ 为 k 次齐次函数

$$\Longleftrightarrow x f_x(x,y,z) + y f_y(x,y,z) + z f_z(x,y,z) = k f(x,y,z).$$

证 (1) 由于

$$z(tx,ty) = \frac{t^2xy^2}{\sqrt{x^2+y^2}} - t^2xy = t^2 z(x,y) \quad (t>0),$$

故 $z = \dfrac{xy^2}{\sqrt{x^2+y^2}} - xy$ 为 2 次齐次函数.

(2) 必要性 因为 $f(x,y,z)$ 为 k 次齐次函数, 即

$$f(tx,ty,tz) = t^k f(x,y,z) \quad (t>0),$$

对上式两边关于 t 求导得

$$xf_x(tx,ty,tz)+yf_y(tx,ty,tz)+zf_z(tx,ty,tz)=kt^{k-1}f(x,y,z).$$

在上式中令 $t=1$ 即知结论成立.

充分性 **法一** 只要证明

$$\varphi(t):=\frac{f(tx,ty,tz)}{t^k}=f(x,y,z)$$

即可. 事实上, 由于 $\varphi(1)=f(x,y,z)$, 下面再证 $\varphi'(t)=0$ 即可. 由假设条件有

$$\begin{aligned}
&\varphi'(t)\\
&=\frac{[xf_x(tx,ty,tz)+yf_y(tx,ty,tz)+zf_z(tx,ty,tz)]t^k-kt^{k-1}f(tx,ty,tz)}{t^{2k}}\\
&=\frac{\{[txf_x(tx,ty,tz)+tyf_y(tx,ty,tz)+tzf_z(tx,ty,tz)]-kf(tx,ty,tz)\}t^{k-1}}{t^{2k}}\\
&=0.
\end{aligned}$$

法二 在 $xf_x(x,y,z)+yf_y(x,y,z)+zf_z(x,y,z)=kf(x,y,z)$ 中以 tx,ty,tz 分别代替 x,y,z, 得

$$txf_x(tx,ty,tz)+tyf_y(tx,ty,tz)+tzf_z(tx,ty,tz)=kf(tx,ty,tz).$$

令 $\psi(t)=f(tx,ty,tz)$, 由条件知 $\begin{cases}t\psi'(t)=k\psi(t),\\ \psi(1)=f(x,y,z).\end{cases}$ 解此常微分方程定解问题, 得

$$\psi'(t)-\frac{k}{t}\psi(t)=0\Longrightarrow[\psi(t)\mathrm{e}^{-k\ln t}]'=0\Longrightarrow\psi(t)=C\mathrm{e}^{k\ln t}=Ct^k.$$

再由 $C=\psi(1)=f(x,y,z)$ 知结论成立.

2. 若函数 $f(x,y,z)$ 具有性质

$$f(tx,t^ky,t^mz)=t^nf(x,y,z)\quad(t>0),$$

证明: (1) $f(x,y,z)=x^nf\left(1,\dfrac{y}{x^k},\dfrac{z}{x^m}\right)(x>0)$;

(2) $xf_x(x,y,z)+kyf_y(x,y,z)+mzf_z(x,y,z)=nf(x,y,z)$.

证 (1) 在 $f(tx, t^k y, t^m z) = t^n f(x, y, z)$ 中令 $t = \dfrac{1}{x}$ $(x > 0)$, 得

$$f\left(1, \frac{y}{x^k}, \frac{z}{x^m}\right) = \frac{1}{x^n} f(x, y, z) \quad (x > 0),$$

即

$$f(x, y, z) = x^n f\left(1, \frac{y}{x^k}, \frac{z}{x^m}\right) \quad (x > 0).$$

(2) 对 $f(tx, t^k y, t^m z) = t^n f(x, y, z)(t > 0)$ 两边关于 t 求导数, 得

$$\begin{aligned} & x f_x(tx, t^k y, t^m z) + k t^{k-1} y f_y(tx, t^k y, t^m z) + m t^{m-1} z f_z(tx, t^k y, t^m z) \\ & = n t^{n-1} f(x, y, z). \end{aligned}$$

在上式中令 $t = 1$ 知结论成立.

§ 17.3　方向导数与梯度

内容要求　理解方向导数的背景、定义, 方向导数的公式; 掌握偏导数存在、可微、方向导数存在、连续之间的关系 (证明或举反例); 熟练掌握求方向导数和梯度的方法; 掌握方向导数的应用和梯度的几何意义.

例 17-3-1　解答下列各题 (方向导数):

1. 求函数 $u = xy^2 + z^3 - xyz$ 在点 $(1, 1, 2)$ 沿方向 $\overrightarrow{l}$(其方向角分别为 $60°, 45°, 60°$) 的方向导数.

解　由条件知 $\overrightarrow{l} = (\cos 60°, \cos 45°, \cos 60°) = \left(\dfrac{1}{2}, \dfrac{\sqrt{2}}{2}, \dfrac{1}{2}\right)$, 再由方向导数的公式得

$$\begin{aligned} \left.\frac{\partial u}{\partial \overrightarrow{l}}\right|_{(1,1,2)} &= u_x(1,1,2) \cdot \frac{1}{2} + u_y(1,1,2) \cdot \frac{\sqrt{2}}{2} + u_z(1,1,2) \cdot \frac{1}{2} \\ &= \frac{1}{2}(y^2 - yz)\Big|_{(1,1,2)} + \frac{\sqrt{2}}{2}(2xy - xz)\Big|_{(1,1,2)} \\ &\quad + \frac{1}{2}(3z^2 - xy)\Big|_{(1,1,2)} = -\frac{1}{2} + 0 + \frac{11}{2} = 5. \end{aligned}$$

注 如果用方向导数的定义来求会比较复杂.

2. 求函数 $u=xyz$ 在点 $A(5,1,2)$ 沿从点 A 到点 $B(9,4,14)$ 的方向 $\overrightarrow{AB}$ 的方向导数.

解 由于 $\overrightarrow{AB}=(4,3,12)$, 所以 $\overrightarrow{AB}$ 的方向余弦向量为 $\vec{l}=\left(\dfrac{4}{13},\dfrac{3}{13},\dfrac{12}{13}\right)$. 由方向导数的公式得

$$\begin{aligned}\left.\frac{\partial u}{\partial \vec{l}}\right|_{(5,1,2)}&=u_x(5,1,2)\cdot\frac{4}{13}+u_y(5,1,2)\cdot\frac{3}{13}+u_z(5,1,2)\cdot\frac{12}{13}\\&=\frac{4}{13}(yz)\big|_{(5,1,2)}+\frac{3}{13}(xz)\big|_{(5,1,2)}+\frac{12}{13}(xy)\big|_{(5,1,2)}\\&=\frac{8}{13}+\frac{30}{13}+\frac{60}{13}=\frac{98}{13}.\end{aligned}$$

注 用方向导数的公式计算方向导数, 要把方向单位化.

*3. 设函数 $f(x,y)$ 可微, $\vec{l}$ 为 $\mathbb{R}^2$ 中的一个确定向量. 若处处满足 $f_{\vec{l}}(x,y)\equiv 0$, 试问: 函数 $f(x,y)$ 有何特征?

解 法一 设 $\vec{l}$ 的方向余弦为 $(\cos\alpha,\cos\beta)$, 由方向导数的公式得

$$0\equiv f_{\vec{l}}(x,y)=f_x\cos\alpha+f_y\cos\beta=(f_x,f_y)\cdot(\cos\alpha,\cos\beta)=\mathrm{grad}f\cdot\vec{l},$$

即 $\mathrm{grad}f\perp\vec{l}$, 即函数的梯度与 $\vec{l}$ 垂直.

法二 设 $\vec{l}$ 的方向余弦为 $(\cos\alpha,\cos\beta)$. 对 $\forall(x_0,y_0)$, 令

$$\varphi(t)=f(x_0+t\cos\alpha,y_0+t\cos\beta),$$

则由条件及方向导数的公式可知

$$\begin{aligned}\varphi'(t)=&f_x(x_0+t\cos\alpha,y_0+t\cos\beta)\cos\alpha\\&+f_y(x_0+t\cos\alpha,y_0+t\cos\beta)\cos\beta=0,\end{aligned}$$

即

$$\varphi(t)=f(x_0+t\cos\alpha,y_0+t\cos\beta)=\varphi(0)=f(x_0,y_0),$$

亦即 f 在任意平行于 $\vec{l}$ 的直线上为常数.

*4. 设函数 $f(x,y)$ 可微, $\vec{l_1}$ 与 $\vec{l_2}$ 是 $\mathbb{R}^2$ 中的一组线性无关向量, 证明: 若 $f_{\vec{l_i}}(x,y)=0\ (i=1,2)$, 则 $f(x,y)\equiv$ 常数.

证　法一　不妨设 $\overrightarrow{l}_1$ 与 $\overrightarrow{l}_2$ 均是 $\mathbb{R}^2$ 中的单位向量, 由条件及方向导数的公式知

$$f_{\overrightarrow{l_i}}(x,y)=\mathrm{grad}f\cdot\overrightarrow{l_i}=0\quad(i=1,2).$$

因为 $\overrightarrow{l_1}$ 与 $\overrightarrow{l_2}$ 线性无关, 所以对任意的单位向量 $\overrightarrow{l}\in\mathbb{R}^2,\exists a,b\in\mathbb{R}$, 使得 $\overrightarrow{l}=a\overrightarrow{l_1}+b\overrightarrow{l_2}$. 因此

$$\begin{aligned}f_{\overrightarrow{l}}(x,y)&=\mathrm{grad}f\cdot\overrightarrow{l}=\mathrm{grad}f\cdot(a\overrightarrow{l_1}+b\overrightarrow{l_2})\\&=a\mathrm{grad}f\cdot\overrightarrow{l_1}+b\mathrm{grad}f\cdot\overrightarrow{l_2}=0,\end{aligned}$$

即 f 在任意平行于 $\overrightarrow{l}$ 的直线上为常数. 再由 $\overrightarrow{l}$ 的任意性可知 $f(x,y)\equiv$ 常数.

法二　设 $\overrightarrow{l_i}=(\cos\alpha_i,\cos\beta_i)(i=1,2)$, 由方向导数的公式得

$$\begin{cases}f_x\cos\alpha_1+f_y\cos\beta_1=0,\\f_x\cos\alpha_2+f_y\cos\beta_2=0\end{cases}\Longleftrightarrow\begin{pmatrix}\cos\alpha_1&\cos\beta_1\\\cos\alpha_2&\cos\beta_2\end{pmatrix}\begin{pmatrix}f_x\\f_y\end{pmatrix}=0,$$

即

$$f(x,y)\text{ 在任意平行于 }\overrightarrow{l_i}\text{ 的直线上为常数 (由第 3题).}\qquad(1)$$

对 $\forall P_1,P_2\in\mathbb{R}^2$, 若连接 P_1,P_2 的直线平行于 $\overrightarrow{l_1}$ 或 $\overrightarrow{l_2}$, 则由结论 (1) 得

$$f(P_1)=f(P_2).$$

若连接 P_1,P_2 的直线不平行于 $\overrightarrow{l_1}$ 和 $\overrightarrow{l_2}$, 过 P_1,P_2 分别作平行于 $\overrightarrow{l_1}$, $\overrightarrow{l_2}$ 的直线 L_1,L_2. 因为 $\overrightarrow{l_1}$ 与 $\overrightarrow{l_2}$ 线性无关, 所以 L_1,L_2 必有一交点 P_0, 从而由结论 (1) 可知

$$f(P_1)=f(P_0)=f(P_2).$$

由 P_1,P_2 的任意性知 $f(x,y)\equiv$ 常数.

注　类似地, 若三元函数沿 $\mathbb{R}^3$ 中的三个线性无关的向量的方向导数为零, 则该三元函数为常数.

例 17-3-2　解答下列各题 (梯度):

1. 求函数 $u=x^2+2y^2+3z^2+xy-4x+2y-4z$ 在点 $A(0,0,0)$, $B\left(5,-3,\dfrac{2}{3}\right)$ 的梯度以及它们的模.

解 由于

$$\mathrm{grad}u=(u_x,u_y,u_z)=(2x+y-4,4y+x+2,6z-4),$$

所以

$$\begin{aligned}
\mathrm{grad}u(0,0,0)&=(u_x,u_y,u_z)\big|_{(0,0,0)}\\
&=(2x+y-4,4y+x+2,6z-4)\big|_{(0,0,0)}\\
&=(-4,2,-4),\\
|\mathrm{grad}u(0,0,0)|&=\sqrt{16+4+16}=6;\\
\mathrm{grad}u\left(5,-3,\frac{2}{3}\right)&=(u_x,u_y,u_z)\big|_{\left(5,-3,\frac{2}{3}\right)}\\
&=(2x+y-4,4y+x+2,6z-4)\big|_{\left(5,-3,\frac{2}{3}\right)}\\
&=(3,-5,0),\\
\left|\mathrm{grad}u\left(5,-3,\frac{2}{3}\right)\right|&=\sqrt{9+25+0}=\sqrt{34}.
\end{aligned}$$

2. 设函数 $u=-\ln\sqrt{(x-a)^2+(y-b)^2+(z-c)^2}$, 求 u 的梯度, 并求出使 $|\mathrm{grad}u|=1$ 的点集.

解 由于

$$\begin{aligned}
u_x&=-\frac{x-a}{(x-a)^2+(y-b)^2+(z-c)^2},\\
u_y&=-\frac{y-b}{(x-a)^2+(y-b)^2+(z-c)^2},\\
u_z&=-\frac{z-c}{(x-a)^2+(y-b)^2+(z-c)^2},
\end{aligned}$$

所以

$$\begin{aligned}
\mathrm{grad}u&=(u_x,u_y,u_z)\\
&=\frac{1}{(x-a)^2+(y-b)^2+(z-c)^2}(a-x,b-y,c-z),
\end{aligned}$$

从而

$$
\begin{aligned}
|\text{grad}u| &= \frac{1}{\sqrt{(x-a)^2+(y-b)^2+(z-c)^2}} = 1 \\
&\iff \sqrt{(x-a)^2+(y-b)^2+(z-c)^2} = 1 \\
&\iff (x-a)^2+(y-b)^2+(z-c)^2 = 1,
\end{aligned}
$$

即在空间中以 (a,b,c) 为球心, 1 为半径的球面上都有 $|\text{grad}u| = 1$.

3. 设函数 $u = \dfrac{z^2}{c^2} - \dfrac{x^2}{a^2} - \dfrac{y^2}{b^2}$, 求 $\text{grad}u(a,b,c)$.

解 $\text{grad}u(a,b,c) = (u_x, u_y, u_z)\big|_{(a,b,c)} = \left(-2\dfrac{x}{a^2}, -2\dfrac{y}{b^2}, 2\dfrac{z}{c^2}\right)\Big|_{(a,b,c)}$

$$
= -2\left(\frac{1}{a}, \frac{1}{b}, -\frac{1}{c}\right).
$$

4. 设函数 $r = \sqrt{x^2+y^2+z^2}$, 求:

(1) $\text{grad}r$; (2) $\text{grad}\dfrac{1}{r}$.

解 (1) $\text{grad}r = \left(\dfrac{x}{\sqrt{x^2+y^2+z^2}}, \dfrac{y}{\sqrt{x^2+y^2+z^2}}, \dfrac{z}{\sqrt{x^2+y^2+z^2}}\right)$

$$
= \frac{1}{r}(x,y,z).
$$

(2) $\text{grad}\dfrac{1}{r} = \left(\dfrac{-x}{(x^2+y^2+z^2)^{3/2}}, \dfrac{-y}{(x^2+y^2+z^2)^{3/2}}, \dfrac{-z}{(x^2+y^2+z^2)^{3/2}}\right)$

$$
= -\frac{1}{r^3}(x,y,z).
$$

5. 证明:

(1) $\text{grad}(u+c) = \text{grad}u$ (c 为常数);

(2) $\text{grad}(\alpha u + \beta v) = \alpha\text{grad}u + \beta\text{grad}v$ (α, β 为常数);

(3) $\text{grad}(uv) = u\text{grad}v + v\text{grad}u$;

(4) $\text{grad}f(u) = f'(u)\text{grad}u$.

证 (1)

$$
\begin{aligned}
\text{grad}(u+c) &= ((u+c)_x, (u+c)_y, (u+c)_z) \\
&= (u_x, u_y, u_z) = \text{grad}u.
\end{aligned}
$$

(2)

$$
\begin{aligned}
\text{grad}(\alpha u + \beta v) &= ((\alpha u + \beta v)_x, (\alpha u + \beta v)_y, (\alpha u + \beta v)_z) \\
&= \alpha(u_x, u_y, u_z) + \beta(v_x, v_y, v_z) \\
&= \alpha\text{grad}u + \beta\text{grad}v.
\end{aligned}
$$

$$\begin{aligned}(3)\quad \mathrm{grad}(uv) &= ((uv)_x, (uv)_y, (uv)_z)\\ &= u(v_x, v_y, v_z) + v(u_x, u_y, u_z)\\ &= u\mathrm{grad}v + v\mathrm{grad}u.\end{aligned}$$

$$\begin{aligned}(4)\quad \mathrm{grad}f(u) &= ((f(u))_x, (f(u))_y, (f(u))_z)\\ &= (f'(u)u_x, f'(u)u_y, f'(u)u_z)\\ &= f'(u)(u_x, u_y, u_z) = f'(u)\mathrm{grad}u.\end{aligned}$$

6. 设函数 $u = x^3 + y^3 + z^3 - 3xyz$, 试问在怎样的点集上 $\mathrm{grad}u$ 分别满足:

(1) 垂直于 z 轴; (2) 平行于 z 轴; (3) 恒为零向量.

解 我们有

$$\mathrm{grad}u = (3x^2 - 3yz, 3y^2 - 3xz, 3z^2 - 3xy).$$

(1) $\mathrm{grad}u$ 垂直于 z 轴

$$\Longleftrightarrow (3x^2 - 3yz, 3y^2 - 3xz, 3z^2 - 3xy)\cdot(0,0,1) = 0$$

$$\Longleftrightarrow z^2 = xy.$$

(2) $\mathrm{grad}u$ 平行于 z 轴

$$\begin{aligned}&\Longleftrightarrow (3x^2 - 3yz, 3y^2 - 3xz, 3z^2 - 3xy)//(0,0,1)\\ &\Longleftrightarrow \frac{3x^2 - 3yz}{0} = \frac{3y^2 - 3xz}{0} = \frac{3z^2 - 3xy}{1}\\ &\Longleftrightarrow x^2 = yz, y^2 = xz, z^2 - xy = \lambda \in \mathbb{R}.\end{aligned}$$

(3) $\mathrm{grad}u$ 恒为零向量 $\Longleftrightarrow \begin{cases}3x^2 - 3yz = 0,\\ 3y^2 - 3xz = 0,\\ 3z^2 - 3xy = 0\end{cases} \Longleftrightarrow x = y = z.$

§ 17.4 高阶偏导数、全微分、Taylor 公式和无条件极值

内容要求 理解并掌握求高阶偏导数和全微分的方法; 掌握混合偏导数相等的几个充分条件; 掌握 Taylor 公式 (和一元的比

较); 掌握极值的必要条件和充分条件; 掌握用定义、极值的条件求极值.

例 17-4-1 解答下列各题 (高阶偏导数):

1. 求下列函数的高阶偏导数:

(1) $z = x^4 + y^4 - 4x^2y^2$, 求所有二阶偏导数;

(2) $z = \mathrm{e}^x(\cos y + x\sin y)$, 求所有二阶偏导数;

(3) $z = x\ln(xy)$, 求 z_{xxy}, z_{xyy};

*(4) $u = xyz\mathrm{e}^{x+y+z}$, 求 $\dfrac{\partial^{p+q+r}u}{\partial x^p \partial y^q \partial z^r}$;

(5) $z = f(xy^2, x^2y)$, 求所有二阶偏导数;

(6) $u = f(x^2+y^2+z^2)$, 求所有二阶偏导数;

(7) $z = f\left(x+y, xy, \dfrac{x}{y}\right)$, 求 z_x, z_{xx}, z_{xy}.

解 (1) 由于 $z_x = 4x^3 - 8xy^2, z_y = 4y^3 - 8x^2y$, 所以

$$z_{xx} = 12x^2 - 8y^2, \quad z_{yy} = 12y^2 - 8x^2, \quad z_{xy} = z_{yx} = -16xy.$$

(2) 由于

$$z_x = \mathrm{e}^x(\cos y + x\sin y) + \mathrm{e}^x \sin y = \mathrm{e}^x[\cos y + (x+1)\sin y],$$
$$z_y = \mathrm{e}^x(-\sin y + x\cos y),$$

所以

$$z_{xx} = \mathrm{e}^x[\cos y + (x+1)\sin y] + \mathrm{e}^x \sin y = \mathrm{e}^x[\cos y + (x+2)\sin y],$$
$$z_{yy} = \mathrm{e}^x(-\cos y - x\sin y) = -\mathrm{e}^x(\cos y + x\sin y),$$
$$z_{xy} = z_{yx} = \mathrm{e}^x[-\sin y + (x+1)\cos y].$$

(3) 由于 $z_x = \ln(xy) + 1, z_{xx} = \dfrac{1}{x}, z_{xy} = \dfrac{1}{y}$, 所以

$$z_{xxy} = 0, \quad z_{xyy} = -\frac{1}{y^2}.$$

(4) 由于 $u = xyz\mathrm{e}^{x+y+z} = x\mathrm{e}^x \cdot y\mathrm{e}^y \cdot z\mathrm{e}^z$, 又由数学归纳法可得

$$\frac{\mathrm{d}^p}{\mathrm{d}x^p}(x\mathrm{e}^x) = (x+p)\mathrm{e}^x, \quad \frac{\mathrm{d}^q}{\mathrm{d}y^q}(y\mathrm{e}^y) = (y+q)\mathrm{e}^y,$$
$$\frac{\mathrm{d}^r}{\mathrm{d}z^r}(z\mathrm{e}^z) = (z+r)\mathrm{e}^z,$$

所以

$$\frac{\partial^{p+q+r}u}{\partial x^p \partial y^q \partial z^r} = (x+p)(y+q)(z+r)\mathrm{e}^{x+y+z}.$$

(5) 由于

$$z_x = y^2 f_1'(xy^2, x^2y) + 2xyf_2'(xy^2, x^2y),$$
$$z_y = 2xyf_1'(xy^2, x^2y) + x^2 f_2'(xy^2, x^2y),$$

所以

$$\begin{aligned}
z_{xx} &= y^4 f_{11}''(xy^2, x^2y) + 2xy^3 f_{12}''(xy^2, x^2y) + 2yf_2'(xy^2, x^2y) \\
&\quad + 2xy^3 f_{21}''(xy^2, x^2y) + 4x^2y^2 f_{22}''(xy^2, x^2y) \\
&= y^4 f_{11}''(xy^2, x^2y) + 4xy^3 f_{12}''(xy^2, x^2y) \\
&\quad + 4x^2y^2 f_{22}''(xy^2, x^2y) + 2yf_2'(xy^2, x^2y), \\
z_{yy} &= 2xf_1'(xy^2, x^2y) + 4x^2y^2 f_{11}''(xy^2, x^2y) + 2x^3y f_{12}''(xy^2, x^2y) \\
&\quad + 2x^3y f_{21}''(xy^2, x^2y) + x^4 f_{22}''(xy^2, x^2y) \\
&= 4x^2y^2 f_{11}''(xy^2, x^2y) + 4x^3y f_{12}''(xy^2, x^2y) \\
&\quad + x^4 f_{22}''(xy^2, x^2y) + 2xf_1'(xy^2, x^2y), \\
z_{xy} &= z_{yx} = 2yf_1'(xy^2, x^2y) + 2xy^3 f_{11}''(xy^2, x^2y) + x^2y^2 f_{12}''(xy^2, x^2y) \\
&\quad + 2xf_2'(xy^2, x^2y) + 4x^2y^2 f_{21}''(xy^2, x^2y) + 2x^3y f_{22}''(xy^2, x^2y) \\
&= 2yf_1'(xy^2, x^2y) + 2xy^3 f_{11}''(xy^2, x^2y) + 2xf_2'(xy^2, x^2y) \\
&\quad + 5x^2y^2 f_{21}''(xy^2, x^2y) + 2x^3y f_{22}''(xy^2, x^2y).
\end{aligned}$$

(6) 由于

$$u_x = 2xf'(x^2+y^2+z^2), \quad u_y = 2yf'(x^2+y^2+z^2),$$
$$u_z = 2zf'(x^2+y^2+z^2),$$

所以

$$
\begin{aligned}
u_{xx}&=2f'(x^2+y^2+z^2)+4x^2f''(x^2+y^2+z^2),\\
u_{xy}&=u_{yx}=4xyf''(x^2+y^2+z^2),\\
u_{xz}&=u_{zx}=4xzf''(x^2+y^2+z^2),\\
u_{yy}&=2f'(x^2+y^2+z^2)+4y^2f''(x^2+y^2+z^2),\\
u_{yz}&=u_{zy}=4yzf''(x^2+y^2+z^2),\\
u_{zz}&=2f'(x^2+y^2+z^2)+4z^2f''(x^2+y^2+z^2),
\end{aligned}
$$

(7) 由于

$$
\begin{aligned}
z_x=&f_1'\left(x+y,xy,\frac{x}{y}\right)+yf_2'\left(x+y,xy,\frac{x}{y}\right)\\
&+\frac{1}{y}f_3'\left(x+y,xy,\frac{x}{y}\right),
\end{aligned}
$$

所以

$$
\begin{aligned}
z_{xx}=&f_{11}''\left(x+y,xy,\frac{x}{y}\right)+yf_{12}''\left(x+y,xy,\frac{x}{y}\right)\\
&+\frac{1}{y}f_{13}''\left(x+y,xy,\frac{x}{y}\right)+y\left[f_{21}''\left(x+y,xy,\frac{x}{y}\right)\right.\\
&\left.+yf_{22}''\left(x+y,xy,\frac{x}{y}\right)+\frac{1}{y}f_{23}''\left(x+y,xy,\frac{x}{y}\right)\right]\\
&+\frac{1}{y}\left[f_{31}''\left(x+y,xy,\frac{x}{y}\right)+yf_{32}''\left(x+y,xy,\frac{x}{y}\right)\right.\\
&\left.+\frac{1}{y}f_{33}''\left(x+y,xy,\frac{x}{y}\right)\right]\\
=&f_{11}''\left(x+y,xy,\frac{x}{y}\right)+2yf_{12}''\left(x+y,xy,\frac{x}{y}\right)\\
&+\frac{2}{y}f_{13}''\left(x+y,xy,\frac{x}{y}\right)+y^2f_{22}''\left(x+y,xy,\frac{x}{y}\right)\\
&+2f_{23}''\left(x+y,xy,\frac{x}{y}\right)+\frac{1}{y^2}f_{33}''\left(x+y,xy,\frac{x}{y}\right),\\
z_{xy}=&f_{11}''\left(x+y,xy,\frac{x}{y}\right)+xf_{12}''\left(x+y,xy,\frac{x}{y}\right)
\end{aligned}
$$

$$
\begin{aligned}
&-\frac{x}{y^2}f''_{13}\left(x+y,xy,\frac{x}{y}\right)+f'_2\left(x+y,xy,\frac{x}{y}\right)\\
&+y\left[f''_{21}\left(x+y,xy,\frac{x}{y}\right)+xf''_{22}\left(x+y,xy,\frac{x}{y}\right)\right.\\
&\left.-\frac{x}{y^2}f''_{23}\left(x+y,xy,\frac{x}{y}\right)\right]-\frac{1}{y^2}f'_3\left(x+y,xy,\frac{x}{y}\right)\\
&+\frac{1}{y}\left[f''_{31}\left(x+y,xy,\frac{x}{y}\right)+xf''_{32}\left(x+y,xy,\frac{x}{y}\right)\right.\\
&\left.-\frac{x}{y^2}f''_{33}\left(x+y,xy,\frac{x}{y}\right)\right]\\
=&f''_{11}\left(x+y,xy,\frac{x}{y}\right)+(x+y)f''_{12}\left(x+y,xy,\frac{x}{y}\right)\\
&+\frac{1}{y}\left(1-\frac{x}{y}\right)f''_{13}\left(x+y,xy,\frac{x}{y}\right)+xyf''_{22}\left(x+y,xy,\frac{x}{y}\right)\\
&-\frac{x}{y^3}f''_{33}\left(x+y,xy,\frac{x}{y}\right)+f'_2\left(x+y,xy,\frac{x}{y}\right)\\
&-\frac{1}{y^2}f'_3\left(x+y,xy,\frac{x}{y}\right).
\end{aligned}
$$

2. 设函数 $u=\begin{vmatrix}1&1&1\\x&y&z\\x^2&y^2&z^2\end{vmatrix}$, 求 $u_x+u_y+u_z$, $xu_x+yu_y+zu_z$, $u_{xx}+u_{yy}+u_{zz}$.

解 由于

$$
u_x=\begin{vmatrix}1&1&1\\1&0&0\\x^2&y^2&z^2\end{vmatrix}+\begin{vmatrix}1&1&1\\x&y&z\\2x&0&0\end{vmatrix},\ u_y=\begin{vmatrix}1&1&1\\0&1&0\\x^2&y^2&z^2\end{vmatrix}+\begin{vmatrix}1&1&1\\x&y&z\\0&2y&0\end{vmatrix},
$$

$$
u_z=\begin{vmatrix}1&1&1\\0&0&1\\x^2&y^2&z^2\end{vmatrix}+\begin{vmatrix}1&1&1\\x&y&z\\0&0&2z\end{vmatrix},
$$

所以

$$u_x+u_y+u_z=\begin{vmatrix}1&1&1\\1&0&0\\x^2&y^2&z^2\end{vmatrix}+\begin{vmatrix}1&1&1\\0&1&0\\x^2&y^2&z^2\end{vmatrix}+\begin{vmatrix}1&1&1\\0&0&1\\x^2&y^2&z^2\end{vmatrix}$$

$$+\begin{vmatrix}1&1&1\\x&y&z\\2x&0&0\end{vmatrix}+\begin{vmatrix}1&1&1\\x&y&z\\0&2y&0\end{vmatrix}+\begin{vmatrix}1&1&1\\x&y&z\\0&0&2z\end{vmatrix}$$

$$=\begin{vmatrix}1&1&1\\1&1&1\\x^2&y^2&z^2\end{vmatrix}+\begin{vmatrix}1&1&1\\x&y&z\\2x&2y&2z\end{vmatrix}=0+0=0,$$

$$xu_x+yu_y+zu_z=x\begin{vmatrix}1&1&1\\1&0&0\\x^2&y^2&z^2\end{vmatrix}+y\begin{vmatrix}1&1&1\\0&1&0\\x^2&y^2&z^2\end{vmatrix}+z\begin{vmatrix}1&1&1\\0&0&1\\x^2&y^2&z^2\end{vmatrix}$$

$$+x\begin{vmatrix}1&1&1\\x&y&z\\2x&0&0\end{vmatrix}+y\begin{vmatrix}1&1&1\\x&y&z\\0&2y&0\end{vmatrix}+z\begin{vmatrix}1&1&1\\x&y&z\\0&0&2z\end{vmatrix}$$

$$=\begin{vmatrix}1&1&1\\x&y&z\\x^2&y^2&z^2\end{vmatrix}+2\begin{vmatrix}1&1&1\\x&y&z\\x^2&y^2&z^2\end{vmatrix}=3u,$$

$$u_{xx}=\begin{vmatrix}1&1&1\\1&0&0\\2x&0&0\end{vmatrix}+\begin{vmatrix}1&1&1\\1&0&0\\2x&0&0\end{vmatrix}+\begin{vmatrix}1&1&1\\x&y&z\\2&0&0\end{vmatrix}=\begin{vmatrix}1&1&1\\x&y&z\\2&0&0\end{vmatrix},$$

$$u_{yy}=\begin{vmatrix}1&1&1\\0&1&0\\0&2y&0\end{vmatrix}+\begin{vmatrix}1&1&1\\0&1&0\\0&2y&0\end{vmatrix}+\begin{vmatrix}1&1&1\\x&y&z\\0&2&0\end{vmatrix}=\begin{vmatrix}1&1&1\\x&y&z\\0&2&0\end{vmatrix},$$

$$u_{zz}=\begin{vmatrix}1&1&1\\0&0&1\\0&0&2z\end{vmatrix}+\begin{vmatrix}1&1&1\\0&0&1\\0&0&2z\end{vmatrix}+\begin{vmatrix}1&1&1\\x&y&z\\0&0&2\end{vmatrix}=\begin{vmatrix}1&1&1\\x&y&z\\0&0&2\end{vmatrix},$$

从而

$$u_{xx}+u_{yy}+u_{zz}=\begin{vmatrix}1&1&1\\x&y&z\\2&0&0\end{vmatrix}+\begin{vmatrix}1&1&1\\x&y&z\\0&2&0\end{vmatrix}+\begin{vmatrix}1&1&1\\x&y&z\\0&0&2\end{vmatrix}=\begin{vmatrix}1&1&1\\x&y&z\\2&2&2\end{vmatrix}=0.$$

注 如果先把行列式函数展开再求偏导数会比较麻烦 (特别是对高阶行列式函数), 结论 $u_{xx}+u_{yy}+u_{zz}=0$ 说明行列式函数是调和函数.

例 17-4-2 解答下列各题 (偏微分方程):

1. 设函数 $z=f(x,y),x=r\cos\theta,y=r\sin\theta$, 证明:

$$\frac{\partial^2 z}{\partial r^2}+\frac{1}{r}\frac{\partial z}{\partial r}+\frac{1}{r^2}\frac{\partial^2 z}{\partial\theta^2}=\frac{\partial^2 z}{\partial x^2}+\frac{\partial^2 z}{\partial y^2}.$$

证 法一 我们有

$$\begin{cases}\dfrac{\partial z}{\partial r}=\cos\theta\dfrac{\partial z}{\partial x}+\sin\theta\dfrac{\partial z}{\partial y},\\ \dfrac{\partial z}{\partial\theta}=-r\sin\theta\dfrac{\partial z}{\partial x}+r\cos\theta\dfrac{\partial z}{\partial y}.\end{cases}$$

解此方程组得

$$\begin{cases}\dfrac{\partial z}{\partial x}=\cos\theta\dfrac{\partial z}{\partial r}-\dfrac{1}{r}\sin\theta\dfrac{\partial z}{\partial\theta}=\left(\cos\theta\dfrac{\partial}{\partial r}-\dfrac{1}{r}\sin\theta\dfrac{\partial}{\partial\theta}\right)z,\\ \dfrac{\partial z}{\partial y}=\sin\theta\dfrac{\partial z}{\partial r}+\dfrac{1}{r}\cos\theta\dfrac{\partial z}{\partial\theta}=\left(\sin\theta\dfrac{\partial}{\partial r}+\dfrac{1}{r}\cos\theta\dfrac{\partial}{\partial\theta}\right)z,\end{cases}$$

故

$$\begin{aligned}\frac{\partial^2 z}{\partial x^2}&=\left(\cos\theta\frac{\partial}{\partial r}-\frac{1}{r}\sin\theta\frac{\partial}{\partial\theta}\right)\left(\cos\theta\frac{\partial z}{\partial r}-\frac{1}{r}\sin\theta\frac{\partial z}{\partial\theta}\right)\\&=\cos^2\theta\frac{\partial^2 z}{\partial r^2}+\frac{1}{r^2}\cos\theta\sin\theta\frac{\partial z}{\partial\theta}-\frac{1}{r}\sin\theta\cos\theta\frac{\partial^2 z}{\partial\theta\partial r}+\frac{1}{r}\sin^2\theta\frac{\partial z}{\partial r}\\&\quad-\frac{1}{r}\sin\theta\cos\theta\frac{\partial^2 z}{\partial r\partial\theta}+\frac{1}{r^2}\sin^2\theta\frac{\partial^2 z}{\partial\theta^2}+\frac{1}{r^2}\sin\theta\cos\theta\frac{\partial z}{\partial\theta},\qquad(1)\end{aligned}$$

$$
\begin{aligned}
\frac{\partial^2 z}{\partial y^2} &= \left(\sin\theta\frac{\partial}{\partial r} + \frac{1}{r}\cos\theta\frac{\partial}{\partial\theta}\right)\left(\sin\theta\frac{\partial z}{\partial r} + \frac{1}{r}\cos\theta\frac{\partial z}{\partial\theta}\right) \\
&= \sin^2\theta\frac{\partial^2 z}{\partial r^2} + \frac{1}{r}\sin\theta\cos\theta\frac{\partial^2 z}{\partial\theta\partial r} - \frac{1}{r^2}\sin\theta\cos\theta\frac{\partial z}{\partial\theta} \\
&\quad + \frac{1}{r}\sin\theta\cos\theta\frac{\partial^2 z}{\partial r\partial\theta} + \frac{1}{r}\cos^2\theta\frac{\partial z}{\partial r} + \frac{1}{r^2}\cos^2\theta\frac{\partial^2 z}{\partial\theta^2} \\
&\quad - \frac{1}{r^2}\sin\theta\cos\theta\frac{\partial z}{\partial\theta}.
\end{aligned} \tag{2}
$$

将 (1), (2) 两式相加, 得

$$
\frac{\partial^2 z}{\partial x^2} + \frac{\partial^2 z}{\partial y^2} = \frac{\partial^2 z}{\partial r^2} + \frac{1}{r}\frac{\partial z}{\partial r} + \frac{1}{r^2}\frac{\partial^2 z}{\partial\theta^2}.
$$

法二 因为

$$
\frac{\partial z}{\partial r} = \cos\theta\frac{\partial z}{\partial x} + \sin\theta\frac{\partial z}{\partial y}, \quad \frac{\partial z}{\partial\theta} = -r\sin\theta\frac{\partial z}{\partial x} + r\cos\theta\frac{\partial z}{\partial y},
$$

所以

$$
\begin{aligned}
\frac{\partial^2 z}{\partial r^2} &= \cos\theta\left(\frac{\partial^2 z}{\partial x^2}\cos\theta + \frac{\partial^2 z}{\partial x\partial y}\sin\theta\right) \\
&\quad + \sin\theta\left(\frac{\partial^2 z}{\partial y\partial x}\cos\theta + \frac{\partial^2 z}{\partial y^2}\sin\theta\right), \\
&= \cos^2\theta\frac{\partial^2 z}{\partial x^2} + \sin^2\theta\frac{\partial^2 z}{\partial y^2} + 2\cos\theta\sin\theta\frac{\partial^2 z}{\partial x\partial y}, \\
\frac{\partial^2 z}{\partial\theta^2} &= -r\cos\theta\frac{\partial z}{\partial x} - r\sin\theta\left(-r\sin\theta\frac{\partial^2 z}{\partial x^2} + r\cos\theta\frac{\partial^2 z}{\partial x\partial y}\right) \\
&\quad -r\sin\theta\frac{\partial z}{\partial y} + r\cos\theta\left(-r\sin\theta\frac{\partial^2 z}{\partial y\partial x} + r\cos\theta\frac{\partial^2 z}{\partial y^2}\right) \\
&= -r\left(\cos\theta\frac{\partial z}{\partial x} + \sin\theta\frac{\partial z}{\partial y}\right) + r^2\sin^2\theta\frac{\partial^2 z}{\partial x^2} + r^2\cos^2\theta\frac{\partial^2 z}{\partial y^2} \\
&\quad -2r^2\cos\theta\sin\theta\frac{\partial^2 z}{\partial y\partial x}.
\end{aligned}
$$

所以

$$
\frac{\partial^2 z}{\partial r^2} + \frac{1}{r}\frac{\partial z}{\partial r} + \frac{1}{r^2}\frac{\partial^2 z}{\partial\theta^2} = \frac{\partial^2 z}{\partial x^2} + \frac{\partial^2 z}{\partial y^2}.
$$

注 法一中, 如果直接求 $\frac{\partial z}{\partial x}, \frac{\partial z}{\partial y}$ 比较困难, 为此先求 $\frac{\partial z}{\partial r}, \frac{\partial z}{\partial\theta}$,

然后解出 $\dfrac{\partial z}{\partial x}, \dfrac{\partial z}{\partial y}$. 如果单纯为证明等式, 法二显得简单些; 如果题目改为用 z 关于 r, θ 的偏导数表示 $\dfrac{\partial^2 z}{\partial x^2}+\dfrac{\partial^2 z}{\partial y^2}$, 法一更自然些. 此题的结论是 Laplace 算子在极坐标下的表示.

2. 设函数 $u=f(r), r=\sqrt{x_1^2+x_2^2+\cdots+x_n^2}$, 证明:

$$\frac{\partial^2 u}{\partial x_1^2}+\frac{\partial^2 u}{\partial x_2^2}+\cdots+\frac{\partial^2 u}{\partial x_n^2}=\frac{\mathrm{d}^2 u}{\mathrm{d} r^2}+\frac{n-1}{r} \frac{\mathrm{d} u}{\mathrm{d} r}.$$

证 由条件有

$$\left.\begin{array}{l}
\dfrac{\partial u}{\partial x_i}=\dfrac{\mathrm{d} u}{\mathrm{d} r} \dfrac{\partial r}{\partial x_i}=\dfrac{\mathrm{d} u}{\mathrm{d} r} \dfrac{x_i}{r}, \\
\dfrac{\partial^2 u}{\partial x_i^2}=\dfrac{\mathrm{d} u}{\mathrm{d} r}\left(\dfrac{1}{r}-\dfrac{x_i^2}{r^3}\right)+\dfrac{\mathrm{d}^2 u}{\mathrm{d} r^2}\left(\dfrac{x_i}{r}\right)^2
\end{array}\right. \quad(i=1,2, \cdots, n),$$

所以

$$\begin{aligned}
\frac{\partial^2 u}{\partial x_1^2}+\frac{\partial^2 u}{\partial x_2^2}+\cdots+\frac{\partial^2 u}{\partial x_n^2} & =\sum_{i=1}^n\left[\frac{\mathrm{d} u}{\mathrm{d} r}\left(\frac{1}{r}-\frac{x_i^2}{r^3}\right)+\frac{\mathrm{d}^2 u}{\mathrm{d} r^2}\left(\frac{x_i}{r}\right)^2\right] \\
& =\frac{\mathrm{d} u}{\mathrm{d} r}\left(\frac{n}{r}-\frac{1}{r}\right)+\frac{\mathrm{d}^2 u}{\mathrm{d} r^2} \\
& =\frac{\mathrm{d}^2 u}{\mathrm{d} r^2}+\frac{n-1}{r} \frac{\mathrm{d} u}{\mathrm{d} r}.
\end{aligned}$$

注 函数 $u=f(r)$ 称为径向函数, 此题的结论是: 径向函数的 Laplace 方程可以化为关于 r 的二阶常微分方程. 在后续课程 "偏微分方程" 中求解高维波动方程的 Cauchy 问题时会用到此结论.

3. 设函数 $v=\dfrac{1}{r} g\left(t-\dfrac{r}{c}\right)$ (c 为常数), $r=\sqrt{x^2+y^2+z^2}$, 证明:

$$v_{xx}+v_{yy}+v_{zz}=\frac{1}{c^2} v_{tt}.$$

证 由于

$$\begin{aligned}
v_x & =-\frac{x}{r^3} g\left(t-\frac{r}{c}\right)-\frac{1}{c r} g^{\prime}\left(t-\frac{r}{c}\right) \frac{\partial r}{\partial x} \\
& =-\frac{x}{r^3} g\left(t-\frac{r}{c}\right)-\frac{1}{c r} g^{\prime}\left(t-\frac{r}{c}\right) \frac{x}{r},
\end{aligned}$$

所以

$$
\begin{aligned}
v_{xx} &= \left(-\frac{1}{r^3} + 3\frac{x^2}{r^5}\right) g\left(t - \frac{r}{c}\right) + \frac{x^2}{cr^4} g'\left(t - \frac{r}{c}\right) \\
&\quad - \left(\frac{1}{cr^2} - 2\frac{x^2}{cr^4}\right) g'\left(t - \frac{r}{c}\right) + \frac{x^2}{c^2r^3} g''\left(t - \frac{r}{c}\right) \\
&= \frac{3x^2 - r^2}{r^5} g\left(t - \frac{r}{c}\right) + \frac{3x^2 - r^2}{cr^4} g'\left(t - \frac{r}{c}\right) + \frac{x^2}{c^2r^3} g''\left(t - \frac{r}{c}\right).
\end{aligned}
$$

同理,

$$
\begin{aligned}
v_{yy} &= \frac{3y^2 - r^2}{r^5} g\left(t - \frac{r}{c}\right) + \frac{3y^2 - r^2}{cr^4} g'\left(t - \frac{r}{c}\right) + \frac{y^2}{c^2r^3} g''\left(t - \frac{r}{c}\right), \\
v_{zz} &= \frac{3z^2 - r^2}{r^5} g\left(t - \frac{r}{c}\right) + \frac{3z^2 - r^2}{cr^4} g'\left(t - \frac{r}{c}\right) + \frac{z^2}{c^2r^3} g''\left(t - \frac{r}{c}\right).
\end{aligned}
$$

所以

$$
v_{xx} + v_{yy} + v_{zz} = \frac{1}{c^2 r} g''\left(t - \frac{r}{c}\right) = \frac{1}{c^2} v_{tt}.
$$

注 方程 $v_{xx}+v_{yy}+v_{zz} = \dfrac{1}{c^2} v_{tt} \Longleftrightarrow v_{tt}-c^2(v_{xx} + v_{yy} + v_{zz}) = 0$ 为自由振动的三维波动方程, 此结果表明 v 为此波动方程的一个解.

4. 证明: 函数 $u = \dfrac{1}{2a\sqrt{\pi t}} \mathrm{e}^{-\frac{(x-b)^2}{4a^2 t}}$ $(a, b$ 为常数) 满足热传导方程

$$
u_t - a^2 u_{xx} = 0.
$$

证 由于

$$
\begin{aligned}
u_t &= -\frac{1}{4a\sqrt{\pi}t^{3/2}} \mathrm{e}^{-\frac{(x-b)^2}{4a^2 t}} + \frac{(x-b)^2}{8a^3\sqrt{\pi}t^{5/2}} \mathrm{e}^{-\frac{(x-b)^2}{4a^2 t}} \\
&= \left[-\frac{1}{4a\sqrt{\pi}t^{3/2}} + \frac{(x-b)^2}{8a^3\sqrt{\pi}t^{5/2}}\right] \mathrm{e}^{-\frac{(x-b)^2}{4a^2 t}}, \\
u_x &= -\frac{x-b}{4a^3\sqrt{\pi}t^{3/2}} \mathrm{e}^{-\frac{(x-b)^2}{4a^2 t}}, \\
u_{xx} &= \left[-\frac{1}{4a^3\sqrt{\pi}t^{3/2}} \mathrm{e}^{-\frac{(x-b)^2}{4a^2 t}} + \frac{(x-b)^2}{8a^5\sqrt{\pi}t^{5/2}}\right] \mathrm{e}^{-\frac{(x-b)^2}{4a^2 t}},
\end{aligned}
$$

所以

$$u_t - a^2 u_{xx} = 0.$$

注 称 $\overline{u} = \dfrac{1}{2a\sqrt{\pi t}} \mathrm{e}^{-\frac{x^2}{4a^2 t}}$ 为一维热传导方程的基本解.

5. 证明: 函数 $u = \ln\sqrt{(x-a)^2+(y-b)^2}$ $(a, b$ 为常数) 满足 Laplace 方程

$$u_{xx} + u_{yy} = 0.$$

证 由于 $u_x = \dfrac{x-a}{(x-a)^2+(y-b)^2}$, 因此

$$u_{xx} = \frac{1}{(x-a)^2+(y-b)^2} - \frac{2(x-a)^2}{[(x-a)^2+(y-b)^2]^2}.$$

同理,

$$u_{yy} = \frac{1}{(x-a)^2+(y-b)^2} - \frac{2(y-b)^2}{[(x-a)^2+(y-b)^2]^2},$$

所以

$$u_{xx} + u_{yy} = 0.$$

注 称 $\overline{u} = \dfrac{1}{2\pi} \ln \dfrac{1}{\sqrt{x^2+y^2}}$ 为二维 Laplace 方程 $u_{xx} + u_{yy} = 0$ 的基本解.

6. 证明: 若函数 $u = f(x, y)$ 满足 Laplace 方程 $u_{xx} + u_{yy} = 0$, 则函数 $v = f\left(\dfrac{x}{x^2+y^2}, \dfrac{y}{x^2+y^2}\right)$ 也满足此方程.

证 记 $s = \dfrac{x}{x^2+y^2}, t = \dfrac{y}{x^2+y^2}$, 则

$$v_x = f_s\left(\frac{x}{x^2+y^2}, \frac{y}{x^2+y^2}\right)\frac{\partial s}{\partial x} + f_t\left(\frac{x}{x^2+y^2}, \frac{y}{x^2+y^2}\right)\frac{\partial t}{\partial x},$$

$$\begin{aligned}
v_{xx} &= \frac{\partial^2 s}{\partial x^2} f_s + \frac{\partial s}{\partial x}\left(\frac{\partial s}{\partial x} f_{ss} + \frac{\partial t}{\partial x} f_{st}\right) + \frac{\partial^2 t}{\partial x^2} f_t + \frac{\partial t}{\partial x}\left(\frac{\partial t}{\partial x} f_{tt} + \frac{\partial s}{\partial x} f_{ts}\right) \\
&= \frac{\partial^2 s}{\partial x^2} f_s + \frac{\partial^2 t}{\partial x^2} f_t + \left(\frac{\partial s}{\partial x}\right)^2 f_{ss} + \left(\frac{\partial t}{\partial x}\right)^2 f_{tt} + 2\frac{\partial s}{\partial x}\frac{\partial t}{\partial x} f_{ts}.
\end{aligned}$$

同理,

$$v_y = f_s\left(\frac{x}{x^2+y^2},\frac{y}{x^2+y^2}\right)\frac{\partial s}{\partial y} + f_t\left(\frac{x}{x^2+y^2},\frac{y}{x^2+y^2}\right)\frac{\partial t}{\partial y},$$

$$v_{yy} = \frac{\partial^2 s}{\partial y^2}f_s + \frac{\partial^2 t}{\partial y^2}f_t + \left(\frac{\partial s}{\partial y}\right)^2 f_{ss} + \left(\frac{\partial t}{\partial y}\right)^2 f_{tt} + 2\frac{\partial s}{\partial y}\frac{\partial t}{\partial y}f_{ts}.$$

所以

$$\begin{aligned}v_{xx}+v_{yy} = &\left(\frac{\partial^2 s}{\partial x^2}+\frac{\partial^2 s}{\partial y^2}\right)f_s + \left(\frac{\partial^2 t}{\partial x^2}+\frac{\partial^2 t}{\partial y^2}\right)f_t \\ &+\left[\left(\frac{\partial s}{\partial x}\right)^2+\left(\frac{\partial s}{\partial y}\right)^2\right]f_{ss} + \left[\left(\frac{\partial t}{\partial x}\right)^2+\left(\frac{\partial t}{\partial y}\right)^2\right]f_{tt} \\ &+2\left(\frac{\partial s}{\partial x}\frac{\partial t}{\partial x}+\frac{\partial s}{\partial y}\frac{\partial t}{\partial y}\right)f_{ts}.\end{aligned}$$

不难计算得

$$\begin{aligned}&\frac{\partial^2 s}{\partial x^2}+\frac{\partial^2 s}{\partial y^2}=0, \quad \frac{\partial^2 t}{\partial x^2}+\frac{\partial^2 t}{\partial y^2}=0, \\ &\left(\frac{\partial s}{\partial x}\right)^2+\left(\frac{\partial s}{\partial y}\right)^2 = \left(\frac{\partial t}{\partial x}\right)^2+\left(\frac{\partial t}{\partial y}\right)^2, \\ &\frac{\partial s}{\partial x}\frac{\partial t}{\partial x}+\frac{\partial s}{\partial y}\frac{\partial t}{\partial y}=0,\end{aligned}$$

所以

$$v_{xx}+v_{yy}=0.$$

7. 设函数 $u=\varphi(x+\psi(y))$, 证明:

$$\frac{\partial u}{\partial x}\frac{\partial^2 u}{\partial x\partial y} = \frac{\partial u}{\partial y}\frac{\partial^2 u}{\partial x^2}.$$

证 由于

$$\begin{aligned}&\frac{\partial u}{\partial x}=\varphi'(x+\psi(y)), \quad \frac{\partial^2 u}{\partial x^2}=\varphi''(x+\psi(y)), \\ &\frac{\partial^2 u}{\partial x\partial y}=\varphi''(x+\psi(y))\psi'(y), \quad \frac{\partial u}{\partial y}=\varphi'(x+\psi(y))\psi'(y),\end{aligned}$$

所以

$$\frac{\partial u}{\partial x}\frac{\partial^2 u}{\partial x\partial y}=\varphi'(x+\psi(y))\varphi''(x+\psi(y))\psi'(y)$$
$$=\varphi'(x+\psi(y))\psi'(y)\varphi''(x+\psi(y))=\frac{\partial u}{\partial y}\frac{\partial^2 u}{\partial x^2}.$$

例 17-4-3 解答下列各题 (混合偏导数相等):

1\. 设 f_x, f_y, f_{yx} 在 $U(P_0,\delta)$ 内存在, 且 f_{yx} 在点 $P_0(x_0,y_0)$ 连续, 证明: $f_{xy}(x_0,y_0)$ 存在, 且

$$f_{xy}(x_0,y_0)=f_{yx}(x_0,y_0).$$

证 第一步, 我们有

$$\begin{aligned}f_{xy}(x_0,y_0)&=\lim_{\Delta y\to 0}\frac{f_x(x_0,y_0+\Delta y)-f_x(x_0,y_0)}{\Delta y}\\&=\lim_{\Delta y\to 0}\frac{1}{\Delta y}\left\{\lim_{\Delta x\to 0}\frac{f(x_0+\Delta x,y_0+\Delta y)-f(x_0,y_0+\Delta y)}{\Delta x}\right.\\&\qquad\left.-\lim_{\Delta x\to 0}\frac{f(x_0+\Delta x,y_0)-f(x_0,y_0)}{\Delta x}\right\}\\&=\lim_{\Delta y\to 0}\lim_{\Delta x\to 0}\frac{w}{\Delta x\Delta y},\end{aligned}$$

其中

$$\begin{aligned}w=&f(x_0+\Delta x,y_0+\Delta y)-f(x_0,y_0+\Delta y)\\&-f(x_0+\Delta x,y_0)+f(x_0,y_0).\end{aligned}$$

同理可得

$$f_{yx}(x_0,y_0)=\lim_{\Delta x\to 0}\lim_{\Delta y\to 0}\frac{w}{\Delta x\Delta y}.\tag{1}$$

第二步, 证明 $\displaystyle\lim_{(\Delta x,\Delta y)\to(0,0)}\frac{w}{\Delta x\Delta y}=f_{yx}(x_0,y_0)$. 事实上, 令 $\varphi(y)=f(x_0+\Delta x,y)-f(x_0,y)$, 则由微分中值定理得

$$\begin{aligned}\frac{w}{\Delta x\Delta y}&=\frac{1}{\Delta x\Delta y}[\varphi(y_0+\Delta y)-\varphi(y_0)]=\frac{1}{\Delta x}\varphi_y'(y_0+\theta_1\Delta y)\\&=\frac{1}{\Delta x}[f_y(x_0+\Delta x,y_0+\theta_1\Delta y)-f_y(x_0,y_0+\theta_1\Delta y)]\\&=f_{yx}(x_0+\theta_2\Delta x,y_0+\theta_1\Delta y)\quad(0<\theta_1,\theta_2<1).\end{aligned}$$

再由 f_{yx} 在点 (x_0,y_0) 连续得

$$\lim_{(\Delta x,\Delta y)\to(0,0)}\frac{w}{\Delta x\Delta y}=f_{yx}(x_0,y_0). \tag{2}$$

第三步, 证明 $f_{xy}(x_0,y_0)=f_{yx}(x_0,y_0)$. 事实上, 因为 f_x 在 $U(P_0,\delta)$ 内存在, 所以 Δy 充分小时, $\lim\limits_{\Delta x\to 0}\dfrac{w}{\Delta x}$ 存在. 由 (1), (2) 两式和重极限与累次极限的关系定理得

$$f_{xy}(x_0,y_0)=\lim_{\Delta y\to 0}\lim_{\Delta x\to 0}\frac{w}{\Delta x\Delta y}=\lim_{(\Delta x,\Delta y)\to(0,0)}\frac{w}{\Delta x\Delta y}=f_{yx}(x_0,y_0).$$

注 这里把重极限当“桥梁”, 证明两混合极限相等. 此结果又是一个混合偏导数相等的充分条件.

思考 f_y 在 $U(P_0,\delta)$ 内存在用在何处?

2. 设 f_x,f_y 在 (x_0,y_0) 的某个邻域内存在, 且在点 (x_0,y_0) 可微, 证明:

$$f_{xy}(x_0,y_0)=f_{yx}(x_0,y_0).$$

证 由可微与偏导数存在的关系知 $f_{xy}(x_0,y_0),f_{yx}(x_0,y_0)$ 均存在, 下面只需证明

$$f_{xy}(x_0,y_0)=f_{yx}(x_0,y_0).$$

记

$$\begin{aligned}w=&f(x_0+\Delta x,y_0+\Delta y)-f(x_0,y_0+\Delta y)\\&-f(x_0+\Delta x,y_0)+f(x_0,y_0).\end{aligned}$$

第一步, 令

$$\varphi(y)=f(x_0+\Delta x,y)-f(x_0,y),$$

则由微分中值定理得

$$\begin{aligned}\frac{w}{\Delta x\Delta y}&=\frac{1}{\Delta x\Delta y}[\varphi(y_0+\Delta y)-\varphi(y_0)]=\frac{1}{\Delta x}\varphi_y'(y_0+\theta\Delta y)\\&=\frac{1}{\Delta x}[f_y(x_0+\Delta x,y_0+\theta\Delta y)-f_y(x_0,y_0+\theta\Delta y)]\\&\qquad(0<\theta<1).\end{aligned} \tag{1}$$

因为 $f_y(x,y)$ 在点 (x_0,y_0) 可微, 所以

$$f_y(x_0+\Delta x, y_0+\theta\Delta y)=f_y(x_0,y_0)+f_{yx}(x_0,y_0)\Delta x+f_{yy}(x_0,y_0)\theta\Delta y \\ +o\left(\sqrt{(\Delta x)^2+(\theta\Delta y)^2}\right),$$

$$f_y(x_0,y_0+\theta\Delta y)=f_y(x_0,y_0)+f_{yy}(x_0,y_0)\theta\Delta y+o\left(\sqrt{(\theta\Delta y)^2}\right),$$

即有

$$\begin{aligned} &f_y(x_0+\Delta x,y_0+\theta\Delta y)-f_y(x_0,y_0+\theta\Delta y) \\ &=f_{yx}(x_0,y_0)\Delta x+o\left(\sqrt{(\Delta x)^2+(\theta\Delta y)^2}\right). \end{aligned} \tag{2}$$

由 (1), (2) 两式得

$$\frac{w}{\Delta x\Delta y}=f_{yx}(x_0,y_0)+\frac{1}{\Delta x}o\left(\sqrt{(\Delta x)^2+(\theta\Delta y)^2}\right). \tag{3}$$

第二步, 令 $\psi(x)=f(x,y_0+\Delta y)-f(x,y_0)$, 则由微分中值定理得

$$\begin{aligned} \frac{w}{\Delta x\Delta y}&=\frac{1}{\Delta x\Delta y}[\psi(x_0+\Delta x)-\psi(x_0)]=\frac{1}{\Delta y}\psi_x'(x_0+\eta\Delta x) \\ &=\frac{1}{\Delta y}[f_x'(x_0+\eta\Delta x,y_0+\Delta y)-f_x'(x_0+\eta\Delta x,y_0)] \\ &\qquad (0<\eta<1). \end{aligned} \tag{4}$$

因为 $f_x(x,y)$ 在点 (x_0,y_0) 可微, 所以

$$f_x(x_0+\eta\Delta x,y_0+\Delta y)=f_x(x_0,y_0)+f_{xx}(x_0,y_0)\eta\Delta x+f_{xy}(x_0,y_0)\Delta y \\ +o\left(\sqrt{(\eta\Delta x)^2+(\Delta y)^2}\right),$$

$$f_x(x_0+\eta\Delta x,y_0)=f_x(x_0,y_0)+f_{xx}(x_0,y_0)\eta\Delta x+o\left(\sqrt{(\eta\Delta x)^2}\right),$$

即有

$$\begin{aligned} &f_x(x_0+\eta\Delta x,y_0+\Delta y)-f_x(x_0+\eta\Delta x,y_0) \\ &=f_{xy}(x_0,y_0)\Delta y+o\left(\sqrt{(\eta\Delta x)^2+(\Delta y)^2}\right). \end{aligned} \tag{5}$$

由(4), (5) 两式得

$$\frac{w}{\Delta x\Delta y}=f_{xy}(x_0,y_0)+\frac{1}{\Delta y}o\left(\sqrt{(\eta\Delta x)^2+(\Delta y)^2}\right). \qquad (6)$$

第三步, 在 (3), (6) 两式中令 $\Delta x=\Delta y\to 0$, 得

$$f_{xy}(x_0,y_0)=f_{yx}(x_0,y_0).$$

例 17-4-4 解答下列各题 (Taylor 公式、微分中值定理):

1. 通过对 $F(x,y)=\sin x\cos y$ 运用微分中值定理, 证明: 对某个 $\theta\in(0,1)$, 有

$$\frac{3}{4}=\frac{\pi}{3}\cos\frac{\pi\theta}{3}\cos\frac{\pi\theta}{6}-\frac{\pi}{6}\sin\frac{\pi\theta}{3}\sin\frac{\pi\theta}{6}.$$

证 $\frac{3}{4}=\sin\frac{\pi}{3}\cos\frac{\pi}{6}=F\left(\frac{\pi}{3},\frac{\pi}{6}\right)-F(0,0)$

$$\begin{aligned}&=\frac{\pi}{3}F_x\left(\frac{\theta\pi}{3},\frac{\theta\pi}{6}\right)+\frac{\pi}{6}F_y\left(\frac{\theta\pi}{3},\frac{\theta\pi}{6}\right)\\&=\frac{\pi}{3}\cos x\cos y\Big|_{\left(\frac{\theta\pi}{3},\frac{\theta\pi}{6}\right)}-\frac{\pi}{6}\sin x\sin y\Big|_{\left(\frac{\theta\pi}{3},\frac{\theta\pi}{6}\right)}\\&=\frac{\pi}{3}\cos\frac{\pi\theta}{3}\cos\frac{\pi\theta}{6}-\frac{\pi}{6}\sin\frac{\pi\theta}{3}\sin\frac{\pi\theta}{6},\quad \theta\in(0,1).\end{aligned}$$

注 如果没给出 $F(x,y)$, 则需要构造合适的 $F(x,y)$. 这样更突显多元函数微分中值定理的作用.

2. 求下列函数在指定点的 Taylor 公式:

(1) $f(x,y)=\sin(x^2+y^2)$, 在点 $(0,0)$(到二阶为止);

(2) $f(x,y)=\dfrac{x}{y}$, 在点 $(1,1)$ (到三阶为止);

(3) $f(x,y)=\ln(1+x+y)$, 在点 $(0,0)$;

(4) $f(x,y)=2x^2-xy-y^2-6x-3y+5$, 在点 $(1,-2)$.

解 (1) 由于

$$f(x,y)=f(0,0)+\left(x\frac{\partial}{\partial x}+y\frac{\partial}{\partial y}\right)f(0,0)+\frac{1}{2!}\left(x\frac{\partial}{\partial x}+y\frac{\partial}{\partial y}\right)^2f(0,0)$$
$$+\frac{1}{3!}\left(x\frac{\partial}{\partial x}+y\frac{\partial}{\partial y}\right)^3f(\theta x,\theta y)\quad(0<\theta<1),$$

且

$$\left.\frac{\partial f}{\partial x}\right|_{(0,0)}=2x\cos(x^2+y^2)\big|_{(0,0)}=0,$$

$$\left.\frac{\partial f}{\partial y}\right|_{(0,0)}=2y\cos(x^2+y^2)\big|_{(0,0)}=0,$$

$$\left.\frac{\partial^2 f}{\partial x^2}\right|_{(0,0)}=[2\cos(x^2+y^2)-4x^2\sin(x^2+y^2)]\big|_{(0,0)}=2,$$

$$\left.\frac{\partial^2 f}{\partial x\partial y}\right|_{(0,0)}=[-4xy\sin(x^2+y^2)]\big|_{(0,0)}=0,$$

$$\left.\frac{\partial^2 f}{\partial y^2}\right|_{(0,0)}=[2\cos(x^2+y^2)-4y^2\sin(x^2+y^2)]\big|_{(0,0)}=2,$$

$$\begin{aligned}\left.\frac{\partial^3 f}{\partial x^3}\right|_{(\theta x,\theta y)}&=[-12x\sin(x^2+y^2)-8x^3\cos(x^2+y^2)]\big|_{(\theta x,\theta y)}\\&=-12\theta x\sin(\theta^2x^2+\theta^2y^2)-8\theta^3x^3\cos(\theta^2x^2+\theta^2y^2),\end{aligned}$$

$$\begin{aligned}\left.\frac{\partial^3 f}{\partial x^2\partial y}\right|_{(\theta x,\theta y)}&=[-4y\sin(x^2+y^2)-8x^2y\sin(x^2+y^2)]\big|_{(\theta x,\theta y)}\\&=-4\theta y\sin(\theta^2x^2+\theta^2y^2)-8\theta^3x^2y\sin(\theta^2x^2+\theta^2y^2),\end{aligned}$$

$$\begin{aligned}\left.\frac{\partial^3 f}{\partial y^3}\right|_{(\theta x,\theta y)}&=[-12y\cos(x^2+y^2)-8y^3\cos(x^2+y^2)]\big|_{(\theta x,\theta y)}\\&=-12\theta y\sin(\theta^2x^2+\theta^2y^2)-8\theta^3y^3\cos(\theta^2x^2+\theta^2y^2),\end{aligned}$$

$$\begin{aligned}\left.\frac{\partial^3 f}{\partial y^2\partial x}\right|_{(\theta x,\theta y)}&=[-4x\sin(x^2+y^2)-8y^2x\sin(x^2+y^2)]\big|_{(\theta x,\theta y)}\\&=-4\theta x\sin(\theta^2x^2+\theta^2y^2)-8\theta^3xy^2\sin(\theta^2x^2+\theta^2y^2),\end{aligned}$$

故

$$\sin(x^2+y^2)=x^2+y^2+R_2(x,y),$$

其中

$$\begin{aligned}R_2(x,y)=&\left.\frac{1}{3!}\left(x^3\frac{\partial^3 f}{\partial x^3}+3x^2y\frac{\partial^3 f}{\partial x^2\partial y}+3y^2x\frac{\partial^3 f}{\partial y^2\partial x}+y^3\frac{\partial^3 f}{\partial y^3}\right)\right|_{(\theta x,\theta y)}\\&=-\frac{2}{3}[3\theta(x^2+y^2)^2\sin(\theta^2x^2+\theta^2y^2)\\&+2\theta^3(x^2+y^2)^3\cos(\theta^2x^2+\theta^2y^2)]\quad(0<\theta<1).\end{aligned}$$

(2) 由于

$$\begin{aligned}f(x,y) = f(1,1) &+ \left[(x-1)\frac{\partial}{\partial x} + (y-1)\frac{\partial}{\partial y}\right] f(1,1) \\ &+\frac{1}{2!}\left[(x-1)\frac{\partial}{\partial x} + (y-1)\frac{\partial}{\partial y}\right]^2 f(1,1) \\ &+\frac{1}{3!}\left[(x-1)\frac{\partial}{\partial x} + (y-1)\frac{\partial}{\partial y}\right]^3 f(1,1) \\ &+\frac{1}{4!}\left[(x-1)\frac{\partial}{\partial x} + (y-1)\frac{\partial}{\partial y}\right]^4 \\ &\cdot f(1+\theta(x-1), 1+\theta(y-1)) \quad (0<\theta<1),\end{aligned}$$

且

$$\left.\frac{\partial f}{\partial x}\right|_{(1,1)} = \left.\frac{1}{y}\right|_{(1,1)} = 1, \qquad \left.\frac{\partial f}{\partial y}\right|_{(1,1)} = -\left.\frac{x}{y^2}\right|_{(1,1)} = -1,$$

$$\left.\frac{\partial^2 f}{\partial x^2}\right|_{(1,1)} = 0, \qquad \left.\frac{\partial^2 f}{\partial x \partial y}\right|_{(1,1)} = -\left.\frac{1}{y^2}\right|_{(1,1)} = -1,$$

$$\left.\frac{\partial^2 f}{\partial y^2}\right|_{(1,1)} = 2\left.\frac{x}{y^3}\right|_{(1,1)} = 2,$$

$$\left.\frac{\partial^3 f}{\partial x^3}\right|_{(1,1)} = 0, \qquad \left.\frac{\partial^3 f}{\partial x^2 \partial y}\right|_{(1,1)} = 0,$$

$$\left.\frac{\partial^3 f}{\partial y^3}\right|_{(1,1)} = -6\left.\frac{x}{y^4}\right|_{(1,1)} = -6, \qquad \left.\frac{\partial^3 f}{\partial y^2 \partial x}\right|_{(1,1)} = 2\left.\frac{1}{y^3}\right|_{(1,1)} = 2.$$

$$\begin{aligned}\left.\frac{\partial^4 f}{\partial x^4}\right|_{(1+\theta(x-1),1+\theta(y-1))} &= \left.\frac{\partial^4 f}{\partial x^3 \partial y}\right|_{(1+\theta(x-1),1+\theta(y-1))} \\ &= \left.\frac{\partial^4 f}{\partial x^2 \partial y^2}\right|_{(1+\theta(x-1),1+\theta(y-1))} = 0,\end{aligned}$$

$$\begin{aligned}\left.\frac{\partial^4 f}{\partial y^4}\right|_{(1+\theta(x-1),1+\theta(y-1))} &= 24\left.\frac{x}{y^5}\right|_{(1+\theta(x-1),1+\theta(y-1))} \\ &= \frac{24(1+\theta x)}{[1+\theta(y-1)]^5},\end{aligned}$$

$$\begin{aligned}\left.\frac{\partial^4 f}{\partial y^3 \partial x}\right|_{(1+\theta(x-1),1+\theta(y-1))} &= -6\left.\frac{1}{y^4}\right|_{(1+\theta(x-1),1+\theta(y-1))} \\ &= -\frac{6}{[1+\theta(y-1)]^4},\end{aligned}$$

故

$$
\begin{aligned}
f(x,y) &= \frac{x}{y} \\
&= 1+(x-1)-(y-1)-(x-1)(y-1)+(y-1)^2-(y-1)^3 \\
&\quad +(x-1)(y-1)^2+R_3(x,y),
\end{aligned}
$$

其中

$$
R_3(x,y) = -\frac{1}{[1+\theta(y-1)]^4}(x-1)(y-1)^3+\frac{1+\theta(x-1)}{[1+\theta(y-1)]^5}(y-1)^4.
$$

(3) 由于

$$
\begin{aligned}
f(x,y) &= f(0,0)+\left(x\frac{\partial}{\partial x}+y\frac{\partial}{\partial y}\right)f(0,0)+\frac{1}{2!}\left(x\frac{\partial}{\partial x}+y\frac{\partial}{\partial y}\right)^2 f(0,0) \\
&\quad +\cdots+\frac{1}{n!}\left(x\frac{\partial}{\partial x}+y\frac{\partial}{\partial y}\right)^n f(0,0) \\
&\quad +\frac{1}{(n+1)!}\left(x\frac{\partial}{\partial x}+y\frac{\partial}{\partial y}\right)^{n+1} f(\theta h,\theta k) \quad (0<\theta<1),
\end{aligned}
$$

且

$$
\begin{aligned}
\left.\frac{\partial^k f}{\partial x^k}\right|_{(0,0)} &= \left.\frac{(-1)^{k-1}(k-1)!}{(1+x+y)^k}\right|_{(0,0)} = (-1)^{k-1}(k-1)!, \\
\left.\frac{\partial^k f}{\partial y^k}\right|_{(0,0)} &= \left.\frac{(-1)^{k-1}(k-1)!}{(1+x+y)^k}\right|_{(0,0)} = (-1)^{k-1}(k-1)!, \\
\left.\frac{\partial^n f}{\partial x^p \partial y^{n-p}}\right|_{(0,0)} &= \left.\frac{(-1)^{n-1}(n-1)!}{(1+x+y)^n}\right|_{(0,0)} = (-1)^{n-1}(n-1)!,
\end{aligned}
$$

所以

$$
\begin{aligned}
\ln(1+x+y) &= (x+y)-\frac{1}{2}(x+y)^2+\cdots+(-1)^{n-1}\frac{1}{n}(x+y)^n \\
&\quad +(-1)^n\frac{1}{n+1}\frac{(x+y)^{n+1}}{(1+\theta x+\theta y)^{n+1}} \quad (0<\theta<1).
\end{aligned}
$$

(4) 由于

$$
\begin{aligned}
&f(x_0+h,y_0+k)\\
&=f(x_0,y_0)+\left(h\frac{\partial}{\partial x}+k\frac{\partial}{\partial y}\right)f(x_0,y_0)\\
&\quad+\frac{1}{2!}\left(h\frac{\partial}{\partial x}+k\frac{\partial}{\partial y}\right)^2 f(x_0,y_0)+\cdots+\frac{1}{k!}\left(h\frac{\partial}{\partial x}+k\frac{\partial}{\partial y}\right)^n f(x_0,y_0)\\
&\quad+\frac{1}{(k+1)!}\left(h\frac{\partial}{\partial x}+k\frac{\partial}{\partial y}\right)^{n+1} f(x_0+\theta h,y_0+\theta k)\quad(0<\theta<1),
\end{aligned}
$$

且

$$
\begin{aligned}
&f(1,-2)=5,\qquad \left.\frac{\partial f}{\partial x}\right|_{(1,-2)}=(4x-y-6)\big|_{(1,-2)}=0,\\
&\left.\frac{\partial f}{\partial y}\right|_{(1,-2)}=(-x-2y-3)\big|_{(1,-2)}=0,\\
&\left.\frac{\partial^2 f}{\partial x^2}\right|_{(1,-2)}=4,\qquad \left.\frac{\partial^2 f}{\partial y^2}\right|_{(1,-2)}=-2,\\
&\left.\frac{\partial^2 f}{\partial x\partial y}\right|_{(1,-2)}=-1,\quad \left.\frac{\partial^k f}{\partial x^p\partial y^{k-p}}\right|_{(1,-2)}=0\quad(k\geqslant 3).
\end{aligned}
$$

所以

$$
f(x,y)=5+2(x-1)^2-(x-1)(y+2)-(y+2)^2.
$$

注 在 (3) 中, 令 $t=x+y$, 由一元函数的 Taylor 公式就可以得到上述结果, 而且过程简单不少.

3. 设函数 $f(x,y,z)=Ax^2+By^2+Cz^2+Dxy+Eyz+Fzx$, 按 h,k,l 的正数幂展开 $f(x+h,y+k,z+l)$.

解 由于

$$
\begin{aligned}
f(x+h,y+k,z+l)&=f(x,y,z)+\left(h\frac{\partial}{\partial x}+k\frac{\partial}{\partial y}+l\frac{\partial}{\partial z}\right)f(x,y,z)\\
&\quad+\frac{1}{2!}\left(h\frac{\partial}{\partial x}+k\frac{\partial}{\partial y}+l\frac{\partial}{\partial z}\right)^2 f(x,y,z)+\cdots
\end{aligned}
$$

$$+\frac{1}{k!}\left(h\frac{\partial}{\partial x}+k\frac{\partial}{\partial y}+l\frac{\partial}{\partial z}\right)^n f(x,y,z)$$

$$+\frac{1}{(k+1)!}\left(h\frac{\partial}{\partial x}+k\frac{\partial}{\partial y}+l\frac{\partial}{\partial z}\right)^{n+1} f(x+\theta h,y+\theta k,z+\theta l)$$

$$(0<\theta<1),$$

且

$$\frac{\partial}{\partial x}f(x,y,z)=2Ax+Dy+Fz,\quad \frac{\partial}{\partial y}f(x,y,z)=2By+Dx+Ez,$$

$$\frac{\partial}{\partial z}f(x,y,z)=2Cz+Ey+Fx,$$

$$\frac{\partial^2}{\partial x^2}f(x,y,z)=2A,\qquad \frac{\partial^2}{\partial y^2}f(x,y,z)=2B,\qquad \frac{\partial^2}{\partial z^2}f(x,y,z)=2C,$$

$$\frac{\partial^2}{\partial x\partial y}f(x,y,z)=D,\quad \frac{\partial^2}{\partial x\partial z}f(x,y,z)=F,\qquad \frac{\partial^2}{\partial y\partial z}f(x,y,z)=E,$$

$$\frac{\partial^k}{\partial x^p\partial y^q\partial z^r}f(x,y,z)=0\quad (k\geqslant 3,p+q+\gamma=k).$$

所以

$$\begin{aligned}&f(x+h,y+k,z+l)\\&\quad=f(x,y,z)+(2Ax+Dy+Fz)h\\&\qquad+(2By+Dx+Ez)k+(2Cz+Ey+Fx)l+Ah^2+Bk^2\\&\qquad+Cl^2+Dhk+Fhl+Ekl\\&\quad=f(x,y,z)+(2Ax+Dy+Fz)h+(2By+Dx+Ez)k\\&\qquad+(2Cz+Ey+Fx)l+f(h,k,l).\end{aligned}$$

例 17-4-5 解答下列各题 (函数极值、最值):

1. 求下列函数的极值点:

(1) $z=3axy-x^3-y^3\ (a>0)$;

(2) $z=x^2-xy+y^2-2x+y$;

(3) $z=\mathrm{e}^{2x}(x+y^2+2y)$.

解 (1) 由于 $z=3axy-x^3-y^3\ (a>0)$ 在每点都存在偏导数,

由极值的必要条件知可能的极值点只能是稳定点. 令

$$\begin{cases} z_x = 3ay - 3x^2 = 0, \\ z_y = 3ax - 3y^2 = 0, \end{cases}$$

所以 $x = y = a$ 或 $x = y = 0$. 由

$$z_{xx} = -6x, \quad z_{xy} = z_{yx} = 3a, \quad z_{yy} = -6y$$

知

$$\begin{pmatrix} z_{xx} & z_{xy} \\ z_{yx} & x_{yy} \end{pmatrix}\Bigg|_{(0,0)} = \begin{pmatrix} -6x & 3a \\ 3a & -6y \end{pmatrix}\Bigg|_{(0,0)} = \begin{pmatrix} 0 & 3a \\ 3a & 0 \end{pmatrix}$$

为不定矩阵, 所以 $(0,0)$ 不是极值点; 而

$$\begin{pmatrix} z_{xx} & z_{xy} \\ z_{yx} & z_{yy} \end{pmatrix}\Bigg|_{(a,a)} = \begin{pmatrix} -6x & 3a \\ 3a & -6y \end{pmatrix}\Bigg|_{(a,a)} = \begin{pmatrix} -6a & 3a \\ 3a & -6a \end{pmatrix}$$

为负定矩阵, 所以 (a,a) 为极大值点.

(2) 由于 $z = x^2 - xy + y^2 - 2x + y$ 在每点都存在偏导数, 由极值的必要条件知可能的极值点只能是稳定点. 令

$$\begin{cases} z_x = 2x - y - 2 = 0, \\ z_y = 2y - x + 1 = 0, \end{cases}$$

所以 $x = 1, y = 0$. 由

$$z_{xx} = 2, \quad z_{xy} = z_{yx} = -1, \quad z_{yy} = 2$$

知

$$\begin{pmatrix} z_{xx} & z_{xy} \\ z_{yx} & z_{yy} \end{pmatrix}\Bigg|_{(1,0)} = \begin{pmatrix} 2 & -1 \\ -1 & 2 \end{pmatrix}$$

为正定矩阵, 所以 $(1,0)$ 为极小值点.

(3) 由于 $z = \mathrm{e}^{2x}(x + y^2 + 2y)$ 在每点都存在偏导数, 由极值的必要条件知可能的极值点只能是稳定点. 令

$$\begin{cases} z_x = \mathrm{e}^{2x}(2x + 2y^2 + 4y + 1) = 0, \\ z_y = \mathrm{e}^{2x}(2y + 2) = 0, \end{cases}$$

所以 $x=\dfrac{1}{2}, y=-1$. 由

$$z_{xx}=\mathrm{e}^{2x}(4x+4y^2+8y+4), \quad z_{xy}=z_{yx}=\mathrm{e}^{2x}(4y+4), \quad z_{yy}=2\mathrm{e}^{2x}$$

知

$$\begin{pmatrix} z_{xx} & z_{xy} \\ z_{yx} & z_{yy} \end{pmatrix}\Bigg|_{\left(\frac{1}{2},-1\right)}=\begin{pmatrix} 2\mathrm{e} & 0 \\ 0 & 2\mathrm{e} \end{pmatrix}$$

为正定矩阵, 所以 $\left(\dfrac{1}{2},-1\right)$ 为极小值点.

2. 求下列函数在指定范围内的最大值与最小值:

(1) $z=x^2-y^2, \{(x,y)|x^2+y^2\leqslant 4\}$;

(2) $z=x^2-xy+y^2, \{(x,y)||x|+|y|\leqslant 1\}$;

(3) $z=\sin x+\sin y-\sin(x+y), \{(x,y)|x\geqslant 0, y\geqslant 0, x+y\leqslant 2\pi\}$.

解 (1) 先求函数的极值点. 令

$$\begin{cases} z_x=2x=0, \\ z_y=-2y=0, \end{cases}$$

得 $x=y=0$. 由

$$z_{xx}=2, \quad z_{xy}=z_{yx}=0, \quad z_{yy}=-2$$

知

$$\begin{pmatrix} z_{xx} & z_{xy} \\ z_{yx} & z_{yy} \end{pmatrix}\Bigg|_{(0,0)}=\begin{pmatrix} 2 & 0 \\ 0 & -2 \end{pmatrix}$$

为不定矩阵, 所以 $(0,0)$ 不是极值点 (也可以用定义判定 $(0,0)$ 不是极值点).

法一 在边界 $x^2+y^2=4$ 上, 有

$$z=x^2-y^2=x^2-(4-x^2)=2x^2-4, \quad x\in[-2,2],$$

从而最大值为 4, 最小值为 -4.

法二 在边界 $x^2+y^2=4$ 上, 有 $\begin{cases} x=2\cos\theta, \\ y=2\sin\theta \end{cases}$ $(\theta\in[0,2\pi])$. 由

$$z=x^2-y^2=4(\cos^2\theta-\sin^2\theta)=4\cos 2\theta$$

知最大值为 4, 最小值为 −4.

(2) 先求函数的极值点. 令

$$\begin{cases} z_x = 2x - y = 0, \\ z_y = 2y - x = 0, \end{cases}$$

得 $x = y = 0$. 由

$$z_{xx} = 2, \quad z_{xy} = z_{yx} = -1, \quad z_{yy} = 2$$

知

$$\begin{pmatrix} z_{xx} & z_{xy} \\ z_{yx} & z_{yy} \end{pmatrix}\Bigg|_{(0,0)} = \begin{pmatrix} 2 & -1 \\ -1 & 2 \end{pmatrix}$$

为正定矩阵, 所以 $(0,0)$ 是极小值点, 且极小值为 0.

在正方形区域 $\{(x,y)||x|+|y| \leqslant 1\}$ 的 4 条边界 $x+y=1, x+y=-1, x-y=1, y-x=1$ 上, 讨论如下:

在 $x+y=1$ 上, 有

$$\begin{aligned} z &= x^2 - xy + y^2 = x^2 - x(1-x) + (1-x)^2 \\ &= 3x^2 - 3x + 1 = 3\left(x - \frac{1}{2}\right)^2 + \frac{1}{4}, \quad x \in [0,1], \end{aligned}$$

从而最小值为 $\frac{1}{4}$, 最大值为 1;

在 $x+y=-1$ 上, 有

$$\begin{aligned} z &= x^2 - xy + y^2 = x^2 - x(-1-x) + (-1-x)^2 \\ &= 3x^2 + 3x + 1 = 3\left(x + \frac{1}{2}\right)^2 + \frac{1}{4}, \quad x \in [-1,0], \end{aligned}$$

从而最小值为 $\frac{1}{4}$, 最大值为 1;

在 $x-y=1$ 上, 有

$$\begin{aligned} z &= x^2 - xy + y^2 = x^2 - x(x-1) + (x-1)^2 \\ &= x^2 - x + 1 = \left(x - \frac{1}{2}\right)^2 + \frac{3}{4}, \quad x \in [0,1], \end{aligned}$$

从而最小值为 $\frac{3}{4}$, 最大值为 1;

在 $y-x=1$ 上, 有

$$\begin{aligned} z &= x^2-xy+y^2 = x^2-x(x+1)+(x+1)^2 \\ &= x^2+x+1=\left(x+\frac{1}{2}\right)^2+\frac{3}{4}, \quad x\in[-1,0], \end{aligned}$$

从而最小值为 $\frac{3}{4}$, 最大值为 1.

所以, $z=x^2-xy+y^2$ 在 $\{(x,y)||x|+|y|\leqslant 1\}$ 上的最大值为 1, 最小是值为 0.

(3) 先求函数的极值点. 令

$$\begin{cases} z_x=\cos x-\cos(x+y)=0, \\ z_y=\cos y-\cos(x+y)=0 \end{cases} \Longrightarrow \cos x=\cos y \Longrightarrow \cos x-\cos 2x=0,$$

即 $2\sin\frac{x}{2}\sin\frac{3x}{2}=0$, 从而在所给区域的内部有 $(x,y)=\left(\frac{2\pi}{3},\frac{2\pi}{3}\right)$. 由

$$\begin{aligned} &z_{xx}=-\sin x+\sin(x+y), \quad z_{xy}=z_{yx}=\sin(x+y), \\ &z_{yy}=-\sin y+\sin(x+y) \end{aligned}$$

知

$$\left.\begin{pmatrix} z_{xx} & z_{xy} \\ z_{yx} & z_{yy} \end{pmatrix}\right|_{\left(\frac{2\pi}{3},\frac{2\pi}{3}\right)} = \begin{pmatrix} -\sqrt{3} & -\frac{\sqrt{3}}{2} \\ -\frac{\sqrt{3}}{2} & -\sqrt{3} \end{pmatrix}$$

为负定矩阵, 所以 $\left(\frac{2\pi}{3},\frac{2\pi}{3}\right)$ 为极大值点, 且极大值为 $\frac{3\sqrt{3}}{2}$.

在所给三角形区域的 3 条边界

$$x=0, y\in[0,2\pi], \quad y=0, x\in[0,2\pi], \quad x+y=2\pi, x\geqslant 0, y\geqslant 0$$

上, 均有

$$z=\sin x+\sin y-\sin(x+y)=0.$$

所以, $z=\sin x+\sin y-\sin(x+y)$ 在 $\{(x,y)|x\geqslant 0,y\geqslant 0,x+y\leqslant 2\pi\}$ 上的最大值为 $\frac{3\sqrt{3}}{2}$, 最小值为 0.

注 求函数在某闭区域上的最大值和最小值, 一般先求出区域内部可能的极值点的函数值 (可以不进一步判定是极大值还是极小值, 或者是否极值); 然后, 求出函数在边界 (边界是闭集) 上的最大值和最小值 (区域边界的方程容易确定才方便求最大值和最小值, 在一般区域的边界上就很难求最大值和最小值); 最后, 比较可能极值点的函数值与区域边界上的最值, 就可以确定整个闭区域上的最值.

在求解上述三个问题时, 因为函数都是可微的, 因此可能的极值点只能是稳定点. 我们在求得可能极值的基础上进一步判定是极大值还是极小值, 在处理问题时可以不进一步判定是极大值还是极小值, 或者是否为极值.

3. 在已知周长为 $2p$ 的一切三角形中, 求面积为最大的三角形.

解 设三角形的三边长分别为 x,y,z, 由三角形面积的 Heron 公式知此三角形的面积为

$$S=\sqrt{p(p-x)(p-y)(p-z)}.$$

由于 $x+y+z=2p$, 所以

$$S=\sqrt{p(p-x)(p-y)(x+y-p)},$$

其中 $(x,y)\in D=\{(x,y)|0<x<p,0<y<p,p<x+y<2p\}$.

为了求偏导数方便, 记 $f(x,y)=(p-x)(p-y)(x+y-p)$. 令

$$\begin{cases} f_x=(p-y)(2p-2x-y)=0, \\ f_y=(p-x)(2p-2y-x)=0 \end{cases} \Longrightarrow x=y=\frac{2}{3}p.$$

所以, 边长为 $\frac{2}{3}p$ 的等边三角形的面积最大, 且最大面积为

$$S=\sqrt{p\left(p-\frac{2}{3}p\right)\left(p-\frac{2}{3}p\right)\left(\frac{4}{3}p-p\right)}=\frac{\sqrt{3}}{9}p^2.$$

注 周长一定时面积有最大值, 面积一定时周长有最小值. (思考为什么?) 此题在求得可能极值点 $x = y = \frac{2}{3}p$ 时, 根据实际问题就确定此时面积取最大值. 这个问题也可以用条件极值的方法处理.

4. 在 xy 平面上求一点, 使得它到三条直线 $x = 0, y = 0$ 及 $x + 2y - 16 = 0$ 的距离的平方和最小.

解 xy 平面上一点 (x, y) 到三条已知直线的距离分别为 $|y|$, $|x|$, $\left|\frac{x+2y-16}{\sqrt{5}}\right|$, 于是到三条已知直线的距离的平方和为

$$f(x,y) = x^2 + y^2 + \frac{(x+2y-16)^2}{5}.$$

令

$$\begin{cases} f_x = 2x + \dfrac{2(x+2y-16)}{5} = 0, \\ f_y = 2y + \dfrac{4(x+2y-16)}{5} = 0 \end{cases} \Longrightarrow x = \frac{8}{5}, y = \frac{16}{5}.$$

又

$$\begin{pmatrix} f_{xx} & f_{xy} \\ f_{yx} & f_{yy} \end{pmatrix}\Bigg|_{\left(\frac{8}{5},\frac{16}{5}\right)} = \begin{pmatrix} 12/5 & 4/5 \\ 4/5 & 18/5 \end{pmatrix}$$

为正定矩阵, 因此 $\left(\frac{8}{5}, \frac{16}{5}\right)$ 为极小值点.

又因为 $\lim\limits_{x^2+y^2\to+\infty} f(x,y) = +\infty$, 且函数 $f(x,y)$ 在 $\mathbb{R}^2$ 上连续, 所以函数 $f(x,y)$ 在 $\mathbb{R}^2$ 上一定有最小值, 且最小值点一定是极值点. 而 $\left(\frac{8}{5}, \frac{16}{5}\right)$ 是唯一的极值点, 故 $\left(\frac{8}{5}, \frac{16}{5}\right)$ 就是最小值点.

注 在求得可能的极值点 $\left(\frac{8}{5}, \frac{16}{5}\right)$ 后, 不用再进一步判定也可以确定它是最小值点.

5. 已知 xy 平面上 n 个点的坐标分别为 $A_1(x_1, y_1), \cdots$, $A_n(x_n, y_n)$, 试求 xy 平面上一点, 使得它到这 n 个点的距离的平方和最小.

解 xy 平面上一点 (x,y) 到 n 个已知点的距离平方和为

$$f(x,y)=\sum_{i=1}^{n}[(x-x_i)^2+(y-y_i)^2].$$

令

$$\begin{cases} f_x=2\sum_{i=1}^{n}(x-x_i)=2nx-2\sum_{i=1}^{n}x_i=0,\\ f_y=2\sum_{i=1}^{n}(y-y_i)=2ny-2\sum_{i=1}^{n}y_i=0 \end{cases}$$

$$\Longrightarrow x=\frac{1}{n}\sum_{i=1}^{n}x_i, y=\frac{1}{n}\sum_{i=1}^{n}y_i.$$

又因为 $\lim\limits_{x^2+y^2\to+\infty}f(x,y)=+\infty$, 且函数 $f(x,y)$ 在 $\mathbb{R}^2$ 上连续, 所以函数 $f(x,y)$ 在 $\mathbb{R}^2$ 上一定有最小值, 且最小值点一定是极值点. 而 $\left(\frac{1}{n}\sum\limits_{i=1}^{n}x_i,\frac{1}{n}\sum\limits_{i=1}^{n}y_i\right)$ 是唯一的极值点, 故 $\left(\frac{1}{n}\sum\limits_{i=1}^{n}x_i,\frac{1}{n}\sum\limits_{i=1}^{n}y_i\right)$ 就是最小值点.

注 对于上面三个应用题, 都要先根据要求构造出 "目标函数", 再求解. 在第 3 题中, 为了求面积的最大值, 先求根号下函数的最大值; 在第 4, 5 题中, 根据函数的极限确定在整个平面上取得最小值, 而且最小值点还是极值点 (一般情况下最值点不一定是极值点), 进而确定的那个唯一极值点就是最小值点 (不需要进一步判定是极小值).

总 练 习 题

例 17-z-1 解答下列各题 (偏导数、可微性):

1. 设函数 $f(x,y,z)=x^2y+y^2z+z^2x$, 证明:

$$f_x+f_y+f_z=(x+y+z)^2.$$

证 $f_x+f_y+f_z=(2xy+z^2)+(x^2+2yz)+(y^2+2zx)$

$$= (x+y+z)^2.$$

2. 求函数 $f(x,y)=\begin{cases}\dfrac{x^3-y^3}{x^2+y^2}, & x^2+y^2\neq 0,\\ 0, & x^2+y^2=0\end{cases}$ 在点 $(0,0)$ 的偏导数 $f_x(0,0), f_y(0,0)$, 并据理说明 $f(x,y)$ 在点 $(0,0)$ 是否可微.

解 由偏导数的定义可知

$$f_x(0,0)=\lim_{x\to 0}\frac{f(x,0)-f(0,0)}{x}=\lim_{x\to 0}\frac{x^3}{x^3}=1,$$

$$f_y(0,0)=\lim_{y\to 0}\frac{f(0,y)-f(0,0)}{y}=\lim_{x\to 0}\left(-\frac{y^3}{y^3}\right)=-1.$$

下面考察函数 $f(x,y)$ 在点 $(0,0)$ 的可微性. 事实上,

$$\begin{aligned}&\lim_{(x,y)\to(0,0)}\frac{f(x,y)-f(0,0)-f_x(0,0)x-f_y(0,0)y}{\sqrt{x^2+y^2}}\\ &=\lim_{(x,y)\to(0,0)}\frac{1}{\sqrt{x^2+y^2}}\left(\frac{x^3-y^3}{x^2+y^2}-x+y\right)\\ &=\lim_{(x,y)\to(0,0)}\frac{x^2y-xy^2}{(x^2+y^2)^{3/2}},\end{aligned}$$

且

$$\lim_{\substack{(x,y)\to(0,0)\\ y=kx}}\frac{x^2y-xy^2}{(x^2+y^2)^{3/2}}=\lim_{\substack{(x,y)\to(0,0)\\ y=kx}}\frac{k(1-k)}{(1+k^2)^{3/2}}\neq 0\quad (k\neq 0,1),$$

故由全微分的定义知 $f(x,y)$ 在点 $(0,0)$ 不可微.

例 17-z-2 解答下列各题 (行列式函数求导):

1. 设函数 $u=\begin{vmatrix}1 & 1 & \cdots & 1\\ x_1 & x_2 & \cdots & x_n\\ x_1^2 & x_2^2 & \cdots & x_n^2\\ \vdots & \vdots & & \vdots\\ x_1^{n-1} & x_2^{n-1} & \cdots & x_n^{n-1}\end{vmatrix}$, 求:

(1) $\displaystyle\sum_{k=1}^{n}\frac{\partial u}{\partial x_k}$; (2) $\displaystyle\sum_{k=1}^{n}x_k\frac{\partial u}{\partial x_k}$.

解 (1) 对 $\forall k \in \{1,2,\cdots,n\}$, 有

$$\frac{\partial u}{\partial x_k} = \begin{vmatrix} 1 & 1 & \cdots & 1 & \cdots & 1 \\ 0 & 0 & \cdots & 1 & \cdots & 0 \\ x_1^2 & x_2^2 & \cdots & x_k^2 & \cdots & x_n^2 \\ \vdots & \vdots & & \vdots & & \vdots \\ x_1^{n-1} & x_2^{n-1} & \cdots & x_k^{n-1} & \cdots & x_n^{n-1} \end{vmatrix}$$

$$+ \begin{vmatrix} 1 & 1 & \cdots & 1 & \cdots & 1 \\ x_1 & x_2 & \cdots & x_k & \cdots & x_n \\ 0 & 0 & \cdots & 2x_k & \cdots & 0 \\ \vdots & \vdots & & \vdots & & \vdots \\ x_1^{n-1} & x_2^{n-1} & \cdots & x_k^{n-1} & \cdots & x_n^{n-1} \end{vmatrix}$$

$$+ \cdots + \begin{vmatrix} 1 & 1 & \cdots & 1 & \cdots & 1 \\ x_1 & x_2 & \cdots & x_k & \cdots & x_n \\ x_1^2 & x_2^2 & \cdots & x_k^2 & \cdots & x_n^2 \\ \vdots & \vdots & & \vdots & & \vdots \\ 0 & 0 & \cdots & (n-1)x_k^{n-2} & \cdots & 0 \end{vmatrix}.$$

故由行列式的性质得

$$\sum_{k=1}^{n} \frac{\partial u}{\partial x_k} = \begin{vmatrix} 1 & 1 & \cdots & 1 & \cdots & 1 \\ 1 & 1 & \cdots & 1 & \cdots & 1 \\ x_1^2 & x_2^2 & \cdots & x_k^2 & \cdots & x_n^2 \\ \vdots & \vdots & & \vdots & & \vdots \\ x_1^{n-1} & x_2^{n-1} & \cdots & x_k^{n-1} & \cdots & x_n^{n-1} \end{vmatrix}$$

$$+2 \begin{vmatrix} 1 & 1 & \cdots & 1 & \cdots & 1 \\ x_1 & x_2 & \cdots & x_k & \cdots & x_n \\ x_1 & x_2 & \cdots & x_k & \cdots & x_n \\ \vdots & \vdots & & \vdots & & \vdots \\ x_1^{n-1} & x_2^{n-1} & \cdots & x_k^{n-1} & \cdots & x_n^{n-1} \end{vmatrix}$$

$$
+\cdots+(n-1)\begin{vmatrix} 1 & 1 & \cdots & 1 & \cdots & 1 \\ x_1 & x_2 & \cdots & x_k & \cdots & x_n \\ x_1^2 & x_2^2 & \cdots & x_k^2 & \cdots & x_n^2 \\ \vdots & \vdots & & \vdots & & \vdots \\ x_1^{n-2} & x_2^{n-2} & \cdots & x_k^{n-2} & \cdots & x_n^{n-2} \\ x_1^{n-2} & x_2^{n-2} & \cdots & x_k^{n-2} & \cdots & x_n^{n-2} \end{vmatrix}=0.
$$

(2) 对 $\forall k\in\{1,2,\cdots,n\}$, 有

$$
x_k\frac{\partial u}{\partial x_k}=\begin{vmatrix} 1 & 1 & \cdots & 1 & \cdots & 1 \\ 0 & 0 & \cdots & x_k & \cdots & 0 \\ x_1^2 & x_2^2 & \cdots & x_k^2 & \cdots & x_n^2 \\ \vdots & \vdots & & \vdots & & \vdots \\ x_1^{n-1} & x_2^{n-1} & \cdots & x_k^{n-1} & \cdots & x_n^{n-1} \end{vmatrix}
$$

$$
+\begin{vmatrix} 1 & 1 & \cdots & 1 & \cdots & 1 \\ x_1 & x_2 & \cdots & x_k & \cdots & x_n \\ 0 & 0 & \cdots & 2x_k^2 & \cdots & 0 \\ \vdots & \vdots & & \vdots & & \vdots \\ x_1^{n-1} & x_2^{n-1} & \cdots & x_k^{n-1} & \cdots & x_n^{n-1} \end{vmatrix}
$$

$$
+\cdots+\begin{vmatrix} 1 & 1 & \cdots & 1 & \cdots & 1 \\ x_1 & x_2 & \cdots & x_k & \cdots & x_n \\ x_1^2 & x_2^2 & \cdots & x_k^2 & \cdots & x_n^2 \\ \vdots & \vdots & & \vdots & & \vdots \\ 0 & 0 & \cdots & (n-1)x_k^{n-1} & \cdots & 0 \end{vmatrix}.
$$

故

$$
\sum_{k=1}^{n}x_k\frac{\partial u}{\partial x_k}=\begin{vmatrix} 1 & 1 & \cdots & 1 & \cdots & 1 \\ x_1 & x_2 & \cdots & x_k & \cdots & x_n \\ x_1^2 & x_2^2 & \cdots & x_k^2 & \cdots & x_n^2 \\ \vdots & \vdots & & \vdots & & \vdots \\ x_1^{n-1} & x_2^{n-1} & \cdots & x_k^{n-1} & \cdots & x_n^{n-1} \end{vmatrix}
$$

$$
+2\begin{vmatrix} 1 & 1 & \cdots & 1 & \cdots & 1 \\ x_1 & x_2 & \cdots & x_k & \cdots & x_n \\ x_1^2 & x_2^2 & \cdots & x_k^2 & \cdots & x_n^2 \\ \vdots & \vdots & & \vdots & & \vdots \\ x_1^{n-1} & x_2^{n-1} & \cdots & x_k^{n-1} & \cdots & x_n^{n-1} \end{vmatrix}
$$

$$
+\cdots+(n-1)\begin{vmatrix} 1 & 1 & \cdots & 1 & \cdots & 1 \\ x_1 & x_2 & \cdots & x_k & \cdots & x_n \\ x_1^2 & x_2^2 & \cdots & x_k^2 & \cdots & x_n^2 \\ \vdots & \vdots & & \vdots & & \vdots \\ x_1^{n-1} & x_2^{n-1} & \cdots & x_k^{n-1} & \cdots & x_n^{n-1} \end{vmatrix}
$$

$$
=\frac{n(n-1)}{2}u.
$$

2. 设函数 $\varphi(x,y,z)=\begin{vmatrix} a+x & b+y & c+z \\ d+z & e+x & f+y \\ g+y & h+z & k+x \end{vmatrix}$, 求 $\frac{\partial^2\varphi}{\partial x^2}$.

解 由于

$$
\frac{\partial\varphi}{\partial x}=\begin{vmatrix} 1 & 0 & 0 \\ d+z & e+x & f+y \\ g+y & h+z & k+x \end{vmatrix}+\begin{vmatrix} a+x & b+y & c+z \\ 0 & 1 & 0 \\ g+y & h+z & k+x \end{vmatrix}
+\begin{vmatrix} a+x & b+y & c+z \\ d+z & e+x & f+y \\ 0 & 0 & 1 \end{vmatrix},
$$

故

$$
\frac{\partial^2\varphi}{\partial x^2}=\begin{vmatrix} 0 & 0 & 0 \\ d+z & e+x & f+y \\ g+y & h+z & k+x \end{vmatrix}+\begin{vmatrix} 1 & 0 & 0 \\ 0 & 1 & 0 \\ g+y & h+z & k+x \end{vmatrix}
+\begin{vmatrix} 1 & 0 & 0 \\ d+z & e+x & f+y \\ 0 & 0 & 1 \end{vmatrix}+\begin{vmatrix} 1 & 0 & 0 \\ 0 & 1 & 0 \\ g+y & h+z & k+x \end{vmatrix}
$$

$$
+\begin{vmatrix} a+x & b+y & c+z \\ 0 & 0 & 0 \\ g+y & h+z & k+x \end{vmatrix} + \begin{vmatrix} a+x & b+y & c+z \\ 0 & 1 & 0 \\ 0 & 0 & 1 \end{vmatrix}
$$

$$
+\begin{vmatrix} 1 & 0 & 0 \\ d+z & e+x & f+y \\ 0 & 0 & 1 \end{vmatrix} + \begin{vmatrix} a+x & b+y & c+z \\ 0 & 1 & 0 \\ 0 & 0 & 1 \end{vmatrix}
$$

$$
+\begin{vmatrix} a+x & b+y & c+z \\ d+z & e+x & f+y \\ 0 & 0 & 0 \end{vmatrix}
$$

$$
=2\begin{vmatrix} 1 & 0 & 0 \\ 0 & 1 & 0 \\ g+y & h+z & k+x \end{vmatrix} + 2\begin{vmatrix} 1 & 0 & 0 \\ d+z & e+x & f+y \\ 0 & 0 & 1 \end{vmatrix}
$$

$$
+2\begin{vmatrix} a+x & b+y & c+z \\ 0 & 1 & 0 \\ 0 & 0 & 1 \end{vmatrix}
$$

$$
=2(k+x)+2(e+x)+2(a+x)=2(a+e+k+3x).
$$

3. 设函数 $\varphi(x,y,z)=\begin{vmatrix} f_1(x) & f_2(x) & f_3(x) \\ g_1(y) & g_2(y) & g_3(y) \\ h_1(z) & h_2(z) & h_3(z) \end{vmatrix}$, 求 $\dfrac{\partial^3\varphi}{\partial x\partial y\partial z}$.

解 由于

$$
\frac{\partial\varphi}{\partial x}=\begin{vmatrix} f_1'(x) & f_2'(x) & f_3'(x) \\ g_1(y) & g_2(y) & g_3(y) \\ h_1(z) & h_2(z) & h_3(z) \end{vmatrix} \Longrightarrow \frac{\partial^2\varphi}{\partial x\partial y}=\begin{vmatrix} f_1'(x) & f_2'(x) & f_3'(x) \\ g_1'(y) & g_2'(y) & g_3'(y) \\ h_1(z) & h_2(z) & h_3(z) \end{vmatrix},
$$

故

$$
\frac{\partial^3\varphi}{\partial x\partial y\partial z}=\begin{vmatrix} f_1'(x) & f_2'(x) & f_3'(x) \\ g_1'(y) & g_2'(y) & g_3'(y) \\ h_1'(z) & h_2'(z) & h_3'(z) \end{vmatrix}.
$$

注 对于行列式函数求偏导, 如果先计算行列式再求偏导会比较复杂.

例 17-z-3 解答下列各题 (高阶导数):

1. 设函数 $f(x,y)$ 具有连续的 n 阶偏导数, 试证: 函数 $g(t)=f(a+th,b+tk)$ 的 n 阶导数为

$$\frac{\mathrm{d}^n g(t)}{\mathrm{d}t^n}=\left(h\frac{\partial}{\partial x}+k\frac{\partial}{\partial y}\right)^n f(a+th,b+tk).$$

证 记 $x=a+th, y=b+tk$, 则由复合函数求导的链式法则得

$$\begin{aligned}\frac{\mathrm{d}g(t)}{\mathrm{d}t}&=hf_x(a+th,b+tk)+kf_y(a+th,b+tk)\\&=\left(h\frac{\partial}{\partial x}+k\frac{\partial}{\partial y}\right)f(a+th,b+tk).\end{aligned}$$

假设

$$\frac{\mathrm{d}^k g(t)}{\mathrm{d}t^k}=\left(h\frac{\partial}{\partial x}+k\frac{\partial}{\partial y}\right)^k f(a+th,b+tk),$$

则

$$\begin{aligned}\frac{\mathrm{d}^{k+1} g(t)}{\mathrm{d}t^{k+1}}&=\frac{\mathrm{d}}{\mathrm{d}t}\left[\frac{\mathrm{d}^k g(t)}{\mathrm{d}t^k}\right]=\frac{\mathrm{d}}{\mathrm{d}t}\left[\left(h\frac{\partial}{\partial x}+k\frac{\partial}{\partial y}\right)^k f(a+th,b+tk)\right]\\&=h\frac{\partial}{\partial x}\left[\left(h\frac{\partial}{\partial x}+k\frac{\partial}{\partial y}\right)^k f(a+th,b+tk)\right]\\&\quad+k\frac{\partial}{\partial y}\left[\left(h\frac{\partial}{\partial x}+k\frac{\partial}{\partial y}\right)^k f(a+th,b+tk)\right]\\&=\left(h\frac{\partial}{\partial x}+k\frac{\partial}{\partial y}\right)^{k+1} f(a+th,b+tk).\end{aligned}$$

由数学归纳法知结论成立.

注 $A:=\left(h\frac{\partial}{\partial x}+k\frac{\partial}{\partial y}\right)$ 是一个微分算子, 有

$$\begin{aligned}\frac{\mathrm{d}g(t)}{\mathrm{d}t}&=Af(a+th,b+tk),\\\frac{\mathrm{d}^2 g(t)}{\mathrm{d}t^2}&=A[Af(a+th,b+tk)]\\&=A^2 f(a+th,b+tk).\end{aligned}$$

依次类推, 可得

$$\frac{\mathrm{d}^n g(t)}{\mathrm{d}t^n} = A^n f(a+th, b+tk),$$

即结论成立.

2. 设 $f(x,y)$ 为 n 次齐次函数且 m 次可微, 证明:

$$\left(x\frac{\partial}{\partial x} + y\frac{\partial}{\partial y}\right)^m f(x,y) = n(n-1)\cdots(n-m+1)f(x,y).$$

证 记 $u=tx, v=ty$, 对 $f(tx,ty)=t^n f(x,y)$ 两端关于 t 求 m 阶导数, 并由复合函数求导的链式法则得

$$\frac{\mathrm{d}^m}{\mathrm{d}t^m} f(tx,ty) = \left(x\frac{\partial}{\partial u} + y\frac{\partial}{\partial v}\right)^m f(tx,ty),$$
$$\frac{\mathrm{d}^m}{\mathrm{d}t^m}[t^n f(x,y)] = n(n-1)\cdots(n-m+1)t^{n-m} f(x,y),$$

所以

$$\left(x\frac{\partial}{\partial u} + y\frac{\partial}{\partial v}\right)^m f(tx,ty) = n(n-1)\cdots(n-m+1)t^{n-m} f(x,y).$$

令 $t=1$, 则 $u=x, v=y$, 从而结论成立.

3. 设函数 $f(x,y)=\sin\dfrac{y}{x}$, 求 $\left(x\dfrac{\partial}{\partial x} + y\dfrac{\partial}{\partial y}\right)^m f(x,y)$.

解 由于

$$f(tx,ty) = \sin\frac{ty}{tx} = \sin\frac{y}{x} = f(x,y),$$

记 $u=tx, v=ty$, 并对上式两端关于 t 求 m 阶导数, 则由复合函数求导的链式法则得

$$\frac{\mathrm{d}^m}{\mathrm{d}t^m} f(tx,ty) = \left(x\frac{\partial}{\partial u} + y\frac{\partial}{\partial v}\right)^m f(tx,ty) = 0.$$

令 $t=1$, 则 $u=x, v=y$, 从而

$$\left(x\frac{\partial}{\partial x} + y\frac{\partial}{\partial y}\right)^m f(x,y) = 0.$$

例 17-z-4 解答下列各题 (偏微分方程、方向导数):

1. 设函数 $u=f(x,y)$ 在 $\mathbb{R}^2$ 上有 $u_{xy}=0$, 试求 u 的函数式.

解 由于 $u_{xy}=(u_x)_y=0 \Longrightarrow u_x$ 为不依赖于 y 的函数, 记 $u_x=f(x)$, 进而

$$u=\int f(x)\mathrm{d}x+\text{ 不依赖于 } x \text{ 的函数 (记为 } G(y)),$$

于是

$$u=F(x)+G(y),$$

其中 F,G 为任意的可微函数.

注 齐次波动方程的标准形式为 $u_{xy}=0$, 函数 $u=F(x)+G(y)$ 为波动方程的通解.

2. 设函数 $f(x,y)$ 在点 $P_0(x_0,y_0)$ 可微, 又在 $P_0(x_0,y_0)$ 给出 n 个向量 $\overrightarrow{l_k}$ $(k=1,2,\cdots,n)$, 且相邻的两个向量的夹角为 $\dfrac{2\pi}{n}$, 证明:

$$\sum_{k=1}^{n} f_{\overrightarrow{l_k}}(P_0)=0.$$

证 不妨设

$$\overrightarrow{l_k}=(\cos\alpha_k,\cos\beta_k)=(\cos\alpha_k,\sin\alpha_k)\quad(k=1,2,\cdots,n),$$

则由条件可知

$$\alpha_{k+1}=\alpha_k+\frac{2\pi}{n}=\alpha_1+\frac{2k\pi}{n}\quad(k=1,2,\cdots,n-1).$$

由方向导数的公式知

$$f_{\overrightarrow{l_k}}(P_0)=f_x(P_0)\cos\alpha_k+f_y(P_0)\sin\alpha_k(=\nabla f(P_0)\cdot\overrightarrow{l_k}),$$

故

$$\begin{aligned}\sum_{k=1}^{n} f_{\overrightarrow{l}_k}(P_0)&=\sum_{k=1}^{n}[f_x(P_0)\cos\alpha_k+f_y(P_0)\sin\alpha_k]\\&=f_x(P_0)\sum_{k=1}^{n}\cos\alpha_k+f_y(P_0)\sum_{k=1}^{n}\sin\alpha_k.\qquad(1)\end{aligned}$$

注意到

$$
\begin{aligned}
\sum_{k=1}^{n}(\cos\alpha_k+\mathrm{i}\sin\alpha_k)&=\sum_{k=1}^{n}\mathrm{e}^{\mathrm{i}\alpha_k}=\sum_{k=0}^{n-1}\mathrm{e}^{\mathrm{i}\left(\alpha_1+\frac{2k\pi}{n}\right)}=\mathrm{e}^{\mathrm{i}\alpha_1}\sum_{k=0}^{n-1}\mathrm{e}^{\mathrm{i}\frac{2k\pi}{n}}\\
&=\mathrm{e}^{\mathrm{i}\alpha_1}\frac{\mathrm{e}^{\mathrm{i}\frac{0\pi}{n}}\left(1-\mathrm{e}^{\mathrm{i}\frac{2\pi}{n}n}\right)}{1-\mathrm{e}^{\mathrm{i}\frac{2\pi}{n}}}=0,
\end{aligned}
$$

由复数相等的充分必要条件知

$$
\sum_{k=1}^{n}\cos\alpha_k=\sum_{k=1}^{n}\sin\alpha_k=0.
$$

结合 (1) 式得结论成立.

注 这里应用 Euler 公式 $\mathrm{e}^{\mathrm{i}\theta}=\cos\theta+\mathrm{i}\sin\theta$ 及等比数列求和公式得出 $\sum\limits_{k=1}^{n}\cos\alpha_k=\sum\limits_{k=1}^{n}\sin\alpha_k=0$. 当然, 也可以用三角公式分别求得

$$
\sum_{k=1}^{n}\cos\alpha_k=0,\quad \sum_{k=1}^{n}\sin\alpha_k=0.
$$

第十八章　隐函数定理及其应用

§ 18.1　隐　函　数

内容要求　理解研究隐函数的必要性 (背景)、隐函数定理的条件 (仅是充分条件)、隐函数定理的证明、利用隐函数定理肯定存在隐函数、利用隐函数的定义否定存在隐函数、隐函数的求导 (偏导)、极值 (有时研究隐函数的单调性等).

例 18-1-1　解答下列各题 (隐函数的存在性):

1. 方程 $\cos x+\sin y=\mathrm{e}^{xy}$ 能否在原点的某个邻域内确定隐函数 $y=f(x)$ 或 $x=g(y)$?

解　能在原点的某个邻域内确定隐函数 $y=f(x)$. 事实上, 记 $F(x,y)=\cos x+\sin y-\mathrm{e}^{xy}$, 则

(1) 函数 $F(x,y)$ 在 $\mathbb{R}^2$ 上连续;

(2) $F(0,0)=0$;

(3) 在 $\mathbb{R}^2$ 内存在连续的偏导数 $F_x(x,y),F_y(x,y)$;

(4) $F_y(0,0)=(\cos y-x\mathrm{e}^{xy})\big|_{(0,0)}=1\neq 0$.

由隐函数定理可知, 方程 $\cos x+\sin y=\mathrm{e}^{xy}$ 能在原点的某个邻域内确定隐函数 $y=f(x)$.

在原点的任何邻域内都不能确定隐函数 $x=g(y)$. 我们有

$$F_x(0,0)=(-\sin x-y\mathrm{e}^{xy})\big|_{(0,0)}=0.$$

由于隐函数定理仅是充分条件, 所以用隐函数定理不能断定在原点的某个邻域内能否确定隐函数 $x=g(y)$. 下面用定义来判定是否能确定隐函数 $x=g(y)$. 事实上, 因 F_y 连续且 $F_y(0,0)=1>0$, 故由连续函数的局部保号性知, 在点 $(0,0)$ 某个邻域内有

$F_y(x,y)>0$. 于是 $f'(x)=-\dfrac{F_x}{F_y}$ 的符号与 F_x 的符号相反. 注意到

$$\lim_{x\to 0}\frac{y}{x}=\lim_{x\to 0}\frac{f(x)}{x}=\lim_{x\to 0}\frac{f(x)-f(0)}{x}=f'(0)=-\frac{F_x}{F_y}\bigg|_{(0,0)}=0,$$

即 $y=f(x)=o(x)(x\to 0)$, 从而

$$F_x(x,y)=-\sin x-y\mathrm{e}^{xy}=-\sin x-o(x)\quad(x\to 0).$$

于是

$$y'(x)=-\frac{F_x}{F_y}\begin{cases}>0, & x>0,\\ <0, & x<0,\end{cases}$$

即 $y=f(x)$ 在点 $x=0$ 附近左减、右增, 即在点 $(0,0)$ 附近, 每一个 y 有两个 x 与之对应. 由隐函数的定义可知, 原点的任何邻域内都不能确定隐函数 $x=g(y)$.

注 从上面的论证可知 $x=0$ 是 $y=f(x)$ 的极小值点.

2. 方程 $xy+z\ln y+\mathrm{e}^{xz}=1$ 在点 $(0,1,1)$ 的某个邻域内能否确定某一个变量为另外两个变量的函数?

解 令 $F(x,y,z)=xy+z\ln y+\mathrm{e}^{xz}-1$, 则

(1) 函数 $F(x,y,z)$ 在 $D=\{(x,y,z)|x,y,z\in\mathbb{R}$ 且 $y>0\}$ 内连续;

(2) $F(0,1,1)=0$;

(3) 在 $D=\{(x,y,z)|x,y,z\in\mathbb{R}$ 且 $y>0\}$ 内存在连续的偏导数 $F_x(x,y,z),F_y(x,y,z),F_x(x,y,z)$;

(4) 在点 $(0,1,1)$ 的偏导数满足

$$\begin{aligned}F_x(0,1,1)&=(y+z\mathrm{e}^{xz})\big|_{(0,1,1)}=2\neq 0,\\ F_y(0,1,1)&=\left(x+\frac{z}{y}\right)\bigg|_{(0,1,1)}=1\neq 0,\\ F_z(0,1,1)&=(\ln y+x\mathrm{e}^{xz})\big|_{(0,1,1)}=0.\end{aligned}$$

由隐函数定理可知, 该方程能在点 $(0,1,1)$ 的某个邻域内确定隐函数

$$x=f(y,z),\quad y=g(x,y).$$

由于隐函数定理仅是充分条件, 因此不能用隐函数定理来断定能否确定隐函数 $z=h(x,y)$. 下面由隐函数的定义来断定在点 $(0,1,1)$ 的某个邻域内能否确定 $z=h(x,y)$. 事实上, 由 $xy+z\ln y+\mathrm{e}^{xz}=1$ 可知在点 $(0,1,1)$ 的任何邻域内都有无限多个点 $(0,1,z)$ 满足方程, 所以在 $(0,1,1)$ 的任何邻域内都不能确定隐函数 $z=h(x,y)$.

注 由方程的特殊性可容易看出, 点 $(0,1)$ 对应多个 z, 故不能确定 z 为 x,y 的函数.

3. 设 f 是一元函数, 试问: 应对 f 提出什么条件, 方程 $2f(xy)=f(x)+f(y)$ 在点 $(1,1)$ 的某个邻域内就能确定出唯一的 y 为 x 的函数?

解 记 $F(x,y)=2f(xy)-f(x)-f(y)$, 则

(1) $F(x,y)$ 在以 $(1,1)$ 为内点的区域 $D\subset\mathbb{R}^2$ 内连续 $\Longrightarrow f(t)$ 在点 $t=1$ 的某个邻域内连续;

(2) $F(1,1)=2f(1)-f(1)-f(1)=0$;

(3) $F_y(x,y)=2xf'(xy)-f'(y)$ 在点 $(1,1)$ 的某个邻域内连续 $\Longrightarrow f'(t)$ 在点 $t=1$ 的某个邻域内连续;

(4) $F_y(1,1)\neq 0\Longrightarrow f'(1)\neq 0$.

综上所述, 当 $f(t)$ 在点 $t=1$ 的某个邻域内有连续的导函数且 $f'(1)\neq 0$ 时, 由隐函数定理可知方程 $2f(xy)=f(x)+f(y)$ 在点 $(1,1)$ 的某个邻域内就能确定出唯一的 y 为 x 的函数.

例 18-1-2 解答下列各题 (隐函数求导):

1. 设 $x^2y+3x^4y^3-4=0$, 求 $\dfrac{\mathrm{d}y}{\mathrm{d}x}$.

解 记 $F(x,y)=x^2y+3x^4y^3-4$, 则由隐函数求导公式可知

$$\begin{aligned}\frac{\mathrm{d}y}{\mathrm{d}x}&=-\frac{F_x}{F_y}=-\frac{2xy+12x^3y^3}{x^2+9x^4y^2}\\&=-\frac{2y+12x^2y^3}{x+9x^3y^2}.\end{aligned}$$

2. 设 $\ln\sqrt{x^2+y^2}=\arctan\dfrac{y}{x}$, 求 $\dfrac{\mathrm{d}y}{\mathrm{d}x}$.

解 记 $F(x,y)=\ln\sqrt{x^2+y^2}-\arctan\dfrac{y}{x}$, 则由隐函数求导公式可知

$$\frac{\mathrm{d}y}{\mathrm{d}x}=-\frac{F_x}{F_y}=-\frac{\dfrac{x+y}{x^2+y^2}}{\dfrac{y-x}{x^2+y^2}}=\frac{x+y}{x-y}\quad(x\neq y).$$

注 上述两题中, 也可以将方程中的 y 看成 x 的函数, 两边分别对 x 求导数, 然后整理.

*3. 设 $a+\sqrt{a^2-y^2}=y\mathrm{e}^u, u=\dfrac{x+\sqrt{a^2-y^2}}{a}(a>0)$, 求 $\dfrac{\mathrm{d}y}{\mathrm{d}x},\dfrac{\mathrm{d}^2y}{\mathrm{d}x^2}$.

解 令 $F(x,y)=a+\sqrt{a^2-y^2}-y\mathrm{e}^{\frac{x+\sqrt{a^2-y^2}}{a}}$, 则

$$F_x=-\frac{y}{a}\mathrm{e}^{\frac{x+\sqrt{a^2-y^2}}{a}},$$

$$F_y=\frac{-y}{\sqrt{a^2-y^2}}+\left(\frac{y^2}{a\sqrt{a^2-y^2}}-1\right)\mathrm{e}^{\frac{x+\sqrt{a^2-y^2}}{a}}.$$

由隐函数求导公式并结合方程化简可知

$$\begin{aligned}\frac{\mathrm{d}y}{\mathrm{d}x}=-\frac{F_x}{F_y}&=\frac{\dfrac{y}{a}\mathrm{e}^{\frac{x+\sqrt{a^2-y^2}}{a}}}{\dfrac{-y}{\sqrt{a^2-y^2}}+\left(\dfrac{y^2}{a\sqrt{a^2-y^2}}-1\right)\mathrm{e}^{\frac{x+\sqrt{a^2-y^2}}{a}}}\\
&=\frac{y\mathrm{e}^{\frac{x+\sqrt{a^2-y^2}}{a}}}{\dfrac{-ay}{\sqrt{a^2-y^2}}+\left(\dfrac{y^2}{\sqrt{a^2-y^2}}-a\right)\mathrm{e}^{\frac{x+\sqrt{a^2-y^2}}{a}}}\\
&=\frac{a+\sqrt{a^2-y^2}}{\dfrac{-ay}{\sqrt{a^2-y^2}}+\dfrac{1}{y}\left(\dfrac{y^2}{\sqrt{a^2-y^2}}-a\right)(a+\sqrt{a^2-y^2})}\\
&=\frac{y(a+\sqrt{a^2-y^2})\sqrt{a^2-y^2}}{-ay^2+(y^2-a\sqrt{a^2-y^2})(a+\sqrt{a^2-y^2})}\\
&=\frac{y(a+\sqrt{a^2-y^2})\sqrt{a^2-y^2}}{(y^2-a^2)\sqrt{a^2-y^2}-a(a^2-y^2)}=\frac{y(a+\sqrt{a^2-y^2})}{(y^2-a^2)-a\sqrt{a^2-y^2}}\end{aligned}$$

$$= -\frac{y(a+\sqrt{a^2-y^2})}{(a+\sqrt{a^2-y^2})\sqrt{a^2-y^2}} = -\frac{y}{\sqrt{a^2-y^2}},$$

$$\frac{\mathrm{d}^2y}{\mathrm{d}x^2} = -\frac{\mathrm{d}}{\mathrm{d}x}\left(\frac{y}{\sqrt{a^2-y^2}}\right) = -\frac{y'}{\sqrt{a^2-y^2}} - \frac{y^2}{(a^2-y^2)^{3/2}}y'$$

$$= -\left(\frac{1}{\sqrt{a^2-y^2}} + \frac{y^2}{(a^2-y^2)^{3/2}}\right)y'$$

$$= \left(\frac{1}{\sqrt{a^2-y^2}} + \frac{y^2}{(a^2-y^2)^{3/2}}\right)\frac{y}{\sqrt{a^2-y^2}} = \frac{a^2y}{(a^2-y^2)^2}.$$

注 由于方程较复杂, 求 F_x, F_y 稍微麻烦些; 求了一阶导数后应用方程化简一阶导数的表达式. 当然, 也可以将方程中的 y 看成 x 的函数, 两边分别对 x 求导数, 然后化简整理.

4. 设 $\mathrm{e}^{-xy} - 2z + \mathrm{e}^z = 0$, 求 $\dfrac{\partial z}{\partial x}, \dfrac{\partial z}{\partial y}$.

解 记 $F(x,y,z) = \mathrm{e}^{-xy} - 2z + \mathrm{e}^z$, 则由隐函数的偏导数公式可知

$$\frac{\partial z}{\partial x} = -\frac{F_x}{F_z} = -\frac{-y\mathrm{e}^{-xy}}{-2+\mathrm{e}^z} = \frac{y\mathrm{e}^{-xy}}{\mathrm{e}^z-2},$$
$$\frac{\partial z}{\partial y} = -\frac{F_y}{F_z} = -\frac{-x\mathrm{e}^{-xy}}{-2+\mathrm{e}^z} = \frac{x\mathrm{e}^{-xy}}{\mathrm{e}^z-2}.$$

5. 设 $x^2+y^2+z^2-2x+2y-4z-5=0$, 求 $\dfrac{\partial z}{\partial x}, \dfrac{\partial z}{\partial y}$.

解 记 $F(x,y,z) = x^2+y^2+z^2-2x+2y-4z-5$, 则由隐函数的偏导数公式可知

$$\frac{\partial z}{\partial x} = -\frac{F_x}{F_z} = -\frac{2x-2}{2z-4} = \frac{1-x}{z-2},$$
$$\frac{\partial z}{\partial y} = -\frac{F_y}{F_z} = -\frac{2y+2}{2z-4} = \frac{y+1}{2-z}.$$

6. 设 $x+y+z = \mathrm{e}^{-(x+y+z)}$, 求 z 关于 x, y 的一阶和二阶偏导数.

解 记 $F(x,y,z) = x+y+z-\mathrm{e}^{-(x+y+z)}$, 则由隐函数的偏导

数公式得

$$\frac{\partial z}{\partial x}=-\frac{F_x}{F_z}=-\frac{1+\mathrm{e}^{-(x+y+z)}}{1+\mathrm{e}^{-(x+y+z)}}=-1,$$

$$\frac{\partial z}{\partial y}=-\frac{F_y}{F_z}=-\frac{1+\mathrm{e}^{-(x+y+z)}}{1+\mathrm{e}^{-(x+y+z)}}=-1.$$

所以

$$\frac{\partial^2 z}{\partial x^2}=\frac{\partial^2 z}{\partial x\partial y}=\frac{\partial^2 z}{\partial y^2}=0.$$

例 18-1-3 解答下列各题 (抽象方程确定隐函数):

1. 设 $F(x,y,z)=0$ 可以确定连续可微函数 $x=x(y,z),y=y(z,x),z=z(x,y)$, 试证:

$$\frac{\partial x}{\partial y}\frac{\partial y}{\partial z}\frac{\partial z}{\partial x}=-1.$$

证 由隐函数的偏导数公式得

$$\frac{\partial x}{\partial y}=-\frac{F_y}{F_x},\quad \frac{\partial y}{\partial z}=-\frac{F_z}{F_y},\quad \frac{\partial z}{\partial x}=-\frac{F_x}{F_z},$$

所以

$$\frac{\partial x}{\partial y}\frac{\partial y}{\partial z}\frac{\partial z}{\partial x}=-1.$$

2. 设 $z=f(x+y+z,xyz)$, 求 $\dfrac{\partial z}{\partial x},\dfrac{\partial x}{\partial y},\dfrac{\partial y}{\partial z}$;

解 记 $F(x,y,z)=z-f(x+y+z,xyz)$, 则由隐函数的偏导数公式可知

$$\frac{\partial z}{\partial x}=-\frac{F_x}{F_z}=\frac{f_1+yzf_2}{1-f_1-xyf_2},\quad \frac{\partial x}{\partial y}=-\frac{F_y}{F_x}=-\frac{f_1+xzf_2}{f_1+yzf_2},$$

$$\frac{\partial y}{\partial z}=-\frac{F_z}{F_y}=\frac{1-f_1-xyf_2}{f_1+xzf_2}.$$

3. 设 $F(x,x+y,x+y+z)=0$, 求 z_x,z_y,z_{xx}.

解 法一 对方程 $F(x,x+y,x+y+z)=0$ 两边分别关于 x,y 求偏导数, 由复合函数求导的链式法则得

$$F_1+F_2+(1+z_x)F_3=0 \Longrightarrow z_x=-\frac{F_1+F_2+F_3}{F_3}, \tag{1}$$

$$F_2+(1+z_y)F_3=0 \Longrightarrow z_y=-\frac{F_2+F_3}{F_3}.$$

将 $F_1+F_2+(1+z_x)F_3=0$ 两边对 x 求偏导数, 由复合函数求偏导的链式法则得

$$\begin{aligned}&[F_{11}+F_{12}+(1+z_x)F_{13}]+[F_{21}+F_{22}+(1+z_x)F_{23}]\\&+z_{xx}F_3+(1+z_x)[F_{31}+F_{32}+(1+z_x)F_{33}]=0,\end{aligned}$$

所以

$$\begin{aligned}z_{xx}=&-\frac{1}{F_3}\{[F_{11}+F_{12}+(1+z_x)F_{13}]+[F_{21}+F_{22}+(1+z_x)F_{23}]\\&+(1+z_x)[F_{31}+F_{32}+(1+z_x)F_{33}]\}.\end{aligned} \tag{2}$$

结合 (1), (2) 式得

$$\begin{aligned}z_{xx}=&-\frac{1}{F_3}\{[F_{11}+F_{12}+(1+z_x)F_{13}]+[F_{21}+F_{22}+(1+z_x)F_{23}]\\&+(1+z_x)[F_{31}+F_{32}+(1+z_x)F_{33}]\}\\=&-\frac{1}{(F_3)^3}[(F_3)^2(F_{11}+F_{22}+2F_{12})-2F_3(F_1+F_2)(F_{13}+F_{23})\\&+F_{33}(F_1+F_2)^2].\end{aligned}$$

法二 记 $G(x,y,z)=F(x,x+y,x+y+z)$, 则由隐函数的偏导数公式得

$$z_x=-\frac{G_x}{G_z}=-\frac{F_1+F_2+F_3}{F_3},\quad z_y=-\frac{G_y}{G_z}=-\frac{F_2+F_3}{F_3}.$$

所以

$$\begin{aligned}z_{xx}=&-\left(\frac{F_1+F_2+F_3}{F_3}\right)'_x\\=&-\frac{(F_1+F_2+F_3)_xF_3-(F_3)_x(F_1+F_2+F_3)}{(F_3)^2}\\=&-\frac{1}{(F_3)^2}\{[F_{11}+F_{12}+(1+z_x)F_{13}]+F_{21}+F_{22}+(1+z_x)F_{23}\\&+F_{31}+F_{32}+(1+z_x)F_{33}\}F_3\end{aligned}$$

$$
\begin{aligned}
&+\frac{1}{(F_3)^2}[F_{31}+F_{32}+(1+z_x)F_{33}](F_1+F_2+F_3)\\
=&-\frac{1}{(F_3)^3}[(F_3)^2(F_{11}+F_{22}+2F_{12})-2F_3(F_1+F_2)(F_{13}+F_{23})\\
&+F_{33}(F_1+F_2)^2].
\end{aligned}
$$

注 对于由抽象方程所确定的隐函数 (假设能确定隐函数), 可应用隐函数的偏导数公式及复合函数求偏导的链式法则求偏导数.

4. 证明: 设方程 $F(x,y)=0$ 所确定的隐函数 $y=f(x)$ 具有二阶导数, 则当 $F_y\neq 0$ 时, 有

$$
F_y^3y''=\begin{vmatrix} F_{xx} & F_{xy} & F_x \\ F_{xy} & F_{yy} & F_y \\ F_x & F_y & 0 \end{vmatrix}.
$$

证 由隐函数的导数公式得

$$
\begin{aligned}
y'&=-\frac{F_x}{F_y},\\
y''&=-\frac{(F_{xx}+F_{xy}y')F_y-F_x(F_{yx}+F_{yy}y'')}{(F_y)^2}\\
&=-\frac{F_{xx}(F_y)^2-2F_xF_yF_{xy}+F_{yy}(F_x)^2}{(F_y)^3},
\end{aligned}
$$

所以

$$
\begin{aligned}
(F_y)^3y''=F_y^3y''&=-[F_{xx}(F_y)^2-2F_xF_yF_{xy}+F_{yy}(F_x)^2]\\
&=\begin{vmatrix} F_{xx} & F_{xy} & F_x \\ F_{xy} & F_{yy} & F_y \\ F_x & F_y & 0 \end{vmatrix}.
\end{aligned}
$$

注 此题给出了隐函数导数的行列式表达形式, 即

$$
y''=\frac{1}{(F_y)^3}\begin{vmatrix} F_{xx} & F_{xy} & F_x \\ F_{xy} & F_{yy} & F_y \\ F_x & F_y & 0 \end{vmatrix},
$$

其中行列式右上角的二阶顺序主子式正好是函数 $F(x,y)$ 的 Hesse 矩阵的行列式, 第三行的前两个元素和第三列的前两个元素组成的向量恰好是函数 $F(x,y)$ 的梯度.

例 18-1-4 解答下列各题 (隐函数的复合函数求导):

1. 设 $z=x^2+y^2$, 其中 $y=f(x)$ 为由方程 $x^2-xy+y^2=1$ 所确定的隐函数, 求 $\dfrac{\mathrm{d}z}{\mathrm{d}x}$ 及 $\dfrac{\mathrm{d}^2z}{\mathrm{d}x^2}$.

解 z 是 x,y 的二元函数显形式, 且 y 又是 x 的隐函数, 最终确定 z 是 x 的一元复合函数. 由复合函数求导的链式法则得

$$\frac{\mathrm{d}z}{\mathrm{d}x}=2x+2yy'. \tag{1}$$

记 $F(x,y)=x^2-xy+y^2-1$, 则由隐函数的导数公式得

$$y'=-\frac{F_x}{F_y}=-\frac{2x-y}{2y-x}. \tag{2}$$

综合 (1), (2) 两式, 得

$$\begin{aligned}\frac{\mathrm{d}z}{\mathrm{d}x}&=2x+2yy'=2x+2y\left(-\frac{2x-y}{2y-x}\right)\\&=2\frac{(x^2-2xy)+(2xy-y^2)}{x-2y}=2\frac{x^2-y^2}{x-2y}.\end{aligned} \tag{3}$$

再由 (1) 式得

$$\frac{\mathrm{d}^2z}{\mathrm{d}x^2}=2+2(y')^2+2yy''. \tag{4}$$

又由 (2) 式得

$$\begin{aligned}y''&=-\left(\frac{2x-y}{2y-x}\right)'_x=-\frac{(2-y')(2y-x)-(2x-y)(2y'-1)}{(2y-x)^2}\\&=\frac{6}{(x-2y)^3}.\end{aligned} \tag{5}$$

由 (2), (4), (5) 三式, 并结合 $x^2-xy+y^2=1$, 得

$$\frac{\mathrm{d}^2z}{\mathrm{d}x^2}=2+2(y')^2+2yy''=\frac{2(2x-y)}{x-2y}+\frac{6x}{(x-2y)^3}.$$

2. 设 $u=x^2+y^2+z^2$, 其中 $z=f(x,y)$ 是由方程 $x^3+y^3+z^3=3xyz$ 所确定的隐函数, 求 u_x 及 u_{xx}.

解 u 是 x,y,z 的三元函数的显形式, 而 z 又是 x,y 的隐函数形式, 最终确定 u 是 x,y 的二元复合函数. 由复合函数求偏导的链式法则得

$$u_x=2x+2zz_x. \tag{1}$$

记 $F(x,y,z)=x^3+y^3+z^3-3xyz$, 则由隐函数的偏导数公式得

$$z_x=-\frac{F_x}{F_z}=-\frac{3x^2-3yz}{3z^2-3xy}=\frac{yz-x^2}{z^2-xy}. \tag{2}$$

综合 (1), (2) 两式, 得

$$u_x=2x+2zz_x=2x+2z\frac{yz-x^2}{z^2-xy}=2\left(x+\frac{yz^2-x^2z}{z^2-xy}\right).$$

再由 (1) 式得

$$u_{xx}=2+2(z_x)^2+2zz_{xx}. \tag{3}$$

又由 (2) 式得

$$\begin{aligned}z_{xx}&=\left(\frac{yz-x^2}{z^2-xy}\right)'_x=\frac{(yz_x-2x)(z^2-xy)-(2zz_x-y)(yz-x^2)}{(z^2-xy)^2}\\&=\frac{2xz(3xyz-x^3-y^3-z^3)}{(z^2-xy)^2}=0.\end{aligned} \tag{4}$$

由 (2), (3), (4) 三式得

$$u_{xx}=2+2(z_x)^2=2+2\left(\frac{yz-x^2}{z^2-xy}\right)^2.$$

§ 18.2 隐 函 数 组

内容要求 理解研究隐函数组的必要性 (背景)、隐函数组定理的条件及其与隐函数定理条件的比较、隐函数组的偏导数公式 (Cramer 法则); 理解反函数组问题的本质就是隐函数组问题, 并理解反函数组的偏导数公式.

例 18-2-1 解答下列各题 (隐函数组和反函数组的存在性):

1. 试讨论方程组 $\begin{cases} x^2+y^2=\dfrac{z^2}{2} \\ x+y+z=2 \end{cases}$ 在点 $(1,-1,2)$ 的附近能否确定形如 $x=f(z), y=g(z)$ 的隐函数组.

解 记 $\begin{cases} F(x,y,z)=x^2+y^2-\dfrac{z^2}{2}=0, \\ G(x,y,z)=x+y+z-2=0, \end{cases}$ 则

(1) $F(x,y,z)$ 与 $G(x,y,z)$ 在 $\mathbb{R}^3$ 上连续;

(2) $F(1,-1,2)=0, G(1,-1,2)=0$;

(3) F, G 具有一阶连续偏导数;

(4) $J(1,-1,2)=\left.\dfrac{\partial(F,G)}{\partial(x,y)}\right|_{(1,-1,2)}=\begin{vmatrix} 2x & 2y \\ 1 & 1 \end{vmatrix}_{(1,-1,2)}=4\neq 0.$

由隐函数组定理可知, 在点 $(1,-1,2)$ 的附近能确定形如 $x=f(z)$, $y=g(z)$ 的隐函数组.

*2. 设 $\begin{cases} u=\dfrac{y}{\tan x}, \\ v=\dfrac{y}{\sin x}. \end{cases}$

(1) 证明: 当 $0<x<\dfrac{\pi}{2}, y>0$ 时, u,v 可以作为曲线坐标;

(2) 解出 x,y 作为 u,v 的函数;

(3) 求出 xy 平面上 $u=1, v=2$ 所对应的坐标;

(4) 计算 $\dfrac{\partial(u,v)}{\partial(x,y)}$ 和 $\dfrac{\partial(x,y)}{\partial(u,v)}$, 并验证它们互为倒数.

解 (1) u,v 可以作为曲线坐标, 即 $\begin{cases} u=\dfrac{y}{\tan x}, \\ v=\dfrac{y}{\sin x} \end{cases}$ 存在反函数组. 事实上, 由于

(i) $u(x,y)=\dfrac{y}{\tan x}, v(x,y)=\dfrac{y}{\sin x}$ 在 $\left\{(x,y)\middle|0<x<\dfrac{\pi}{2}, y>0\right\}$ 内连续;

(ii) $u(x,y)=\dfrac{y}{\tan x}, v(x,y)=\dfrac{y}{\sin x}$ 在 $\left\{(x,y)\middle|0<x<\dfrac{\pi}{2}, y>0\right\}$ 内存在一阶连续偏导数;

(iii) $\dfrac{\partial(u,v)}{\partial(x,y)}=\begin{vmatrix} -y\csc^2 x & \cot x \\ -y\csc x\cot x & \csc x \end{vmatrix}=-y\csc^3 x+y\csc x\cot^2 x$

$$=-\frac{y}{\sin x}\neq 0 \quad \left(0<x<\frac{\pi}{2},y>0\right),$$

由反函数组的存在定理知, u,v 可以作为曲线坐标.

(2) 将 $\begin{cases} u=\dfrac{y}{\tan x}, \\ v=\dfrac{y}{\sin x} \end{cases}$ 两式相除得 $\cos x=\dfrac{u}{v}$, 即 $x=\arccos\dfrac{u}{v}$, 又有

$$y=v\sin x=v\sqrt{1-\cos^2 x}=v\sqrt{1-\frac{u^2}{v^2}}=\sqrt{v^2-u^2},$$

于是

$$\begin{cases} x=\arccos\dfrac{u}{v}, \\ y=\sqrt{v^2-u^2}. \end{cases}$$

(3) 当 $u=1,v=2$ 时, 由 $\begin{cases} x=\arccos\dfrac{u}{v}, \\ y=\sqrt{v^2-u^2} \end{cases}$ 得 $\begin{cases} x=\dfrac{\pi}{3}, \\ y=\sqrt{3}. \end{cases}$

(4) 直接计算得

$$\frac{\partial(u,v)}{\partial(x,y)}=\begin{vmatrix} -y\csc^2 x & \cot x \\ -y\csc x\cot x & \csc x \end{vmatrix}$$
$$=-\frac{y}{\sin x}\neq 0 \quad \left(0<x<\frac{\pi}{2},y>0\right).$$

由于

$$x_u=-\frac{1}{\sqrt{1-\dfrac{u^2}{v^2}}}\frac{1}{v}=-\frac{1}{\sqrt{v^2-u^2}}=-\frac{1}{y},$$

$$x_v=\frac{1}{\sqrt{1-\dfrac{u^2}{v^2}}}\frac{u}{v^2}=\frac{u}{v}\frac{1}{\sqrt{v^2-u^2}}=\frac{1}{y}\cos x,$$

$$y_u=-\frac{u}{\sqrt{v^2-u^2}}=-\frac{u}{v}\frac{1}{\sqrt{1-\dfrac{u^2}{v^2}}}$$

$$= -\cos x \frac{1}{\sqrt{1-\cos^2 x}} = -\cot x,$$

$$y_v = \frac{v}{\sqrt{v^2-u^2}} = \frac{1}{\sqrt{1-\dfrac{u^2}{v^2}}} = \frac{1}{\sqrt{1-\cos^2 x}} = \csc x,$$

$$\frac{\partial(x,y)}{\partial(u,v)} = \begin{vmatrix} x_u & x_v \\ y_u & y_v \end{vmatrix} = \begin{vmatrix} -\dfrac{1}{y} & \dfrac{1}{y}\cos x \\ -\cot x & \csc x \end{vmatrix}$$

$$= -\frac{1}{y}\csc x + \frac{1}{y}\cos x \cot x = -\frac{\sin x}{y},$$

所以 $\dfrac{\partial(u,v)}{\partial(x,y)}$ 与 $\dfrac{\partial(x,y)}{\partial(u,v)}$ 互为倒数.

注 我们熟悉直角坐标和极坐标, 这两种坐标下都是一一对应的. 曲线坐标也是一种坐标方式, 若可作为曲线坐标, 则必是一一映射, 即存在反函数组. 为了说明 $\dfrac{\partial(u,v)}{\partial(x,y)}$ 和 $\dfrac{\partial(x,y)}{\partial(u,v)}$ 互为倒数, 最终结果都用 x, y 来表示.

3. 设 $u = \dfrac{x}{r^2}, v = \dfrac{y}{r^2}, w = \dfrac{z}{r^2}$, 其中 $r = \sqrt{x^2+y^2+z^2}$.

(1) 试求以 u, v, w 为自变量的反函数组;

(2) 计算 $\dfrac{\partial(u,v,w)}{\partial(x,y,z)}$.

解 (1) 由反函数组存在的条件可以得到 $\begin{cases} u = x/r^2, \\ v = y/r^2, \\ w = z/r^2 \end{cases}$ 存在反函数组. 由于

$$\begin{cases} x = ur^2, \\ y = vr^2, \\ z = wr^2, \end{cases} \quad u^2+v^2+w^2 = \frac{x^2+y^2+z^2}{r^4} = \frac{1}{r^2},$$

所以

$$\begin{cases} x = \dfrac{u}{u^2+v^2+w^2}, \\ y = \dfrac{v}{u^2+v^2+w^2}, \\ z = \dfrac{w}{u^2+v^2+w^2}. \end{cases}$$

(2) 由于

$$\begin{aligned} &u_x = \frac{1}{r^2} - 2\frac{x^2}{r^4}, \quad u_y = -2\frac{xy}{r^4}, \quad u_z = -2\frac{xz}{r^4}, \\ &v_x = -2\frac{xy}{r^4}, \quad v_y = \frac{1}{r^2} - 2\frac{y^2}{r^4}, \quad v_z = -2\frac{yz}{r^4}, \\ &w_x = -2\frac{xz}{r^4}, \quad w_y = -2\frac{yz}{r^4}, \quad w_z = \frac{1}{r^2} - 2\frac{z^2}{r^4}, \end{aligned}$$

所以 (直接计算下面的三阶行列式)

$$\frac{\partial(u,v,w)}{\partial(x,y,z)} = \begin{vmatrix} u_x & u_y & u_z \\ v_x & v_y & v_z \\ w_x & w_y & w_z \end{vmatrix} = -\frac{1}{r^6}.$$

注 也可以先求 $\dfrac{\partial(x,y,z)}{\partial(u,v,w)}$, 再求其倒数.

例 18-2-2 解答下列各题 (隐函数组求导):

1. 求下列方程组所确定的隐函数组的导数或偏导数:

(1) $\begin{cases} x^2+y^2+z^2=a^2, \\ x^2+y^2=ax, \end{cases}$ 求 $\dfrac{\mathrm{d}y}{\mathrm{d}x}, \dfrac{\mathrm{d}z}{\mathrm{d}x}$;

(2) $\begin{cases} x-u^2-yv=0, \\ y-v^2-xu=0, \end{cases}$ 求 $\dfrac{\partial u}{\partial x}, \dfrac{\partial v}{\partial x}, \dfrac{\partial u}{\partial y}, \dfrac{\partial v}{\partial y}$;

(3) $\begin{cases} x=\mathrm{e}^u+u\sin v, \\ y=\mathrm{e}^u-u\cos v, \end{cases}$ 求 u_x, v_x, u_y, v_y.

解 (1) 根据所要求的结果, 方程组将 y,z 确定为 x 的函数.

将方程组的每个方程两边分别对 x 求导数, 得

$$\begin{cases} 2x+2yy'+2zz'=0, \\ 2x+2yy'=a \end{cases} \iff \begin{cases} yy'+zz'=-x, \\ 2yy'+0=a-2x \end{cases}$$

$$\iff \begin{pmatrix} y & z \\ 2y & 0 \end{pmatrix} \begin{pmatrix} y' \\ z' \end{pmatrix} = \begin{pmatrix} -x \\ a-2x \end{pmatrix}.$$

利用消元法或者 Cramer 法则, 得

$$y' = \frac{z(a-2x)}{2yz} = \frac{a-2x}{2y}, \quad z' = -\frac{ya}{2yz} = -\frac{a}{2z}.$$

(2) 根据所要求的结果, 方程组将 u, v 确定为 x, y 的函数. 将方程组的每个方程两边分别对 x 求偏导数, 得

$$\begin{cases} 1-2uu_x-yv_x=0, \\ -2vv_x-u-xu_x=0 \end{cases} \iff \begin{cases} -2uu_x-yv_x=-1, \\ -xu_x-2vv_x=u \end{cases}$$

$$\iff \begin{pmatrix} -2u & -y \\ -x & -2v \end{pmatrix} \begin{pmatrix} u_x \\ v_x \end{pmatrix} = \begin{pmatrix} -1 \\ u \end{pmatrix}.$$

利用消元法或者 Cramer 法则, 可得

$$u_x = \frac{2v+uy}{4uv-xy}, \quad v_x = -\frac{x+2u^2}{4uv-xy}.$$

将方程组的每个方程两边分别对 y 求偏导数, 得

$$\begin{cases} -2uu_y-v-yv_y=0, \\ 1-2vv_y-xu_y=0 \end{cases} \iff \begin{cases} -2uu_y-yv_y=v, \\ -xu_y-2vv_y=-1 \end{cases}$$

$$\iff \begin{pmatrix} -2u & -y \\ -x & -2v \end{pmatrix} \begin{pmatrix} u_y \\ v_y \end{pmatrix} = \begin{pmatrix} v \\ -1 \end{pmatrix}.$$

利用消元法或者 Cramer 法则, 可得

$$u_y = -\frac{2v^2+y}{4uv-xy}, \quad v_y = \frac{2u+xv}{4uv-xy}.$$

(3) 方程组将 u,v 确定为 x,y 的函数. 将方程组的每个方程两边分别对 x 求偏导数, 得

$$\begin{cases}1=u_x\mathrm{e}^u+u_x\sin v+uv_x\cos v,\\ 0=u_x\mathrm{e}^u-u_x\cos v+uv_x\sin v\end{cases}$$

$$\Longleftrightarrow\begin{pmatrix}\mathrm{e}^u+\sin v & u\cos v\\ \mathrm{e}^u-\cos v & u\sin v\end{pmatrix}\begin{pmatrix}u_x\\ v_x\end{pmatrix}=\begin{pmatrix}1\\ 0\end{pmatrix}.$$

利用消元法或者 Cramer 法则, 可得

$$u_x=\frac{\sin v}{1+\mathrm{e}^u(\sin v-\cos v)},\quad v_x=\frac{\cos v-\mathrm{e}^u}{u[1+\mathrm{e}^u(\sin v-\cos v)]}.$$

将方程组的每个方程两边分别对 y 求偏导数, 得

$$\begin{cases}0=u_y\mathrm{e}^u+u_y\sin v+uv_y\cos v,\\ 1=u_y\mathrm{e}^u-u_y\cos v+uv_y\sin v\end{cases}$$

$$\Longleftrightarrow\begin{pmatrix}\mathrm{e}^u+\sin v & u\cos v\\ \mathrm{e}^u-\cos v & u\sin v\end{pmatrix}\begin{pmatrix}u_y\\ v_y\end{pmatrix}=\begin{pmatrix}0\\ 1\end{pmatrix},$$

利用消元法或者 Cramer 法则, 可得

$$u_y=\frac{-\cos v}{1+\mathrm{e}^u(\sin v-\cos v)},\quad v_y=\frac{\mathrm{e}^u+\sin v}{u[1+\mathrm{e}^u(\sin v-\cos v)]}.$$

注 一般地, 设 $\begin{cases}F(x,y,z)=0,\\ G(x,y,z)=0,\end{cases}$ 则

$$\begin{cases}F_x+F_yy'+F_zz'=0,\\ G_x+G_yy'+G_zz'=0\end{cases}\Longleftrightarrow\begin{cases}F_yy'+F_zz'=-F_x,\\ G_yy'+G_zz'=-G_x\end{cases}$$

$$\Longleftrightarrow\begin{pmatrix}F_y & F_z\\ G_y & G_z\end{pmatrix}\begin{pmatrix}y'\\ z'\end{pmatrix}=-\begin{pmatrix}F_x\\ G_x\end{pmatrix}.$$

因此

$$y'=-\frac{1}{J}\begin{vmatrix}F_x & F_z\\ G_x & G_z\end{vmatrix},\quad z'=-\frac{1}{J}\begin{vmatrix}F_y & F_x\\ G_y & G_x\end{vmatrix},\quad J=\begin{vmatrix}F_y & F_z\\ G_y & G_z\end{vmatrix}.$$

2. 设 $\begin{cases} u = f(ux, v+y), \\ v = g(u-x, v^2 y), \end{cases}$ 求 $\dfrac{\partial u}{\partial x}, \dfrac{\partial v}{\partial x}$.

解 根据所要求的结果, 方程组将 u, v 确定为 x, y 的函数. 将方程组的每个方程两边分别对 x 求偏导数, 得

$$\begin{cases} u_x = (u + xu_x) f_1(ux, v+y) + v_x f_2(ux, v+y), \\ v_x = (u_x - 1) g_1(u-x, v^2 y) + 2vv_x y g_2(u-x, v^2 y), \end{cases}$$

即

$$\begin{cases} (1 - xf_1) u_x - f_2 v_x = uf_1, \\ g_1 u_x + (2vyg_2 - 1) v_x = g_1 \end{cases}$$
$$\Longleftrightarrow \begin{pmatrix} 1 - xf_1 & -f_2 \\ g_1 & 2vyg_2 - 1 \end{pmatrix} \begin{pmatrix} u_x \\ v_x \end{pmatrix} = \begin{pmatrix} uf_1 \\ g_1 \end{pmatrix},$$

利用消元法或者 Cramer 法则, 可得

$$u_x = \frac{uf_1(2vyg_2 - 1) + f_2 g_1}{(1 - xf_1)(2vyg_2 - 1) + f_2 g_1},$$
$$v_x = \frac{(1 - xf_1) g_1 - ug_1 f_1}{(1 - xf_1)(2vyg_2 - 1) + f_2 g_1}.$$

例 18-2-3 解答下列各题 (隐函数的复合函数求导):

*1. 设 $\begin{cases} x = u + v, \\ y = u^2 + v^2, \\ z = u^3 + v^3, \end{cases}$ 求 z_x.

解 由 $\begin{cases} x = u + v, \\ y = u^2 + v^2 \end{cases}$, 可将 u, v 确定为 x, y 的函数, 然后代入 $z = u^3 + v^3$ 得到 z 为 x, y 的函数. 由复合函数求偏导的链式法则得

$$z_x = 3u^2 u_x + 3v^2 v_x. \tag{1}$$

下面再求 u_x, v_x. 将 $\begin{cases} x = u + v, \\ y = u^2 + v^2 \end{cases}$ 的每个方程两边分别对 x

求偏导数, 得

$$\begin{cases}1 = u_x + v_x,\\ 0 = 2uu_x + 2vv_x\end{cases} \iff \begin{pmatrix}1 & 1\\ 2u & 2v\end{pmatrix}\begin{pmatrix}u_x\\ v_x\end{pmatrix} = \begin{pmatrix}1\\ 0\end{pmatrix}.$$

利用消元法或者 Cramer 法则, 可得

$$u_x = \frac{v}{v-u}, \quad v_x = -\frac{u}{v-u}. \tag{2}$$

将 (2) 式代入 (1) 式, 得

$$z_x = 3u^2u_x + 3v^2v_x = 3\frac{u^2v - v^2u}{v-u} = -3uv.$$

2. 设函数 $z = z(x,y)$ 由方程组 $\begin{cases}x = \mathrm{e}^{u+v},\\ y = \mathrm{e}^{u-v},\\ z = uv\end{cases}$ 所确定, 求当 $u = 0, v = 0$ 时的 $\mathrm{d}z$.

解 由 $\begin{cases}x = \mathrm{e}^{u+v},\\ y = \mathrm{e}^{u-v},\end{cases}$ 可将 u, v 确定为 x, y 的函数, 然后代入 $z = uv$ 得到 z 为 x, y 的函数. 由复合函数求偏导的链式法则得

$$z_x = u_xv + uv_x, \quad z_y = u_yv + uv_y. \tag{1}$$

下面求 u_x, v_x. 将 $\begin{cases}x = \mathrm{e}^{u+v},\\ y = \mathrm{e}^{u-v}\end{cases}$ 的每个方程两边分别对 x 求偏导数, 得

$$\begin{cases}1 = (u_x + v_x)\mathrm{e}^{u+v},\\ 0 = (u_x - v_x)\mathrm{e}^{u-v}\end{cases} \iff \begin{pmatrix}\mathrm{e}^{u+v} & \mathrm{e}^{u+v}\\ \mathrm{e}^{u-v} & -\mathrm{e}^{u-v}\end{pmatrix}\begin{pmatrix}u_x\\ v_x\end{pmatrix} = \begin{pmatrix}1\\ 0\end{pmatrix}.$$

利用消元法或者 Cramer 法则, 可得

$$u_x = \frac{\mathrm{e}^{u-v}}{2\mathrm{e}^{2u}} = \frac{\mathrm{e}^{-u-v}}{2}, \quad v_x = \frac{\mathrm{e}^{u-v}}{2\mathrm{e}^{2u}} = \frac{\mathrm{e}^{-u-v}}{2}. \tag{2}$$

再求 u_y, v_y. 将 $\begin{cases}x = \mathrm{e}^{u+v},\\ y = \mathrm{e}^{u-v}\end{cases}$ 的每个方程两边分别对 y 求偏导数, 得

$$\begin{cases}0 = (u_y + v_y)\mathrm{e}^{u+v},\\ 1 = (u_y - v_y)\mathrm{e}^{u-v}\end{cases} \iff \begin{pmatrix}\mathrm{e}^{u+v} & \mathrm{e}^{u+v}\\ \mathrm{e}^{u-v} & -\mathrm{e}^{u-v}\end{pmatrix}\begin{pmatrix}u_y\\ v_y\end{pmatrix} = \begin{pmatrix}0\\ 1\end{pmatrix}.$$

利用消元法或者 Cramer 法则, 可得

$$u_y = \frac{e^{u+v}}{2e^{2u}} = \frac{e^{v-u}}{2}, \quad v_y = -\frac{e^{u+v}}{2e^{2u}} = -\frac{e^{v-u}}{2}. \tag{3}$$

将 (2), (3) 两式代入 (1) 式, 得

$$z_x = v\frac{e^{-u-v}}{2} + u\frac{e^{-u-v}}{2}, \quad z_y = v\frac{e^{v-u}}{2} - u\frac{e^{v-u}}{2}.$$

所以

$$dz = z_x\big|_{(0,0)}dx + z_x\big|_{(0,0)}dy = 0.$$

注 上述求解过程是解此类问题的一般步骤. 对于此题, 由 (1) 式知当 $(u,v)=(0,0)$ 时, $z_x=0, z_y=0$, 故此时 $dz=0$.

3. 设函数 $u=u(x,y)$ 由方程组 $\begin{cases} u=f(x,y,z,t), \\ g(y,z,t)=0, \\ h(z,t)=0 \end{cases}$ 所确定, 求 u_x, u_y.

解 根据所要求的结果, 函数组 $\begin{cases} g(y,z,t)=0, \\ h(z,t)=0 \end{cases}$ 将 z,t 确定为 y 的函数. 把它们代入 $u=f(x,y,z,t)$ 可得到 u 为 x,y 的函数. 由复合函数求偏导的链式法则得

$$u_x = f_x(x,y,z,t), \quad u_y = f_y + f_z z_y + f_t t_y. \tag{1}$$

下面再求 z_y, t_y. 将 $\begin{cases} g(y,z,t)=0, \\ h(z,t)=0 \end{cases}$ 的每个方程两边分别对 y 求偏导数, 得

$$\begin{cases} g_y + g_z z_y + g_t t_y = 0, \\ h_z z_y + h_t t_y = 0 \end{cases} \Longleftrightarrow \begin{pmatrix} g_z & g_t \\ h_z & h_t \end{pmatrix}\begin{pmatrix} z_y \\ t_y \end{pmatrix} = \begin{pmatrix} -g_y \\ 0 \end{pmatrix},$$

利用消元法或者 Cramer 法则, 可得

$$z_y = -\frac{g_y h_t}{g_z h_t - g_t h_z}, \quad t_y = \frac{g_y h_z}{g_z h_t - g_t h_z}. \tag{2}$$

将 (2) 式代入 (1) 式, 得

$$
\begin{aligned}
u_x &= f_x, \\
u_y &= f_y - \frac{g_y h_t f_z}{g_z h_t - g_t h_z} + \frac{g_y h_z f_t}{g_z h_t - g_t h_z} \\
&= f_y + \frac{h_z f_t - h_t f_z}{g_z h_t - g_t h_z} g_y = f_y + \frac{\dfrac{\partial(h,f)}{\partial(z,t)}}{\dfrac{\partial(g,h)}{\partial(z,t)}} g_y.
\end{aligned}
$$

4. 设 $u = u(x,y,z), v = v(x,y,z)$ 和 $x = x(s,t), y = y(s,t), z = z(s,t)$ 都具有连续的一阶偏导数, 证明:

$$\frac{\partial(u,v)}{\partial(s,t)} = \frac{\partial(u,v)}{\partial(x,y)}\frac{\partial(x,y)}{\partial(s,t)} + \frac{\partial(u,v)}{\partial(y,z)}\frac{\partial(y,z)}{\partial(s,t)} + \frac{\partial(u,v)}{\partial(z,x)}\frac{\partial(z,x)}{\partial(s,t)}.$$

证 由复合函数求偏导的链式法则得

$$
\begin{aligned}
u_s &= u_x x_s + u_y y_s + u_z z_s, \quad & u_t &= u_x x_t + u_y y_t + u_z z_t, \\
v_s &= v_x x_s + v_y y_s + v_z z_s, \quad & v_t &= v_x x_t + v_y y_t + v_z z_t,
\end{aligned}
$$

即

$$\begin{pmatrix} u_s & u_t \\ v_s & v_t \end{pmatrix} = \begin{pmatrix} u_x & u_y & u_z \\ v_x & v_y & v_z \end{pmatrix} \begin{pmatrix} x_s & x_t \\ y_s & y_t \\ z_s & z_t \end{pmatrix}.$$

所以

$$
\begin{aligned}
\frac{\partial(u,v)}{\partial(s,t)} &= \begin{vmatrix} u_s & u_t \\ v_s & v_t \end{vmatrix} = u_s v_t - u_t v_s \\
&= (u_x x_s + u_y y_s + u_z z_s)(v_x x_t + v_y y_t + v_z z_t) \\
&\quad -(u_x x_t + u_y y_t + u_z z_t)(v_x x_s + v_y y_s + v_z z_s), \qquad (1)
\end{aligned}
$$

$$
\begin{aligned}
&\frac{\partial(u,v)}{\partial(x,y)}\frac{\partial(x,y)}{\partial(s,t)} + \frac{\partial(u,v)}{\partial(y,z)}\frac{\partial(y,z)}{\partial(s,t)} + \frac{\partial(u,v)}{\partial(z,x)}\frac{\partial(z,x)}{\partial(s,t)} \\
&= (u_x v_y - u_y v_x)(x_s y_t - x_t y_s) + (u_y v_z - u_z v_y)(y_s z_t - y_t z_s) \\
&\quad +(u_z v_x - u_x v_z)(z_s x_t - z_t x_s). \qquad (2)
\end{aligned}
$$

易见 (1), (2) 两式右端相等, 故结论成立.

注 上述结果表明

$$\begin{vmatrix} u_s & u_t \\ v_s & v_t \end{vmatrix} = \left| \begin{pmatrix} u_x & u_y & u_z \\ v_x & v_y & v_z \end{pmatrix} \begin{pmatrix} x_s & x_t \\ y_s & y_t \\ z_s & z_t \end{pmatrix} \right|$$

$$= \begin{vmatrix} u_x & u_y \\ v_x & v_y \end{vmatrix} \begin{vmatrix} x_s & x_t \\ y_s & y_t \end{vmatrix} + \begin{vmatrix} u_x & u_z \\ v_x & v_z \end{vmatrix} \begin{vmatrix} x_s & x_t \\ z_s & z_t \end{vmatrix}$$

$$+ \begin{vmatrix} u_y & u_z \\ v_y & v_z \end{vmatrix} \begin{vmatrix} y_s & y_t \\ z_s & z_t \end{vmatrix}.$$

这就是线性代数中的 Cauchy-Binet 公式.

例 18-2-4 解答下列各题 (变换方程):

1. 设以 u, v 为新的自变量, 变换下列方程:

(1) $(x+y)\dfrac{\partial z}{\partial x} - (x-y)\dfrac{\partial z}{\partial y} = 0$, 设 $u = \ln\sqrt{x^2+y^2}, v = \arctan\dfrac{y}{x}$;

(2) $x^2\dfrac{\partial^2 z}{\partial x^2} - y^2\dfrac{\partial^2 z}{\partial y^2} = 0$, 设 $u = xy, v = \dfrac{x}{y}$.

解 (1) 将 $\begin{cases} u = \ln\sqrt{x^2+y^2}, \\ v = \arctan\dfrac{y}{x} \end{cases}$ 所确定的反函数组 $\begin{cases} x = x(u,v), \\ y = y(u,v) \end{cases}$ 代入 $z = z(x,y)$ 就得到 z 为 u, v 的函数. 由复合函数求偏导的链式法则得

$$\begin{aligned} \frac{\partial z}{\partial x} &= \frac{\partial z}{\partial u}\frac{\partial u}{\partial x} + \frac{\partial z}{\partial v}\frac{\partial v}{\partial x} = \frac{x}{x^2+y^2}\frac{\partial z}{\partial u} - \frac{y}{x^2+y^2}\frac{\partial z}{\partial v} \\ &= \frac{1}{x^2+y^2}\left(x\frac{\partial z}{\partial u} - y\frac{\partial z}{\partial v}\right), \\ \frac{\partial z}{\partial y} &= \frac{\partial z}{\partial u}\frac{\partial u}{\partial y} + \frac{\partial z}{\partial v}\frac{\partial v}{\partial y} = \frac{y}{x^2+y^2}\frac{\partial z}{\partial u} + \frac{x}{x^2+y^2}\frac{\partial z}{\partial v} \\ &= \frac{1}{x^2+y^2}\left(y\frac{\partial z}{\partial u} + x\frac{\partial z}{\partial v}\right). \end{aligned}$$

将它们代入方程 $(x+y)\frac{\partial z}{\partial x}-(x-y)\frac{\partial z}{\partial y}=0$, 得

$$\begin{aligned}
0&=(x+y)\frac{\partial z}{\partial x}-(x-y)\frac{\partial z}{\partial y}\\
&=\frac{1}{x^2+y^2}\left[(x+y)\left(x\frac{\partial z}{\partial u}-y\frac{\partial z}{\partial v}\right)-(x-y)\left(y\frac{\partial z}{\partial u}+x\frac{\partial z}{\partial v}\right)\right]\\
&=\frac{1}{x^2+y^2}\left[(x^2+y^2)\frac{\partial z}{\partial u}-(x^2+y^2)\frac{\partial z}{\partial v}\right]\\
&=\frac{\partial z}{\partial u}-\frac{\partial z}{\partial v},
\end{aligned}$$

即

$$\frac{\partial z}{\partial u}-\frac{\partial z}{\partial v}=0.$$

(2) 将 $\begin{cases}u=xy,\\ v=\dfrac{x}{y}\end{cases}$ 所确定的反函数组 $\begin{cases}x=x(u,v),\\ y=y(u,v)\end{cases}$ 代入 $z=z(x,y)$ 就得到 z 为 u,v 的函数. 由复合函数求偏导的链式法则得

$$\begin{aligned}
\frac{\partial z}{\partial x}&=\frac{\partial z}{\partial u}\frac{\partial u}{\partial x}+\frac{\partial z}{\partial v}\frac{\partial v}{\partial x}=y\frac{\partial z}{\partial u}+\frac{1}{y}\frac{\partial z}{\partial v},\\
\frac{\partial^2 z}{\partial x^2}&=y\left(\frac{\partial^2 z}{\partial u^2}\frac{\partial u}{\partial x}+\frac{\partial^2 z}{\partial u\partial v}\frac{\partial v}{\partial x}\right)+\frac{1}{y}\left(\frac{\partial^2 z}{\partial v\partial u}\frac{\partial u}{\partial x}+\frac{\partial^2 z}{\partial v^2}\frac{\partial v}{\partial x}\right)\\
&=y\left(y\frac{\partial^2 z}{\partial u^2}+\frac{1}{y}\frac{\partial^2 z}{\partial u\partial v}\right)+\frac{1}{y}\left(y\frac{\partial^2 z}{\partial v\partial u}+\frac{1}{y}\frac{\partial^2 z}{\partial v^2}\right)\\
&=y^2\frac{\partial^2 z}{\partial u^2}+\frac{1}{y^2}\frac{\partial^2 z}{\partial v^2}+2\frac{\partial^2 z}{\partial u\partial v};\\
\frac{\partial z}{\partial y}&=\frac{\partial z}{\partial u}\frac{\partial u}{\partial y}+\frac{\partial z}{\partial v}\frac{\partial v}{\partial y}=x\frac{\partial z}{\partial u}-\frac{x}{y^2}\frac{\partial z}{\partial v},\\
\frac{\partial^2 z}{\partial y^2}&=x\left(\frac{\partial^2 z}{\partial u^2}\frac{\partial u}{\partial y}+\frac{\partial^2 z}{\partial u\partial v}\frac{\partial v}{\partial y}\right)+\frac{2x}{y^3}\frac{\partial z}{\partial v}-\frac{x}{y^2}\left(\frac{\partial^2 z}{\partial v\partial u}\frac{\partial u}{\partial y}+\frac{\partial^2 z}{\partial v^2}\frac{\partial v}{\partial y}\right)\\
&=x\left(x\frac{\partial^2 z}{\partial u^2}-\frac{x}{y^2}\frac{\partial^2 z}{\partial u\partial v}\right)+\frac{2x}{y^3}\frac{\partial z}{\partial v}-\frac{x}{y^2}\left(x\frac{\partial^2 z}{\partial v\partial u}-\frac{x}{y^2}\frac{\partial^2 z}{\partial v^2}\right)\\
&=x^2\frac{\partial^2 z}{\partial u^2}+\frac{x^2}{y^4}\frac{\partial^2 z}{\partial v^2}-2\frac{x^2}{y^2}\frac{\partial^2 z}{\partial u\partial v}+\frac{2x}{y^3}\frac{\partial z}{\partial v}.
\end{aligned}$$

将上述结果代入方程 $x^2\frac{\partial^2 z}{\partial x^2}-y^2\frac{\partial^2 z}{\partial y^2}=0$, 得

$$
\begin{aligned}
0&=x^2\frac{\partial^2 z}{\partial x^2}-y^2\frac{\partial^2 z}{\partial y^2}\\
&=x^2\left(y^2\frac{\partial^2 z}{\partial u^2}+\frac{1}{y^2}\frac{\partial^2 z}{\partial v^2}+2\frac{\partial^2 z}{\partial u\partial v}\right)\\
&\quad -y^2\left(x^2\frac{\partial^2 z}{\partial u^2}+\frac{x^2}{y^4}\frac{\partial^2 z}{\partial v^2}-2\frac{x^2}{y^2}\frac{\partial^2 z}{\partial u\partial v}+\frac{2x}{y^3}\frac{\partial z}{\partial v}\right)\\
&=4x^2\frac{\partial^2 z}{\partial u\partial v}-\frac{2x}{y}\frac{\partial z}{\partial v}=4uv\frac{\partial^2 z}{\partial u\partial v}-2v\frac{\partial z}{\partial v},
\end{aligned}
$$

即

$$
2uv\frac{\partial^2 z}{\partial u\partial v}-v\frac{\partial z}{\partial v}=0.
$$

2. 将以下式子中的 (x,y,z) 变换成球坐标 (r,θ,φ) 的形式:

(1) $\Delta_1 u=\left(\frac{\partial u}{\partial x}\right)^2+\left(\frac{\partial u}{\partial y}\right)^2+\left(\frac{\partial u}{\partial z}\right)^2$;

(2) $\Delta_2 u=\frac{\partial^2 u}{\partial x^2}+\frac{\partial^2 u}{\partial y^2}+\frac{\partial^2 u}{\partial z^2}$.

解 球坐标变换为

$$
T:\begin{cases}x=r\sin\theta\cos\varphi,\\ y=r\sin\theta\sin\varphi,\\ z=r\cos\theta,\end{cases}\qquad J=\frac{\partial(x,y,z)}{\partial(r,\theta,\varphi)}=r^2\sin\theta.
$$

(1) 由复合函数求偏导的链式法则得

$$
\begin{cases}u_r=u_x\sin\theta\cos\varphi+u_y\sin\theta\sin\varphi+u_z\cos\theta,\\ u_\theta=u_x r\cos\theta\cos\varphi+u_y r\cos\theta\sin\varphi-u_z r\sin\theta,\\ u_\varphi=-u_x r\sin\theta\sin\varphi+u_y r\sin\theta\cos\varphi+u_z\cdot 0,\end{cases}
$$

即

$$\begin{pmatrix} u_r \\ u_\theta \\ u_\varphi \end{pmatrix} = \begin{pmatrix} x_r & y_r & z_r \\ x_\theta & y_\theta & z_\theta \\ x_\varphi & y_\varphi & z_\varphi \end{pmatrix} \begin{pmatrix} u_x \\ u_y \\ u_z \end{pmatrix}$$

$$= \begin{pmatrix} \sin\theta\cos\varphi & \sin\theta\sin\varphi & \cos\theta \\ r\cos\theta\cos\varphi & r\cos\theta\sin\varphi & -r\sin\theta \\ -r\sin\theta\sin\varphi & r\sin\theta\cos\varphi & 0 \end{pmatrix} \begin{pmatrix} u_x \\ u_y \\ u_z \end{pmatrix}.$$

用 Cramer 法则解此线性方程组, 得

$$u_x = \frac{1}{J}\begin{vmatrix} u_r & \sin\theta\sin\varphi & \cos\theta \\ u_\theta & r\cos\theta\sin\varphi & -r\sin\theta \\ u_\varphi & r\sin\theta\cos\varphi & 0 \end{vmatrix}$$

$$= \frac{1}{J}[u_\varphi(-r\sin^2\theta\sin\varphi - r\cos^2\theta\sin\varphi)$$

$$-r\sin\theta\cos\varphi(-r\sin\theta u_r - \cos\theta u_\theta)]$$

$$= \frac{1}{J}(r^2\sin^2\theta\cos\varphi u_r + r\sin\theta\cos\theta\cos\varphi u_\theta - r\sin\varphi u_\varphi), \quad (1)$$

$$u_y = \frac{1}{J}\begin{vmatrix} \sin\theta\cos\varphi & u_r & \cos\theta \\ r\cos\theta\cos\varphi & u_\theta & -r\sin\theta \\ -r\sin\theta\sin\varphi & u_\varphi & 0 \end{vmatrix}$$

$$= \frac{1}{J}[-r\sin\theta\sin\varphi(-r\sin\theta u_r - \cos\theta u_\theta)$$

$$-u_\varphi(-r\sin^2\theta\cos\varphi - r\cos^2\theta\cos\varphi)]$$

$$= \frac{1}{J}(r^2\sin^2\theta\sin\varphi u_r + r\sin\theta\cos\theta\sin\varphi u_\theta + r\cos\varphi u_\varphi), \quad (2)$$

$$u_z = \frac{1}{J}\begin{vmatrix} \sin\theta\cos\varphi & \sin\theta\sin\varphi & u_r \\ r\cos\theta\cos\varphi & r\cos\theta\sin\varphi & u_\theta \\ -r\sin\theta\sin\varphi & r\sin\theta\cos\varphi & u_\varphi \end{vmatrix}$$

$$= \frac{1}{J}(r^2\cos\theta\sin\theta u_r - r\sin^2\theta u_\theta + 0\cdot u_\varphi), \quad (3)$$

即

$$\begin{pmatrix} u_x \\ u_y \\ u_z \end{pmatrix} = \frac{1}{J} \begin{pmatrix} r^2\sin^2\theta\cos\varphi & r\sin\theta\cos\theta\cos\varphi & -r\sin\varphi \\ r^2\sin^2\theta\sin\varphi & r\sin\theta\cos\theta\sin\varphi & r\cos\varphi \\ r^2\sin\theta\cos\theta & -r\sin^2\theta & 0 \end{pmatrix} \begin{pmatrix} u_r \\ u_\theta \\ u_\varphi \end{pmatrix},$$

所以

$$\begin{aligned}
\Delta_1 u &= \left(\frac{\partial u}{\partial x}\right)^2 + \left(\frac{\partial u}{\partial y}\right)^2 + \left(\frac{\partial u}{\partial z}\right)^2 \\
&= \frac{1}{J^2}[r^2\sin^2\theta\cos\varphi u_r + r\sin\theta\cos\theta\cos\varphi u_\theta - r\sin\varphi u_\varphi]^2 \\
&\quad + \frac{1}{J^2}[r^2\sin^2\theta\sin\varphi u_r + r\sin\theta\cos\theta\sin\varphi u_\theta + r\cos\varphi u_\varphi]^2 \\
&\quad + \frac{1}{J^2}[r^2\sin\theta\cos\theta u_r - r\sin^2\theta u_\theta + 0\cdot u_\varphi]^2 \\
&= u_r^2 + \frac{1}{r^2}u_\theta^2 + \frac{1}{r^2\sin^2\theta}u_\varphi^2.
\end{aligned}$$

(2) 由 (1), (2), (3) 三式得

$$\frac{\partial u}{\partial x} = \frac{1}{J}\left(r^2\sin^2\theta\cos\varphi\frac{\partial}{\partial r} + r\sin\theta\cos\theta\cos\varphi\frac{\partial}{\partial\theta} - r\sin\varphi\frac{\partial}{\partial\varphi}\right)u,$$

$$\frac{\partial u}{\partial y} = \frac{1}{J}\left(r^2\sin^2\theta\sin\varphi\frac{\partial}{\partial r} + r\sin\theta\cos\theta\sin\varphi\frac{\partial}{\partial\theta} + r\cos\varphi\frac{\partial}{\partial\varphi}\right)u,$$

$$\frac{\partial u}{\partial z} = \frac{1}{J}\left(r^2\cos\theta\sin\theta\frac{\partial}{\partial r} - r\sin^2\theta\frac{\partial}{\partial\theta} + 0\cdot\frac{\partial}{\partial\varphi}\right)u,$$

所以

$$\frac{\partial^2 u}{\partial x^2} = \frac{1}{J^2}\left(r^2\sin^2\theta\cos\varphi\frac{\partial}{\partial r} + r\sin\theta\cos\theta\cos\varphi\frac{\partial}{\partial\theta} - r\sin\varphi\frac{\partial}{\partial\varphi}\right)^2 u,$$

$$\frac{\partial^2 u}{\partial y^2} = \frac{1}{J^2}\left(r^2\sin^2\theta\sin\varphi\frac{\partial}{\partial r} + r\sin\theta\cos\theta\sin\varphi\frac{\partial}{\partial\theta} + r\cos\varphi\frac{\partial}{\partial\varphi}\right)^2 u,$$

$$\frac{\partial^2 u}{\partial z^2} = \frac{1}{J^2}\left(r^2\sin\theta\cos\theta\frac{\partial}{\partial r} - r\sin^2\theta\frac{\partial}{\partial\theta} + 0\cdot\frac{\partial}{\partial\varphi}\right)^2 u.$$

计算上述三式并相加, 得

$$\begin{aligned}
\Delta_2 u &= \frac{\partial^2 u}{\partial x^2} + \frac{\partial^2 u}{\partial y^2} + \frac{\partial^2 u}{\partial z^2} \\
&= \frac{\partial^2 u}{\partial r^2} + \frac{1}{r^2}\frac{\partial^2 u}{\partial\theta^2} + \frac{1}{r^2\sin^2\theta}\frac{\partial^2 u}{\partial\varphi^2} + \frac{2}{r}\frac{\partial u}{\partial r} + \frac{\cos\theta}{r^2\sin\theta}\frac{\partial u}{\partial\theta}.
\end{aligned}$$

注 此题直接计算 u_x, u_y, u_z 比较困难, 故先计算 u_r, u_θ, u_φ, 然后用 Cramer 法则解出 u_x, u_y, u_z. 计算 u_{xx}, u_{yy}, u_{zz} 时, 我们应用偏微分算子平方. 计算算子平方时需要耐心细致.

§ 18.3 几 何 应 用

内容要求 掌握平面曲线切向量方向数的求法, 并能写出平面曲线的切线方程与法线方程; 掌握空间曲线切向量方向数的求法, 并能写出空间曲线的切线方程与法平面方程; 掌握曲面法向量方向数的求法, 并能写出曲面的切平面方程和法线方程; 理解并掌握平行、正交、相切等相关问题.

例 18-3-1 解答下列各题 (曲线的切线与法平面):

1. 求平面曲线 $x^{2/3}+y^{2/3}=a^{2/3}(a>0)$ 上任一点处的切线方程, 并证明这些切线被坐标轴所截取的线段等长.

解 这是隐函数形式的平面曲线. 记 $F(x,y)=x^{2/3}+y^{2/3}-a^{2/3}$, 设所确定的隐函数为 $y=f(x)$, 则曲线上任意一点 $P_0(x_0,y_0)$ 处切向量的方向数为

$$\vec{\tau}=(1,f'(x_0))=\left(1,-\frac{F_x(P_0)}{F_y(P_0)}\right)=\left(1,-\frac{\sqrt[3]{y_0}}{\sqrt[3]{x_0}}\right).$$

所以点 $P_0(x_0,y_0)$ 处的切线方程为

$$F_x(P_0)(x-x_0)+F_y(P_0)(y-y_0)=0,$$

即

$$\frac{1}{\sqrt[3]{x_0}}(x-x_0)+\frac{1}{\sqrt[3]{y_0}}(y-y_0)=0,$$

亦即

$$\frac{1}{\sqrt[3]{x_0}}x+\frac{1}{\sqrt[3]{y_0}}y=x_0^{2/3}+y_0^{2/3}=a^{2/3}.$$

此切线被 x 轴和 y 轴所截得的截距分别为 $x=a^{2/3}\sqrt[3]{x_0}$, $y=a^{2/3}\sqrt[3]{y_0}$, 故由勾股定理知所截得线段的长度为

$$\sqrt{\left(a^{2/3}\sqrt[3]{x_0}\right)^2+\left(a^{\frac{2}{3}}\sqrt[3]{y_0}\right)^2}=a^{2/3}\sqrt{x_0^{2/3}+y_0^{2/3}}=a.$$

2. 求下列曲线在给定点处的切线与法平面:

(1) $x=a\sin^2 t, y=b\sin t\cos t, z=c\cos^2 t$, 在点 $t=\dfrac{\pi}{4}$;

(2) $2x^2+3y^2+z^2=9, z^2=3x^2+y^2$, 在点 $(1,-1,2)$.

解 (1) 此曲线为参数形式的空间曲线, 在点 $t=\dfrac{\pi}{4}$ 处切向量的方向数为

$$\begin{aligned}\overrightarrow{\tau}&=(x'(t),y'(t),z'(t))\big|_{t=\frac{\pi}{4}}\\&=(a\sin 2t,b\cos 2t,-c\sin 2t)\big|_{t=\frac{\pi}{4}}\\&=(a,0,-c).\end{aligned}$$

$t=\dfrac{\pi}{4}$ 对应曲线上的点的坐标为

$$(a\sin^2 t,b\sin t\cos t,c\cos^2 t)\Big|_{t=\frac{\pi}{4}}=\left(\frac{a}{2},\frac{b}{2},\frac{c}{2}\right),$$

所以所求的切线方程为

$$\frac{x-\dfrac{a}{2}}{a}=\frac{y-\dfrac{b}{2}}{0}=\frac{z-\dfrac{c}{2}}{-c}\Longleftrightarrow\begin{cases}\dfrac{x}{a}+\dfrac{z}{c}=1,\\ y=\dfrac{b}{2},\end{cases}$$

即切线就是曲面 $\dfrac{x}{a}+\dfrac{z}{c}=1$ 与平面 $y=\dfrac{b}{2}$ 的交线; 所求的法平面方程为

$$a\left(x-\frac{a}{2}\right)-c\left(z-\frac{c}{2}\right)=0\Longleftrightarrow ax-cz=\frac{1}{2}(a^2-c^2).$$

(2) 此曲线为两曲面的交线

$$\begin{cases}F(x,y,z)=2x^2+3y^2+z^2-9=0,\\ G(x,y,z)=3x^2+y^2-z^2,\end{cases}$$

它在点 $(1,-1,2)$ 处切向量的方向数为

$$\overrightarrow{\tau}=\left(\frac{\partial(F,G)}{\partial(y,z)},\frac{\partial(F,G)}{\partial(z,x)},\frac{\partial(F,G)}{\partial(x,y)}\right)\bigg|_{(1,-1,2)}$$

$$=\left(\begin{vmatrix}6y & 2z\\ 2y & -2z\end{vmatrix},\begin{vmatrix}2z & 4x\\ -2z & 6x\end{vmatrix},\begin{vmatrix}4x & 6y\\ 6x & 2y\end{vmatrix}\right)\bigg|_{(1,-1,2)}$$

$$=(32,40,28),$$

故所求的切线方程为

$$\frac{x-1}{32}=\frac{y+1}{40}=\frac{z-2}{28}\Longleftrightarrow\frac{x-1}{8}=\frac{y+1}{10}=\frac{z-2}{7},$$

法平面方程为

$$8(x-1)+10(y+1)+7(z-2)=0,$$

即

$$8x+10y+7z=12.$$

3. 在曲线 $x=t,y=t^2,z=t^3$ 上求出一点, 使该曲线在此点处的切线平行于平面 $x+2y+z=4$.

解 这是参数形式给出的空间曲线, 其切向量的方向数为

$$\overrightarrow{\tau}=(x'(t),y'(t),z'(t))=(1,2t,3t^2).$$

平面 $x+2y+z=4$ 的法向量的方向数为 $\overrightarrow{n}=(1,2,1)$.

要使切线和平面 $x+2y+z=4$ 平行, 只要此平面的法向量方向数和切线的切向量方向数垂直即可, 即

$$(1,2t,3t^2)\cdot(1,2,1)=0,$$

亦即

$$3t^2+4t+1=0\Longrightarrow t=-\frac{1}{3}\text{ 或 }t=-1,$$

于是对应曲线上的点为 $\left(-\frac{1}{3},\frac{1}{9},-\frac{1}{27}\right)$ 或 $(-1,1,-1)$.

例 18-3-2 解答下列各题 (曲面的切平面与法线):

1. 求下列曲面在给定点处的切平面与法线:

(1) $y-\mathrm{e}^{2x-z}=0$, 在点 $(1,1,2)$;

(2) $\dfrac{x^2}{a^2}+\dfrac{y^2}{b^2}+\dfrac{z^2}{c^2}=1$ 在点 $\left(\dfrac{a}{\sqrt{3}},\dfrac{b}{\sqrt{3}},\dfrac{c}{\sqrt{3}}\right)$.

解 (1) 记 $F(x,y,z)=y-\mathrm{e}^{2x-z}$, 则曲面在点 $(1,1,2)$ 处法向量的方向数为

$$\overrightarrow{n}=(F_x,F_y,F_z)\big|_{(1,1,2)}=(-2\mathrm{e}^{2x-z},1,\mathrm{e}^{2x-z})\big|_{(1,1,2)}=(-2,1,1),$$

从而所求的切平面方程为

$$-2(x-1)+(y-1)+(z-2)=0,$$

即

$$-2x+y+z=1,$$

法线方程为

$$\frac{x-1}{-2}=\frac{y-1}{1}=\frac{z-2}{1}.$$

(2) 记 $F(x,y,z)=\dfrac{x^2}{a^2}+\dfrac{y^2}{b^2}+\dfrac{z^2}{c^2}$, 则曲面在点 $\left(\dfrac{a}{\sqrt{3}},\dfrac{b}{\sqrt{3}},\dfrac{c}{\sqrt{3}}\right)$ 处法向量的方向数为

$$\overrightarrow{n}=(F_x,F_y,F_z)\big|_{\left(\frac{a}{\sqrt{3}},\frac{b}{\sqrt{3}},\frac{c}{\sqrt{3}}\right)}=\left(\frac{2x}{a^2},\frac{2y}{b^2},\frac{2z}{c^2}\right)\bigg|_{\left(\frac{a}{\sqrt{3}},\frac{b}{\sqrt{3}},\frac{c}{\sqrt{3}}\right)}$$

$$=\left(\frac{2}{\sqrt{3}a},\frac{2}{\sqrt{3}b},\frac{2}{\sqrt{3}c}\right),$$

从而所求的切平面方程为

$$\frac{1}{a}\left(x-\frac{a}{\sqrt{3}}\right)+\frac{1}{b}\left(y-\frac{b}{\sqrt{3}}\right)+\frac{1}{c}\left(z-\frac{c}{\sqrt{3}}\right)=0,$$

即

$$\frac{x}{a}+\frac{y}{b}+\frac{z}{c}=\sqrt{3},$$

法线方程为

$$a\left(x-\frac{a}{\sqrt{3}}\right)=b\left(y-\frac{b}{\sqrt{3}}\right)=c\left(z-\frac{c}{\sqrt{3}}\right).$$

2. 求曲面 $x^2+2y^2+3z^2=21$ 的切平面, 使它平行于平面 $x+4y+6z=0$.

解 要使切平面与已知平面平行, 只要切平面的法向量方向数和已知平面的法向量方向数平行即可. 记 $F(x,y,z)=x^2+2y^2+3z^2-21$, 则曲面上任意一点处的法向量方向数为

$$\overrightarrow{n_1}=(F_x,F_y,F_z)=(2x,4y,6z). \tag{1}$$

平面 $x+4y+6z=0$ 的法向量方向数为 $\overrightarrow{n_2}=(1,4,6)$.

由条件可知

$$\overrightarrow{n_1}//\overrightarrow{n_2}=(2x,4y,6z)//(1,4,6)\Longleftrightarrow 2x=y=z,$$

再结合 (x,y,z) 满足 $x^2+2y^2+3z^2=21$, 得

$$2x=y=z=\pm 2,$$

即得 $(1,2,2),(-1,-2,-2)$. 由 (1) 式知对应这两点的法向量方向数分别为 $(1,4,6),(-1,-4,-6)$, 所以过这两点的切平面方程分别为

$$(x-1)+4(y-2)+6(z-2)=0\Longleftrightarrow x+4y+6z=21,$$
$$-(x+1)-4(y+2)-6(z+2)=0\Longleftrightarrow x+4y+6z=-21.$$

即两切平面的方程为

$$x+4y+6z=\pm 21.$$

3. 求曲面 $x^2+y^2+z^2=x$ 的切平面, 使其垂直于平面 $x-y-\frac{1}{2}z=2$ 和 $x-y-z=2$.

解 要使切平面垂直两已知平面, 只要切平面的法向量方向数和两已知平面的法向量方向数都垂直即可. 记 $F(x,y,z)=x^2+y^2+z^2-x$, 则曲面上任意一点处的法向量方向数为

$$\overrightarrow{n_1}=(F_x,F_y,F_z)=(2x-1,2y,2z). \tag{1}$$

平面 $x-y-\frac{1}{2}z=2$ 和 $x-y-z=2$ 的法向量方向数分别为

$$\overrightarrow{n_2}=\left(1,-1,-\frac{1}{2}\right),\quad \overrightarrow{n_3}=(1,-1,-1).$$

由条件可知

$$\begin{cases}(2x-1,2y,2z)\cdot\left(1,-1,-\frac{1}{2}\right)=0,\\(2x-1,2y,2z)\cdot(1,-1,-1)=0\end{cases}\Longleftrightarrow\begin{cases}2x-2y-z=1,\\x-y-z=\frac{1}{2},\end{cases}$$

再结合 (x,y,z) 满足 $x^2+y^2+z^2=x$, 得

$$\begin{cases}2x-2y-z=1,\\x-y-z=\frac{1}{2},\\x^2+y^2+z^2=x\end{cases}\Longrightarrow(x,y,z)=\left(\pm\frac{1}{2\sqrt{2}}+\frac{1}{2},\pm\frac{1}{2\sqrt{2}},0\right).$$

由 (1) 式知对应这两点的法向量方向数分别为 $\left(\pm\frac{1}{\sqrt{2}},\pm\frac{1}{\sqrt{2}},0\right)$, 所以过这两点的切平面方程分别为

$$\frac{1}{\sqrt{2}}\left(x-\frac{1}{2\sqrt{2}}-\frac{1}{2}\right)+\frac{1}{\sqrt{2}}\left(y-\frac{1}{2\sqrt{2}}\right)=0\Longleftrightarrow x+y=\frac{1}{2}(1+\sqrt{2}),$$

$$-\frac{1}{\sqrt{2}}\left(x+\frac{1}{2\sqrt{2}}-\frac{1}{2}\right)-\frac{1}{\sqrt{2}}\left(y+\frac{1}{2\sqrt{2}}\right)=0\Longleftrightarrow x+y=\frac{1}{2}(1-\sqrt{2}),$$

即两切平面的方程为

$$x+y=\frac{1}{2}(1\pm\sqrt{2}).$$

4. 确定常数 λ, 使曲面 $xyz=\lambda$ 与椭球面 $\frac{x^2}{a^2}+\frac{y^2}{b^2}+\frac{z^2}{c^2}=1$ 在某一点相切 (即该点有公共切面).

解 记 $F(x,y,z)=xyz-\lambda, G(x,y,z)=\frac{x^2}{a^2}+\frac{y^2}{b^2}+\frac{z^2}{c^2}-1$, 假设两曲面在点 $P_0(x_0,y_0,z_0)$ 相切, 则两曲面在点 $P_0(x_0,y_0,z_0)$ 处有公共的法向量方向数, 即满足

$$\begin{cases}(F_x,F_y,F_z)_{P_0}//(G_x,G_y,G_z)_{P_0},\\x_0y_0z_0=\lambda,\\\frac{x_0^2}{a^2}+\frac{y_0^2}{b^2}+\frac{z_0^2}{c^2}=1\end{cases}\Longleftrightarrow\begin{cases}\frac{x_0}{a^2y_0z_0}=\frac{y_0}{b^2x_0z_0}=\frac{z_0}{c^2x_0y_0}, & (1)\\x_0y_0z_0=\lambda, & (2)\\\frac{x_0^2}{a^2}+\frac{y_0^2}{b^2}+\frac{z_0^2}{c^2}=1. & (3)\end{cases}$$

由 (1) 式得 $\dfrac{x_0^2}{a^2}=\dfrac{y_0^2}{b^2}=\dfrac{z_0^2}{c^2}$, 又结合 (3) 式得 $\dfrac{x_0^2}{a^2}=\dfrac{y_0^2}{b^2}=\dfrac{z_0^2}{c^2}=\dfrac{1}{3}$, 再代入 (2) 式得

$$\lambda^2=(x_0y_0z_0)^2=\frac{1}{27}a^2b^2c^2 \Longrightarrow \lambda=\pm\frac{1}{3\sqrt{3}}abc.$$

5. 证明: 对任意常数 ρ,φ, 球面 $x^2+y^2+z^2=\rho^2$ 与锥面 $x^2+y^2=\tan^2\varphi\cdot z^2$ 是正交的.

证 要证两曲面正交, 即证两曲面的法向量垂直. 记

$$F(x,y,z)=x^2+y^2+z^2-\rho^2,\quad G(x,y,z)=x^2+y^2-\tan^2\varphi\cdot z^2,$$

则两曲面的法向量方向数分别为

$$\overrightarrow{n_1}=(F_x,F_y,F_z)=2(x,y,z),\quad \overrightarrow{n_2}=(G_x,G_y,G_z)=2(x,y,z\tan^2\varphi).$$

注意到 (x,y,z) 满足锥面方程, 得

$$\overrightarrow{n_1}\cdot\overrightarrow{n_2}=2(x,y,z)\cdot 2(x,y,-z\tan^2\varphi)=4(x^2+y^2-z^2\tan^2\varphi)=0,$$

即两曲面的法向量垂直. 证毕.

例 18-3-3 解答下列各题 (有关切向量与法向量的问题):

1. 求函数 $u=\dfrac{x}{\sqrt{x^2+y^2+z^2}}$ 在点 $M(1,2,-2)$ 沿曲线 $x=t,y=2t^2,z=-2t^4$ 在该点的切线方向的方向导数.

解 曲线 $x=t,y=2t^2,z=-2t^4$ 上点 $M(1,2,-2)$ 对应的参数为 $t=1$. 曲线在 $t=1$ 时的切向量方向数为

$$\overrightarrow{\tau}=\pm(x'(t),y'(t),z'(t))\big|_{t=1}=\pm(1,4t,-8t^2)\big|_{t=1}=\pm(1,4,-8),$$

其对应的方向余弦为

$$\overrightarrow{l}=(\cos\alpha,\cos\beta,\cos\gamma)=\pm\frac{1}{9}(1,4,-8). \tag{1}$$

由方向导数的公式得

$$\frac{\partial u}{\partial\overrightarrow{l}}(M)=u_x(M)\cos\alpha+u_y(M)\cos\beta+u_z(M)\cos\gamma, \tag{2}$$

而

$$
\begin{aligned}
u_x(M) &= \left[\frac{1}{\sqrt{x^2+y^2+z^2}} - \frac{x^2}{(x^2+y^2+z^2)^{3/2}}\right]\Bigg|_M \\
&= \frac{1}{3} - \frac{1}{27} = \frac{8}{27}, \\
u_y(M) &= \left[-\frac{xy}{(x^2+y^2+z^2)^{3/2}}\right]\Bigg|_M = -\frac{2}{27}, \\
u_z(M) &= \left[-\frac{xz}{(x^2+y^2+z^2)^{3/2}}\right]\Bigg|_M = \frac{2}{27}.
\end{aligned} \tag{3}
$$

由 (1), (2), (3) 三式得

$$
\frac{\partial u}{\partial \overrightarrow{l}}(M) = u_x(M)\cos\alpha + u_y(M)\cos\beta + u_z(M)\cos\gamma = \mp\frac{16}{243}.
$$

注 此题求曲线的切向量方向数时之所以取 “±” 号, 是因为方向导数和切向量的方向相关; 而在求曲线切线和法平面时, 取 “±” 号的最后方程都是一样的.

2. 试证明: 函数 $F(x,y)$ 在点 $P_0(x_0,y_0)$ 的非零梯度恰好是 $F(x,y)$ 的等值线在点 P_0 处的法向量 (设 F 有连续的一阶偏导数).

证 $F(x,y)$ 在点 $P_0(x_0,y_0)$ 的等值线方程为 $F(x,y)=F(x_0,y_0)$. 由隐函数的导数公式可知此方程在点 $P_0(x_0,y_0)$ 附近所确定的隐函数 $y=f(x)$ 在点 x_0 处的导数为

$$
f'(x_0) = -\frac{F_x(P_0)}{F_y(P_0)},
$$

因此在点 $P_0(x_0,y_0)$ 处的切线方程为

$$
y - y_0 = f'(x_0)(x-x_0) = -\frac{F_x(P_0)}{F_y(P_0)}(x-x_0),
$$

即

$$
F_x(P_0)(x-x_0) + F_y(P_0)(y-y_0) = 0,
$$

亦即

$$
(F_x(P_0), F_y(P_0)) \perp (x-x_0, y-y_0).
$$

这说明梯度 $\operatorname{grad}F\big|_{P_0}$ 与切线垂直, 即函数 $F(x,y)$ 在点 $P_0(x_0,y_0)$ 的梯度恰好是 $F(x,y)$ 的等值线在点 P_0 处的法向量.

*3. 求两曲面 $F(x,y,z)=0, G(x,y,z)=0$ 的交线在 xy 平面上的投影曲线的切线方程.

解 设 $\Gamma:\begin{cases}x=x(t),\\ y=y(t),\\ z=z(t)\end{cases}$ 为两曲面 $F(x,y,z)=0, G(x,y,z)=0$ 的交线的方程, 则 Γ 在 xy 平面上的投影曲线的方程为

$$L:\begin{cases}x=x(t),\\ y=y(t),\\ z=0.\end{cases}$$

设 $P_0(x_0,y_0,z_0)=(x(t_0),y(t_0),z(t_0))\in\Gamma$, 则曲线 Γ 在点 $P_0(x_0,y_0,z_0)$ 处的切向量方向数为

$$\vec{\tau}=(x'(t_0),y'(t_0),z'(t_0)),$$

而 L 在对应于 P_0 的点 $Q_0(x_0,y_0,0)=(x(t_0),y(t_0),0)\in L$ 处的切向量方向数为

$$\vec{\tau_1}=(x'(t_0),y'(t_0),0).$$

因此, L 在点 Q_0 处的切线即为 Γ 在点 P_0 处的切线在 xy 平面上的投影.

由于 Γ 在点 P_0 处的切线方程为

$$\frac{x-x_0}{\left.\dfrac{\partial(F,G)}{\partial(y,z)}\right|_{P_0}}=\frac{y-y_0}{\left.\dfrac{\partial(F,G)}{\partial(z,x)}\right|_{P_0}}=\frac{z-z_0}{\left.\dfrac{\partial(F,G)}{\partial(x,y)}\right|_{P_0}},$$

于是 Γ 在 xy 平面上的投影 L 在点 Q_0 处的切线方程为

$$\begin{cases}\dfrac{x-x_0}{\left.\dfrac{\partial(F,G)}{\partial(y,z)}\right|_{P_0}}=\dfrac{y-y_0}{\left.\dfrac{\partial(F,G)}{\partial(z,x)}\right|_{P_0}},\\ z=0,\end{cases}$$

即

$$\begin{cases} \left.\dfrac{\partial(F,G)}{\partial(z,x)}\right|_{P_0}(x-x_0)=\left.\dfrac{\partial(F,G)}{\partial(y,z)}\right|_{P_0}(y-y_0). \\ z=0. \end{cases}$$

§ 18.4 条 件 极 值

内容要求 理解条件极值的一般形式; 掌握将有关问题化为条件极值问题; 掌握求解条件极值的方法: 消元法和 Lagrange 乘数法.

例 18-4-1 解答下列各题 (条件极值):

1. 求下列函数在给定条件下的条件极值:

(1) $f(x,y)=x^2+y^2$, 若 $x+y-1=0$;

(2) $f(x,y,z,t)=x+y+z+t$, 若 $xyzt=c^4(x,y,z,t>0,c>0)$.

解 (1) **法一** 由 $x+y-1=0$ 有 $y=1-x$, 代入 $f(x,y)=x^2+y^2$ 得

$$\begin{aligned} f(x,y)&=x^2+y^2=x^2+(1-x)^2=2x^2-2x+1 \\ &=2\left(x-\frac{1}{2}\right)^2+\frac{1}{2}, \end{aligned}$$

所以函数 $f(x,y)=x^2+y^2$ 的条件极小值为 $\dfrac{1}{2}$, 无极大值.

法二 令 Lagrange 函数为

$$L(x,y,\lambda)=x^2+y^2+\lambda(x+y-1).$$

令

$$\begin{cases} L_x=2x+\lambda=0, \\ L_y=2y+\lambda=0, \\ L_\lambda=x+y-1=0, \end{cases} \quad 得 \quad \begin{cases} x=1/2, \\ y=1/2, \\ \lambda=-1. \end{cases}$$

所以 $\left(\dfrac{1}{2},\dfrac{1}{2}\right)$ 是 $f(x,y)=x^2+y^2$ 的唯一可能极值点. 由于

$$H_f\left(\frac{1}{2},\frac{1}{2}\right)=\begin{pmatrix} f_{xx} & f_{xy} \\ f_{xy} & f_{yy}\end{pmatrix}_{\left(\frac{1}{2},\frac{1}{2}\right)}=\begin{pmatrix} 2 & 0 \\ 0 & 2\end{pmatrix}$$

为正定矩阵, 所以 $\left(\dfrac{1}{2},\dfrac{1}{2}\right)$ 为极小值点, 且极小值为 $\dfrac{1}{2}$.

(2) **法一** 令 Lagrange 函数为

$$L(x,y,\lambda)=x+y+z+t+\lambda(xyzt-c^4).$$

令

$$\begin{cases} L_x=1+\lambda yzt=0, \\ L_y=1+\lambda xzt=0, \\ L_z=1+\lambda xyt=0, \\ L_t=1+\lambda xyz=0,\\ L_\lambda=zyzt-c^4=0, \end{cases} \quad \text{得} \quad \begin{cases} x=c, \\ y=c, \\ z=c, \\ t=c, \\ \lambda=-1/c^3. \end{cases}$$

所以点 (c,c,c,c) 是 $f(x,y,z,t)=x+y+z+t$ 的唯一可能极值点.

将 $xyzt=c^4$ 看成隐函数 $t=t(x,y,z)$, 则

$$t_x=-\frac{yzt}{xyz}=-\frac{t}{x},\quad t_y=-\frac{xzt}{xyz}=-\frac{t}{y},\quad t_z=-\frac{xyt}{xyz}=-\frac{t}{z}.$$

所以

$$\begin{aligned} &f_x=1+t_x=1-\frac{t}{x}\Longrightarrow f_{xx}=-\frac{t_x}{x}+\frac{t}{x^2}=\frac{2t}{x^2}, \\ &f_{xy}=-\frac{t_y}{x}=\frac{t}{xy},\quad f_{xz}=-\frac{t_z}{x}=\frac{t}{xz}, \\ &f_y=1+t_y=1-\frac{t}{y}\Longrightarrow f_{yy}=-\frac{t_y}{y}+\frac{t}{y^2}=\frac{2t}{y^2}, \\ &f_{yx}=-\frac{t_x}{y}=\frac{t}{xy},\quad f_{yz}=-\frac{t_z}{y}=\frac{t}{yz}, \\ &f_z=1+t_z=1-\frac{t}{z}\Longrightarrow f_{zz}=-\frac{t_z}{z}+\frac{t}{z^2}=\frac{2t}{z^2}, \\ &f_{zx}=-\frac{t_x}{z}=\frac{t}{xz},\quad f_{zy}=-\frac{t_y}{z}=\frac{t}{yz}. \end{aligned}$$

由于

$$H_f(c,c,c,c)=\left.\begin{pmatrix} f_{xx} & f_{xy} & f_{xz} \\ f_{xy} & f_{yy} & f_{yz} \\ f_{xz} & f_{yz} & f_{zz}\end{pmatrix}\right|_{(c,c,c,c)}=\begin{pmatrix} 2/c & 1/c & 1/c \\ 1/c & 2/c & 1/c \\ 1/c & 1/c & 2/c\end{pmatrix}$$

为正定矩阵 (各阶顺序主子式全大于零), 所以 (c,c,c,c) 为极小值点, 且极小值为 $4c$.

法二 用消元法. 由 $xyzt=c^4$ 有 $t=\dfrac{c^4}{xyz}$, 代入 $f(x,y,z,t)=x+y+z+t$ 得

$$f(x,y,z,t)=x+y+z+\frac{c^4}{xyz}:=g(x,y,z).$$

令

$$\begin{cases} g_x=1-\dfrac{c^4}{x^2yz}=0, \\ g_y=1-\dfrac{c^4}{xy^2z}=0, \\ g_x=1-\dfrac{c^4}{xyz^2}=0, \end{cases} \quad 得 \quad \begin{cases} x=c, \\ y=c, \\ z=c. \end{cases}$$

由于

$$H_g(c,c,c)=\begin{pmatrix} g_{xx} & g_{xy} & g_{xz} \\ g_{xy} & g_{yy} & g_{yz} \\ g_{xz} & g_{yz} & g_{zz} \end{pmatrix}\Bigg|_{(c,c,c)}=\begin{pmatrix} \dfrac{2c^4}{x^3yz} & \dfrac{c^4}{x^2y^2z} & \dfrac{c^4}{x^2yz^2} \\ \dfrac{c^4}{x^2y^2z} & \dfrac{2c^4}{xy^3z} & \dfrac{c^4}{xy^2z^2} \\ \dfrac{c^4}{x^2yz^2} & \dfrac{c^4}{xy^2z^2} & \dfrac{2c^4}{xyz^3} \end{pmatrix}\Bigg|_{(c,c,c)}$$

$$=\begin{pmatrix} 2/c & 1/c & 1/c \\ 1/c & 2/c & 1/c \\ 1/c & 1/c & 2/c \end{pmatrix}$$

为正定矩阵 (各阶顺序主子式全大于零), 所以 (c,c,c) 为

$$f(x,y,z,t)=x+y+z+\frac{c^4}{xyz}:=g(x,y,z)$$

的极小值点, 且极小值为 $4c$.

注 要充分认识消元法求极值的作用, 因为很多情况下不能 (很难) 用消元法才促使了 Lagrange 乘数法的出现.

2. 求函数 $f(x,y,z)=xyz$ 在条件 $x^2+y^2+z^2=1, x+y+z=0$ 下的极值.

解 令 Lagrange 函数为

$$L(x,y,\lambda)=xyz+\lambda(x^2+y^2+z^2-1)+\mu(x+y+z).$$

令

$$\begin{cases}L_x=yz+2\lambda x+\mu=0, & (1)\\ L_y=xz+2\lambda y+\mu=0, & (2)\\ L_z=xy+2\lambda z+\mu=0, & (3)\\ L_\lambda=x^2+y^2+z^2-1=0, & (4)\\ L_\mu=x+y+z=0, & (5)\end{cases}$$

则由 $(1)\times x+(2)\times y+(3)\times z$ 得

$$3xyz+2\lambda(x^2+y^2+z^2)+\mu(x+y+z)=0,$$

再结合 (4), (5) 两式得

$$\lambda=-\frac{3}{2}xyz. \tag{6}$$

由 $(1)-(2),(2)-(3),(1)-(3)$ 得

$$\begin{cases}(y-x)z+2\lambda(x-y)=0,\\ (z-y)x+2\lambda(y-z)=0,\\ (z-x)y+2\lambda(x-z)=0\end{cases}\Longrightarrow\begin{cases}(x-y)(2\lambda-z)=0,\\ (y-z)(2\lambda-x)=0,\\ (x-z)(2\lambda-y)=0,\end{cases}$$

再结合 (6) 式得

$$\begin{cases}z(x-y)(1+3xy)=0,\\ x(y-z)(1+3yz)=0,\\ y(x-z)(1+3xz)=0.\end{cases} \tag{7}$$

下面求解非线性方程组 (7). 若 $z=0$, 代入方程组中后两个方程得 $xy=0\Longrightarrow x=0$ 或 $y=0$, 再结合 (5) 式知 $x=y=z=0$. 这与 (4) 式矛盾, 故 $z\neq 0$. 同理可得 $x\neq 0,y\neq 0$. 由方程组 (7) 知, $x=y,x=z,y=z$ 至少有一个成立.

若 $x=y$, 同时代入 (4), (5) 两式, 得

$$\begin{cases}2x^2+z^2=1,\\ 2x+z=0\end{cases}\Longrightarrow\begin{cases}x=\pm\dfrac{1}{\sqrt{6}},\\ z=\mp\dfrac{2}{\sqrt{6}}.\end{cases}$$

此时, $(x,y,z)=\left(\pm\frac{1}{\sqrt{6}},\pm\frac{1}{\sqrt{6}},\mp\frac{2}{\sqrt{6}}\right)$.

同理, 若 $x=z,y=z$, 可分别得

$$(x,y,z)=\left(\pm\frac{1}{\sqrt{6}},\mp\frac{2}{\sqrt{6}},\pm\frac{1}{\sqrt{6}}\right),$$
$$(x,y,z)=\left(\mp\frac{2}{\sqrt{6}},\pm\frac{1}{\sqrt{6}},\pm\frac{1}{\sqrt{6}}\right).$$

即函数 $f(x,y,z)=xyz$ 可能的极值点为下面 6 个点:

$$\left(\pm\frac{1}{\sqrt{6}},\pm\frac{1}{\sqrt{6}},\mp\frac{2}{\sqrt{6}}\right),\ \left(\pm\frac{1}{\sqrt{6}},\mp\frac{2}{\sqrt{6}},\pm\frac{1}{\sqrt{6}}\right),\ \left(\mp\frac{2}{\sqrt{6}},\pm\frac{1}{\sqrt{6}},\pm\frac{1}{\sqrt{6}}\right).$$

又因为 $f(x,y,z)=xyz$ 在有界闭集 (圆周) $C:\{(x,y,z)|x^2+y^2+z^2=1,x+y+z=0\}$ 上连续, 所以在 C 上取得最大值和最小值. 计算 $f(x,y,z)$ 在上述 6 个可能极值点的值, 得

$$f_{\max}(x,y,z)=\frac{2}{3\sqrt{6}},\quad f_{\min}(x,y,z)=-\frac{2}{3\sqrt{6}}.$$

思考 探索使用消元法解答此题.

例 18-4-2 解答下列各题 (条件最值):

1. (1) 求表面积一定而体积最大的长方体;

(2) 求体积一定而表面积最小的长方体.

解 (1) 设长方体的长、宽、高分别为 x,y,z, 则问题归结为: 求函数 $f(x,y,z)=xyz$ 在条件 $2(xy+xz+yz)=S(x,y,z>0,S>0)$ 下的最大值.

法一 令 Lagrange 函数为

$$L(x,y,z,\lambda)=xyz+\lambda[2(xy+xz+yz)-S].$$

又令

$$\begin{cases} L_x=yz+2\lambda(y+z)=0, & (1)\\ L_y=xz+2\lambda(x+z)=0, & (2)\\ L_z=xy+2\lambda(x+y)=0, & (3)\\ L_\lambda=2(xy+xz+yz)-S=0. & (4)\end{cases}$$

$(1)\times x,(2)\times y,(3)\times z$, 然后两两做差, 可得

$$x=y=z.$$

代入 (4) 式, 得

$$x=y=z=\sqrt{\frac{S}{6}},$$

即 $(x,y,z)=\left(\sqrt{\frac{S}{6}},\sqrt{\frac{S}{6}},\sqrt{\frac{S}{6}}\right)$ 是唯一的极值点.

将 $2(xy+xz+yz)=S$ 所确定的隐函数 $z=z(x,y)$ 代入 $f(x,y,z)=xyz$, 得

$$f(x,y,z)=xyz(x,y):=g(x,y),$$

则 $z_x=-\frac{y+z}{x+y},z_y=-\frac{x+z}{x+y}$. 所以

$$\begin{aligned}
g_x&=yz+xyz_x=yz-xy\frac{y+z}{x+y},\\
g_{xx}&=yz_x-y\frac{y+z}{x+y}-xy\frac{z_x(x+y)-(y+z)}{(x+y)^2}\\
&=-2y\frac{y+z}{x+y}+2xy\frac{(z+y)}{(x+y)^2},\\
g_y&=xz+xyz_y=xz-xy\frac{x+z}{x+y},\\
g_{yy}&=xz_x-x\frac{x+z}{x+y}-xy\frac{z_y(x+y)-(x+z)}{(x+y)^2}\\
&=-2x\frac{x+z}{x+y}+2xy\frac{(z+x)}{(x+y)^2},\\
g_{xy}&=z+yz_y-x\frac{y+z}{x+y}-xy\frac{(1+z_y)(x+y)-(y+z)}{(x+y)^2}\\
&=z-y\frac{x+z}{x+y}-x\frac{y+z}{x+y}+2xy\frac{z}{(x+y)^2}.
\end{aligned}$$

由于

$$H_g\left(\sqrt{\frac{S}{6}},\sqrt{\frac{S}{6}},\sqrt{\frac{S}{6}}\right)=\begin{pmatrix} g_{xx} & g_{xy} \\ g_{xy} & g_{yy}\end{pmatrix}_{\left(\sqrt{\frac{S}{6}},\sqrt{\frac{S}{6}},\sqrt{\frac{S}{6}}\right)}$$

$$=\begin{pmatrix} -\sqrt{\frac{S}{6}} & -\frac{1}{2}\sqrt{\frac{S}{6}} \\ -\frac{1}{2}\sqrt{\frac{S}{6}} & -\sqrt{\frac{S}{6}}\end{pmatrix}$$

为负定矩阵, 所以 $f(x,y,z)=xyz$ 在点 $(x,y,z)=\left(\sqrt{\frac{S}{6}},\sqrt{\frac{S}{6}},\sqrt{\frac{S}{6}}\right)$ 取极大值, 且极大值为 $\frac{S}{6}\sqrt{\frac{S}{6}}$, 即体积最大的长方体是边长为 $\sqrt{\frac{S}{6}}$ 的正方体.

法二 由 $2(xy+xz+yz)=S$ 有 $z=\dfrac{\frac{S}{2}-xy}{x+y}$, 代入 $f(x,y,z)=xyz$ 得

$$f(x,y,z)=xyz=xy\frac{\frac{S}{2}-xy}{x+y}:=g(x,y),$$

然后对 $g(x,y)$ 按无条件极值方法进行求解即可 (过程略).

(2) 设长方体的长、宽、高分别为 x,y,z, 则问题归结为: 求函数 $f(x,y,z)=2(xy+xz+yz)$ 在条件 $xyz=V(x,y,z>0,V>0)$ 下的最小值.

法一 令 Lagrange 函数为

$$L(x,y,z,\lambda)=2(xy+xz+yz)-\lambda(xyz-V).$$

又令

$$\begin{cases} L_x=2(y+z)-\lambda yz=0, & (5)\\ L_y=2(x+z)-\lambda xz=0, & (6)\\ L_z=2(x+y)-\lambda xy=0, & (7)\\ L_\lambda=xyz-V=0. & (8)\end{cases}$$

$(5)\times x,(6)\times y,(7)\times z$, 再两两做差, 得 $x=y=z$. 代入 (8) 式, 得

$$x=y=z=\sqrt[3]{V},$$

即 $(x,y,z)=(\sqrt[3]{V},\sqrt[3]{V},\sqrt[3]{V})$ 是唯一的极值点.

将 $xyz=V$ 所确定的 $z=\dfrac{V}{xy}$ 代入 $f(x,y,z)=2(xy+xz+yz)$, 得

$$f(x,y,z)=2(xy+xz+yz)=2\left(xy+\frac{V}{y}+\frac{V}{x}\right):=g(x,y).$$

由于

$$\begin{aligned}H_g(\sqrt[3]{V},\sqrt[3]{V},\sqrt[3]{V})&=\begin{pmatrix}g_{xx} & g_{xy}\\ g_{xy} & g_{yy}\end{pmatrix}\Bigg|_{(\sqrt[3]{V},\sqrt[3]{V},\sqrt[3]{V})}\\&=\begin{pmatrix}4V/x^3 & 2\\ 2 & 4V/y^3\end{pmatrix}\Bigg|_{(\sqrt[3]{V},\sqrt[3]{V},\sqrt[3]{V})}\\&=\begin{pmatrix}4 & 2\\ 2 & 4\end{pmatrix}\end{aligned}$$

为正定矩阵, 所以 $(x,y,z)=(\sqrt[3]{V},\sqrt[3]{V},\sqrt[3]{V})$ 为函数 $f(x,y,z)=2(xy+xz+yz)$ 的极小值点, 即表面积最小的长方体是边长为 $\sqrt[3]{V}$ 的正方体.

法二 将 $xyz=V$ 所确定的函数 $z=\dfrac{V}{xy}$ 代入 $f(x,y,z)=2(xy+xz+yz)$, 得

$$f(x,y,z)=2(xy+xz+yz)=2\left(xy+\frac{V}{y}+\frac{V}{x}\right):=g(x,y),$$

然后对 $g(x,y)$ 按无条件极值方法进行求解即可 (过程略).

注 在很多条件问题中, 在求得可能极值点后, 可根据实际问题的背景断定可能极值点为极大 (小) 值点, 而不用 Hesse 矩阵论证的步骤.

思考 表面积一定的长立体的体积最小值是多少? 体积一定的长立体的表面积有无最大值?

2. (1) 求空间一点 (x_0,y_0,z_0) 到平面 $Ax+By+Cz+D=0$ 的最短距离;

(2) 求原点到两平面 $a_1x+b_1y+c_1z=d_1, a_2x+b_2y+c_2z=d_2$ 的交线的最短距离.

解 (1) 设 (x, y, z) 为平面 $Ax+By+Cx+D=0$ 上任意一点, 则问题归结为: 求目标函数

$$f(x, y, z)=\sqrt{(x-x_0)^2+(y-y_0)^2+(z-z_0)^2}$$

在条件 $Ax+By+Cz+D=0$ 下的最小值.

要求函数目标的最小值, 只要先求出函数

$$g(x, y, z)=(x-x_0)^2+(y-y_0)^2+(z-z_0)^2,$$

在条件 $Ax+By+Cz+D=0$ 下的最小值, 再开方即可. 令 Lagrange 函数为

$$\begin{aligned}L(x, y, z, \lambda)=&(x-x_0)^2+(y-y_0)^2+(z-z_0)^2\\&+\lambda(Ax+By+Cz+D).\end{aligned}$$

又令

$$\begin{cases}L_x=2(x-x_0)+\lambda A=0, & (1)\\ L_y=2(y-y_0)+\lambda B=0, & (2)\\ L_z=2(z-z_0)+\lambda C=0, & (3)\\ L_\lambda=Ax+By+Cz+D=0. & (4)\end{cases}$$

由 $(1)\times A+(2)\times B+(3)\times C$ 并结合 (4) 式得

$$\lambda=\frac{2(Ax_0+By_0+Cz_0+D)}{A^2+B^2+C^2}. \tag{5}$$

将 (5) 式分别代入 (1), (2), (3) 三式, 得

$$\begin{aligned}x&=x_0-\frac{Ax_0+By_0+Cz_0+D}{A^2+B^2+C^2}A,\\ y&=y_0-\frac{Ax_0+By_0+Cz_0+D}{A^2+B^2+C^2}B,\\ z&=z_0-\frac{Ax_0+By_0+Cz_0+D}{A^2+B^2+C^2}C.\end{aligned}$$

这是函数 $g(x, y, z)=(x-x_0)^2+(y-y_0)^2+(z-z_0)^2$ 的唯一极值点. 由问题的几何背景可知, 点 (x_0, y_0, z_0) 到平面 $Ax+By+Cz+D=0$

存在最短距离, 且

$$g_{\min}(x,y,z)=\frac{(Ax_0+By_0+Cz_0+D)^2}{A^2+B^2+C^2},$$

从而点 (x_0,y_0,z_0) 到平面 $Ax+By+Cx+D=0$ 的最短距离为

$$f_{\min}(x,y,z)=\sqrt{g_{\min}(x,y,z)}=\frac{|Ax_0+By_0+Cz_0+D|}{\sqrt{A^2+B^2+C^2}}.$$

这就是 "解析几何" 中已经学过的点到平面的距离公式.

(2) 问题归结为: 求目标函数

$$f(x,y,z)=\sqrt{x^2+y^2+z^2}$$

在约束条件 $a_1x+b_1y+c_1z=d_1, a_2x+b_2y+c_2z=d_2$ 下的最小值.

为了方便求导数, 先求函数 $g(x,y,z)=x^2+y^2+z^2$ 在上述条件下的最小值, 然后开方即可. 令 Lagrange 函数为

$$\begin{aligned}L(x,y,z,\lambda,\mu)=x^2+y^2+z^2&+\lambda(a_1x+b_1y+c_1z-d_1)\\&+\mu(a_2x+b_2y+c_2z-d_2).\end{aligned}$$

又令

$$\begin{cases}L_x=2x+\lambda a_1+\mu a_2=0, & (6)\\ L_y=2y+\lambda b_1+\mu b_2=0, & (7)\\ L_z=2z+\lambda c_1+\mu c_2=0, & (8)\\ L_\lambda=a_1x+b_1y+c_1z-d_1=0, & (9)\\ L_\mu=a_2x+b_2y+c_2z-d_2=0. & (10)\end{cases}$$

由 $(6)\times x+(7)\times y+(8)\times z$, 并结合 (9), (10) 两式, 得

$$2(x^2+y^2+z^2)+\lambda d_1+\mu d_2=0; \tag{11}$$

由 $(6)\times a_1+(7)\times b_1+(8)\times c_1$, 并结合 (9) 式, 得

$$2d_1+\lambda(a_1^2+b_1^2+c_1^2)+\mu(a_1a_2+b_1b_2+c_1c_2)=0; \tag{12}$$

由 $(6)\times a_2+(7)\times b_2+(8)\times c_2$, 并结合 (10) 式, 得

$$2d_2+\lambda(a_1a_2+b_1b_2+c_1c_2)+\mu(a_2^2+b_2^2+c_2^2)=0. \tag{13}$$

又由 (12), (13) 两式得

$$\begin{pmatrix} a_1^2+b_1^2+c_1^2 & a_1a_2+b_1b_2+c_1c_2 \\ a_1a_2+b_1b_2+c_1c_2 & a_2^2+b_2^2+c_2^2 \end{pmatrix}\begin{pmatrix}\lambda \\ \mu\end{pmatrix}=\begin{pmatrix}-2d_1 \\ -2d_2\end{pmatrix},$$

于是由 Cramer 法则得

$$\begin{cases} \lambda=-2\dfrac{d_1(a_2^2+b_2^2+c_2^2)-d_2(a_1a_2+b_1b_2+c_1c_2)}{(a_1^2+b_1^2+c_1^2)(a_2^2+b_2^2+c_2^2)-(a_1a_2+b_1b_2+c_1c_2)^2}, \\ \mu=-2\dfrac{d_2(a_1^2+b_1^2+c_1^2)-d_1(a_1a_2+b_1b_2+c_1c_2)}{(a_1^2+b_1^2+c_1^2)(a_2^2+b_2^2+c_2^2)-(a_1a_2+b_1b_2+c_1c_2)^2}. \end{cases}$$

分别代入 (6), (7), (8) 三式, 得

$$\begin{cases} x=\dfrac{1}{k}[a_1d_1(a_2^2+b_2^2+c_2^2)+a_2d_2(a_1^2+b_1^2+c_1^2) \\ \qquad -(a_1d_2+a_2d_1)(a_1a_2+b_1b_2+c_1c_2)], \\ y=\dfrac{1}{k}[b_1d_1(a_2^2+b_2^2+c_2^2)+b_2d_2(a_1^2+b_1^2+c_1^2) \\ \qquad -(b_1d_2++b_2d_1)(a_1a_2+b_1b_2+c_1c_2)], \\ z=\dfrac{1}{k}[c_1d_1(a_2^2+b_2^2+c_2^2)+c_2d_2(a_1^2+b_1^2+c_1^2) \\ \qquad -(c_1d_2+c_2d_1)(a_1a_2+b_1b_2+c_1c_2)], \end{cases}$$

其中 $k=(a_1^2+b_1^2+c_1^2)(a_2^2+b_2^2+c_2^2)-(a_1a_2+b_1b_2+c_1c_2)^2$. 这是目标函数的唯一极值点. 由问题的几何背景可知, 原点到两平面 $a_1x+b_1y+c_1z=d_1, a_2x+b_2y+c_2z=d_2$ 的交线的确有最短距离, 且由 (11) 式得

$$\begin{aligned} & g_{\min}(x,y,z) \\ & =\frac{d_1^2(a_2^2+b_2^2+c_2^2)+d_2^2(a_1^2+b_1^2+c_1^2)-2d_1d_2(a_1a_2+b_1b_2+c_1c_2)}{(a_1^2+b_1^2+c_1^2)(a_2^2+b_2^2+c_2^2)-(a_1a_2+b_1b_2+c_1c_2)^2}, \end{aligned}$$

所以

$$\begin{aligned} & f_{\min}(x,y,z) \\ & =\sqrt{\frac{d_1^2(a_2^2+b_2^2+c_2^2)+d_2^2(a_1^2+b_1^2+c_1^2)-2d_1d_2(a_1a_2+b_1b_2+c_1c_2)}{(a_1^2+b_1^2+c_1^2)(a_2^2+b_2^2+c_2^2)-(a_1a_2+b_1b_2+c_1c_2)^2}}. \end{aligned}$$

注 (1) 中的极值点 (x, y, z) 就是点 (x_0, y_0, z_0) 到已知平面垂线的垂足.

3. 设 $a_1, a_2, \cdots, a_n$ 为已知的 n 个正数, 求函数

$$f(x_1, x_2, \cdots, x_n) = \sum_{k=1}^{n} a_k x_k$$

在限制条件 $x_1^2 + x_2^2 + \cdots + x_n^2 \leqslant 1$ 下的最大值.

解 由于函数 f 在有界闭集 $D := \{(x_1, x_2, \cdots, x_n) | x_1^2 + x_2^2 + \cdots + x_n^2 \leqslant 1\}$ 上连续, 因此 f 在 D 上取得最大值和最小值. 函数 f 在 D 上的最值点就是 f 在

$$\text{int}D = \{(x_1, x_2, \cdots, x_n) | x_1^2 + x_2^2 + \cdots + x_n^2 < 1\}$$

内的极值点或 f 在 $\partial D = \{(x_1, x_2, \cdots, x_n) | x_1^2 + x_2^2 + \cdots + x_n^2 = 1\}$ 上的最值点.

在点集 $\text{int}D$ 内, 有

$$\frac{\partial f}{\partial x_i} = \frac{\partial}{\partial x_i}\left(\sum_{k=1}^{n} a_k x_k\right) = a_i > 0 \quad (i = 1, 2, \cdots, n),$$

即函数 f 在 $\text{int}D$ 内无极值点, 因此 f 在 D 上的最值点只能在 ∂D 上取到.

于是, 问题归结为: 求目标函数

$$f(x_1, x_2, \cdots, x_n) = \sum_{k=1}^{n} a_k x_k$$

在约束条件 $x_1^2 + x_2^2 + \cdots + x_n^2 = 1$ 下的极值. 作 Lagrange 函数

$$L(x_1, x_2, \cdots, x_n, \lambda) = \sum_{k=1}^{n} a_k x_k + \lambda(x_1^2 + x_2^2 + \cdots + x_n^2 - 1).$$

令

$$\begin{cases} L_{x_k} = a_k + 2\lambda x_k = 0 \ \ (k = 1, 2, \cdots, n), \\ L_\lambda = x_1^2 + x_2^2 + \cdots + x_n^2 - 1 = 0. \end{cases}$$

将上述方程组的第 k 个方程乘以 x_k 并对 k 从 1 到 n 求和, 再利用最后一个方程, 得

$$\sum_{k=1}^{n} a_k x_k = -2\lambda. \tag{1}$$

又由方程组的第 k 个方程得 $x_k = -\dfrac{a_k}{2\lambda}$, 代入方程组最后一个方程得

$$\frac{1}{(2\lambda)^2}\sum_{k=1}^{n} a_k^2 = 1 \Longrightarrow \lambda = \pm\frac{1}{2}\sqrt{\sum_{k=1}^{n} a_k^2}, \tag{2}$$

所以可能极值点为

$$\pm\left(\frac{a_1}{\sqrt{\sum\limits_{k=1}^{n} a_k^2}}, \frac{a_2}{\sqrt{\sum\limits_{k=1}^{n} a_k^2}}, \cdots, \frac{a_k}{\sqrt{\sum\limits_{k=1}^{n} a_k^2}}\right). \tag{3}$$

将极值点 (3) 代入 $f(x_1, x_2, \cdots, x_n) = \sum\limits_{k=1}^{n} a_k x_k$(或由 (1), (2) 两式), 得

$$f_{\max} = \sqrt{\sum_{k=1}^{n} a_k^2}, \quad f_{\min} = -\sqrt{\sum_{k=1}^{n} a_k^2}.$$

4. 求函数 $f(x_1, x_2, \cdots, x_n) = x_1^2 + x_2^2 + \cdots + x_n^2$ 在条件 $\sum\limits_{k=1}^{n} a_k x_k = 1$ $(a_k > 0, k = 1, 2, \cdots, n)$ 下的最小值.

解 作 Lagrange 函数

$$L(x_1, x_2, \cdots, x_n, \lambda) = x_1^2 + x_2^2 + \cdots + x_n^2 + \lambda\left(\sum_{k=1}^{n} a_k x_k - 1\right).$$

令

$$\begin{cases} L_{x_k} = 2x_k + \lambda a_k = 0 \quad (k = 1, 2, \cdots, n), \\ L_\lambda = \sum\limits_{k=1}^{n} a_k x_k - 1 = 0. \end{cases}$$

将第 k 个方程乘以 x_k 并对 k 从 1 到 n 求和, 再利用最后一个方程, 得

$$x_1^2+x_2^2+\cdots+x_n^2=-\frac{\lambda}{2}. \tag{1}$$

又由方程组的第 k 个方程得 $x_k=-\dfrac{\lambda a_k}{2}$, 代入方程组最后一个方程得

$$-\frac{\lambda}{2}\sum_{k=1}^{n}a_k^2=1\Longrightarrow\lambda=-\frac{2}{\sum\limits_{k=1}^{n}a_k^2}, \tag{2}$$

所以可能极值点为

$$\left(\frac{a_1}{\sum\limits_{k=1}^{n}a_k^2},\frac{a_2}{\sum\limits_{k=1}^{n}a_k^2},\cdots,\frac{a_n}{\sum\limits_{k=1}^{n}a_k^2}\right). \tag{3}$$

将极值点 (3) 代入 $f(x_1,x_2,\cdots,x_n)=x_1^2+x_2^2+\cdots+x_n^2$(或由 (1), (2) 两式), 得

$$f_{\min}=\frac{1}{\sum\limits_{k=1}^{n}a_k^2}.$$

注 (1) 题目的几何意义就是原点到平面 $\sum\limits_{k=1}^{n}a_kx_k=1$ 的距离平方的最小值. 原点到平面的距离只有最小值, 没有最大值, 所以上述极值点是最小值点. 也可以从 f 当任何一个 x_i 沿着 $\sum\limits_{k=1}^{n}a_kx_k=1$ 趋于无穷时其值趋于 $+\infty$ 来说明 f 无最大值.

(2) 根据问题的几何意义, 问题可以延伸为: 从原点作平面 $\sum\limits_{k=1}^{n}a_kx_k=1$ 的垂线, 求垂足的坐标. 上面所求得的点

$$\left(\frac{a_1}{\sum\limits_{k=1}^{n} a_k^2}, \frac{a_2}{\sum\limits_{k=1}^{n} a_k^2}, \cdots, \frac{a_n}{\sum\limits_{k=1}^{n} a_k^2}\right)$$

就是垂足的坐标.

例 18-4-3 解答下列各题 (由条件极值证明不等式):

1. 证明: 在 n 个正数 $x_1, x_2, \cdots, x_n$ 的和为定值的条件 $x_1 + x_2 + \cdots + x_n = a$ 下, 这 n 个正数的乘积 $x_1 x_2 \cdots x_n$ 的最大值为 $\dfrac{a^n}{n^n}$. 由此结果推出 n 个正数的几何均值不大于算术均值:

$$\sqrt[n]{x_1 x_2 \cdots x_n} \leqslant \frac{x_1 + x_2 + \cdots + x_n}{n}.$$

证 问题归结为: 证明目标函数 $f(x_1, x_2, \cdots, x_n) = x_1 x_2 \cdots x_n$ 在约束条件 $x_1 + x_2 + \cdots + x_n = a$ 的最大值为 $\dfrac{a^n}{n^n}$.

令 Lagrange 函数为

$$L(x_1, x_2, \cdots, x_n, \lambda) = x_1 x_2 \cdots x_n + \lambda(x_1 + x_2 + \cdots + x_n - a).$$

又令

$$\begin{cases} L_{x_i} = x_1 \cdots x_{i-1} x_{i+1} \cdots x_n + \lambda = 0 \quad (i = 1, 2, \cdots, n), \\ L_\lambda = x_1 + x_2 + \cdots + x_n - a = 0. \end{cases}$$

此方程组的前 n 个方程两两相除得

$$x_1 = x_2 = \cdots = x_n,$$

再结合最后一个方程得

$$x_1 = x_2 = \cdots = x_n = \frac{a}{n},$$

即 $\left(\dfrac{a}{n}, \dfrac{a}{n}, \cdots, \dfrac{a}{n}\right)$ 为 $f(x_1, x_2, \cdots, x_n) = x_1 x_2 \cdots x_n$ 的唯一极值点.

设方程 $x_1 + x_2 + \cdots + x_n = a$ 所确定的隐函数为 $x_n = g(x_1, x_2, \cdots, x_{n-1})$, 代入目标函数得

$$\begin{aligned} f(x_1, x_2, \cdots, x_n) &= x_1 x_2 \cdots x_{n-1} g(x_1, x_2, \cdots, x_{n-1}) \\ &:= h(x_1, x_2, \cdots, x_{n-1}). \end{aligned}$$

通过仔细计算可得

$$H_h\left(\frac{a}{n},\frac{a}{n},\cdots,\frac{a}{n}\right)=\left.\begin{pmatrix} h_{x_1x_1} & \cdots & h_{x_1x_{n-1}} \\ \vdots & & \vdots \\ h_{x_{n-1}x_1} & \cdots & h_{x_{n-1}x_{n-1}} \end{pmatrix}\right|_{\left(\frac{a}{n},\frac{a}{n},\cdots,\frac{a}{n}\right)}$$

为负定矩阵, 所以 $\left(\frac{a}{n},\frac{a}{n},\cdots,\frac{a}{n}\right)$ 为 $f(x_1,x_2,\cdots,x_n)$ 的极大值点. 由于函数 $f(x_1,x_2,\cdots,x_n)$ 在有界闭集 $D:=\{(x_1,x_2,\cdots,x_n)|x_1+x_2+\cdots+x_n=a,x_i\geqslant 0,i=1,2,\cdots,n\}$ 上连续, 从而存在最大值, 而在边界 (某个 $x_i=0$) 上的值为 0, 故最大值必在 $x_i>0(i\in\{1,2,\cdots,n\})$ 的点取得. 此时最值点必是极值点, 而 $\left(\frac{a}{n},\frac{a}{n},\cdots,\frac{a}{n}\right)$ 为唯一的极大值点, 因此 $\left(\frac{a}{n},\frac{a}{n},\cdots,\frac{a}{n}\right)$ 为最大值点, 最大值为 $\frac{a^n}{n^n}$.

设 n 个正数 $x_1,x_2,\cdots,x_n$ 的和为 a, 即 $x_1+x_2+\cdots+x_n=a$, 由 Lagrange 乘数法知函数 $x_1x_2\cdots x_n$ 的最大值为 $\frac{a^n}{n^n}$, 从而有

$$x_1x_2\cdots x_n\leqslant\frac{a^n}{n^n}\Longleftrightarrow\sqrt[n]{x_1x_2\cdots x_n}\leqslant\frac{a}{n}=\frac{x_1+x_2+\cdots+x_n}{n}.$$

2. 证明不等式:

$$xy^2z^3\leqslant 108\left(\frac{x+y+z}{6}\right)^6\quad(x>0,y>0,z>0).$$

证 考察目标函数 $f(x,y,z)=xy^2z^3$ 在约束条件 $x+y+z=a\ (x>0,y>0,z>0)$ 下的极值.

作 Lagrange 函数

$$L(x,y,z,\lambda)=xy^2z^3+\lambda(x+y+z-a).$$

令

$$\begin{cases} L_x=y^2z^3+\lambda=0, & (1)\\ L_y=2xyz^3+\lambda=0, & (2)\\ L_z=3xy^2z^2+\lambda=0, & (3)\\ L_\lambda=x+y+z-a=0. & (4)\end{cases}$$

由 $(1)\times x+(2)\times y+(3)\times z$, 并结合 (4) 式, 得

$$6xy^2z^3=-a\lambda.$$

分别代入 (1),(2),(3) 三式, 得

$$x=\frac{a}{6},\quad y=\frac{a}{3},\quad z=\frac{a}{2},$$

即 $\left(\frac{a}{6},\frac{a}{3},\frac{a}{2}\right)$ 是唯一的极值点.

下面说明 $\left(\frac{a}{6},\frac{a}{3},\frac{a}{2}\right)$ 是唯一的极大值点. 事实上, 由 $x+y+z=a$ 确定 $x=a-y-z$, 代入 $f(x,y,z)=xy^2z^3$ 得

$$\begin{aligned}f(x,y,z)&=xy^2z^3=(a-y-z)y^2z^3\\&=ay^2z^3-y^3z^3-y^2z^4:=h(y,z).\end{aligned}$$

由于

$$\begin{aligned}&h_y=2ayz^3-3y^2z^3-2yz^4, &&h_{yy}=2az^3-6yz^3-2z^4,\\&h_{yz}=6ayz^2-9y^2z^2-8yz^3, &&h_z=3ay^2z^2-3y^3z^2-4y^2z^3,\\&h_{zz}=6ay^2z-6y^3z-12y^2z^2,\end{aligned}$$

所以

$$\left.\begin{pmatrix}h_{yy}&h_{yz}\\h_{yz}&h_{zz}\end{pmatrix}\right|_{\left(\frac{a}{6},\frac{a}{3},\frac{a}{2}\right)}=\begin{pmatrix}-\dfrac{a^4}{8}&-\dfrac{a^4}{12}\\-\dfrac{a^4}{12}&-\dfrac{a^4}{6}\end{pmatrix}$$

为负定矩阵, 从而 $\left(\frac{a}{6},\frac{a}{3},\frac{a}{2}\right)$ 是 $f(x,y,z)=xy^2z^3$ 的极大值点, 且极大值为 $\frac{a^6}{432}$. 所以

$$xy^2z^3\leqslant\frac{a^6}{432}=\frac{(x+y+z)^6}{432}=108\left(\frac{x+y+z}{6}\right)^6$$
$$(x>0,y>0,z>0).$$

总 练 习 题

例 18-z-1 解答下列各题 (隐函数、隐函数组):

1. 方程 $y^2 - x^2(1 - x^2) = 0$ 在哪些点的邻域内可唯一确定具有连续导数的隐函数 $y = f(x)$?

解 记 $F(x, y) = y^2 - x^2(1 - x^2)$, 则

(1) $F(x, y)$ 在 $\mathbb{R}^2$ 上连续;

(2) 对 $\forall x \in [0, 1]$, $\exists y \in \mathbb{R}$, 满足 $F(x, y) = 0$;

(3) $F(x, y)$ 在 $\mathbb{R}^2$ 上有连续的一阶偏导数 (当然可微, 从而连续);

(4) $F_y = 2y$.

由隐函数定理可知, 当 $F_y = 2y \neq 0$ 时 (此时 $x \neq 0, x \neq \pm 1$), 方程 $F(x, y) = y^2 - x^2(1 - x^2) = 0$ 在点 (x_0, y_0) 的某个邻域内唯一地确定具有连续导数的隐函数, 其中 (x_0, y_0) 与隐函数具体如下:

$$x_0 \in (0, 1), y_0 > 0: \ y = x\sqrt{1 - x^2};$$

$$x_0 \in (0, 1), y_0 < 0: \ y = -x\sqrt{1 - x^2};$$

$$x_0 \in (-1, 0), y_0 > 0: \ y = -x\sqrt{1 - x^2};$$

$$x_0 \in (-1, 0), y_0 < 0: \ y = x\sqrt{1 - x^2}.$$

注 要理解隐函数的定义、隐函数定理 (隐函数定理的条件仅是充分条件); 曲线 $y^2 - x^2(1 - x^2) = 0$ 如图 18.1 所示.

2. 设函数 $f(x)$ 在区间 (a, b) 内连续, 函数 $\varphi(y)$ 在区间 (c, d) 内连续, 而且 $\varphi'(y) > 0$, 问: 在怎样的条件下, 方程 $\varphi(y) = f(x)$ 能确定函数 $y = \varphi^{-1}[f(x)]$? 并研究下面的例子:

(1) $\sin y + \mathrm{sh} y = x$; (2) $\mathrm{e}^{-y} = -\sin^2 x$.

解 令 $F(x, y) = \varphi(y) - f(x)$. 对于 $F(x, y)$, 隐函数定理的条件是:

(i) $F(x, y)$ 在 $D = \{(x, y) | a < x < b, c < y < d\}$ 内连续;

(ii) 存在点 $P_0(x_0, y_0) \in D$, 满足 $F(x_0, y_0) = 0$, 即 $f[(a, b)] \cap \varphi[(c, d)] \neq \varnothing$;

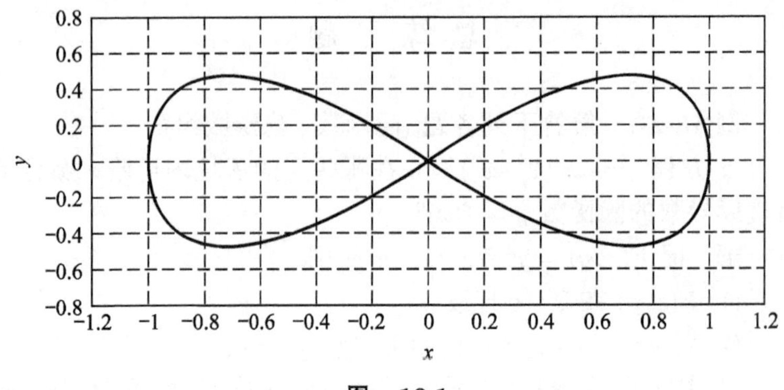

图 18.1

(iii) $F_y = \varphi'(y) \in C(c,d)$;

(iv) $F_y = \varphi'(y) \neq 0$.

因此, 只要 $f[(a,b)] \cap \varphi[(c,d)] \neq \varnothing$, 且 $\varphi'(y) \in C(c,d)$, 即可由 $\varphi(y) = f(x)$ 确定 $y = \varphi^{-1}[f(x)]$.

下面研究两个具体例子:

(1) 由于

$$f(x) = x \in C(\mathbb{R}), \quad g(y) = \sin y + \mathrm{sh} y \in C(\mathbb{R}),$$
$$g'(y) = \cos y + \mathrm{ch} y > 0, \quad g'(y) = \cos y + \mathrm{ch} y \in C(\mathbb{R}),$$
$$f(\mathbb{R}) \cap g(\mathbb{R}) \neq \varnothing,$$

所以可由 $\sin y + \mathrm{sh} y = x$ 确定 y 为 x 的函数.

(2) 由于 $\mathrm{e}^{-y} > 0, -\sin^2 x \leqslant 0$, 因此在任何情况下 $\mathrm{e}^{-y} \neq -\sin^2 x$, 即两端函数的值域的交集为空集, 从而不能确定 y 为 x 的函数, 当然也不能确定 x 为 y 的函数.

3. 设点 (x_0, y_0, z_0, u_0) 满足方程组

$$\begin{cases} f(x) + f(y) + f(z) = F(u), \\ g(x) + g(y) + g(z) = G(u), \\ h(x) + h(y) + h(z) = H(u), \end{cases}$$

这里假定所有的函数有连续的导数.

(1) 给出一个能在该点的某个邻域内确定 x,y,z 作为 u 的函数的充分条件;

(2) 在 $f(x)=x, g(x)=x^2, h(x)=x^3$ 的情形下, 上述 (1) 中得出的条件相当于什么?

解 (1) 记

$$\begin{cases} F_1(x,y,z,u) = f(x)+f(y)+f(z)-F(u), \\ G_1(x,y,z,u) = g(x)+g(y)+g(z)-G(u), \\ H_1(x,y,z,u) = h(x)+h(y)+h(z)-H(u), \end{cases}$$

则由条件知:

(i) F_1, G_1, H_1 在点 (x_0,y_0,z_0,u_0) 的某个邻域内连续;

(ii) $\begin{cases} F_1(x_0,y_0,z_0,u_0)=0, \\ G_1(x_0,y_0,z_0,u_0)=0, \\ H_1(x_0,y_0,z_0,u_0)=0; \end{cases}$

(iii) F_1, G_1, H_1 在点 (x_0,y_0,z_0,u_0) 的某个邻域内有连续偏导数.

由隐函数定理知, 要使在点 (x_0,y_0,z_0,u_0) 的某个邻域内能确定 x,y,z 作为 u 的函数, 只需

(iv) $\left.\dfrac{\partial(F_1,G_1,H_1)}{\partial(x,y,z)}\right|_{(x_0,y_0,z_0,u_0)} = \begin{vmatrix} f'(x_0) & f'(y_0) & f'(z_0) \\ g'(x_0) & g'(y_0) & g'(z_0) \\ h'(x_0) & h'(y_0) & h'(z_0) \end{vmatrix} \neq 0.$

这就是要求的充分条件.

(2) 在 $f(x)=x, g(x)=x^2, h(x)=x^3$ 的情形下, 有

$$\left.\frac{\partial(F_1,G_1,H_1)}{\partial(x,y,z)}\right|_{(x_0,y_0,z_0,u_0)} = \begin{vmatrix} f'(x_0) & f'(y_0) & f'(z_0) \\ g'(x_0) & g'(y_0) & g'(z_0) \\ h'(x_0) & h'(y_0) & h'(z_0) \end{vmatrix}$$

$$= 6\begin{vmatrix} 1 & 1 & 1 \\ x_0 & y_0 & z_0 \\ x_0^2 & y_0^2 & z_0^2 \end{vmatrix} = 6(z_0-y_0)(z_0-x_0)(y_0-x_0) \neq 0.$$

此条件相当于 x_0, y_0, z_0 两两互异.

4. 据理说明: 在点 $(0,1)$ 的附近是否存在具有连续偏导的 $f(x,y)$ 和 $g(x,y)$, 满足

$$f(0,1)=1,\quad g(0,1)=-1,$$

且

$$[f(x,y)]^3+xg(x,y)-y=0,\quad [g(x,y)]^3+yf(x,y)-x=0?$$

解 考察方程组 $\begin{cases} F(x,y,u,v):=u^3+xv-y=0, \\ G(x,y,u,v):=v^3+yu-x=0. \end{cases}$ 由条件可知:

(1) F,G 在 $\mathbb{R}^4$ 上连续;

(2) $F(0,1,1,-1)=0, G(0,1,1,-1)=0$;

(3) F,G 在 $\mathbb{R}^4$ 上有连续的一阶偏导数 (当然可微, 从而连续);

(4) $\left.\dfrac{\partial(F,G)}{\partial(u,v)}\right|_{(0,1,1,-1)}=\left.\begin{vmatrix} F_u & F_v \\ G_u & G_v \end{vmatrix}\right|_{(0,1,1,-1)}=\left.\begin{vmatrix} 3u^2 & x \\ y & 3v^2 \end{vmatrix}\right|_{(0,1,1,-1)}$

$$=\begin{vmatrix} 3 & 0 \\ 1 & 3 \end{vmatrix}=9\neq 0.$$

由隐函数组定理知, 可确定定义在点 $(0,1)$ 的某个邻域 U 内的具有连续偏导数的函数组 $\begin{cases} u=f(x,y), \\ v=g(x,y), \end{cases}$ 满足

$$f(0,1)=1,\quad g(0,1)=-1,$$

且

$$\begin{matrix} [f(x,y)]^3+xg(x,y)-y=0, \\ [g(x,y)]^3+yf(x,y)-x=0, \end{matrix}\quad (x,y)\in U.$$

注 这是一个看似比较抽象的问题, 应用隐函数组定理后就变得具体简便了.

例 18-z-2 解答下列各题 (隐函数 (组) 的偏导数与极值):

1. 试求下列方程所确定的隐函数的偏导数 u_x, u_y:

(1) $x^2+u^2=f(x,u)+g(x,y,u)$, 其中 f,g 可微;

(2) $u = f(x+u, yu)$, 其中 f 可微.

解 (1) 方程两边对 x 求偏导数, 并利用复合函数求偏导的链式法则, 得

$$2x + 2uu_x = f_x(x,u) + f_u(x,u)u_x + g_x(x,y,u) + g_u(x,y,u)u_x,$$

即

$$u_x = \frac{2x - f_x(x,u) - g_x(x,y,u)}{f_u(x,u) + g_u(x,y,u) - 2u}.$$

方程两边对 y 求偏导数, 得

$$2uu_y = f_u(x,u)u_y + g_y(x,y,u) + g_u(x,y,u)u_y,$$

即

$$u_y = -\frac{g_y(x,y,u)}{f_u(x,u) + g_u(x,y,u) - 2u}.$$

(2) 方程两边对 x 求偏导数, 并利用复合函数求偏导的链式法则, 得

$$u_x = f_1(x+u, yu)(1+u_x) + f_2(x+u, yu)(yu_x),$$

即

$$u_x = \frac{f_1(x+u, yu)}{1 - f_1(x+u, yu) - yf_2(x+u, yu)}.$$

方程两边对 y 求偏导数, 得

$$u_y = f_1(x+u, yu)u_y + f_2(x+u, yu)(u + yu_y),$$

即

$$u_y = \frac{uf_2(x+u, yu)}{1 - f_1(x+u, yu) - yf_2(x+u, yu)}.$$

注 在 (1) 中, 令 $F(x,y,u) = x^2 + u^2 - f(x,u) + g(x,y,u)$, 直

接应用公式 $u_x=-\dfrac{F_x}{F_u}, u_y=-\dfrac{F_y}{F_u}$ 也是可以的. 同样, 在 (2) 中, 令 $F(x,y,u)=u-f(x+u,yu)$, 直接应用公式 $u_x=-\dfrac{F_x}{F_u}, u_y=-\dfrac{F_y}{F_u}$ 也可以求得结果.

2. 设 $f(x,y,z)=0, z=g(x,y)$, 求 $\dfrac{\mathrm{d}y}{\mathrm{d}x}, \dfrac{\mathrm{d}z}{\mathrm{d}x}$.

解 由于 $\begin{cases} y=y(x), \\ z=z(x) \end{cases}$ 是方程组 $\begin{cases} F(x,y,z):=f(x,y,z)=0, \\ G(x,y,z):=z-g(x,y)=0 \end{cases}$ 确定的隐函数组, 每个方程关于 x 求导数, 并利用复合函数求导的链式法则, 得

$$\begin{cases} F_x+F_y y'+F_z z'=0, \\ G_x+G_y y'+G_z z'=0 \end{cases} \iff \begin{pmatrix} F_y & F_z \\ G_y & G_z \end{pmatrix} \begin{pmatrix} y' \\ z' \end{pmatrix} = \begin{pmatrix} -F_x \\ -G_x \end{pmatrix}.$$

由 Cramer 法则得

$$y'=-\frac{\dfrac{\partial(F,G)}{\partial(x,z)}}{\dfrac{\partial(F,G)}{\partial(y,z)}}, \quad z'=-\frac{\dfrac{\partial(F,G)}{\partial(y,x)}}{\dfrac{\partial(F,G)}{\partial(y,z)}},$$

即

$$\frac{\mathrm{d}y}{\mathrm{d}x}=y'=-\frac{\begin{vmatrix} f_x & f_z \\ -g_x & 1 \end{vmatrix}}{\begin{vmatrix} f_y & f_z \\ -g_y & 1 \end{vmatrix}}=-\frac{f_x+g_x f_z}{f_y+g_y f_z},$$

$$\frac{\mathrm{d}z}{\mathrm{d}x}=z'=-\frac{\begin{vmatrix} f_y & f_x \\ -g_y & -g_x \end{vmatrix}}{\begin{vmatrix} f_y & f_z \\ -g_y & 1 \end{vmatrix}}=\frac{f_y g_x-g_y f_x}{f_y+g_y f_z}.$$

3. 设 $x=f(u,v,w), y=g(u,v,w), z=h(u,v,w)$, 求 u_x, u_y, u_z.

解 由于 $\begin{cases} u=u(x,y,z), \\ v=v(x,y,z), \\ w=w(x,y,z) \end{cases}$ 是方程组

$$\begin{cases} F(x,y,z,u,v,w) = x - f(u,v,w) = 0, \\ G(x,y,z,u,v,w) = y - g(u,v,w) = 0, \\ H(x,y,z,u,v,w) = z - h(u,v,w) = 0 \end{cases}$$

确定的隐函数组, 对每个方程两边关于 x 求偏导数, 并利用复合函数求偏导的链式法则, 得

$$\begin{cases} F_x + F_u u_x + F_v v_x + F_w w_x = 0, \\ G_x + G_u u_x + G_v v_x + G_w w_x = 0, \\ H_x + H_u u_x + H_v v_x + H_w w_x = 0 \end{cases}$$

$$\Longleftrightarrow \begin{pmatrix} F_u & F_v & F_w \\ G_u & G_v & G_w \\ H_u & H_v & H_w \end{pmatrix} \begin{pmatrix} u_x \\ v_x \\ w_x \end{pmatrix} = \begin{pmatrix} -F_x \\ -G_x \\ -H_x \end{pmatrix}.$$

由 Cramer 法则得

$$u_x = -\frac{\dfrac{\partial(F,G,H)}{\partial(x,v,w)}}{\dfrac{\partial(F,G,H)}{\partial(u,v,w)}}, \quad v_x = -\frac{\dfrac{\partial(F,G,H)}{\partial(u,x,w)}}{\dfrac{\partial(F,G,H)}{\partial(u,v,w)}}, \quad w_x = -\frac{\dfrac{\partial(F,G,H)}{\partial(u,v,x)}}{\dfrac{\partial(F,G,H)}{\partial(u,v,w)}}.$$

同理可得

$$u_y = -\frac{\dfrac{\partial(F,G,H)}{\partial(y,v,w)}}{\dfrac{\partial(F,G,H)}{\partial(u,v,w)}}, \quad v_y = -\frac{\dfrac{\partial(F,G,H)}{\partial(u,y,w)}}{\dfrac{\partial(F,G,H)}{\partial(u,v,w)}}, \quad w_y = -\frac{\dfrac{\partial(F,G,H)}{\partial(u,v,y)}}{\dfrac{\partial(F,G,H)}{\partial(u,v,w)}},$$

$$u_z = -\frac{\dfrac{\partial(F,G,H)}{\partial(z,v,w)}}{\dfrac{\partial(F,G,H)}{\partial(u,v,w)}}, \quad v_z = -\frac{\dfrac{\partial(F,G,H)}{\partial(u,z,w)}}{\dfrac{\partial(F,G,H)}{\partial(u,v,w)}}, \quad w_z = -\frac{\dfrac{\partial(F,G,H)}{\partial(u,v,z)}}{\dfrac{\partial(F,G,H)}{\partial(u,v,w)}}.$$

现在求解问题, 由 F,G,H 的定义得

$$u_x = \frac{\dfrac{\partial(g,h)}{\partial(v,w)}}{\dfrac{\partial(f,g,h)}{\partial(u,v,w)}}, \quad u_y = -\frac{\dfrac{\partial(f,h)}{\partial(v,w)}}{\dfrac{\partial(f,g,h)}{\partial(u,v,w)}}, \quad u_z = \frac{\dfrac{\partial(f,g)}{\partial(v,w)}}{\dfrac{\partial(f,g,h)}{\partial(u,v,w)}}.$$

4. 求下列方程所确定的隐函数的极值:

(1) $x^2+2xy+2y^2=1$;

(2) $(x^2+y^2)^2=a^2(x^2-y^2)\ (a>0)$.

解 (1) 假设 $y=y(x)$ 为方程所确定的隐函数, 令 $F(x,y)=x^2+2xy+2y^2-1$, 则由隐函数求导公式得

$$y'(x)=-\frac{F_x}{F_y}=-\frac{x+y}{x+2y}.$$

令 $y'(x)=-\dfrac{x+y}{x+2y}=0$, 得

$$\begin{cases}x=-y,\\ x^2+2xy+2y^2=1\end{cases}\Longrightarrow x^2=1\Longrightarrow x=\pm 1,$$

因此可能极值点为 $\pm(1,-1)$.

由于

$$y''(x)=-\frac{(1+y')(x+2y)-(1+2y')(x+y)}{(x+2y)^2}=-\frac{xy'-y}{(x+2y)^2},$$

所以

$$y''(x)\big|_{(1,-1)}=-\frac{xy'-y}{(x+2y)^2}\bigg|_{(1,-1)}=-1<0,$$

$$y''(x)\big|_{(-1,1)}=-\frac{xy'-y}{(x+2y)^2}\bigg|_{(-1,1)}=1>0,$$

从而

$$y_{极大}=y(-1)=1,\quad y_{极小}=y(1)=-1.$$

(2) 假设 $y=y(x)$ 为方程所确定的隐函数, 令 $F(x,y)=(x^2+y^2)^2-a^2(x^2-y^2)$, 则由隐函数求导公式得

$$y'(x)=-\frac{F_x}{F_y}=-\frac{4x(x^2+y^2)-2a^2x}{4y(x^2+y^2)+2a^2y}=-\frac{2x(x^2+y^2)-a^2x}{2y(x^2+y^2)+a^2y}.$$

令

$$y'(x)=-\frac{2x(x^2+y^2)-a^2x}{2y(x^2+y^2)+a^2y}=0,$$

则有

$$\begin{cases}2x(x^2+y^2)-a^2x=0,\\(x^2+y^2)^2=a^2(x^2-y^2)\end{cases}\Longrightarrow\begin{cases}x=0,\\y=0,\end{cases}$$

此时舍去, 因为由隐函数的定义知在点 $(0,0)$ 附近不能确定隐函数; 或者有

$$\begin{cases}x^2+y^2=\dfrac{a^2}{2},\\(x^2+y^2)^2=a^2(x^2-y^2)\end{cases}$$

$$\Longrightarrow(x,y)=\left(\pm\sqrt{\frac{3}{8}}a,\sqrt{\frac{1}{8}}a\right),\left(\pm\sqrt{\frac{3}{8}}a,-\sqrt{\frac{1}{8}}a\right).$$

又

$$\begin{aligned}y''(x)=&-\frac{[2(x^2+y^2)+2x(2x+2yy')-a^2][2y(x^2+y^2)+a^2y]}{[2y(x^2+y^2)+a^2y]^2}\\&+\frac{[2x(x^2+y^2)-a^2x][2y'(x^2+y^2)+2y(2x+2yy')+a^2y']}{[2y(x^2+y^2)+a^2y]^2},\end{aligned}$$

所以 (注意在这些点有 $y'=0,2x(x^2+y^2)-a^2x=0$)

$$y''(x)\Big|_{\left(\pm\sqrt{\frac{3}{8}}a,\sqrt{\frac{1}{8}}a\right)}=-\frac{2(x^2+y^2)+4x^2-a^2}{2y(x^2+y^2)+a^2y}\Bigg|_{\left(\pm\sqrt{\frac{3}{8}}a,\sqrt{\frac{1}{8}}a\right)}<0,$$

$$y''(x)\Big|_{\left(\pm\sqrt{\frac{3}{8}}a,-\sqrt{\frac{1}{8}}a\right)}=-\frac{2(x^2+y^2)+4x^2-a^2}{2y(x^2+y^2)+a^2y}\Bigg|_{\left(\pm\sqrt{\frac{3}{8}}a,-\sqrt{\frac{1}{8}}a\right)}>0.$$

故 $\left(\pm\sqrt{\frac{3}{8}}a,\sqrt{\frac{1}{8}}a\right)$ 与 $\left(\pm\sqrt{\frac{3}{8}}a,-\sqrt{\frac{1}{8}}a\right)$ 分别为极大值点和极小值点, 且极大值为 $\sqrt{\frac{1}{8}}a$, 极小值为 $-\sqrt{\frac{1}{8}}a$.

5. 已知 $G_1(x,y,z),G_2(x,y,z),f(x,y)$ 都是可微函数, $g_i(x,y)=G_i(x,y,f(x,y))(i=1,2)$, 证明:

$$\frac{\partial(g_1,g_2)}{\partial(x,y)}=\begin{vmatrix}-f_x&-f_y&1\\G_{1x}&G_{1y}&G_{1z}\\G_{2x}&G_{2y}&G_{2z}\end{vmatrix}.$$

证 由复合函数求偏导的链式法则得

$$g_{ix}(x,y)=G_{ix}+G_{iz}f_x,\quad g_{iy}(x,y)=G_{iy}+G_{iz}f_y\quad (i=1,2),$$

所以 (由行列式的性质)

$$\begin{aligned}\frac{\partial(g_1,g_2)}{\partial(x,y)}&=\begin{vmatrix}G_{1x}+G_{1z}f_x & G_{1y}+G_{1z}f_y\\ G_{2x}+G_{2z}f_x & G_{2y}+G_{2z}f_y\end{vmatrix}\\&=\begin{vmatrix}G_{1x} & G_{1y}+G_{1z}f_y\\ G_{2x} & G_{2y}+G_{2z}f_y\end{vmatrix}+\begin{vmatrix}G_{1z}f_x & G_{1y}+G_{1z}f_y\\ G_{2z}f_x & G_{2y}+G_{2z}f_y\end{vmatrix}\\&=\begin{vmatrix}G_{1x} & G_{1y}\\ G_{2x} & G_{2y}\end{vmatrix}+f_y\begin{vmatrix}G_{1x} & G_{1z}\\ G_{2x} & G_{2z}\end{vmatrix}\\&\quad+f_x\begin{vmatrix}G_{1z} & G_{1y}\\ G_{2z} & G_{2y}\end{vmatrix}+f_xf_y\begin{vmatrix}G_{1z} & G_{1z}\\ G_{2z} & G_{2z}\end{vmatrix}\\&=\begin{vmatrix}G_{1x} & G_{1y}\\ G_{2x} & G_{2y}\end{vmatrix}+f_y\begin{vmatrix}G_{1x} & G_{1z}\\ G_{2x} & G_{2z}\end{vmatrix}+f_x\begin{vmatrix}G_{1z} & G_{1y}\\ G_{2z} & G_{2y}\end{vmatrix}\\&=\begin{vmatrix}-f_x & -f_y & 1\\ G_{1x} & G_{1y} & G_{1z}\\ G_{2x} & G_{2y} & G_{2z}\end{vmatrix}.\end{aligned}$$

*6. 设有 $y=F(x)$ 和函数组 $x=\varphi(u,v),y=\psi(u,v)$, 且由方程 $\psi(u,v)=F[\varphi(u,v)]$ 可以确定函数 $v=v(u)$, 试用 $u,v,\dfrac{\mathrm{d}v}{\mathrm{d}u},\dfrac{\mathrm{d}^2v}{\mathrm{d}u^2}$ 表示 $\dfrac{\mathrm{d}y}{\mathrm{d}x},\dfrac{\mathrm{d}^2y}{\mathrm{d}x^2}$.

解 由于

$$\frac{\mathrm{d}y}{\mathrm{d}x}=\frac{\dfrac{\mathrm{d}y}{\mathrm{d}u}}{\dfrac{\mathrm{d}x}{\mathrm{d}u}}=\frac{\psi_u+\psi_v\dfrac{\mathrm{d}v}{\mathrm{d}u}}{\varphi_u+\varphi_v\dfrac{\mathrm{d}v}{\mathrm{d}u}},$$

所以

$$\frac{\mathrm{d}^2y}{\mathrm{d}x^2}=\frac{\mathrm{d}}{\mathrm{d}x}\left(\frac{\mathrm{d}y}{\mathrm{d}x}\right)=\frac{\dfrac{\mathrm{d}}{\mathrm{d}u}\left(\dfrac{\mathrm{d}y}{\mathrm{d}x}\right)}{\dfrac{\mathrm{d}x}{\mathrm{d}u}}=\frac{\dfrac{\mathrm{d}}{\mathrm{d}u}\left(\dfrac{\psi_u+\psi_v\dfrac{\mathrm{d}v}{\mathrm{d}u}}{\varphi_u+\varphi_v\dfrac{\mathrm{d}v}{\mathrm{d}u}}\right)}{\varphi_u+\varphi_v\dfrac{\mathrm{d}v}{\mathrm{d}u}}$$

$$=\frac{1}{\left(\varphi_u+\varphi_v\dfrac{\mathrm{d}v}{\mathrm{d}u}\right)^3}\left\{\left[\psi_{uu}+\psi_{uv}\frac{\mathrm{d}v}{\mathrm{d}u}+\psi_{vu}\frac{\mathrm{d}v}{\mathrm{d}u}+\psi_{vv}\left(\frac{\mathrm{d}v}{\mathrm{d}u}\right)^2\right.\right.$$

$$\left.+\psi_v\frac{\mathrm{d}^2v}{\mathrm{d}u^2}\right]\left(\varphi_u+\varphi_v\frac{\mathrm{d}v}{\mathrm{d}u}\right)-\left[\varphi_{uu}+\varphi_{uv}\frac{\mathrm{d}v}{\mathrm{d}u}+\varphi_{vu}\frac{\mathrm{d}v}{\mathrm{d}u}\right.$$

$$\left.\left.+\varphi_{vv}\left(\frac{\mathrm{d}v}{\mathrm{d}u}\right)^2+\varphi_v\frac{\mathrm{d}^2v}{\mathrm{d}u^2}\right]\left(\psi_u+\psi_v\frac{\mathrm{d}v}{\mathrm{d}u}\right)\right\}$$

$$=\frac{1}{\left(\varphi_u+\varphi_v\dfrac{\mathrm{d}v}{\mathrm{d}u}\right)^3}\left\{\left[\psi_{uu}+(\psi_{uv}+\psi_{vu})\frac{\mathrm{d}v}{\mathrm{d}u}+\psi_{vv}\left(\frac{\mathrm{d}v}{\mathrm{d}u}\right)^2\right.\right.$$

$$\left.+\psi_v\frac{\mathrm{d}^2v}{\mathrm{d}u^2}\right]\left(\varphi_u+\varphi_v\frac{\mathrm{d}v}{\mathrm{d}u}\right)-\left[\varphi_{uu}+(\varphi_{uv}+\varphi_{vu})\frac{\mathrm{d}v}{\mathrm{d}u}\right.$$

$$\left.\left.+\varphi_{vv}\left(\frac{\mathrm{d}v}{\mathrm{d}u}\right)^2+\varphi_v\frac{\mathrm{d}^2v}{\mathrm{d}u^2}\right]\left(\psi_u+\psi_v\frac{\mathrm{d}v}{\mathrm{d}u}\right)\right\}.$$

注 此题是考查反函数和隐函数的综合题目. 由 $\psi(u,v)=F[\varphi(u,v)]$ 确定隐函数 $v=v(u)$, 再由 $y=\psi(u,v)=\psi(u,v(u))$ 确定 y 是 u 的函数; $x=\varphi(u,v)=\varphi(u,v(u))$ 也确定 x 是 u 的函数, 再由隐函数 (反函数) 定理确定 u 是 x 的函数, 代入 $y=\psi(u,v)=\psi(u,v(u))$ 确定了 y 是 x 的函数. 由 $\psi(u,v)=F[\varphi(u,v)]$ 可得

$$\psi_u+\psi_v\frac{\mathrm{d}v}{\mathrm{d}u}=F'[\varphi(u,v)]\left(\varphi_u+\varphi_v\frac{\mathrm{d}v}{\mathrm{d}u}\right)\Longrightarrow\frac{\mathrm{d}v}{\mathrm{d}u}$$
$$=\frac{F'[\varphi(u,v)]\varphi_u-\psi_u}{\psi_v-F'[\varphi(u,v)]\varphi_v}.$$

例 18-z-3 解答下列各题 (几何应用、条件极值 (最值)):

1. 设 $P_0(x_0,y_0,z_0)$ 是曲面 $F(x,y,z)=1$ 的非奇异点, $F(x,y,z)$ 在 $U(P_0)$ 内可微, 且是 n 次齐次函数, 证明: 此曲面在点 P_0 处的

切平面方程为

$$xF_x(P_0)+yF_y(P_0)+zF_z(P_0)=n.$$

证 曲面 $F(x,y,z)=1$ 在点 P_0 处的法向量方向数为

$$\overrightarrow{n}=(F_x(P_0),F_y(P_0),F_z(P_0)),$$

所以在点 $P_0(x_0,y_0,z_0)$ 处的切平面方程为

$$F_x(P_0)(x-x_0)+F_y(P_0)(y-y_0)+F_z(P_0)(z-z_0)=0,$$

即

$$xF_x(P_0)+yF_y(P_0)+zF_z(P_0)=x_0F_x(P_0)+y_0F_y(P_0)+z_0F_z(P_0). \quad (1)$$

又因为 $F(x,y,z)$ 为 n 次齐次函数, 即 $F(tx,ty,tz)=t^nF(x,y,z)$, 所以方程两边关于 t 求导数得

$$xF_x(tx,ty,tz)+yF_y(tx,ty,tz)+yF_z(tx,ty,tz)=nt^{n-1}F(x,y,z).$$

令 $t=1$, 得

$$xF_x(x,y,z)+yF_y(x,y,z)+yF_z(x,y,z)=nF(x,y,z).$$

取 $(x,y,z)=(x_0,y_0,z_0)$, 得

$$x_0F_x(P_0)+y_0F_y(P_0)+z_0F_z(P_0)=nF(P_0),$$

再由方程 $F(x,y,z)=1$ 得

$$x_0F_x(P_0)+y_0F_y(P_0)+z_0F_z(P_0)=n. \quad (2)$$

由 (1), (2) 两式得

$$xF_x(P_0)+yF_y(P_0)+zF_z(P_0)=n.$$

2. 试证明: 二次型

$$f(x,y,z)=Ax^2+By^2+Cz^2+2Dyz+2Ezx+2Fxy$$

在单位球面 $x^2+y^2+z^2=1$ 上的最大值和最小值恰好是矩阵

$$\boldsymbol{\Phi}=\begin{pmatrix} A & F & E \\ F & B & D \\ E & D & C \end{pmatrix}$$

的最大特征值和最小特征值.

证 由于 $f(x,y,z)$ 在有界闭集 $S:=\{(x,y,z)|x^2+y^2+z^2=1\}$ 上连续, 由闭集上连续函数的性质知 $f(x,y,z)$ 在 S 上有最大值和最小值.

作 Lagrange 函数

$$\begin{aligned}L(x,y,z,\lambda)=&Ax^2+By^2+Cz^2+2Dyz+2Ezx+2Fxy\\&+\lambda(x^2+y^2+z^2-1).\end{aligned}$$

令

$$\begin{cases} L_x=2Ax+2Ez+2Fy+2\lambda x=0, & (1)\\ L_y=2By+2Dz+2Fx+2\lambda y=0, & (2)\\ L_z=2Cz+2Dy+2Ex+2\lambda z=0, & (3)\\ L_\lambda=x^2+y^2+z^2-1=0, & (4)\end{cases}$$

由 (1), (2), (3) 三式得

$$\begin{pmatrix} A & F & E \\ F & B & D \\ E & D & C \end{pmatrix}\begin{pmatrix} x \\ y \\ x \end{pmatrix}=-\lambda\begin{pmatrix} x \\ y \\ z \end{pmatrix},$$

即 $-\lambda$ 是 $\boldsymbol{\Phi}$ 的特征值. 再由 (4) 式, 在 S 上有

$$\begin{aligned}f(x,y,z)&=Ax^2+By^2+Cz^2+2Dyz+2Ezx+2Fxy\\&=(x,y,z)\begin{pmatrix} A & F & E \\ F & B & D \\ E & D & C \end{pmatrix}\begin{pmatrix} x \\ y \\ z \end{pmatrix}\\&=-\lambda(x^2+y^2+z^2)=-\lambda,\end{aligned}$$

所以 $f(x,y,z)$ 在 S 上的最大值和最小值恰好是矩阵 $\boldsymbol{\Phi}$ 的最大特征值和最小特征值.

3. 设 n 为正整数, $x,y\geqslant 0$, 证明:

$$\frac{x^n+y^n}{2}\geqslant\left(\frac{x+y}{2}\right)^n.$$

证 考察目标函数 $f(x,y)=x^n+y^n$ 在约束条件 $x+y=a\ (x\geqslant 0,y\geqslant 0,a\geqslant 0)$ 下的最值. 由于函数 $f(x,y)$ 在线段 $L:=\{(x,y)|x+y=a,x\geqslant 0,y\geqslant 0\}$ (有界闭集) 上连续, 由有界闭集上连续函数的性质知 $f(x,y)$ 在 L 上取得最大值和最小值.

作 Lagrange 函数

$$L(x,y,\lambda)=x^n+y^n+\lambda(x+y-a).$$

令

$$\begin{cases} L_x=nx^{n-1}+\lambda=0, & (1)\\ L_y=ny^{n-1}+\lambda=0, & (2)\\ L_\lambda=x+y-a=0. & (3)\end{cases}$$

由 (1), (2) 两式得 $x=y$, 再代入 (3) 式得 $(x,y)=\left(\frac{a}{2},\frac{a}{2}\right)$. 这是目标函数 $f(x,y)$ 的唯一极值点.

由 $x+y=a(x\geqslant 0,y\geqslant 0,a\geqslant 0)$ 有 $y=a-x$, 代入 $f(x,y)=x^n+y^n$ 可得

$$f(x,y)=x^n+(a-x)^n:=g(x)\quad(x\in[0,a]),$$

而

$$g''(x)\Big|_{\frac{a}{2}}=[n(n-1)x^{n-2}+n(n-1)(a-x)^{n-2}]\Big|_{\frac{a}{2}}>0\quad(n\geqslant 2),$$

所以 $(x,y)=\left(\frac{a}{2},\frac{a}{2}\right)$ 是 $f(x,y)$ 的极小值点, 从而是 $f(x,y)$ 在 L 上的最小值点, 且最小值为 $2\left(\frac{a}{2}\right)^n$, 即

$$\frac{x^n+y^n}{2}\geqslant\left(\frac{a}{2}\right)^n=\left(\frac{x+y}{2}\right)^n.$$

当 $n=1$ 时, 结论显然成立. 因此, 对任意正整数 n 及 $x,y\geqslant 0$, 有

$$\frac{x^n+y^n}{2}\geqslant\left(\frac{x+y}{2}\right)^n.$$

注 要证的是高次多项式不等式, 如果采用消元法求极值, 比较复杂, 因此采用条件极值方法.

4. 求椭球面 $\dfrac{x^2}{a^2}+\dfrac{y^2}{b^2}+\dfrac{z^2}{c^2}=1$ 在第一卦限中的切平面与三个坐标面所成四面体的最小体积.

解 椭球面 $\dfrac{x^2}{a^2}+\dfrac{y^2}{b^2}+\dfrac{z^2}{c^2}=1$ 上任何一点 $P_0(x,y,z)(xyz\neq 0)$ 处的法向量方向数为

$$\overrightarrow{n}=\left(\frac{x}{a^2},\frac{y}{b^2},\frac{z}{c^2}\right),$$

因此点 $P_0(x,y,z)$ 处的切平面方程为

$$\frac{x}{a^2}(X-x)+\frac{y}{b^2}(Y-y)+\frac{z}{c^2}(Z-z)=0.$$

注意到 $P_0(x,y,z)$ 满足椭球面方程, 得

$$\frac{Xx}{a^2}+\frac{Yy}{b^2}+\frac{Zz}{c^2}=1,$$

又切平面与三个坐标轴的截距分别为 $\dfrac{a^2}{x},\dfrac{b^2}{y},\dfrac{c^2}{z}$, 于是当 $x>0,y>0,z>0$ 时, 所求的四面体体积为

$$V=\frac{a^2b^2c^2}{6xyz}.$$

问题归结为: 求目标函数

$$f(x,y,z)=\frac{a^2b^2c^2}{6xyz}$$

在约束条件 $\dfrac{x^2}{a^2}+\dfrac{y^2}{b^2}+\dfrac{z^2}{c^2}=1$ 下的最小值. 为此, 先求目标函数 $g(x,y,z)=xyz$ 在约束条件 $\dfrac{x^2}{a^2}+\dfrac{y^2}{b^2}+\dfrac{z^2}{c^2}=1$ 的最大值. 作 Lagrange 函数

$$L(x,y,z,\lambda)=xyz+\lambda\left(\frac{x^2}{a^2}+\frac{y^2}{b^2}+\frac{z^2}{c^2}-1\right).$$

令

$$\begin{cases} L_x = yz + 2\lambda \dfrac{x}{a^2} = 0, & (1) \\ L_y = xz + 2\lambda \dfrac{y}{b^2} = 0, & (2) \\ L_z = xy + 2\lambda \dfrac{z}{c^2} = 0, & (3) \\ L_\lambda = \dfrac{x^2}{a^2} + \dfrac{y^2}{b^2} + \dfrac{z^2}{c^2} - 1 = 0. & (4) \end{cases}$$

由 $(1) \times x + (2) \times y + (3) \times z$, 并结合 (4) 式, 得

$$xyz = -\frac{2}{3}\lambda.$$

分别代入 (1), (2), (3) 三式, 得到稳定点 $\left(\dfrac{a}{\sqrt{3}}, \dfrac{b}{\sqrt{3}}, \dfrac{c}{\sqrt{3}}\right)$.

下面说明 $\left(\dfrac{a}{\sqrt{3}}, \dfrac{b}{\sqrt{3}}, \dfrac{c}{\sqrt{3}}\right)$ 为 $g(x,y,z) = xyz$ 的极大值点. 设由

$$F(x,y,z) := \frac{x^2}{a^2} + \frac{y^2}{b^2} + \frac{z^2}{c^2} - 1 = 0$$

在第一卦限确定的隐函数为 $z = z(x,y)$, 则

$$g(x,y,z) = xyz(x,y) := h(x,y).$$

由隐函数的偏导数公式得

$$z_x = -\frac{F_x}{F_z} = -\frac{\dfrac{x}{a^2}}{\dfrac{z}{c^2}} = -\frac{c^2}{a^2}\frac{x}{z}, \quad z_y = -\frac{F_y}{F_z} = -\frac{\dfrac{y}{b^2}}{\dfrac{z}{c^2}} = -\frac{c^2}{b^2}\frac{y}{z},$$

所以

$$\begin{aligned}
h_x &= yz + xyz_x = yz - \frac{c^2}{a^2}\frac{x^2 y}{z}, \\
h_{xx} &= yz_x - 2\frac{c^2}{a^2}\frac{xy}{z} + \frac{c^2}{a^2}\frac{x^2 y}{z^2} z_x = -3\frac{c^2}{a^2}\frac{xy}{z} - \frac{c^4}{a^4}\frac{x^3 y}{z^3} \\
h_{xy} &= z + yz_y - \frac{c^2}{a^2}\frac{x^2}{z} + \frac{c^2}{a^2}\frac{x^2 y}{z^2} z_y = z - \frac{c^2}{b^2}\frac{y^2}{z} - \frac{c^2}{a^2}\frac{x^2}{z} - \frac{c^4}{a^2 b^2}\frac{x^2 y^2}{z^3}, \\
h_y &= xz + xyz_y = xz - \frac{c^2}{b^2}\frac{xy^2}{z}, \\
h_{yy} &= xz_y - 2\frac{c^2}{b^2}\frac{xy}{z} + \frac{c^2}{b^2}\frac{xy^2}{z^2} z_y = -3\frac{c^2}{b^2}\frac{xy}{z} - \frac{c^4}{b^4}\frac{xy^3}{z^3}.
\end{aligned}$$

由于

$$\begin{pmatrix} h_{xx} & h_{xy} \\ h_{xy} & h_{yy} \end{pmatrix}\Bigg|_{\left(\frac{a}{\sqrt{3}},\frac{b}{\sqrt{3}},\frac{c}{\sqrt{3}}\right)} = \frac{1}{3}\begin{pmatrix} -4\dfrac{bc}{a} & -2c \\ -2c & -4\dfrac{ac}{b} \end{pmatrix}$$

为负定矩阵, 所以 $\left(\dfrac{a}{\sqrt{3}},\dfrac{b}{\sqrt{3}},\dfrac{c}{\sqrt{3}}\right)$ 是 $g(x,y,z)=xyz$ 的极大值点, 从而是最大值点. 因此 $\left(\dfrac{a}{\sqrt{3}},\dfrac{b}{\sqrt{3}},\dfrac{c}{\sqrt{3}}\right)$ 为 $f(x,y,z)=\dfrac{a^2b^2c^2}{6xyz}$ 的最小值点, 且最小值为 $\dfrac{\sqrt{3}}{2}abc$, 即切平面与三个坐标面所成四面体的最小体积为 $\dfrac{\sqrt{3}}{2}abc$.

注 在应用条件极值求解最值时, 经常根据具体背景或现实情况, 直接确定极值点是最大值点或最小值点, 而省略极大值或极小值的验证.

第十九章　含参量积分

§ 19.1　含参量正常积分

内容要求　掌握引入含参量积分的背景、概念; 重点掌握含参量正常积分的连续性、可微性、可积性; 掌握含参量积分的极限、求导公式, 积分号下积分法与积分号下微分法求定积分.

例 19-1-1　解答下列各题 (含参量正常积分的连续性、极限):

1. 设函数 $f(x,y)=\operatorname{sgn}(x-y)$, 试证: 由含参量积分

$$F(y)=\int_0^1 f(x,y)\mathrm{d}x$$

所确定的函数在 $\mathbb{R}$ 上连续; 并作出函数 $F(y)$ 的图像.

解　由符号函数 sgn 的定义与积分的性质得

$$\begin{aligned}F(y)&=\int_0^1 \operatorname{sgn}(x-y)\mathrm{d}x\\&=\begin{cases}\displaystyle\int_0^1 \mathrm{d}x=1, & y\leqslant 0,\\ \displaystyle\int_0^y(-1)\mathrm{d}x+\int_y^1\mathrm{d}x=1-2y, & 0<y<1,\\ \displaystyle-\int_0^1\mathrm{d}x=-1, & y\geqslant 1.\end{cases}\end{aligned}$$

显然, $F(y)$ 在 $y<0,0<y<1,y>1$ 时是连续的. 又因为

$$\lim_{y\to 0^+}F(y)=\lim_{y\to 0^+}(1-2y)=1,\quad \lim_{y\to 0^-}F(y)=\lim_{y\to 0^-}1=1,$$
$$\lim_{y\to 1^+}F(y)=\lim_{y\to 1^+}(-1)=-1,\quad \lim_{y\to 1^-}F(y)=\lim_{y\to 1^-}(1-2y)=-1,$$

即

$$\lim_{y\to 0}F(y)=1=F(0),\quad \lim_{y\to 1}F(y)=-1=F(1),$$

所以 $F(y)$ 在点 $x=0,1$ 连续, 从而 $F(y)$ 在 $\mathbb{R}$ 上连续.

函数 $F(y)$ 的图像如图 19.1 所示.

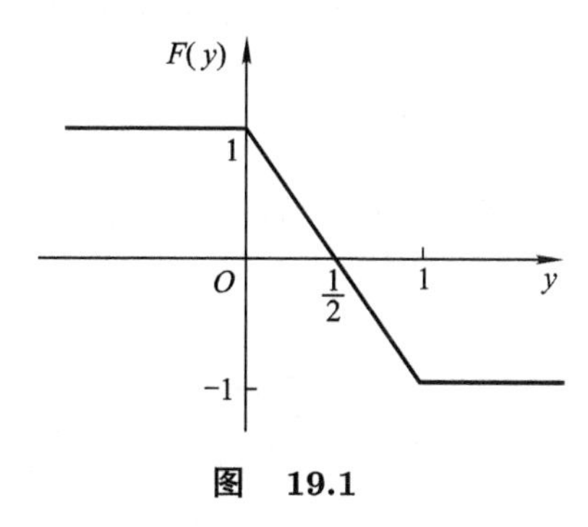

图 19.1

注 含参量积分可以将不连续的被积函数变成连续函数, 含参量正常积分连续性定理的条件仅是充分条件.

2. 求下列极限:

(1) $\lim\limits_{\alpha\to 0}\int_{-1}^{1}\sqrt{x^2+\alpha^2}\mathrm{d}x$; (2) $\lim\limits_{\alpha\to 0}\int_{0}^{2}x^2\cos\alpha x\mathrm{d}x$.

解 (1) 由于 $f(x,\alpha)=\sqrt{x^2+\alpha^2}$ 在 $[-1,1]\times[-\delta,\delta](\delta>0)$ 上连续, 由含参量正常积分的连续性定理得

$$\lim_{\alpha\to 0}\int_{-1}^{1}\sqrt{x^2+\alpha^2}\mathrm{d}x=\int_{-1}^{1}\lim_{\alpha\to 0}\sqrt{x^2+\alpha^2}\mathrm{d}x$$
$$=\int_{-1}^{1}\sqrt{x^2}\mathrm{d}x=\int_{-1}^{1}|x|\mathrm{d}x=1.$$

(2) 由于 $f(x,\alpha)=x^2\cos\alpha x$ 在 $[0,2]\times[-\delta,\delta](\delta>0)$ 上连续, 由含参量正常积分的连续性定理得

$$\lim_{\alpha\to 0}\int_{0}^{2}x^2\cos\alpha x\mathrm{d}x=\int_{0}^{2}\lim_{\alpha\to 0}(x^2\cos\alpha x)\mathrm{d}x$$
$$=\int_{0}^{2}x^2\mathrm{d}x=\frac{1}{3}x^3\Big|_0^2=\frac{8}{3}.$$

注 对于 (1) 中最后的定积分, 可以去掉绝对值分区间计算, 也可以用定积分的几何意义直接计算.

3. 设函数 $f(x)$ 在闭区间 $[a,A]$ 上连续, 证明:

$$\lim_{h\to 0^+}\frac{1}{h}\int_a^x [f(t+h)-f(t)]\mathrm{d}t = f(x)-f(a),\quad x\in(a,A).$$

证 法一 由积分变换得

$$\int_a^x f(t+h)\mathrm{d}t=\int_{a+h}^{x+h} f(\tau)\mathrm{d}\tau=\int_{a+h}^{x+h} f(t)\mathrm{d}t,$$

所以

$$\begin{aligned}\frac{1}{h}\int_a^x [f(t+h)-f(t)]\mathrm{d}t &= \frac{1}{h}\left[\int_{a+h}^{x+h} f(t)\mathrm{d}t-\int_a^x f(t)\mathrm{d}t\right]\\ &= \frac{1}{h}\left[\int_x^{x+h} f(t)dt-\int_a^{a+h} f(t)\mathrm{d}t\right].\end{aligned}$$

再由积分中值定理或 L'Hospital 法则得

$$\begin{aligned}\lim_{h\to 0^+}\frac{1}{h}\int_a^x [f(t+h)-f(t)]\mathrm{d}t &= \lim_{h\to 0^+}\frac{\displaystyle\int_x^{x+h} f(t)\mathrm{d}t-\int_a^{a+h} f(t)\mathrm{d}t}{h}\\ &= f(x)-f(a).\end{aligned}$$

法二 由于 $f(x)\in C[a,A]$, 因此存在原函数 $F(x)=\displaystyle\int_a^x f(t)\mathrm{d}t$, 即 $F'(x)=f(x)$, 且 $F(a)=0$. 所以, 由积分性质与导数的定义得

$$\begin{aligned}&\lim_{h\to 0^+}\frac{1}{h}\int_a^x [f(t+h)-f(t)]\mathrm{d}t\\ &=\lim_{h\to 0^+}\frac{1}{h}\left[\int_{a+h}^{x+h} f(t)dt-\int_a^x f(t)\mathrm{d}t\right]\\ &=\lim_{h\to 0^+}\frac{1}{h}[F(x+h)-F(a+h)-F(x)+F(a)]\\ &=\lim_{h\to 0^+}\left[\frac{F(x+h)-F(x)}{h}-\frac{F(a+h)-F(a)}{h}\right]\\ &=f(x)-f(a).\end{aligned}$$

4. 研究函数 $F(y)=\displaystyle\int_0^1 \frac{yf(x)}{x^2+y^2}\mathrm{d}x$ 的连续性, 其中 $f(x)$ 在区

间 $[0,1]$ 上为正的连续函数.

解 对 $\forall y_0\in\mathbb{R}$, 当 $y_0\neq 0$ 时, $\exists\delta>0$, 使得 $0\notin[y_0-\delta,y_0+\delta]$, 此时被积函数 $\dfrac{yf(x)}{x^2+y^2}$ 在 $[0,1]\times[y_0-\delta,y_0+\delta]$ 上连续. 由含参量正常积分的连续性可知 $F(y)=\displaystyle\int_0^1\frac{yf(x)}{x^2+y^2}\mathrm{d}x$ 在点 y_0 连续.

当 $y_0=0$ 时, 显然 $F(0)=0$. 由闭区间上连续函数的性质, 可记 $m=\min\limits_{x\in[0,1]}f(x)>0$. 所以, 当 $y>0$ 时, 有

$$F(y)=\int_0^1\frac{yf(x)}{x^2+y^2}\mathrm{d}x\geqslant m\int_0^1\frac{y}{x^2+y^2}\mathrm{d}x=m\arctan\frac{x}{y}\bigg|_0^1.$$

于是

$$\lim_{y\to0^+}F(y)\geqslant m\lim_{y\to0^+}\arctan\frac{x}{y}\bigg|_0^1=\frac{\pi}{2}m>0\neq F(0),$$

从而 $F(y)=\displaystyle\int_0^1\frac{yf(x)}{x^2+y^2}\mathrm{d}x$ 在点 $y_0=0$ 不连续.

注 由于积分区间为 $[0,1]$, 当 $y\to0$, 且 $x\to0$ 时, 被积分函数的分母是无穷小量, 可能会引起函数无界, 所以要分 y 是否为零进行讨论. 若积分区间改为 $[a,b](0\notin[a,b])$, 则对任意 $y\in\mathbb{R}$ 都连续; 若被积分函数改为 $\dfrac{y^\alpha f(x)}{x^2+y^2}(\alpha>1)$, 则对任意 $y\in\mathbb{R}$ 也连续.

例 19-1-2 解答下列各题 (含参量积分的可微性):

1. 设函数 $F(x)=\displaystyle\int_x^{x^2}\mathrm{e}^{-xy^2}\mathrm{d}y$, 求 $F'(x)$.

解 由含参量积分函数的求导公式得

$$F'(x)=-\int_x^{x^2}y^2\mathrm{e}^{-xy^2}\mathrm{d}y+2x\mathrm{e}^{-x^5}-\mathrm{e}^{-x^3}.$$

2. 设 $F(x,y)=\displaystyle\int_{\frac{x}{y}}^{xy}(x-yz)f(z)\mathrm{d}z$, 其中 $f(z)$ 为可微函数, 求 $F_{xy}(x,y)$.

解 由含参量积分函数的求导公式得

$$F_x(x,y)=\int_{\frac{x}{y}}^{xy}f(z)\mathrm{d}z+y(x-xy^2)f(xy),$$

所以

$$
\begin{aligned}
F_{xy}(x,y) &= \frac{\partial}{\partial y}\left[\int_{\frac{x}{y}}^{xy} f(z)\mathrm{d}z\right] + \frac{\partial}{\partial y}[y(x-xy^2)f(xy)] \\
&= xf(xy) + \frac{x}{y^2}f\left(\frac{x}{y}\right) + (x-xy^2)f(xy) - 2xy^2 f(xy) \\
&\quad + xy(x-xy^2)f'(xy) \\
&= x(2-3y^2)f(xy) + \frac{x}{y^2}f\left(\frac{x}{y}\right) + x^2y(1-y^2)f'(xy).
\end{aligned}
$$

注 这里是含两个参变量的积分, 求偏导数时把其他变量看成常数, 因此含参量积分函数的求导公式同样适用.

3. 求下列积分:

(1) $\displaystyle\int_0^{\frac{\pi}{2}} \ln(a^2\sin^2 x + b^2\cos^2 x)\mathrm{d}x \quad (a^2+b^2 \neq 0)$;

(2) $\displaystyle\int_0^{\pi} \ln(1-2a\cos x + a^2)\mathrm{d}x$;

(3) $\displaystyle\int_0^{\pi} \ln(1-c\cos x)\mathrm{d}x \quad (|c|<1)$.

解 (1) 暂时设 $a,b>0$, 记 $I(t)=\displaystyle\int_0^{\frac{\pi}{2}} \ln(t^2\sin^2 x + b^2\cos^2 x)\mathrm{d}x$, 则

$$
I'(t) = \int_0^{\frac{\pi}{2}} \frac{2t\sin^2 x}{t^2\sin^2 x + b^2\cos^2 x}\mathrm{d}x.
$$

记

$$
A = \int_0^{\frac{\pi}{2}} \frac{\sin^2 x}{t^2\sin^2 x + b^2\cos^2 x}\mathrm{d}x, \quad B = \int_0^{\frac{\pi}{2}} \frac{\cos^2 x}{t^2\sin^2 x + b^2\cos^2 x}\mathrm{d}x,
$$

则

$$
t^2 A + b^2 B = \frac{\pi}{2}, \tag{1}
$$

$$
\begin{aligned}
A + B &= \int_0^{\frac{\pi}{2}} \frac{1}{t^2\sin^2 x + b^2\cos^2 x}\mathrm{d}x \\
&= \int_0^{\frac{\pi}{2}} \frac{\mathrm{d}(\tan x)}{t^2\tan^2 x + b^2} = \frac{\pi}{2tb}.
\end{aligned} \tag{2}
$$

由 (1), (2) 两式得

$$A=\frac{\pi}{2}\frac{1}{t(t+b)}.$$

故

$$I'(t)=2tA=\frac{\pi}{t+b},$$

这样

$$I(a)-I(b)=\int_b^a I'(t)\mathrm{d}t=\pi[\ln(a+b)-\ln(2b)].$$

易知 $I(b)=\pi\ln b$, 所以 $I(a)=\pi\ln\frac{a+b}{2}$. 由此可得

$$\int_0^{\frac{\pi}{2}}\ln(a^2\sin^2 x+b^2\cos x^2)\mathrm{d}x=\pi\ln\frac{|a|+|b|}{2}.$$

(2) 记 $I(a)=\int_0^{\pi}\ln(1-2a\cos x+a^2)\mathrm{d}x$. 又有

$$1-2a\cos x+a^2\geqslant 1-2|a|+a^2=(|a|-1)^2\begin{cases}=0, & a=\pm 1,\\ >0, & a\neq\pm 1.\end{cases}$$

首先考察 $a=\pm 1$ 的情形. 此时有

$$\int_0^{\pi}\ln(1-2a\cos x+a^2)\mathrm{d}x=\begin{cases}\displaystyle\int_0^{\pi}\ln 2(1-\cos x)\mathrm{d}x, & a=1,\\ \displaystyle\int_0^{\pi}\ln 2(1+\cos x)\mathrm{d}x, & a=-1.\end{cases}$$

于是, 当 $a=1$ 时,

$$\begin{aligned}&\int_0^{\pi}\ln(1-2a\cos x+a^2)\mathrm{d}x=\int_0^{\pi}\ln 2(1-\cos x)\mathrm{d}x\\ &=\int_0^{\pi}\ln\left(4\sin^2\frac{x}{2}\right)\mathrm{d}x=\pi\ln 4+2\int_0^{\pi}\ln\sin\frac{x}{2}\mathrm{d}x\\ &=\pi\ln 4+4\int_0^{\frac{\pi}{2}}\ln\sin t\mathrm{d}t=2\pi\ln 2+4\left(-\frac{\pi}{2}\ln 2\right)=0,\end{aligned}$$

这里用到 $\int_0^{\frac{\pi}{2}} \ln\sin x\mathrm{d}x = -\frac{\pi}{2}\ln 2$, 参见本题后的注;

当 $a=-1$ 时,

$$\begin{aligned}\int_0^{\pi} \ln(1-2a\cos x+a^2)\mathrm{d}x &= \int_0^{\pi} \ln 2(1+\cos x)\mathrm{d}x \\ &= \int_0^{\pi} \ln\left(4\cos^2\frac{x}{2}\right)\mathrm{d}x = \pi\ln 4 + 2\int_0^{\pi}\ln\cos\frac{x}{2}\mathrm{d}x \\ &= \pi\ln 4 + 4\int_0^{\frac{\pi}{2}}\ln\cos t\mathrm{d}t = 2\pi\ln 2 + 4\left(-\frac{\pi}{2}\ln 2\right) = 0,\end{aligned}$$

这里用到 $\int_0^{\frac{\pi}{2}} \ln\cos t\mathrm{d}t = -\frac{\pi}{2}\ln 2$, 参见本题后的注.

当 $a \neq \pm 1$ 时, 若 $a \in (-1,1)$, 由于

$$f(x,a) := \ln(1-2a\cos x+a^2), \quad f_a(x,a) = \frac{-2\cos x+2a}{1-2a\cos x+a^2}$$

都在 $[0,\pi]\times(-1,1)$ 上连续, 由含参量积分的可微性知

$$\begin{aligned}I'(a) &= \int_0^{\pi}\frac{\partial}{\partial a}[\ln(1-2a\cos x+a^2)]\mathrm{d}x \\ &= \int_0^{\pi}\frac{-2\cos x}{1-2a\cos x+a^2}\mathrm{d}x + \int_0^{\pi}\frac{2a}{1-2a\cos x+a^2}\mathrm{d}x \\ &= \frac{1}{a}\int_0^{\pi}\frac{1-2a\cos x+a^2}{1-2a\cos x+a^2}\mathrm{d}x - \frac{1}{a}\int_0^{\pi}\frac{1+a^2}{1-2a\cos x+a^2}\mathrm{d}x \\ &\quad + \int_0^{\pi}\frac{2a}{1-2a\cos x+a^2}\mathrm{d}x \\ &= \frac{1}{a}\int_0^{\pi}\frac{1-2a\cos x+a^2}{1-2a\cos x+a^2}\mathrm{d}x - \frac{1}{a}\int_0^{\pi}\frac{1+a^2-2a^2}{1-2a\cos x+a^2}\mathrm{d}x \\ &= \frac{1}{a}\int_0^{\pi}\left(1+\frac{a^2-1}{1-2a\cos x+a^2}\right)\mathrm{d}x \\ &= \frac{1}{a}\pi + \frac{a^2-1}{a}\int_0^{\pi}\frac{1}{1-2a\cos x+a^2}\mathrm{d}x \quad (a\neq 0). \qquad (1)\end{aligned}$$

由万能变换 $t=\tan\frac{x}{2}$, 则 $x = 2\arctan t \Longrightarrow \mathrm{d}x = \frac{2}{1+t^2}\mathrm{d}t$, 且

$$\cos x = \cos^2\frac{x}{2} - \sin^2\frac{x}{2} = \frac{\cos^2\frac{x}{2}-\sin^2\frac{x}{2}}{\cos^2\frac{x}{2}+\sin^2\frac{x}{2}} = \frac{1-\tan^2\frac{x}{2}}{1+\tan^2\frac{x}{2}} = \frac{1-t^2}{1+t^2},$$

从而

$$\begin{aligned}
\int_0^{\pi}\frac{1}{1-2a\cos x+a^2}\mathrm{d}x&=\int_0^{+\infty}\frac{1}{1-2a\dfrac{1-t^2}{1+t^2}+a^2}\frac{2}{1+t^2}\mathrm{d}t\\
&=2\int_0^{+\infty}\frac{1}{(1+a^2)(1+t^2)-2a(1-t^2)}\mathrm{d}t\\
&=2\int_0^{+\infty}\frac{1}{(a+1)^2t^2+(a-1)^2}\mathrm{d}t\\
&=2\frac{1}{a^2-1}\int_0^{+\infty}\frac{1}{\left(\dfrac{a+1}{a-1}t\right)^2+1}\mathrm{d}\left(\frac{a+1}{a-1}t\right)\\
&=\frac{2}{a^2-1}\arctan\left(\frac{a+1}{a-1}t\right)\Bigg|_0^{+\infty}\\
&=-\frac{\pi}{a^2-1}.
\end{aligned}\tag{2}$$

由 (1), (2) 两式知, 当 $a\in(-1,1)$ 且 $a\neq 0$ 时, $I'(a)=0\Longrightarrow I(a)=$ 常数, 并且 $I(0)=0$, 从而知

$$I(a)=0,\quad a\in(-1,1).$$

当 $a\in(-\infty,-1)\cup(1,+\infty)$ 时, $b:=\dfrac{1}{a}\in(-1,1)$, 由上述已讨论的结果知

$$\begin{aligned}
I(a)&=\int_0^{\pi}\ln(1-2a\cos x+a^2)\mathrm{d}x=\int_0^{\pi}\ln\left(1-2\frac{1}{b}\cos x+\frac{1}{b^2}\right)\mathrm{d}x\\
&=\int_0^{\pi}\ln\left[\frac{1}{b^2}(1-2b\cos x+b^2)\right]\mathrm{d}x\\
&=\int_0^{\pi}\ln\frac{1}{b^2}\mathrm{d}x+\int_0^{\pi}\ln(1-2b\cos x+b^2)\mathrm{d}x\\
&=\int_0^{\pi}\ln\frac{1}{b^2}\mathrm{d}x+0=2\pi\ln\frac{1}{|b|}=2\pi\ln|a|.
\end{aligned}$$

综合上述各种情况, 得

$$I(a)=\begin{cases}0, & |a|\leqslant 1,\\ 2\pi\ln|a|, & |a|>1.\end{cases}$$

(3) 记 $I(c)=\int_0^{\pi}\ln(1-c\cos x)\mathrm{d}x$, 则

$$\begin{aligned}
I'(c)&=\int_0^{\pi}\frac{-\cos x}{1-c\cos x}\mathrm{d}x=\frac{1}{c}\int_0^{\pi}\frac{1-c\cos x-1}{1-c\cos x}\mathrm{d}x\\
&=\frac{1}{c}\int_0^{\pi}\left(1-\frac{1}{1-c\cos x}\right)\mathrm{d}x\\
&=\frac{\pi}{c}-\frac{1}{c}\int_0^{\pi}\frac{1}{1-c\cos x}\mathrm{d}x.
\end{aligned}$$

令 $t=\tan\frac{x}{2}$, 则 $x=2\arctan t\Longrightarrow \mathrm{d}x=\frac{2}{1+t^2}\mathrm{d}t$, 且

$$\cos x=\cos^2\frac{x}{2}-\sin^2\frac{x}{2}=\frac{\cos^2\frac{x}{2}-\sin^2\frac{x}{2}}{\cos^2\frac{x}{2}+\sin^2\frac{x}{2}}=\frac{1-\tan^2\frac{x}{2}}{1+\tan^2\frac{x}{2}}=\frac{1-t^2}{1+t^2}.$$

所以

$$\begin{aligned}
\int\frac{1}{1-c\cos x}\mathrm{d}x&=\int\frac{1}{1-c\frac{1-t^2}{1+t^2}}\frac{2}{1+t^2}\mathrm{d}t\\
&=2\int\frac{1}{(1+t^2)-c(1-t^2)}\mathrm{d}t\\
&=2\int\frac{1}{(1-c)+(1+c)t^2}\mathrm{d}t\\
&=2\frac{1}{\sqrt{1-c^2}}\int\frac{1}{1+\left(\sqrt{\frac{1+c}{1-c}}t\right)^2}\mathrm{d}\left(\sqrt{\frac{1+c}{1-c}}t\right)\\
&=\frac{2}{\sqrt{1-c^2}}\arctan\left(\sqrt{\frac{1+c}{1-c}}t\right)+C\\
&=\frac{2}{\sqrt{1-c^2}}\arctan\left(\sqrt{\frac{1+c}{1-c}}\tan\frac{x}{2}\right)+C.
\end{aligned}$$

于是

$$\begin{aligned}
I'(c)&=\frac{\pi}{c}-\frac{1}{c}\int_0^{\pi}\frac{1}{1-c\cos x}\mathrm{d}x\\
&=\frac{\pi}{c}-\frac{1}{c}\frac{2}{\sqrt{1-c^2}}\arctan\left(\sqrt{\frac{1+c}{1-c}}\tan\frac{x}{2}\right)\Big|_0^{\pi}
\end{aligned}$$

$$= \frac{\pi}{c} - \frac{\pi}{c\sqrt{1-c^2}}.$$

所以

$$I(c) - I(0) = \int_0^c I'(z)\mathrm{d}z = \int_0^c \frac{\pi}{z}\left(1 - \frac{1}{\sqrt{1-z^2}}\right)\mathrm{d}z,$$

即

$$I(c) - I(0) = \int_0^c \left(\frac{\pi}{z} - \frac{\pi}{z\sqrt{1-z^2}}\right)\mathrm{d}z.$$

令 $z = \cos\theta$, 则

$$\begin{aligned}\int \frac{1}{z\sqrt{1-z^2}}\mathrm{d}z &= \int \frac{-\sin\theta}{\cos\theta\sin\theta}\mathrm{d}\theta = -\int \sec\theta\mathrm{d}\theta \\ &= -\ln|\sec\theta + \tan\theta| + C = -\ln\left|\frac{1+\sqrt{1-z^2}}{z}\right| + C.\end{aligned}$$

所以

$$\begin{aligned}I(c) = I(c) - I(0) &= \int_0^c \left(\frac{\pi}{z} - \frac{\pi}{z\sqrt{1-z^2}}\right)\mathrm{d}z \\ &= \pi\left(\ln|z| + \ln\left|\frac{1+\sqrt{1-z^2}}{z}\right|\right)\Bigg|_0^c \\ &= \pi\left(\ln\left|1+\sqrt{1-z^2}\right|\right)\Bigg|_0^c = \pi\ln\frac{1+\sqrt{1-c^2}}{2}.\end{aligned}$$

注 特别地, 在 (1) 中, 当 $a = \pm 1, b = 0$ 时, 有

$$\int_0^{\frac{\pi}{2}} \ln(a^2\sin^2 x + b^2\cos^2 x)\mathrm{d}x = \int_0^{\frac{\pi}{2}} \ln\sin^2 x\mathrm{d}x = \pi\ln\frac{1}{2} = -\pi\ln 2$$

$$\Longrightarrow \int_0^{\frac{\pi}{2}} \ln\sin x\mathrm{d}x = -\frac{\pi}{2}\ln 2;$$

当 $a = 0, b = \pm 1$ 时, 有

$$\int_0^{\frac{\pi}{2}} \ln(a^2\sin^2 x + b^2\cos^2 x)\mathrm{d}x = \int_0^{\frac{\pi}{2}} \ln\cos^2 x\mathrm{d}x = \pi\ln\frac{1}{2} = -\pi\ln 2$$

$$\Longrightarrow \int_0^{\frac{\pi}{2}} \ln\cos x\mathrm{d}x = -\frac{\pi}{2}\ln 2.$$

(1), (2) 中的两个积分都应用了含参量积分号下微分法、积分变换和 Newton-Leibniz 公式. 它们也可以用下面的解法:

$$
\begin{aligned}
(1)\ &\int_0^{\frac{\pi}{2}} \ln(a^2\sin^2 x + b^2\cos^2 x)\mathrm{d}x \\
&= \int_0^{\frac{\pi}{2}} \ln\left(a^2\frac{1-\cos 2x}{2} + b^2\frac{1+\cos 2x}{2}\right)\mathrm{d}x \\
&= \int_0^{\frac{\pi}{2}} \ln\left[\frac{a^2+b^2}{2}\left(1-\frac{a^2-b^2}{a^2+b^2}\cos 2x\right)\right]\mathrm{d}x \\
&= \frac{\pi}{2}\ln\frac{a^2+b^2}{2} + \frac{1}{2}\int_0^{\pi}\ln\left(1-\frac{a^2-b^2}{a^2+b^2}\cos t\right)\mathrm{d}t \\
&= \frac{\pi}{2}\ln\frac{a^2+b^2}{2} + \frac{\pi}{2}\ln\frac{1+\sqrt{1-\left(\frac{a^2-b^2}{a^2+b^2}\right)^2}}{2} \\
&= \frac{\pi}{2}\ln\frac{a^2+b^2+\sqrt{(a^2+b^2)^2-(a^2-b^2)^2}}{4} \\
&= \frac{\pi}{2}\ln\frac{a^2+b^2+2|a||b|}{4} = \frac{\pi}{2}\ln\left(\frac{|a|+|b|}{2}\right)^2 \\
&= \pi\ln\frac{|a|+|b|}{2};
\end{aligned}
$$

$$
\begin{aligned}
(2)\ &\int_0^{\pi}\ln(1-2a\cos x + a^2)\mathrm{d}x \\
&= \int_0^{\pi}\ln\left[(1+a^2)\left(1-\frac{2a}{1+a^2}\cos x\right)\right]\mathrm{d}x \\
&= \pi\ln(1+a^2) + \pi\ln\frac{1+\sqrt{1-\left(\frac{2a}{1+a^2}\right)^2}}{2} \\
&= \pi\ln\frac{(1+a^2)+\sqrt{(1+a^2)^2-(2a)^2}}{2} \\
&= \pi\ln\frac{(1+a^2)+|1-a^2|}{2} = \begin{cases} 0, & |a| \leqslant 1, \\ 2\pi\ln|a|, & |a| > 1. \end{cases}
\end{aligned}
$$

*4. 设

$$E(k)=\int_0^{\frac{\pi}{2}}\sqrt{1-k^2\sin^2\varphi}\mathrm{d}\varphi,\quad F(k)=\int_0^{\frac{\pi}{2}}\frac{1}{\sqrt{1-k^2\sin^2\varphi}}\mathrm{d}\varphi,$$

其中 $0<k<1$ (这两个积分称为完全椭圆积分).

(1) 试求 $E(k),F(k)$ 的导数, 并以 $E(k),F(k)$ 表示它们;

(2) 证明: $E(k)$ 满足方程

$$E''(k)+\frac{1}{k}E'(k)+\frac{E(k)}{1-k^2}=0.$$

解 (1) $$\begin{aligned}E'(k)&=\int_0^{\frac{\pi}{2}}\frac{\partial}{\partial k}\left(\sqrt{1-k^2\sin^2\varphi}\right)\mathrm{d}\varphi\\&=\int_0^{\frac{\pi}{2}}\frac{-k\sin^2\varphi}{\sqrt{1-k^2\sin^2\varphi}}\mathrm{d}\varphi\\&=\frac{1}{k}\int_0^{\frac{\pi}{2}}\frac{1-k^2\sin^2\varphi-1}{\sqrt{1-k^2\sin^2\varphi}}\mathrm{d}\varphi\\&=\frac{1}{k}\int_0^{\frac{\pi}{2}}\left(\sqrt{1-k^2\sin^2\varphi}-\frac{1}{\sqrt{1-k^2\sin^2\varphi}}\right)\mathrm{d}\varphi\\&=\frac{1}{k}[E(k)-F(k)],\end{aligned}$$

$$\begin{aligned}F'(k)&=\int_0^{\frac{\pi}{2}}\frac{\partial}{\partial k}\left(\frac{1}{\sqrt{1-k^2\sin^2\varphi}}\right)\mathrm{d}\varphi\\&=\int_0^{\frac{\pi}{2}}\frac{k\sin^2\varphi}{(1-k^2\sin^2\varphi)^{3/2}}\mathrm{d}\varphi\\&=-\frac{1}{k}\int_0^{\frac{\pi}{2}}\frac{1-k^2\sin^2\varphi-1}{(1-k^2\sin^2\varphi)^{3/2}}\mathrm{d}\varphi\\&=-\frac{1}{k}\int_0^{\frac{\pi}{2}}\left[\frac{1}{\sqrt{1-k^2\sin^2\varphi}}-\frac{1}{(1-k^2\sin^2\varphi)^{3/2}}\right]\mathrm{d}\varphi\\&=\frac{1}{k}\int_0^{\frac{\pi}{2}}\frac{1}{(1-k^2\sin^2\varphi)^{3/2}}\mathrm{d}\varphi-\frac{1}{k}F(k).\qquad(1)\end{aligned}$$

而

$$
\begin{aligned}
&\frac{\mathrm{d}}{\mathrm{d}\varphi}[\sin\varphi\cos\varphi(1-k^2\sin^2\varphi)^{-1/2}]\\
&\quad=(\cos^2\varphi-\sin^2\varphi)(1-k^2\sin^2\varphi)^{-1/2}\\
&\qquad+(k^2\sin\varphi\cos\varphi)(\sin\varphi\cos\varphi)(1-k^2\sin^2\varphi)^{-3/2}\\
&\quad=[(\cos^2\varphi-\sin^2\varphi)(1-k^2\sin^2\varphi)+k^2\sin^2\varphi\cos^2\varphi]\\
&\qquad\cdot(1-k^2\sin^2\varphi)^{-3/2}\\
&\quad=(\cos^2\varphi-\sin^2\varphi+k^2\sin^4\varphi)(1-k^2\sin^2\varphi)^{-3/2}\\
&\quad=[\cos^2\varphi-\sin^2\varphi(1-k^2\sin^2\varphi)](1-k^2\sin^2\varphi)^{-3/2}\\
&\quad=\cos^2\varphi(1-k^2\sin^2\varphi)^{-3/2}-\sin^2\varphi(1-k^2\sin^2\varphi)^{-1/2}\\
&\quad=(1-k^2\sin^2\varphi)^{-3/2}-\sin^2\varphi(1-k^2\sin^2\varphi)^{-3/2}\\
&\qquad-\sin^2\varphi(1-k^2\sin^2\varphi)^{-1/2}\\
&\quad=(1-k^2\sin^2\varphi)^{-3/2}+\frac{1}{k^2}(1-k^2\sin^2\varphi)(1-k^2\sin^2\varphi)^{-3/2}\\
&\qquad-\frac{1}{k^2}(1-k^2\sin^2\varphi)^{-3/2}+\frac{1}{k^2}(1-k^2\sin^2\varphi)(1-k^2\sin^2\varphi)^{-1/2}\\
&\qquad-\frac{1}{k^2}(1-k^2\sin^2\varphi)^{-1/2}\\
&\quad=\left(1-\frac{1}{k^2}\right)(1-k^2\sin^2\varphi)^{-3/2}+\frac{1}{k^2}(1-k^2\sin^2\varphi)^{1/2},
\end{aligned}
$$

故有

$$
\begin{aligned}
&\int_0^{\frac{\pi}{2}}\frac{1}{(1-k^2\sin^2\varphi)^{3/2}}\mathrm{d}\varphi\\
&\quad=-\frac{1}{k^2-1}\int_0^{\frac{\pi}{2}}\sqrt{1-k^2\sin^2\varphi}\mathrm{d}\varphi\\
&\qquad+\frac{k^2}{k^2-1}\int_0^{\frac{\pi}{2}}\frac{\mathrm{d}}{\mathrm{d}\varphi}[\sin\varphi\cos\varphi(1-k^2\sin^2\varphi)^{-1/2}]\mathrm{d}\varphi\\
&\quad=-\frac{1}{k^2-1}\int_0^{\frac{\pi}{2}}\sqrt{1-k^2\sin^2\varphi}\mathrm{d}\varphi\\
&\qquad+\frac{k^2}{k^2-1}[\sin\varphi\cos\varphi(1-k^2\sin^2\varphi)^{-1/2}]\Big|_0^{\frac{\pi}{2}}
\end{aligned}
$$

$$= -\frac{1}{k^2-1}\int_0^{\frac{\pi}{2}}\sqrt{1-k^2\sin^2\varphi}\mathrm{d}\varphi. \tag{2}$$

由 (1), (2) 两式得

$$\begin{aligned} F'(k) &= \frac{1}{k}\int_0^{\frac{\pi}{2}}\frac{1}{(1-k^2\sin^2\varphi)^{3/2}}\mathrm{d}\varphi - \frac{1}{k}F(k) \\ &= \frac{1}{k(1-k^2)}E(k) - \frac{1}{k}F(k). \end{aligned}$$

(2) 由 (1) 的结果得

$$\begin{aligned} E''(k) &= \frac{1}{k}[E'(k)-F'(k)] - \frac{1}{k^2}[E(k)-F(k)] \\ &= \frac{1}{k}\left\{\frac{1}{k}[E(k)-F(k)] - \left[\frac{1}{k(1-k^2)}E(k) - \frac{1}{k}F(k)\right]\right\} \\ &\quad -\frac{1}{k^2}[E(k)-F(k)] \\ &= -\frac{1}{k^2(1-k^2)}E(k) + \frac{1}{k^2}F(k), \end{aligned}$$

从而有

$$\begin{aligned} &E''(k) + \frac{1}{k}E'(k) + \frac{E(k)}{1-k^2} \\ &= -\frac{1}{k^2(1-k^2)}E(k) + \frac{1}{k^2}F(k) + \frac{1}{k^2}[E(k)-F(k)] + \frac{E(k)}{1-k^2} \\ &= -\frac{1}{k^2(1-k^2)}E(k) + \left(\frac{1}{k^2}+\frac{1}{1-k^2}\right)E(k) = 0. \end{aligned}$$

注 椭圆 $\frac{x^2}{a^2}+\frac{y^2}{b^2}=1$ $(b>a>0)$ 的弧长为

$$l = 4\int_0^{\frac{\pi}{2}}\sqrt{a^2\sin^2 t + b^2\cos^2 t}\mathrm{d}t = 4b\int_0^{\frac{\pi}{2}}\sqrt{1-k^2\sin^2 t}\mathrm{d}t,$$

其中 $k=\frac{\sqrt{b^2-a^2}}{b}$ 是离心率. 这里 $I(k) := \int_0^{\frac{\pi}{2}}\sqrt{1-k^2\sin^2 t}\mathrm{d}t$ 为第二类完全椭圆积分, 它不能用初等函数表示, 因此椭圆的弧长是不能计算出来的.

例 19-1-3 解答下列各题 (积分号下积分法):

1. 求下列积分:

(1) $\int_0^1 \sin\left(\ln\frac{1}{x}\right)\frac{x^b-x^a}{\ln x}\mathrm{d}x\ (b>a>0)$;

(2) $\int_0^1 \cos\left(\ln\frac{1}{x}\right)\frac{x^b-x^a}{\ln x}\mathrm{d}x\ (b>a>0)$.

解 (1) 我们有

$$\begin{aligned}\int_0^1 \sin\left(\ln\frac{1}{x}\right)\frac{x^b-x^a}{\ln x}\mathrm{d}x &= \int_0^1 \left[\sin\left(\ln\frac{1}{x}\right)\frac{x^y}{\ln x}\right]\Bigg|_a^b \mathrm{d}x \\ &= \int_0^1 \mathrm{d}x\int_a^b \frac{\partial}{\partial y}\left[\sin\left(\ln\frac{1}{x}\right)\frac{x^y}{\ln x}\right]\mathrm{d}y \\ &= \int_0^1 \mathrm{d}x\int_a^b \sin\left(\ln\frac{1}{x}\right)x^y\mathrm{d}y.\end{aligned}$$

由于

$$f(x,y)=\begin{cases}\sin\left(\ln\dfrac{1}{x}\right)x^y, & (x,y)\in(0,1]\times[a,b],\\ 0, & (x,y)\in\{0\}\times[a,b]\end{cases}$$

在 $[0,1]\times[a,b]$ 上连续, 由含参量积分的积分次序交换定理得

$$\int_0^1 \sin\left(\ln\frac{1}{x}\right)\frac{x^b-x^a}{\ln x}\mathrm{d}x = \int_a^b \mathrm{d}y\int_0^1 \sin\left(\ln\frac{1}{x}\right)x^y\mathrm{d}x. \tag{1}$$

令 $t=\ln\dfrac{1}{x}\Longrightarrow x=\mathrm{e}^{-t}, \mathrm{d}x=-\mathrm{e}^{-t}\mathrm{d}t$, 则

$$\begin{aligned}&\int_a^b \mathrm{d}y\int_0^1 \sin\left(\ln\frac{1}{x}\right)x^y\mathrm{d}x\\ &\quad=\int_a^b \mathrm{d}y\int_0^{+\infty}\mathrm{e}^{-(y+1)t}\sin t\mathrm{d}t=\int_a^b\left[\int_0^{+\infty}\mathrm{e}^{-(y+1)t}\sin t\mathrm{d}t\right]\mathrm{d}y\\ &\quad=\int_a^b\left\{\left\{\frac{\mathrm{e}^{-(y+1)t}}{1+(y+1)^2}[-(y+1)\sin t-\cos t]\right\}\Bigg|_0^{+\infty}\right\}\mathrm{d}y\end{aligned}$$

$$= \int_a^b \frac{1}{1+(y+1)^2} \mathrm{d}y = \arctan(y+1)\Big|_a^b$$

$$= \arctan(1+b) - \arctan(1+a). \tag{2}$$

由 (1), (2) 两式得

$$\int_0^1 \sin\left(\ln\frac{1}{x}\right)\frac{x^b - x^a}{\ln x}\mathrm{d}x = \arctan(1+b) - \arctan(1+a).$$

(2) 我们有

$$\begin{aligned}\int_0^1 \cos\left(\ln\frac{1}{x}\right)\frac{x^b - x^a}{\ln x}\mathrm{d}x &= \int_0^1 \left[\cos\left(\ln\frac{1}{x}\right)\frac{x^y}{\ln x}\right]\Bigg|_a^b \mathrm{d}x \\ &= \int_0^1 \mathrm{d}x \int_a^b \frac{\partial}{\partial y}\left[\cos\left(\ln\frac{1}{x}\right)\frac{x^y}{\ln x}\right]\mathrm{d}y \\ &= \int_0^1 \mathrm{d}x \int_a^b \cos\left(\ln\frac{1}{x}\right) x^y \mathrm{d}y.\end{aligned}$$

由于

$$f(x,y) = \begin{cases} \cos\left(\ln\dfrac{1}{x}\right) x^y, & (x,y) \in (0,1] \times [a,b], \\ 0, & (x,y) \in \{0\} \times [a,b] \end{cases}$$

在 $[0,1] \times [a,b]$ 上连续, 由含参量积分的积分次序交换定理得

$$\int_0^1 \cos\left(\ln\frac{1}{x}\right)\frac{x^b - x^a}{\ln x}\mathrm{d}x = \int_a^b \mathrm{d}y \int_0^1 \cos\left(\ln\frac{1}{x}\right) x^y \mathrm{d}x.$$

而

$$\int_a^b \mathrm{d}y \int_0^1 \cos\left(\ln\frac{1}{x}\right) x^y \mathrm{d}x = \int_a^b \mathrm{d}y \int_0^{+\infty} \mathrm{e}^{-(y+1)t}\cos t \mathrm{d}t$$

$$= \int_a^b \left[\int_0^{+\infty} \mathrm{e}^{-(y+1)t}\cos t \mathrm{d}t\right]\mathrm{d}y$$

$$= \int_a^b \left\{\left\{\frac{\mathrm{e}^{-(y+1)t}}{1+(y+1)^2}[-(y+1)\cos t + \cos t]\right\}\Bigg|_0^{+\infty}\right\}\mathrm{d}y$$

$$= \int_a^b \frac{1+y}{1+(y+1)^2}\mathrm{d}y = \frac{1}{2}\ln[1+(y+1)^2]\Big|_a^b = \frac{1}{2}\ln\frac{1+(b+1)^2}{1+(a+1)^2},$$

所以

$$\int_0^1 \cos\left(\ln\frac{1}{x}\right)\frac{x^b-x^a}{\ln x}\mathrm{d}x=\frac{1}{2}\ln\frac{1+(b+1)^2}{1+(a+1)^2}.$$

注 (1), (2) 题都应用了积分号下积分法 (将被积函数化为一个函数的积分, 再交换积分次序), 然后换元, 并利用 Newton-Leibniz 公式得到最终结果. 另外, 都应用了下面函数的原函数:

$$\begin{aligned}\int \mathrm{e}^{\alpha t}\sin\beta t\mathrm{d}t&=\frac{1}{\alpha}\int\sin\beta t\mathrm{d}(\mathrm{e}^{\alpha t})=\frac{1}{\alpha}\left(\mathrm{e}^{\alpha t}\sin\beta t-\beta\int\mathrm{e}^{\alpha t}\cos\beta t\mathrm{d}t\right)\\&=\frac{1}{\alpha}\mathrm{e}^{\alpha t}\sin\beta t-\frac{\beta}{\alpha}\int\mathrm{e}^{\alpha t}\cos\beta t\mathrm{d}t\\&=\frac{1}{\alpha}\mathrm{e}^{\alpha t}\sin\beta t-\frac{\beta}{\alpha^2}\int\cos\beta t\mathrm{d}(\mathrm{e}^{\alpha t})\\&=\frac{1}{\alpha}\mathrm{e}^{\alpha t}\sin\beta t-\frac{\beta}{\alpha^2}\mathrm{e}^{\alpha t}\cos\beta t-\frac{\beta^2}{\alpha^2}\int\mathrm{e}^{\alpha t}\sin\beta t\mathrm{d}t,\\\int \mathrm{e}^{\alpha t}\cos\beta t\mathrm{d}t&=\frac{1}{\alpha}\int\cos\beta t\mathrm{d}(\mathrm{e}^{\alpha t})=\frac{1}{\alpha}\left(\mathrm{e}^{\alpha t}\cos\beta t+\beta\int\mathrm{e}^{\alpha t}\sin\beta t\mathrm{d}t\right)\\&=\frac{1}{\alpha}\mathrm{e}^{\alpha t}\cos\beta t+\frac{\beta}{\alpha}\int\mathrm{e}^{\alpha t}\sin\beta t\mathrm{d}t\\&=\frac{1}{\alpha}\mathrm{e}^{\alpha t}\cos\beta t+\frac{\beta}{\alpha^2}\int\sin\beta t\mathrm{d}(\mathrm{e}^{\alpha t})\\&=\frac{1}{\alpha}\mathrm{e}^{\alpha t}\cos\beta t+\frac{\beta}{\alpha^2}\mathrm{e}^{\alpha t}\sin\beta t-\frac{\beta^2}{\alpha^2}\int\mathrm{e}^{\alpha t}\cos\beta t\mathrm{d}t,\end{aligned}$$

所以

$$\begin{aligned}\int \mathrm{e}^{\alpha t}\sin\beta t\mathrm{d}t&=\frac{\mathrm{e}^{\alpha t}}{\alpha^2+\beta^2}(\alpha\sin\beta t-\beta\cos\beta t),\\\int \mathrm{e}^{\alpha t}\cos\beta t\mathrm{d}t&=\frac{\mathrm{e}^{\alpha t}}{\alpha^2+\beta^2}(\alpha\cos\beta t+\beta\sin\beta t).\end{aligned}$$

2. 试求累次积分

$$\int_0^1\mathrm{d}x\int_0^1\frac{x^2-y^2}{(x^2+y^2)^2}\mathrm{d}y \quad 与 \quad \int_0^1\mathrm{d}y\int_0^1\frac{x^2-y^2}{(x^2+y^2)^2}\mathrm{d}x,$$

并说明它们为何不相等.

解 由于

$$
\begin{aligned}
\int_0^1 \frac{x^2-y^2}{(x^2+y^2)^2}\mathrm{d}y &= \int_0^1 \frac{x^2+y^2-2y^2}{(x^2+y^2)^2}\mathrm{d}y \\
&= \int_0^1 \frac{1}{x^2+y^2}\mathrm{d}y + \int_0^1 \frac{-2y^2}{(x^2+y^2)^2}\mathrm{d}y \\
&= \int_0^1 \frac{1}{x^2+y^2}\mathrm{d}y + \int_0^1 y\mathrm{d}\left(\frac{1}{x^2+y^2}\right) \\
&= \int_0^1 \frac{1}{x^2+y^2}\mathrm{d}y + \frac{y}{x^2+y^2}\bigg|_0^1 - \int_0^1 \frac{1}{x^2+y^2}\mathrm{d}y \\
&= \frac{1}{x^2+1},
\end{aligned}
$$

所以

$$
\int_0^1 \mathrm{d}x \int_0^1 \frac{x^2-y^2}{(x^2+y^2)^2}\mathrm{d}y = \int_0^1 \frac{1}{x^2+1}\mathrm{d}x = \arctan x\Big|_0^1 = \frac{\pi}{4}.
$$

类似地, 有

$$
\begin{aligned}
&\int_0^1 \mathrm{d}y \int_0^1 \frac{x^2-y^2}{(x^2+y^2)^2}\mathrm{d}x = \int_0^1 \left[\int_0^1 \frac{x^2-y^2}{(x^2+y^2)^2}\mathrm{d}x\right]\mathrm{d}y \\
&= \int_0^1 \left[-\int_0^1 \frac{x^2+y^2-2x^2}{(x^2+y^2)^2}\mathrm{d}x\right]\mathrm{d}y \\
&= \int_0^1 \left[-\int_0^1 \frac{1}{x^2+y^2}\mathrm{d}x + \int_0^1 \frac{2x^2}{(x^2+y^2)^2}\mathrm{d}x\right]\mathrm{d}y \\
&= \int_0^1 \left[-\int_0^1 \frac{1}{x^2+y^2}\mathrm{d}x - \int_0^1 x\mathrm{d}\left(\frac{1}{x^2+y^2}\right)\right]\mathrm{d}y \\
&= \int_0^1 \left(-\int_0^1 \frac{1}{x^2+y^2}\mathrm{d}x - \frac{x}{x^2+y^2}\bigg|_0^1 + \int_0^1 \frac{1}{x^2+y^2}\mathrm{d}x\right)\mathrm{d}y \\
&= -\int_0^1 \frac{1}{1+y^2}\mathrm{d}y = -\arctan y\Big|_0^1 = -\frac{\pi}{4}.
\end{aligned}
$$

由于

$$
\lim_{\substack{(x,y)\to(0,0)\\ y=kx}} \frac{x^2-y^2}{(x^2+y^2)^2} = \lim_{x\to 0}\frac{(1-k^2)x^2}{(1+k^2)^2x^4} = \infty \quad (k \neq \pm 1),
$$

所以被积分函数 $\dfrac{x^2-y^2}{(x^2+y^2)^2}$ 在 $(0,1]\times(0,1]$ 上不连续, 不能用含参量积分的积分次序交换定理, 从而所给的两累次积分不相等.

注 此例说明, 要注意含参量积分的积分次序交换定理的条件, 不能盲目交换积分次序.

§ 19.2 含参量反常积分

内容要求 掌握含参量反常积分的背景、一致收敛的定义、一致收敛的判别法、一致收敛的性质、一致收敛性质的应用.

例 19-2-1 解答下列各题 (含参量反常积分的一致收敛性):

1. 判定下列含参量反常积分在给定区间上是否一致收敛:

(1) $\displaystyle\int_1^{+\infty}\frac{y^2-x^2}{(x^2+y^2)^2}\mathrm{d}x$, 在 $\mathbb{R}$ 上;

(2) $\displaystyle\int_0^{+\infty}\mathrm{e}^{-x^2y}\mathrm{d}y$, 在 $[a,b](a>0)$ 上;

(3) $\displaystyle\int_0^{+\infty}x\mathrm{e}^{-xy}\mathrm{d}y$, 在 (i)$[a,b](a>0)$, (ii)$[0,b]$ 上;

(4) $\displaystyle\int_0^{1}\ln(xy)\mathrm{d}y$, 在 $\left[\dfrac{1}{b},b\right]$ $(b>1)$ 上;

(5) $\displaystyle\int_0^{1}\frac{\mathrm{d}x}{x^p}$, 在 $(-\infty,b](b<1)$ 上.

解 (1) 由于

$$\left|\frac{y^2-x^2}{(x^2+y^2)^2}\right|\leqslant\frac{y^2+x^2}{(x^2+y^2)^2}=\frac{1}{y^2+x^2}\leqslant\frac{1}{x^2},$$

而 $\displaystyle\int_1^{+\infty}\frac{1}{x^2}\mathrm{d}x$ 收敛 (由反常积分的比较判别法或者定义), 由 Weierstrass 判别法知 $\displaystyle\int_1^{+\infty}\frac{y^2-x^2}{(x^2+y^2)^2}\mathrm{d}x$ 在 $\mathbb{R}$ 上一致收敛.

(2) 由于 $|\mathrm{e}^{-x^2y}|\leqslant\mathrm{e}^{-a^2y}$, 而 $\displaystyle\int_0^{+\infty}\mathrm{e}^{-a^2y}\mathrm{d}y$ 收敛 (由比较判别法或者定义), 由 Weierstrass 判别法知 $\displaystyle\int_0^{+\infty}\mathrm{e}^{-x^2y}\mathrm{d}y$ 在 $[a,b](a>0)$

上一致收敛.

(3) (i) 由于 $|xe^{-xy}| \leqslant be^{-ay}$, 而 $\int_0^{+\infty} be^{-ay}dy$ 收敛 (由比较判别法或定义), 由 Weierstrass 判别法知 $\int_0^{+\infty} xe^{-xy}dy$ 在 $[a,b](a>0)$ 一致收敛.

(ii) **法一** $\exists\varepsilon_0 = \frac{1}{2}(e^{-1}-e^{-2})>0$, 对 $\forall M>0, \exists x_0 = \frac{1}{M}$, 使得

$$\int_M^{2M} x_0 e^{-x_0 y}dy = \int_M^{2M} \frac{1}{M}e^{-\frac{1}{M}y}dy = \int_1^2 e^{-t}dt = e^{-1}-e^{-2} > \varepsilon_0.$$

于是, 由 Cauchy 准则知 $\int_0^{+\infty} xe^{-xy}dy$ 在 $[0,b]$ 上非一致收敛.

法二 由于 xe^{-xy} 在 $[0,b]\times[0,+\infty)$ 上连续, 但 $\int_0^{+\infty} xe^{-xy}dy = \begin{cases} 0, & x=0, \\ 1, & 0<x\leqslant b \end{cases}$ 在点 $x=0$ 不连续, 由一致收敛的连续性质知 $\int_0^{+\infty} xe^{-xy}dy$ 在 $[0,b]$ 上非一致收敛.

(4) 由于

$$|\ln(xy)| = |\ln x| + |\ln y| \leqslant \ln b + |\ln y| = \ln b - \ln y,$$

而 $\int_0^1 (\ln b - \ln y)dy = \ln b - \int_0^1 \ln y dy$ 收敛 (由比较判别法), 由 Weierstrass 判别法知 $\int_0^1 \ln(xy)dy$ 在 $\left[\frac{1}{b}, b\right](b>1)$ 上一致收敛.

(5) 由于 $\left|\frac{1}{x^p}\right| \leqslant \frac{1}{x^b}$, 而瑕积分 $\int_0^1 \frac{dx}{x^b}(b<1)$ 收敛 (由比较判别法或定义), 由 Weierstrass 判别法知 $\int_0^1 \frac{dx}{x^p}$ 在 $(-\infty,b](b<1)$ 上一致收敛.

注 在 (1) 中, 积分下限只要为大于零的数都可以, 但积分下限为零不成立. 在 (2) 中, 将 $[a,b](a>0)$ 改为 $[a,+\infty)(a>0)$ 也一致收敛, 但在 $(0,+\infty)$ 上非一致收敛. 事实上, $\exists\varepsilon_0 = \frac{1}{2}(e^{-1}-e^{-2}) >$

0, 对 $\forall M>1, \exists x_0=\dfrac{1}{\sqrt{M}}$, 使得

$$\int_M^{2M} \mathrm{e}^{-x_0^2 y}\mathrm{d}y=\int_M^{2M} \mathrm{e}^{-\frac{1}{M}y}\mathrm{d}y=M\int_1^2 \mathrm{e}^{-t}\mathrm{d}t>\int_1^2 \mathrm{e}^{-t}\mathrm{d}t$$
$$=\mathrm{e}^{-1}-\mathrm{e}^{-2}>\varepsilon_0.$$

(4) 和 (5) 为含参变量的瑕积分.

判断含参量反常积分是否一致收敛取决于积分区间、被积函数、参变量的范围, 一般先考虑用 Weierstrass 判别法、定义、Cauchy 准则、Abel 判别法和 Dirichlet 判别法等来判断.

2. 设在 $[a,+\infty)\times[c,d]$ 上成立不等式 $|f(x,y)|\leqslant F(x,y)$. 若 $\displaystyle\int_a^{+\infty} F(x,y)\mathrm{d}x$ 在 $[c,d]$ 上一致收敛, 证明: $\displaystyle\int_a^{+\infty} f(x,y)\mathrm{d}x$ 在 $[c,d]$ 上一致收敛且绝对收敛.

证　法一　由于 $\displaystyle\int_a^{+\infty} F(x,y)\mathrm{d}x$ 在 $[c,d]$ 上一致收敛, 所以对 $\forall\varepsilon>0, \exists M>a$, 当 $A_2>A_1>M$ 时, 对 $\forall y\in[c,d]$, 有

$$0\leqslant\int_{A_1}^{A_2} F(x,y)\mathrm{d}x<\varepsilon.$$

此时

$$\left|\int_{A_1}^{A_2} f(x,y)\mathrm{d}x\right|\leqslant\int_{A_1}^{A_2} |f(x,y)|\mathrm{d}x\leqslant\int_{A_1}^{A_2} F(x,y)\mathrm{d}x<\varepsilon,$$

由 Cauchy 准则知 $\displaystyle\int_a^{+\infty} f(x,y)\mathrm{d}x$ 在 $[c,d]$ 上一致收敛且绝对收敛.

法二　由于 $\displaystyle\int_a^{+\infty} F(x,y)\mathrm{d}x$ 在 $[c,d]$ 上一致收敛, 所以对 $\forall\varepsilon>0, \exists M>a$, 当 $A>M$ 时, 对 $\forall y\in[c,d]$, 有

$$0\leqslant\int_A^{+\infty} F(x,y)\mathrm{d}x<\varepsilon.$$

此时

$$\left|\int_A^{+\infty} f(x,y)\mathrm{d}x\right|\leqslant\int_A^{+\infty} |f(x,y)|\mathrm{d}x\leqslant\int_A^{+\infty} F(x,y)\mathrm{d}x<\varepsilon,$$

由一致收敛的定义知 $\int_a^{+\infty} f(x,y)\mathrm{d}x$ 在 $[c,d]$ 上一致收敛且绝对收敛.

3. 设 $f(x,y)$ 为 $[a,b]\times[c,+\infty)$ 上的连续、非负函数, $I(x)=\int_c^{+\infty} f(x,y)\mathrm{d}y$ 在 $[a,b]$ 上连续, 证明: $I(x)$ 在 $[a,b]$ 上一致收敛.

证　法一　若 $\int_c^{+\infty} f(x,y)\mathrm{d}y$ 在 $[a,b]$ 上不一致收敛, 则 $\exists\varepsilon_0>0$, 对 $\forall n>c, \exists x_n\in[a,b]$, 使得

$$\int_n^{+\infty} f(x_n,y)\mathrm{d}y \geqslant \varepsilon_0. \tag{1}$$

由于 $\{x_n\}\subset[a,b]$, 由聚点原理知, $\exists\{x_{n_k}\}\subset\{x_n\}$ 和 $x_0\in[a,b]$, 使得

$$x_{n_k}\to x_0\in[a,b].$$

由条件知 $\int_c^{+\infty} f(x_0,y)\mathrm{d}y$ 收敛, 所以 $\exists A>c$, 使得

$$\int_A^{+\infty} f(x_0,y)\mathrm{d}y < \frac{\varepsilon_0}{2}. \tag{2}$$

由 $f(x,y)\geqslant 0$ 及 (1) 式知, 当 $n_k\geqslant A$ 时, 有

$$\int_A^{+\infty} f(x_{n_k},y)\mathrm{d}y \geqslant \int_{n_k}^{+\infty} f(x_{n_k},y)\mathrm{d}y \geqslant \varepsilon_0. \tag{3}$$

再由条件及含参量正常积分的连续性知

$$\int_A^{+\infty} f(x,y)\mathrm{d}y = \int_c^{+\infty} f(x,y)\mathrm{d}y - \int_c^{A} f(x,y)\mathrm{d}y \in C[a,b].$$

在 (3) 式中, 令 $k\to+\infty$, 得

$$\int_A^{+\infty} f(x_0,y)\mathrm{d}y = \lim_{k\to\infty}\int_A^{+\infty} f(x_{n_k},y)\mathrm{d}y \geqslant \varepsilon_0.$$

这与 (2) 式矛盾. 所以, $\int_c^{+\infty} f(x,y)\mathrm{d}y$ 在 $[a,b]$ 上一致收敛.

法二　任取递增数列 $\{A_n\}$ (其中 $A_1=c$), $A_n\to+\infty$, 则

$\int_c^{+\infty} f(x,y)\mathrm{d}y$ 在 $[a,b]$ 上一致收敛 $\Longleftrightarrow \sum_{n=1}^{\infty}\int_{A_n}^{A_{n+1}} f(x,y)\mathrm{d}y :=$ $\sum_{n=1}^{\infty} u_n(x)$ 在 $[a,b]$ 上一致收敛.

由条件可知: (i) $u_n(x) \geqslant 0$; (ii) $u_n(x), S(x) \in C[a,b]$; (iii) $\sum_{n=1}^{\infty} u_n(x)$ 在 $[a,b]$ 上收敛. 于是, 由函数项级数一致收敛的 Dini 定理知 $\int_c^{+\infty} f(x,y)\mathrm{d}y$ 在 $[a,b]$ 上一致收敛.

4. $\int_1^{+\infty} \frac{y\sin xy}{1+y^p}\mathrm{d}y (p>0)$ 在 $(0,+\infty)$ 上是否一致收敛?

解 由于

$$\left|\frac{y\sin xy}{1+y^p}\right| \leqslant \left|\frac{y}{1+y^p}\right|,$$

所以当 $p-1>1$, 即 $p>2$ 时, 由 Weierstrass 判别法知 $\int_1^{+\infty} \frac{y\sin xy}{1+y^p}\mathrm{d}y$ 在 $(0,+\infty)$ 上一致收敛.

当 $0<p\leqslant 2$ 时, $\exists \varepsilon_0 = \frac{1}{4}\int_1^2 \frac{\sin t}{t^{p-1}}\mathrm{d}t > 0$, 对 $\forall M>1, \exists A_1 = M, A_2 = 2M > M, \exists x_0 = \frac{1}{M} \in (0,+\infty)$, 使得

$$\begin{aligned}\int_M^{2M} \frac{y\sin xy}{1+y^p}\mathrm{d}y &= \int_M^{2M} \frac{y\sin\frac{y}{M}}{1+y^p}\mathrm{d}y = M^2\int_1^2 \frac{t\sin t}{1+(tM)^p}\mathrm{d}t \\ &= M^{2-p}\int_1^2 \frac{t\sin t}{\frac{1}{M^p}+t^p}\mathrm{d}t \geqslant \int_1^2 \frac{t\sin t}{\frac{1}{M^p}+t^p}\mathrm{d}t,\end{aligned}$$

而

$$\frac{t}{\frac{1}{M^p}+t^p} \geqslant \frac{t}{1+t^p} = \frac{1}{t^{p-1}}\frac{t^p}{1+t^p} \geqslant \frac{1}{2}\frac{1}{t^{p-1}} \quad (1\leqslant t\leqslant 2),$$

所以

$$\int_M^{2M} \frac{y\sin xy}{1+y^p}\mathrm{d}y \geqslant \frac{1}{2}\int_1^2 \frac{\sin t}{t^{p-1}}\mathrm{d}t > \varepsilon_0.$$

由 Cauchy 准则知, 当 $0 < p \leqslant 2$ 时, $\displaystyle\int_1^{+\infty} \frac{y \sin xy}{1+y^p} \mathrm{d}y$ 在 $(0,+\infty)$ 上非一致收敛.

例 19-2-2 解答下列各题 (一致收敛的性质):

1. 证明: 函数 $F(y) = \displaystyle\int_0^{+\infty} \mathrm{e}^{-(x-y)^2} \mathrm{d}x$ 在 $\mathbb{R}$ 上连续.

证 令 $t = x - y$, 则

$$\begin{aligned}
F(y) &= \int_0^{+\infty} \mathrm{e}^{-(x-y)^2} \mathrm{d}x = \int_{-y}^{+\infty} \mathrm{e}^{-t^2} \mathrm{d}t \\
&= \int_{-y}^{0} \mathrm{e}^{-t^2} \mathrm{d}t + \int_0^{+\infty} \mathrm{e}^{-t^2} \mathrm{d}t \\
&= \int_{-y}^{0} \mathrm{e}^{-t^2} \mathrm{d}t + \frac{\sqrt{\pi}}{2} = \int_0^{y} \mathrm{e}^{-u^2} \mathrm{d}u + \frac{\sqrt{\pi}}{2}.
\end{aligned}$$

由含参量正常积分的性质知 $\displaystyle\int_0^{y} \mathrm{e}^{-u^2} \mathrm{d}u$ 连续, 所以 $F(y)$ 在 $\mathbb{R}$ 上连续.

2. 计算下列积分:

(1) $\displaystyle\int_0^{+\infty} \frac{\mathrm{e}^{-ax} - \mathrm{e}^{-bx}}{x} \mathrm{d}x \ (b > a > 0)$;

(2) $\displaystyle\int_0^{+\infty} \frac{\mathrm{e}^{-a^2x^2} - \mathrm{e}^{-b^2x^2}}{x^2} \mathrm{d}x \ (b > a > 0)$;

(3) $\displaystyle\int_0^{+\infty} \mathrm{e}^{-t} \frac{\sin xt}{t} \mathrm{d}t$;

(4) $\displaystyle\int_0^{+\infty} \mathrm{e}^{-x} \frac{1 - \cos xy}{x^2} \mathrm{d}x$.

解 (1) 我们有

$$\begin{aligned}
\int_0^{+\infty} \frac{\mathrm{e}^{-ax} - \mathrm{e}^{-bx}}{x} \mathrm{d}x &= \int_0^{+\infty} \left(-\frac{\mathrm{e}^{-yx}}{x} \bigg|_a^b \right) \mathrm{d}x \\
&= \int_0^{+\infty} \left(\int_a^b \mathrm{e}^{-yx} \mathrm{d}y \right) \mathrm{d}x.
\end{aligned}$$

由于 $f(x,y) = \mathrm{e}^{-yx}$ 在 $[0,+\infty) \times [a,b]$ 上连续, $|f(x,y)| = |\mathrm{e}^{-yx}| \leqslant \mathrm{e}^{-ax}$, $\displaystyle\int_0^{+\infty} \mathrm{e}^{-ax} \mathrm{d}x$ 收敛, 由 Weierstrass 判别法知 $\displaystyle\int_0^{+\infty} \mathrm{e}^{-xy} \mathrm{d}x$ 在

$[a,b]$ 上一致收敛. 于是, 由含参量反常积分的积分次序交换定理得

$$\int_0^{+\infty}\frac{\mathrm{e}^{-ax}-\mathrm{e}^{-bx}}{x}\mathrm{d}x=\int_0^{+\infty}\left(\int_a^b\mathrm{e}^{-yx}\mathrm{d}y\right)\mathrm{d}x$$

$$=\int_a^b\mathrm{d}y\int_0^{+\infty}\mathrm{e}^{-xy}\mathrm{d}x=\int_a^b\left(-\frac{1}{y}\mathrm{e}^{-xy}\Big|_0^{+\infty}\right)\mathrm{d}y$$

$$=\int_a^b\frac{1}{y}\mathrm{d}y=\ln\frac{b}{a}.$$

(2) **法一** 我们有

$$\int_0^{+\infty}\frac{\mathrm{e}^{-a^2x^2}-\mathrm{e}^{-b^2x^2}}{x^2}\mathrm{d}x=\int_0^{+\infty}\left(-\frac{\mathrm{e}^{-yx^2}}{x^2}\Big|_{a^2}^{b^2}\right)\mathrm{d}x$$

$$=\int_0^{+\infty}\mathrm{d}x\int_{a^2}^{b^2}\mathrm{e}^{-yx^2}\mathrm{d}y.$$

由于 $f(x,y)=\mathrm{e}^{-yx^2}$ 在 $[0,+\infty)\times[a^2,b^2]$ 上连续, $|f(x,y)|=|\mathrm{e}^{-yx^2}|\leqslant\mathrm{e}^{-a^2x^2}$, $\int_0^{+\infty}\mathrm{e}^{-a^2x^2}\mathrm{d}x$ 收敛 (由比较判别法), 由 Weierstrass 判别法知 $\int_0^{+\infty}\mathrm{e}^{-yx^2}\mathrm{d}x$ 在 $[a^2,b^2]$ 上一致收敛. 于是, 由含参量反常积分的积分次序交换定理得

$$\int_0^{+\infty}\frac{\mathrm{e}^{-a^2x^2}-\mathrm{e}^{-b^2x^2}}{x^2}\mathrm{d}x=\int_{a^2}^{b^2}\mathrm{d}y\int_0^{+\infty}\mathrm{e}^{-yx^2}\mathrm{d}x$$

$$=\int_{a^2}^{b^2}\left(\frac{1}{\sqrt{y}}\int_0^{+\infty}\mathrm{e}^{-t^2}\mathrm{d}t\right)\mathrm{d}y=\frac{\sqrt{\pi}}{2}\int_{a^2}^{b^2}\frac{1}{\sqrt{y}}\mathrm{d}y$$

$$=\frac{\sqrt{\pi}}{2}\left(2y^{1/2}\Big|_{a^2}^{b^2}\right)=\sqrt{\pi}(b-a).$$

法二 我们有

$$\int_0^{+\infty}\frac{\mathrm{e}^{-a^2x^2}-\mathrm{e}^{-b^2x^2}}{x^2}\mathrm{d}x=\int_0^{+\infty}\left(-\frac{\mathrm{e}^{-y^2x^2}}{x^2}\Big|_a^b\right)\mathrm{d}x$$

$$=2\int_0^{+\infty}\mathrm{d}x\int_a^b y\mathrm{e}^{-y^2x^2}\mathrm{d}y.$$

由于 $f(x,y) = y\mathrm{e}^{-y^2x^2}$ 在 $[0,+\infty)\times[a,b]$ 上连续, $|f(x,y)| = |y\mathrm{e}^{-y^2x^2}| \leqslant b\mathrm{e}^{-a^2x^2}$, $\displaystyle\int_0^{+\infty}\mathrm{e}^{-a^2x^2}\mathrm{d}x$ 收敛 (由比较判别法), 由 Weierstrass 判别法知 $\displaystyle\int_0^{+\infty}y\mathrm{e}^{-y^2x^2}\mathrm{d}x$ 在 $[a,b]$ 上一致收敛. 于是, 由含参量反常积分的积分次序交换定理得

$$\begin{aligned}\int_0^{+\infty}\frac{\mathrm{e}^{-a^2x^2}-\mathrm{e}^{-b^2x^2}}{x^2}\mathrm{d}x &= 2\int_a^b\mathrm{d}y\int_0^{+\infty}y\mathrm{e}^{-y^2x^2}\mathrm{d}x\\ &= 2\int_a^b\mathrm{d}y\int_0^{+\infty}\mathrm{e}^{-t^2}\mathrm{d}t\\ &= \sqrt{\pi}\int_a^b\mathrm{d}y = \sqrt{\pi}(b-a).\end{aligned}$$

法三 $\displaystyle\int_0^{+\infty}\frac{\mathrm{e}^{-a^2x^2}-\mathrm{e}^{-b^2x^2}}{x^2}\mathrm{d}x = -\int_0^{+\infty}(\mathrm{e}^{-a^2x^2}-\mathrm{e}^{-b^2x^2})\mathrm{d}\left(\frac{1}{x}\right)$

$$\begin{aligned}&= -\frac{1}{x}(\mathrm{e}^{-a^2x^2}-\mathrm{e}^{-b^2x^2})\Big|_0^{+\infty}+\int_0^{+\infty}\frac{1}{x}\mathrm{d}(\mathrm{e}^{-a^2x^2}-\mathrm{e}^{-b^2x^2})\\ &= -2\int_0^{+\infty}(a^2\mathrm{e}^{-a^2x^2}-b^2\mathrm{e}^{-b^2x^2})\mathrm{d}x\\ &= -2\left(a\int_0^{+\infty}\mathrm{e}^{-t^2}\mathrm{d}t-b\int_0^{+\infty}\mathrm{e}^{-t^2}\mathrm{d}t\right)\\ &= \sqrt{\pi}(b-a).\end{aligned}$$

(3) **法一** 当 $x>0$ 时, 有

$$\begin{aligned}\int_0^{+\infty}\mathrm{e}^{-t}\frac{\sin xt}{t}\mathrm{d}t &= \int_0^{+\infty}\left(\mathrm{e}^{-t}\frac{\sin yt}{t}\Big|_0^x\right)\mathrm{d}t\\ &= \int_0^{+\infty}\left(\int_0^x\mathrm{e}^{-t}\cos yt\mathrm{d}y\right)\mathrm{d}t.\end{aligned}$$

由于 $f(t,y)=\mathrm{e}^{-t}\cos yt$ 在 $[0,+\infty)\times[0,x]$ 上连续, $|f(t,y)|=|\mathrm{e}^{-t}\cos yt| \leqslant \mathrm{e}^{-t}$, $\displaystyle\int_0^{+\infty}\mathrm{e}^{-t}\mathrm{d}t$ 收敛 (由比较判别法或定义), 由 Weierstrass 判别法知 $\displaystyle\int_0^{+\infty}\mathrm{e}^{-t}\cos yt\mathrm{d}t$ 在 $[0,x]$ 上一致收敛. 于是, 由含参量反常积

分的积分次序交换定理得

$$\begin{aligned}\int_0^{+\infty} \mathrm{e}^{-t}\frac{\sin xt}{t}\mathrm{d}t &= \int_0^{+\infty}\left(\int_0^x \mathrm{e}^{-t}\cos yt\mathrm{d}y\right)\mathrm{d}t \\ &= \int_0^x \mathrm{d}y\int_0^{+\infty} \mathrm{e}^{-t}\cos yt\mathrm{d}t \\ &= \int_0^x\left\{\left[\frac{\mathrm{e}^{-t}}{1+y^2}(-\cos yt + y\sin yt)\right]\Bigg|_0^{+\infty}\right\}\mathrm{d}y \\ &= \int_0^x \frac{1}{1+y^2}\mathrm{d}y = \arctan x.\end{aligned}$$

当 $x<0$ 时, 有

$$\begin{aligned}\int_0^{+\infty} \mathrm{e}^{-t}\frac{\sin xt}{t}\mathrm{d}t &= -\int_0^{+\infty} \mathrm{e}^{-t}\frac{\sin(-xt)}{t}\mathrm{d}t \\ &= -\arctan(-x) = \arctan x.\end{aligned}$$

当 $x=0$ 时, 有 $\displaystyle\int_0^{+\infty} \mathrm{e}^{-t}\frac{\sin xt}{t}\mathrm{d}t = 0 = \arctan 0.$

总之, 对 $\forall x\in\mathbb{R}$, 有

$$\int_0^{+\infty} \mathrm{e}^{-t}\frac{\sin xt}{t}\mathrm{d}t = \arctan x.$$

法二 记 $I(x)=\displaystyle\int_0^{+\infty} \mathrm{e}^{-t}\frac{\sin xt}{t}\mathrm{d}t$, 令

$$f(x,t)=\begin{cases}\mathrm{e}^{-t}\dfrac{\sin xt}{t}, & t>0,\\ x, & t=0.\end{cases}$$

对 $\forall x\in\mathbb{R}, \exists[a,b]\subset\mathbb{R}$, 使得 $x\in[a,b]$, 则

(i) $f(x,t), f_x=\mathrm{e}^{-t}\cos xt$ 在 $[a,b]\times[0,+\infty)$ 上连续;

(ii) $\displaystyle\int_0^{+\infty} \mathrm{e}^{-t}\frac{\sin xt}{t}\mathrm{d}t$ 在 $[a,b]$ 上一致收敛 (由 Abel 判别法);

(iii) $\displaystyle\int_0^{+\infty} \mathrm{e}^{-t}\cos xt\mathrm{d}t$ 在 $[a,b]$ 上一致收敛 (由 Weierstrass 判别法).

由积分号下求导的定理得

$$I'(x)=\int_0^{+\infty}\frac{\partial}{\partial x}\left(\mathrm{e}^{-t}\frac{\sin xt}{t}\right)\mathrm{d}t=\int_0^{+\infty}\mathrm{e}^{-t}\cos xt\mathrm{d}t$$
$$=\frac{\mathrm{e}^{-t}}{1+x^2}(-\cos xt+x\sin xt)\bigg|_0^{+\infty}=\frac{1}{1+x^2},$$

所以

$$I(x)=I(x)-I(0)=\int_0^x\frac{1}{1+u^2}\mathrm{d}u=\arctan x.$$

(4) **法一** 由第 (3) 题与积分号下积分法得

$$\int_0^{+\infty}\mathrm{e}^{-x}\frac{1-\cos xy}{x^2}\mathrm{d}x=\int_0^{+\infty}\left(\mathrm{e}^{-x}\frac{\cos xt}{x^2}\bigg|_y^0\right)\mathrm{d}x$$
$$=-\int_0^{+\infty}\left(\int_y^0\mathrm{e}^{-x}\frac{\sin xt}{x}\mathrm{d}t\right)\mathrm{d}x=\int_0^y\mathrm{d}t\int_0^{+\infty}\mathrm{e}^{-x}\frac{\sin xt}{x}\mathrm{d}x$$
$$=\int_0^y\arctan t\mathrm{d}t=t\arctan t\big|_0^y-\int_0^y\frac{t}{1+t^2}\mathrm{d}t$$
$$=y\arctan y-\frac{1}{2}\ln\left(1+t^2\right)\big|_0^y$$
$$=y\arctan y-\frac{1}{2}\ln(1+y^2).$$

法二 记 $I(y)=\displaystyle\int_0^{+\infty}\mathrm{e}^{-x}\frac{1-\cos xy}{x^2}\mathrm{d}x$, 令

$$f(x,y)=\begin{cases}\mathrm{e}^{-x}\dfrac{1-\cos xy}{x^2}, & x>0,\\ 0, & x=0,\end{cases}$$

则

(i) $f(x,y), f_y=\mathrm{e}^{-x}\dfrac{\sin xy}{x}$ 在 $[0,+\infty)\times[0,y]$ 上连续;

(ii) $\displaystyle\int_0^{+\infty}\mathrm{e}^{-x}\frac{1-\cos xy}{x^2}\mathrm{d}x$ 在 $[0,y]$ 上收敛;

(iii) $\displaystyle\int_0^{+\infty}\mathrm{e}^{-x}\frac{\sin xy}{x}\mathrm{d}x$ 在 $[0,y]$ 上一致收敛 (由 Abel 判别法).

由积分号下求导的定理得

$$I'(y) = \int_0^{+\infty} \mathrm{e}^{-x} \frac{\sin xy}{x} \mathrm{d}x = \arctan y \quad (由第 (3) 题),$$

所以

$$\begin{aligned}
I(y) &= I(y) - I(0) = \int_0^y I'(t)\mathrm{d}t = \int_0^y \arctan t \mathrm{d}t \\
&= t\arctan t\Big|_0^y - \int_0^y \frac{t}{1+t^2}\mathrm{d}t = y\arctan y - \frac{1}{2}\ln(1+t^2)\Big|_0^y \\
&= y\arctan y - \frac{1}{2}\ln(1+y^2).
\end{aligned}$$

注 在 (2) 中, 前两种方法是积分号下积分法, 第三种方法是分部积分法. 在 (3) 和 (4) 中, 法一是积分号下积分法, 法二是积分号下微分法.

3. 对极限 $\lim\limits_{x\to 0^+} \int_0^{+\infty} 2xy\mathrm{e}^{-xy^2}\mathrm{d}y$, 能否运用求极限和积分运算顺序交换来求解?

解 由于

$$\int_0^{+\infty} 2xy\mathrm{e}^{-xy^2}\mathrm{d}y = -\mathrm{e}^{-xy^2}\Big|_0^{+\infty} = 1, \quad \forall x > 0,$$

所以

$$\lim_{x\to 0^+} \int_0^{+\infty} 2xy\mathrm{e}^{-xy^2}\mathrm{d}y = 1. \tag{1}$$

又

$$\int_0^{+\infty} \lim_{x\to 0^+} (2xy\mathrm{e}^{-xy^2})\mathrm{d}y = \int_0^{+\infty} 0\mathrm{d}y = 0. \tag{2}$$

由 (1), (2) 两式知, 不能运用求极限和积分运算顺序交换来求解.

注 此题说明一定要注意积分号和极限号的交换条件. 极限号和积分号交换的定理也仅是充分条件, 满足条件可以交换, 不满足条件也不能说一定不能交换. 下面说明此题不满足积分号和极限号交换的条件.

证明: $\int_0^{+\infty} 2xy\mathrm{e}^{-xy^2}\mathrm{d}y$ 在 $[0,\delta]$ 上不一致收敛.

证: $\exists\varepsilon_0=\dfrac{1}{2\mathrm{e}^2}$,对 $\forall M>0,\exists A=2M>M,\exists x_0=\dfrac{1}{4M^2}$, 使得

$$\int_{2M}^{+\infty}2x_0y\mathrm{e}^{-x_0y^2}\mathrm{d}y=\int_{2M}^{+\infty}2\frac{1}{4M^2}y\mathrm{e}^{-\frac{1}{4M^2}y^2}\mathrm{d}y$$

$$=2\int_1^{+\infty}t\mathrm{e}^{-t^2}\mathrm{d}t=-\mathrm{e}^{-t^2}\Big|_1^{+\infty}=\frac{1}{\mathrm{e}}\geqslant\varepsilon_0.$$

由一致收敛的定义可知, $\displaystyle\int_0^{+\infty}2xy\mathrm{e}^{-xy^2}\mathrm{d}y$ 在 $[0,\delta]$ 上不一致收敛.

4. 对 $\displaystyle\int_0^1\mathrm{d}y\int_0^{+\infty}(2y-2xy^3)\mathrm{e}^{-xy^2}\mathrm{d}x$, 能否运用积分次序交换来求解?

解 由于

$$\begin{aligned}&\int_0^{+\infty}(2y-2xy^3)\mathrm{e}^{-xy^2}\mathrm{d}x\\&=2\int_0^{+\infty}y\mathrm{e}^{-xy^2}\mathrm{d}x-\int_0^{+\infty}2xy^3\mathrm{e}^{-xy^2}\mathrm{d}x\\&=2y\int_0^{+\infty}\mathrm{e}^{-xy^2}\mathrm{d}x-2y^3\int_0^{+\infty}x\mathrm{e}^{-xy^2}\mathrm{d}x\\&=2y\int_0^{+\infty}\mathrm{e}^{-xy^2}\mathrm{d}x+2y\int_0^{+\infty}x\mathrm{d}(\mathrm{e}^{-xy^2})\\&=2y\int_0^{+\infty}\mathrm{e}^{-xy^2}\mathrm{d}x+2y\left(x\mathrm{e}^{-xy^2}\Big|_0^{+\infty}-\int_0^{+\infty}\mathrm{e}^{-xy^2}\mathrm{d}x\right)\\&=2y\int_0^{+\infty}\mathrm{e}^{-xy^2}\mathrm{d}x-2y\int_0^{+\infty}\mathrm{e}^{-xy^2}\mathrm{d}x=0,\end{aligned}$$

所以

$$\int_0^1\mathrm{d}y\int_0^{+\infty}(2y-2xy^3)\mathrm{e}^{-xy^2}\mathrm{d}x=0.\tag{1}$$

由于

$$\begin{aligned}&\int_0^1(2y-2xy^3)\mathrm{e}^{-xy^2}\mathrm{d}y\\&=2\int_0^1y\mathrm{e}^{-xy^2}\mathrm{d}y-2x\int_0^1y^3\mathrm{e}^{-xy^2}\mathrm{d}y\end{aligned}$$

$$
\begin{aligned}
&= 2\int_0^1 y\mathrm{e}^{-xy^2}\mathrm{d}y + \int_0^1 y^2\mathrm{d}(\mathrm{e}^{-xy^2}) \\
&= 2\int_0^1 y\mathrm{e}^{-xy^2}\mathrm{d}y + \left(y^2\mathrm{e}^{-xy^2}\Big|_0^1\right) - 2\int_0^1 y\mathrm{e}^{-xy^2}\mathrm{d}y \\
&= \mathrm{e}^{-x},
\end{aligned}
$$

所以

$$
\int_0^{+\infty}\mathrm{d}x\int_0^1(2y-2xy^3)\mathrm{e}^{-xy^2}\mathrm{d}y = \int_0^{+\infty}\mathrm{e}^{-x}\mathrm{d}x = 1. \qquad (2)
$$

由 (1), (2) 两式知不能运用积分次序交换来求解.

注 此题说明一定要注意积分次序交换条件. 积分次序交换的定理也仅是充分条件, 满足条件可以交换, 不满足条件也不能说一定不能交换. 下面说明此题不满足积分次序交换的条件.

证明: $\int_0^{+\infty}(2y-2xy^3)\mathrm{e}^{-xy^2}\mathrm{d}x$ 在 $[0,1]$ 上不一致收敛.

证: $\exists\varepsilon_0=\dfrac{1}{2\mathrm{e}^2}$, 对 $\forall M>1, \exists A=M, \exists y_0=\dfrac{1}{\sqrt{M}}$, 使得

$$
\begin{aligned}
&\left|\int_M^{+\infty}(2y_0-2xy_0^3)\mathrm{e}^{-xy_0^2}\mathrm{d}x\right| \\
&= \left|\int_M^{+\infty}\left(2\frac{1}{\sqrt{M}}-2x\frac{1}{M^{3/2}}\right)\mathrm{e}^{-x/M}\mathrm{d}x\right| \\
&= \left|\int_1^{+\infty}\left(2\frac{1}{\sqrt{M}}-2Mt\frac{1}{M^{3/2}}\right)\mathrm{e}^{-t}M\mathrm{d}t\right| \\
&= \left|2\sqrt{M}\int_1^{+\infty}\mathrm{e}^{-t}\mathrm{d}t + 2\sqrt{M}\int_1^{+\infty}t\mathrm{d}(\mathrm{e}^{-t})\right| \\
&= \left|2\sqrt{M}\int_1^{+\infty}\mathrm{e}^{-t}\mathrm{d}t + 2\sqrt{M}t\mathrm{e}^{-t}\Big|_1^{+\infty} - 2\sqrt{M}\int_1^{+\infty}\mathrm{e}^{-t}\mathrm{d}t\right| \\
&= 2\sqrt{M}\mathrm{e}^{-1} > 2\mathrm{e}^{-1} > \varepsilon_0,
\end{aligned}
$$

由一致收敛的定义可知, $\int_0^{+\infty}(2y-2xy^3)\mathrm{e}^{-xy^2}\mathrm{d}x$ 在 $[0,1]$ 上不一致收敛.

5. 对 $F(x)=\int_0^{+\infty}x^3\mathrm{e}^{-x^2y}\mathrm{d}y$, 能否运用积分与求导运算顺序交换来求解?

解 由于

$$F(x)=\int_0^{+\infty} x^3\mathrm{e}^{-x^2y}\mathrm{d}y=-x\mathrm{e}^{-x^2y}\Big|_0^{+\infty}=\begin{cases}x, & x\neq 0,\\ 0, & x=0,\end{cases}=x,$$

所以

$$F'(x)=\frac{\partial}{\partial x}\left(\int_0^{+\infty} x^3\mathrm{e}^{-x^2y}\mathrm{d}y\right)=1. \tag{1}$$

又

$$\begin{aligned}
&\int_0^{+\infty}\frac{\partial}{\partial x}(x^3\mathrm{e}^{-x^2y})\mathrm{d}y\\
=&\int_0^{+\infty}(3x^2-2x^4y)\mathrm{e}^{-x^2y}\mathrm{d}y\\
=&3\int_0^{+\infty}x^2\mathrm{e}^{-x^2y}\mathrm{d}y-\int_0^{+\infty}2x^4y\mathrm{e}^{-x^2y}\mathrm{d}y\\
=&3\int_0^{+\infty}x^2\mathrm{e}^{-x^2y}\mathrm{d}y+2\int_0^{+\infty}x^2y\mathrm{d}(\mathrm{e}^{-x^2y})\\
=&3\int_0^{+\infty}x^2\mathrm{e}^{-x^2y}\mathrm{d}y+2x^2y\mathrm{e}^{-x^2y}\Big|_0^{+\infty}-2\int_0^{+\infty}x^2\mathrm{e}^{-x^2y}\mathrm{d}y\\
=&\int_0^{+\infty}x^2\mathrm{e}^{-x^2y}\mathrm{d}y=\begin{cases}-\mathrm{e}^{-x^2y}\Big|_0^{+\infty}=1, & x\neq 0,\\ 0, & x=0.\end{cases}
\end{aligned} \tag{2}$$

由 (1), (2) 两式知, $F(x)=\displaystyle\int_0^{+\infty}x^3\mathrm{e}^{-x^2y}\mathrm{d}y$ 在 $\mathbb{R}$ 上不能运用积分与求导运算顺序交换求来解.

注 此题说明一定要注意求导与积分运算 (积分号下求导) 顺序交换的条件. 积分号下求导的定理也仅是充分条件, 满足条件可以交换运算顺序, 不满足条件也不能说一定不能交换运算顺序.

6. 讨论下面含参量反常积分的一致收敛性:

(1) $\displaystyle\int_0^{+\infty}x^3\mathrm{e}^{-x^2y}\mathrm{d}y$, 在 $\mathbb{R}$ 上;

(2) $\displaystyle\int_0^{+\infty}(3x^2-2x^4y)\mathrm{e}^{-x^2y}\mathrm{d}y$, 在 $\mathbb{R}$ 上.

解 (1) 由于

$$\left|\int_A^{+\infty} x^3 \mathrm{e}^{-x^2 y} \mathrm{d}y\right| = \left|x\mathrm{e}^{-x^2 y}\Big|_A^{+\infty}\right| = \begin{cases} |x\mathrm{e}^{-x^2 A}|, & x \neq 0, \\ 0, & x = 0, \end{cases}$$

所以对 $\forall \varepsilon > 0, \exists M > \dfrac{1}{\varepsilon^2}$, 当 $A > M$ 时, 对 $\forall x \in \mathbb{R}$, 有

(i) 当 $|x| < \varepsilon$ 时, $\left|\displaystyle\int_A^{+\infty} x^3 \mathrm{e}^{-x^2 y} \mathrm{d}y\right| < \varepsilon$;

(ii) 当 $|x| \geqslant \varepsilon$ 时,

$$\left|\int_A^{+\infty} x^3 \mathrm{e}^{-x^2 y} \mathrm{d}y\right| = |x\mathrm{e}^{-x^2 A}| = \frac{|x|}{\mathrm{e}^{x^2 A}} < \frac{1}{A|x|} \leqslant \frac{1}{A\varepsilon} < \varepsilon.$$

由一致收敛的定义知, $\displaystyle\int_0^{+\infty} x^3 \mathrm{e}^{-x^2 y} \mathrm{d}y$ 在 $\mathbb{R}$ 上一致收敛.

(2) **法一** 由于

$$\begin{aligned}
&\left|\int_A^{+\infty} (3x^2 - 2x^4 y)\mathrm{e}^{-x^2 y} \mathrm{d}y\right| \\
&= \left|3\int_A^{+\infty} x^2 \mathrm{e}^{-x^2 y} \mathrm{d}y + 2\int_A^{+\infty} x^2 y \mathrm{d}(\mathrm{e}^{-x^2 y})\right| \\
&= \left|3\int_A^{+\infty} x^2 \mathrm{e}^{-x^2 y} \mathrm{d}y + 2x^2 y\mathrm{e}^{-x^2 y}\Big|_A^{+\infty} - 2\int_A^{+\infty} x^2 \mathrm{e}^{-x^2 y} \mathrm{d}y\right| \\
&= \left|\int_A^{+\infty} x^2 \mathrm{e}^{-x^2 y} \mathrm{d}y - 2Ax^2 \mathrm{e}^{-x^2 A}\right| \\
&= \begin{cases} |\mathrm{e}^{-x^2 A} - 2Ax^2 \mathrm{e}^{-x^2 A}|, & x \neq 0, \\ 0, & x = 0, \end{cases}
\end{aligned}$$

所以 $\exists \varepsilon_0 = \dfrac{1}{2}\mathrm{e}^{-1} > 0$, 对 $\forall M > 0, \exists A = M, \exists x_0 = \dfrac{1}{\sqrt{A}} \in \mathbb{R}$, 使得

$$\begin{aligned}
\left|\int_A^{+\infty} (3x_0^2 - 2x_0^4 y)\mathrm{e}^{-x_0^2 y} \mathrm{d}y\right| &= |\mathrm{e}^{-x_0^2 A} - 2Ax_0^2 \mathrm{e}^{-x^2 A}| \\
&= |\mathrm{e}^{-1} - 2\mathrm{e}^{-1}| = \mathrm{e}^{-1} > \varepsilon_0.
\end{aligned}$$

由一致收敛定义可知, $\displaystyle\int_0^{+\infty} (3x^2 - 2x^4 y)\mathrm{e}^{-x^2 y} \mathrm{d}y$ 在 $\mathbb{R}$ 上非一致收敛.

法二 由于

$$\text{原积分}=\int_0^{+\infty}\frac{\partial}{\partial x}(x^3\mathrm{e}^{-x^2y})\mathrm{d}y=\begin{cases}-\mathrm{e}^{-x^2y}\Big|_0^{+\infty}=1, & x\neq 0,\\ 0, & x=0,\end{cases}$$

它在点 $x=0$ 不连续, 由含参量反常积分一致收敛的性质知 $\int_0^{+\infty}(3x^2-2x^4y)\mathrm{e}^{-x^2y}\mathrm{d}y$ 在 $\mathbb{R}$ 上非一致收敛.

例 19-2-3 解答下列各题 (递推计算积分):

1. 求 $\int_0^{+\infty}t^2\mathrm{e}^{-at^2}\mathrm{d}t\ (a>0)$.

解 由分部积分法和换元积分法得

$$\begin{aligned}\int_0^{+\infty}t^2\mathrm{e}^{-at^2}\mathrm{d}t&=-\frac{1}{2a}\int_0^{+\infty}t\mathrm{d}(\mathrm{e}^{-at^2})\\&=-\frac{1}{2a}t\mathrm{e}^{-at^2}\Big|_0^{+\infty}+\frac{1}{2a}\int_0^{+\infty}\mathrm{e}^{-at^2}\mathrm{d}t\\&=\frac{1}{2a}\int_0^{+\infty}\mathrm{e}^{-at^2}\mathrm{d}t=\frac{1}{2a\sqrt{a}}\int_0^{+\infty}\mathrm{e}^{-u^2}\mathrm{d}u\\&=\frac{\sqrt{\pi}}{4a\sqrt{a}}.\end{aligned}$$

2. 求 $\int_0^{+\infty}t^{2n}\mathrm{e}^{-at^2}\mathrm{d}t\ (a>0)$.

解 由分部积分法得递推公式

$$\begin{aligned}I_{2n}:=\int_0^{+\infty}t^{2n}\mathrm{e}^{-at^2}\mathrm{d}t&=-\frac{1}{2a}\int_0^{+\infty}t^{2n-1}\mathrm{d}(\mathrm{e}^{-at^2})\\&=-\frac{1}{2a}t^{2n-1}\mathrm{e}^{-at^2}\Big|_0^{+\infty}+\frac{2n-1}{2a}\int_0^{+\infty}t^{2(n-1)}\mathrm{e}^{-at^2}\mathrm{d}t\\&=\frac{2n-1}{2a}\int_0^{+\infty}t^{2(n-1)}\mathrm{e}^{-at^2}\mathrm{d}t=\frac{2n-1}{2a}I_{2n-2},\end{aligned}$$

即

$$I_{2n}=\frac{2n-1}{2a}I_{2n-2},$$

所以

$$
\begin{aligned}
I_{2n} &= \frac{2n-1}{2a} I_{2n-2} = \frac{(2n-1)}{2a}\frac{(2n-3)}{2a} I_{2n-4} \\
&= \cdots = \frac{(2n-1)}{2a}\frac{(2n-3)}{2a}\cdots\frac{3}{2a} I_2 \\
&= \frac{(2n-1)}{2a}\frac{(2n-3)}{2a}\cdots\frac{3}{2a}\frac{\sqrt{\pi}}{4a\sqrt{a}} \\
&= \frac{\sqrt{\pi}}{2}\frac{1\cdot 3\cdot 5\cdots(2n-1)}{2^n} a^{-\left(n+\frac{1}{2}\right)}.
\end{aligned}
$$

3. 求 $\displaystyle\int_0^{+\infty} \frac{\mathrm{d}x}{(x^2+a^2)^{n+1}}$.

解 由初等变形与分部积分法得

$$
\begin{aligned}
I_{n+1} &:= \int_0^{+\infty} \frac{\mathrm{d}x}{(x^2+a^2)^{n+1}} = \frac{1}{a^2}\int_0^{+\infty} \frac{x^2+a^2-x^2}{(x^2+a^2)^{n+1}}\mathrm{d}x \\
&= \frac{1}{a^2}\left[\int_0^{+\infty}\frac{\mathrm{d}x}{(x^2+a^2)^n} - \int_0^{+\infty}\frac{x^2}{(x^2+a^2)^{n+1}}\mathrm{d}x\right] \\
&= \frac{1}{a^2} I_n - \frac{1}{a^2}\int_0^{+\infty}\frac{x^2\mathrm{d}x}{(x^2+a^2)^{n+1}} \\
&= \frac{1}{a^2} I_n + \frac{1}{2na^2}\int_0^{+\infty} x\mathrm{d}(x^2+a^2)^{-n} \\
&= \frac{1}{a^2} I_n + \frac{1}{2na^2} x(x^2+a^2)^{-n}\Big|_0^{+\infty} - \frac{1}{2na^2}\int_0^{+\infty}\frac{1}{(x^2+a^2)^n}\mathrm{d}x \\
&= \frac{1}{a^2}\frac{2n-1}{2n} I_n.
\end{aligned}
$$

即

$$
I_{n+1} = \frac{1}{a^2}\frac{2n-1}{2n} I_n,
$$

所以

$$
I_{n+1} = \frac{1}{a^2}\frac{2n-1}{2n} I_n = \left(\frac{1}{a^2}\frac{2n-1}{2n}\right)\left(\frac{1}{a^2}\frac{2n-3}{2n-2}\right) I_{n-1}
$$

$$= \cdots = \left(\frac{1}{a^2}\frac{2n-1}{2n}\right)\left(\frac{1}{a^2}\frac{2n-3}{2n-2}\right)\cdots\left(\frac{1}{a^2}\frac{1}{2}\right)I_1$$

$$= \frac{1}{a^{2n}}\frac{(2n-1)!!}{(2n)!!}\int_0^{+\infty}\frac{\mathrm{d}x}{x^2+a^2} = \frac{1}{a^{2n}}\frac{(2n-1)!!}{(2n)!!}\left(\frac{1}{a}\arctan\frac{x}{a}\bigg|_0^{+\infty}\right)$$

$$= \frac{1}{a^{2n+1}}\frac{(2n-1)!!}{(2n)!!}\frac{\pi}{2}.$$

注 在求数列极限、高阶导数、不定积分、广义积分时常常用到递推公式.

§ 19.3 Euler 积 分

内容要求 理解 Euler 积分是特殊的含参量积分; 掌握 Euler 积分的定义、定义域、性质、递推公式以及它们之间的关系; 会熟练应用 Euler 积分解决有关问题.

例 19-3-1 解答下列各题 (有关 Euler 积分的计算):

1. 计算下列各题:

(1) $\Gamma\left(\frac{5}{2}\right)$; (2) $\Gamma\left(-\frac{5}{2}\right)$; (3) $\Gamma\left(\frac{1}{2}+n\right)$; (4) $\Gamma\left(\frac{1}{2}-n\right)$.

解 由于

$$\Gamma(s) = \int_0^{+\infty} x^{s-1}\mathrm{e}^{-x}\mathrm{d}x,$$

我们有

$$\Gamma\left(\frac{1}{2}\right) = \int_0^{+\infty}\frac{\mathrm{e}^{-x}}{\sqrt{x}}\mathrm{d}x = 2\int_0^{+\infty}\mathrm{e}^{-t^2}\mathrm{d}t = \sqrt{\pi},$$

且

$$\Gamma(s+1) = s\Gamma(s) \Longleftrightarrow \Gamma(s) = \frac{\Gamma(s+1)}{s}.$$

(1) 由递推公式 $\Gamma(s+1) = s\Gamma(s)$ 得

$$\Gamma\left(\frac{5}{2}\right) = \Gamma\left(\frac{3}{2}+1\right) = \frac{3}{2}\Gamma\left(\frac{3}{2}\right) = \frac{3}{2}\Gamma\left(\frac{1}{2}+1\right)$$
$$= \frac{3}{2}\frac{1}{2}\Gamma\left(\frac{1}{2}\right) = \frac{3}{4}\sqrt{\pi}.$$

(2) 由递推公式 $\Gamma(s)=\dfrac{\Gamma(s+1)}{s}$ 得

$$\Gamma\left(-\frac{5}{2}\right)=\frac{\Gamma\left(-\frac{5}{2}+1\right)}{-\frac{5}{2}}=-\frac{2}{5}\Gamma\left(-\frac{3}{2}\right)=-\frac{2}{5}\frac{\Gamma\left(-\frac{3}{2}+1\right)}{-\frac{3}{2}}$$

$$=\frac{4}{15}\Gamma\left(-\frac{1}{2}\right)=\frac{4}{15}\frac{\Gamma\left(-\frac{1}{2}+1\right)}{-\frac{1}{2}}$$

$$=-\frac{8}{15}\Gamma\left(\frac{1}{2}\right)=-\frac{8}{15}\sqrt{\pi}.$$

(3) 由递推公式 $\Gamma(s+1)=s\Gamma(s)$ 得

$$\Gamma\left(\frac{1}{2}+n\right)=\Gamma\left(\frac{2n-1}{2}+1\right)=\frac{2n-1}{2}\Gamma\left(\frac{2n-1}{2}\right)$$

$$=\frac{2n-1}{2}\Gamma\left(\frac{2n-3}{2}+1\right)=\frac{2n-1}{2}\frac{2n-3}{2}\Gamma\left(\frac{2n-3}{2}\right)$$

$$=\cdots=\frac{(2n-1)!!}{2^n}\Gamma\left(\frac{1}{2}\right)=\frac{(2n-1)!!}{2^n}\sqrt{\pi}.$$

(4) 由递推公式 $\Gamma(s)=\dfrac{\Gamma(s+1)}{s}$ 得

$$\Gamma\left(\frac{1}{2}-n\right)=\frac{\Gamma\left(\frac{1-2n}{2}+1\right)}{\frac{1-2n}{2}}=\frac{2}{1-2n}\Gamma\left[\frac{1-2(n-1)}{2}\right]$$

$$=\frac{2}{1-2n}\frac{\Gamma\left[\frac{1-2(n-1)}{2}+1\right]}{\frac{1-2(n-1)}{2}}$$

$$=\frac{2}{1-2n}\frac{2}{3-2n}\Gamma\left[\frac{1-2(n-2)}{2}\right]$$

$$=\cdots=\frac{2}{1-2n}\frac{2}{3-2n}\cdots\frac{2}{-3}\frac{2}{-1}\Gamma\left(\frac{1}{2}\right)$$

$$=\frac{(-1)^n2^n}{(2n-1)!!}\sqrt{\pi}.$$

2. 已知 $\Gamma\left(\frac{1}{2}\right)=\sqrt{\pi}$, 证明:

$$\int_{-\infty}^{+\infty} x^2 \mathrm{e}^{-x^2} \mathrm{d}x=\frac{\sqrt{\pi}}{2}.$$

证 由换元积分法与 Γ 函数的递推公式得

$$\begin{aligned}\int_{-\infty}^{+\infty} x^2 \mathrm{e}^{-x^2} \mathrm{d}x &= 2\int_{0}^{+\infty} x^2 \mathrm{e}^{-x^2} \mathrm{d}x=\int_{0}^{+\infty} t^{1/2} \mathrm{e}^{-t} \mathrm{d}t \\ &=\int_{0}^{+\infty} t^{3/2-1} \mathrm{e}^{-t} \mathrm{d}t=\Gamma\left(\frac{3}{2}\right) \\ &=\frac{1}{2}\Gamma\left(\frac{1}{2}\right)=\frac{\sqrt{\pi}}{2}.\end{aligned}$$

3. 计算下列积分:

(1) $\int_{0}^{\frac{\pi}{2}} \sin^{2n} u \mathrm{d}u$; (2) $\int_{0}^{\frac{\pi}{2}} \sin^{2n+1} u \mathrm{d}u$.

解 由 B 函数的三角表示公式及 B 函数与 Γ 函数的关系

$$\mathrm{B}(p,q)=2\int_{0}^{\frac{\pi}{2}} \sin^{2q-1}\varphi\cos^{2p-1}\varphi \mathrm{d}\varphi, \quad \mathrm{B}(p,q)=\frac{\Gamma(p)\Gamma(q)}{\Gamma(p+q)},$$

我们有

$$\begin{aligned}(1)\ \int_{0}^{\frac{\pi}{2}} \sin^{2n} u \mathrm{d}u &= \int_{0}^{\frac{\pi}{2}} \sin^{2\left(n+\frac{1}{2}\right)-1} u\cos^{2\cdot\frac{1}{2}-1} u\mathrm{d}u \\ &=\frac{1}{2}\mathrm{B}\left(n+\frac{1}{2},\frac{1}{2}\right)=\frac{1}{2}\frac{\Gamma\left(n+\frac{1}{2}\right)\Gamma\left(\frac{1}{2}\right)}{\Gamma(n+1)} \\ &=\frac{1}{2}\frac{\frac{(2n-1)!!}{2^n}\pi}{n!}=\frac{(2n-1)!!}{(2n)!!}\frac{\pi}{2}.\end{aligned}$$

$$\begin{aligned}(2)\ \int_{0}^{\frac{\pi}{2}} \sin^{2n+1} u \mathrm{d}u &= \frac{1}{2}\int_{0}^{\frac{\pi}{2}} \sin^{2(n+1)-1} u\cos^{2\cdot\frac{1}{2}-1} u\mathrm{d}u \\ &=\frac{1}{2}\mathrm{B}\left(n+1,\frac{1}{2}\right)=\frac{1}{2}\frac{\Gamma(n+1)\Gamma\left(\frac{1}{2}\right)}{\Gamma\left[(n+1)+\frac{1}{2}\right]}\end{aligned}$$

$$
=\frac{1}{2}\frac{n!\sqrt{\pi}}{\frac{(2n+1)!!}{2^{n+1}}\sqrt{\pi}}=\frac{(2n)!!}{(2n+1)!!}.
$$

注 这里用到了 Γ 函数的递推公式 (第 1 题中 (3) 的结论). 这里的两个结论, 在定积分部分也利用递推公式证明过, 即

$$
\int_0^{\frac{\pi}{2}}\sin^n\theta\mathrm{d}\theta=\begin{cases}\dfrac{(n-1)!!}{n!!}\dfrac{\pi}{2}, & n=2k,\\ \dfrac{(n-1)!!}{n!!}, & n=2k+1.\end{cases}
$$

例 19-3-2 解答下列各题 (有关 Euler 积分的证明):

1. 证明下列结论:

(1) $\displaystyle\int_0^1\left(\ln\frac{1}{x}\right)^{a-1}\mathrm{d}x=\Gamma(a)\ (a>0)$;

(2) $\displaystyle\int_0^1 x^{p-1}(1-x^r)^{q-1}\mathrm{d}x=\frac{1}{r}\mathrm{B}\left(\frac{p}{r},q\right)\ (p>0,q>0,r>0)$;

*(3) $\displaystyle\int_0^{+\infty}\frac{x^{a-1}}{1+x}\mathrm{d}x=\Gamma(a)\Gamma(1-a)\ (0<a<1)$;

*(4) $\displaystyle\int_0^{+\infty}\frac{\mathrm{d}x}{1+x^4}=\frac{\pi}{2\sqrt{2}}$.

证 (1) 令 $t=\ln\dfrac{1}{x}$, 则

$$
\int_0^1\left(\ln\frac{1}{x}\right)^{a-1}\mathrm{d}x=\int_0^{+\infty}t^{a-1}\mathrm{e}^{-t}\mathrm{d}t=\Gamma(a).
$$

(2) 令 $t=x^r$, 则

$$
\begin{aligned}
\int_0^1 x^{p-1}(1-x^r)^{q-1}\mathrm{d}x&=\frac{1}{r}\int_0^1 t^{\frac{p-1}{r}}(1-t)^{q-1}\cdot t^{\frac{1}{r}-1}\mathrm{d}t\\
&=\frac{1}{r}\int_0^1 t^{\frac{p-r}{r}}(1-t)^{q-1}\mathrm{d}t=\frac{1}{r}\mathrm{B}\left(\frac{p}{r},q\right).
\end{aligned}
$$

(3) **法一** 令 $t=\dfrac{x}{1+x}$, 则 $x=\dfrac{t}{1-t}, \mathrm{d}x=\dfrac{1}{(1-t)^2}\mathrm{d}t$. 于是

$$\begin{aligned}
\int_0^{+\infty}\frac{x^{a-1}}{1+x}\mathrm{d}x&=\int_0^1\frac{\dfrac{t^{a-1}}{(1-t)^{a-1}}}{\dfrac{1}{1-t}}\frac{1}{(1-t)^2}\mathrm{d}t\\
&=\int_0^1 t^{a-1}(1-t)^{-a}\mathrm{d}t=\mathrm{B}(a,1-a)\\
&=\frac{\Gamma(a)\Gamma(1-a)}{\Gamma(1)}=\Gamma(a)\Gamma(1-a).
\end{aligned}$$

法二 先用分部积分法, 然后令 $t=\dfrac{x}{1+x}$, 再应用 Γ 函数的递推公式, 得

$$\begin{aligned}
\int_0^{+\infty}\frac{x^{a-1}}{1+x}\mathrm{d}x&=\frac{1}{a}\int_0^{+\infty}\frac{1}{1+x}\mathrm{d}(x^a)\\
&=\frac{1}{a}\frac{x^a}{1+x}\bigg|_0^{+\infty}+\frac{1}{a}\int_0^{+\infty}x^a\frac{1}{(1+x)^2}\mathrm{d}x\\
&=\frac{1}{a}\int_0^{+\infty}x^a\frac{1}{(1+x)^2}\mathrm{d}x\\
&=\frac{1}{a}\int_0^1\left(\frac{t}{1-t}\right)^a\mathrm{d}t=\frac{1}{a}\int_0^1 t^a(1-t)^{-a}\mathrm{d}t\\
&=\frac{1}{a}\mathrm{B}(1+a,1-a)=\frac{1}{a}\frac{\Gamma(1+a)\Gamma(1-a)}{\Gamma(2)}\\
&=\frac{1}{a}\frac{a\Gamma(a)\Gamma(1-a)}{1\cdot\Gamma(1)}=\Gamma(a)\Gamma(1-a).
\end{aligned}$$

(4) 令 $t=x^4$, 则

$$\int_0^{+\infty}\frac{\mathrm{d}x}{1+x^4}=\frac{1}{4}\int_0^{+\infty}\frac{1}{1+t}t^{-3/4}\mathrm{d}t.$$

再令 $u=\dfrac{t}{1+t}$, 则

$$\begin{aligned}
\int_0^{+\infty}\frac{\mathrm{d}x}{1+x^4}&=\frac{1}{4}\int_0^{+\infty}\frac{1}{1+t}t^{-3/4}\mathrm{d}t=\frac{1}{4}\int_0^1 u^{-3/4}(1-u)^{-1/4}\mathrm{d}u\\
&=\frac{1}{4}\mathrm{B}\left(\frac{1}{4},1-\frac{1}{4}\right)=\frac{1}{4}\frac{\pi}{\sin\dfrac{\pi}{4}}=\frac{\pi}{2\sqrt{2}}.
\end{aligned}$$

注 在 (3) 中, 结论等式右边是两个 Γ 函数的乘积, 结合 Γ 函数与 B 函数的关系, 受启发作变换将其化成区间 $[0,1]$ 上的积分而凑成 B 函数的形式. 在 (4) 中, 用到余元公式

$$\mathrm{B}(\alpha,1-\alpha)=\Gamma(\alpha)\Gamma(1-\alpha)=\frac{\pi}{\sin\alpha\pi},\quad 0<\alpha<1.$$

2. 用 Euler 积分表示下列积分, 并指出参量的取值范围:

(1) $\displaystyle\int_0^{\frac{\pi}{2}}\sin^m x\cos^n x\mathrm{d}x$; (2) $\displaystyle\int_0^1\left(\ln\frac{1}{x}\right)^p\mathrm{d}x$.

解 (1) 由 B 函数的三角表示形式

$$\mathrm{B}(p,q)=2\int_0^{\frac{\pi}{2}}\sin^{2p-1}\theta\cos^{2q-1}\theta\mathrm{d}\theta\quad(p>0,q>0)$$

知

$$\begin{aligned}\int_0^{\frac{\pi}{2}}\sin^m x\cos^n x\mathrm{d}x&=\int_0^{\frac{\pi}{2}}\sin^{2\left(\frac{m+1}{2}\right)-1}x\cos^{2\left(\frac{n+1}{2}\right)-1}x\mathrm{d}x\\&=\frac{1}{2}\mathrm{B}\left(\frac{m+1}{2},\frac{n+1}{2}\right),\end{aligned}$$

其中 $\dfrac{m+1}{2}>0,\dfrac{n+1}{2}>0$, 即 $m>-1,n>-1$.

(2) 令 $t=\ln\dfrac{1}{x}$, 则

$$\int_0^1\left(\ln\frac{1}{x}\right)^p\mathrm{d}x=\int_0^{+\infty}t^p\mathrm{e}^{-t}\mathrm{d}t=\int_0^{+\infty}t^{(p+1)-1}\mathrm{e}^{-t}\mathrm{d}t=\Gamma(p+1),$$

其中 $p+1>0$, 即 $p>-1$.

3. 证明公式:

$$\mathrm{B}(p,q)=\mathrm{B}(p+1,q)+\mathrm{B}(p,q+1).$$

证 由 B 函数的递推公式知

$$\mathrm{B}(p+1,q)=\frac{p}{p+q}\mathrm{B}(p,q),\quad\mathrm{B}(p,q+1)=\frac{q}{p+q}\mathrm{B}(p,q),$$

故

$$\mathrm{B}(p+1,q)+\mathrm{B}(p,q+1)=\mathrm{B}(p,q).$$

总 练 习 题

例 19-z-1 解答下列各题 (含参量积分求导):

1. 在区间 $[1,3]$ 上用线性函数 $a+bx$ 近似代替 $f(x)=x^2$, 试求 a,b, 使得积分 $\int_1^3 (a+bx-x^2)^2 \mathrm{d}x$ 取最小值.

解 记 $f(a,b)=\int_1^3 (a+bx-x^2)^2 \mathrm{d}x$. 令

$$\begin{cases} f_a = 2\int_1^3 (a+bx-x^2)\mathrm{d}x = 0, \\ f_b = 2\int_1^3 x(a+bx-x^2)\mathrm{d}x = 0, \end{cases}$$

即

$$\begin{cases} \int_1^3 (a+bx-x^2)\mathrm{d}x = 2a+4b-\dfrac{26}{3} = 0, \\ \int_1^3 x(a+bx-x^2)\mathrm{d}x = 4a+\dfrac{26}{3}b-20 = 0 \end{cases} \Longrightarrow \begin{cases} a = -\dfrac{11}{3}, \\ b = 4, \end{cases}$$

所以 $\left(-\dfrac{11}{3},4\right)$ 是 $f(a,b)$ 唯一的可能极值点 (因为没有偏导数不存在的点). 又

$$H_f\left(-\frac{11}{3},4\right) = \begin{pmatrix} f_{aa} & f_{ab} \\ f_{ab} & f_{bb} \end{pmatrix}_{\left(-\frac{11}{3},4\right)} = \begin{pmatrix} 4 & 8 \\ 8 & \dfrac{52}{3} \end{pmatrix}$$

为正定矩阵, 故 $\left(-\dfrac{11}{3},4\right)$ 是 $f(a,b)$ 的极小值点, 即 $\begin{cases} a=-\dfrac{11}{3}, \\ b=4 \end{cases}$ 使得积分 $\int_1^3 (a+bx-x^2)^2 \mathrm{d}x$ 取最小值.

注 此题就是含参量积分表示的二元函数极值问题 (实际问题中的最值问题).

2. 设 $u(x)=\int_0^1 k(x,y)v(y)\mathrm{d}y$, 其中 $v(y)$ 为 $[0,1]$ 上的连续函数, $k(x,y)=\begin{cases} x(1-y), & x\leqslant y, \\ y(1-x), & x>y, \end{cases}$ 证明:

$$u''(x)=-v(x).$$

证 由条件知

$$u(x)=\int_0^1 k(x,y)v(y)\mathrm{d}y=\int_0^x y(1-x)v(y)\mathrm{d}y+\int_x^1 x(1-y)v(y)\mathrm{d}y,$$

再由含参量积分的求导公式得

$$\begin{aligned} u'(x)&=-\int_0^x yv(y)\mathrm{d}y+x(1-x)v(x)\\ &\quad+\int_x^1 (1-y)v(y)dy-x(1-x)v(x)\\ &=-\int_0^x yv(y)\mathrm{d}y+\int_x^1 (1-y)v(y)\mathrm{d}y,\\ u''(x)&=-xv(x)-(1-x)v(x)=v(x). \end{aligned}$$

3. 设 $f(x)$ 为二阶可微函数, $F(x)$ 为可微函数, 证明: 函数

$$u(x,t)=\frac{1}{2}[f(x-at)+f(x+at)]+\frac{1}{2a}\int_{x-at}^{x+at} F(z)\mathrm{d}z$$

满足弦振动方程

$$\frac{\partial^2 u}{\partial t^2}-a^2\frac{\partial^2 u}{\partial x^2}=0$$

及初始条件

$$u(x,0)=f(x),\quad u_t(x,0)=F(x).$$

证 先证明满足初始条件. 事实上,

$$\begin{aligned} u(x,0)&=\frac{1}{2}[f(x)+f(x)]+\frac{1}{2a}\int_x^x F(z)\mathrm{d}z=f(x),\\ u_t(x,0)&=\left\{\frac{1}{2}[-af'(x-at)+af'(x+at)]\right.\\ &\qquad\left.+\frac{1}{2a}[aF(x+at)+aF(x-at)]\right\}\bigg|_{t=0}\\ &=F(x). \end{aligned}$$

再证满足方程. 事实上,

$$\begin{aligned}
\frac{\partial u}{\partial t} &= \frac{1}{2}[-af'(x-at)+af'(x+at)] \\
&\quad +\frac{1}{2a}[aF(x+at)+aF(x-at)], \\
\frac{\partial^2 u}{\partial t^2} &= \frac{1}{2}a^2[f''(x-at)+f''(x+at)] \\
&\quad +\frac{1}{2}a[F'(x+at)-F'(x-at)], \qquad (1) \\
\frac{\partial u}{\partial x} &= \frac{1}{2}[f'(x-at)+f'(x+at)] \\
&\quad +\frac{1}{2a}[F(x+at)-F(x-at)], \\
\frac{\partial^2 u}{\partial x^2} &= \frac{1}{2}[f''(x-at)+f''(x+at)] \\
&\quad +\frac{1}{2a}[F'(x+at)-F'(x-at)]. \qquad (2)
\end{aligned}$$

由 (1), (2) 两式得

$$\frac{\partial^2 u}{\partial t^2}-a^2\frac{\partial^2 u}{\partial x^2}=0.$$

注 此题中的偏微分方程为弦振动方程, 其解 $u(x,t)$ 的表达公式就是 D'Alembert 公式. 这里仅是验证, 在后续“偏微分方程”课程中会讲解导出公式的过程.

例 19-z-2 解答下列各题 (含参量反常积分):

1. 求函数 $F(a)=\displaystyle\int_0^{+\infty}\frac{\sin(1-a^2)x}{x}\mathrm{d}x$ 的不连续点, 并作出函数 $F(a)$ 的图像.

解 当 $1-a^2>0$ 时, 令 $t=(1-a^2)x$, 则

$$F(a)=\int_0^{+\infty}\frac{\sin(1-a^2)x}{x}\mathrm{d}x=\int_0^{+\infty}\frac{\sin t}{t}\mathrm{d}t=\frac{\pi}{2}$$

(变换后的积分为 Dirichlet 积分);

当 $1-a^2=0$, 即 $a=\pm1$ 时, $F(\pm1)=\displaystyle\int_0^{+\infty}\frac{\sin(0\cdot x)}{x}\mathrm{d}x=0$;

当 $1-a^2<0$ 时,

$$F(a)=\int_0^{+\infty}\frac{\sin(1-a^2)x}{x}\mathrm{d}x=-\int_0^{+\infty}\frac{\sin(a^2-1)x}{x}\mathrm{d}x$$
$$=-\int_0^{+\infty}\frac{\sin t}{t}\mathrm{d}t=-\frac{\pi}{2}.$$

综上所述, 得

$$F(a)=\int_0^{+\infty}\frac{\sin(1-a^2)x}{x}\mathrm{d}x=\begin{cases}\pi/2, & a\in(-1,1),\\ 0, & a=\pm1,\\ -\pi/2, & a\in(-\infty,-1)\cup(1,+\infty).\end{cases}$$

因此, 函数 $F(a)$ 的不连续点为 $a=\pm1$, 且为跳跃间断点. 函数 $F(a)$ 的图像如图 19.2 所示.

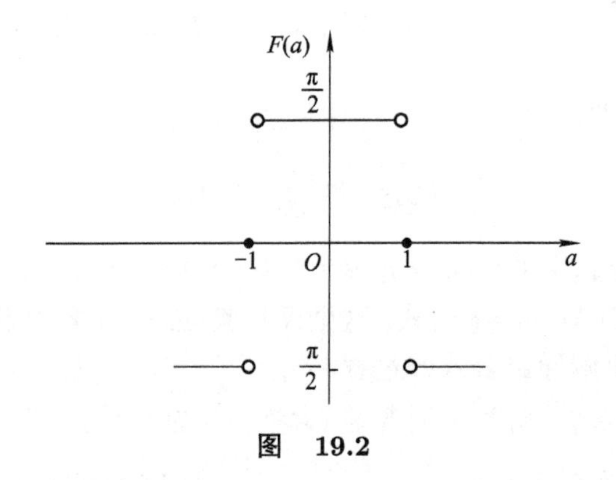

图 19.2

*2. 证明: 若下列条件满足:

(i) $\int_0^{+\infty}f(x,t)\mathrm{d}t$ 在 $(0,+\infty)$ 上一致收敛于 $F(x)$;

(ii) $\lim\limits_{x\to+\infty}f(x,t)=\varphi(t)$ 对任意 $t\in[a,b]\subset(0,+\infty)$ 一致成立, 即对 $\forall\varepsilon>0,\exists M>0$, 当 $x>M$ 时, 对 $\forall t\in[a,b]$, 有

$$|f(x,t)-\varphi(t)|<\varepsilon,$$

则

(1) $\int_0^{+\infty} \varphi(t)\mathrm{d}t$ 收敛;

(2) $\lim\limits_{x\to+\infty} F(x) = \int_0^{+\infty} \varphi(t)\mathrm{d}t.$

证 (1) 由条件 (i) 及一致收敛的 Cauchy 准则知, 对 $\forall\varepsilon>0$, $\exists M_2>0$, 当 $A_2>A_1>M_2$ 时, 对 $\forall x\in(0,+\infty)$, 有

$$\left|\int_{A_1}^{A_2} f(x,t)\mathrm{d}t\right| < \frac{\varepsilon}{2}.$$

再结合条件 (ii) 知, 对 $\dfrac{\varepsilon}{2(A_2-A_1)}>0, \exists X_1>0$, 当 $x>X_1$ 时, 对 $\forall t\in[A_1,A_2]$, 有

$$|\varphi(t)-f(x,t)| < \frac{\varepsilon}{2(A_2-A_1)},$$

从而

$$\begin{aligned}\left|\int_{A_1}^{A_2}\varphi(t)\mathrm{d}t\right| &\leqslant \left|\int_{A_1}^{A_2}[\varphi(t)-f(x,t)]\mathrm{d}t\right| + \left|\int_{A_1}^{A_2} f(x,t)\mathrm{d}t\right| \\ &\leqslant \int_{A_1}^{A_2}|\varphi(t)-f(x,t)|\mathrm{d}t + \left|\int_{A_1}^{A_2} f(x,t)\mathrm{d}t\right| < \varepsilon.\end{aligned}$$

由 Cauchy 准则知 $\int_0^{+\infty}\varphi(t)\mathrm{d}t$ 收敛.

(2) 只需证明对 $\forall\varepsilon>0, \exists X>0$, 当 $x>X$ 时, 有

$$\left|F(x)-\int_0^{+\infty}\varphi(t)\mathrm{d}t\right| < \varepsilon.$$

所给出的条件启发我们写出下面的不等式:

$$\begin{aligned}\left|F(x)-\int_0^{+\infty}\varphi(t)\mathrm{d}t\right| \leqslant{}& \left|F(x)-\int_0^{A} f(x,t)\mathrm{d}t\right| \\ &+\left|\int_0^{\delta} f(x,t)\mathrm{d}t\right| + \left|\int_0^{\delta}\varphi(t)\mathrm{d}t\right| \\ &+\int_{\delta}^{A}|f(x,t)-\varphi(t)|\mathrm{d}t + \left|\int_A^{+\infty}\varphi(t)\mathrm{d}t\right|.\end{aligned}$$

由条件 (i) 和含参量反常积分一致收敛的定义以及 $\int_0^{+\infty} \varphi(t)\mathrm{d}t$ 收敛知, 对 $\forall \varepsilon > 0, \exists M_1 > 0$, 当 $A > M_1$ 时, 对 $\forall x \in (0, +\infty)$, 有

$$\left| \int_0^A f(x,t)\mathrm{d}t - F(x) \right| < \frac{\varepsilon}{5}, \tag{1}$$

且

$$\left| \int_A^{+\infty} \varphi(t)\mathrm{d}t \right| < \frac{\varepsilon}{5}. \tag{2}$$

再由条件 (i) 和含参量反常积分一致收敛的定义以及 $\int_0^{+\infty} \varphi(t)\mathrm{d}t$ 收敛知, 对上述 $\varepsilon > 0, \exists \delta > 0$, 对 $\forall x \in (0, +\infty)$, 有

$$\left| \int_0^\delta f(x,t)\mathrm{d}t \right| < \frac{\varepsilon}{5}, \tag{3}$$

且

$$\left| \int_0^\delta \varphi(t)\mathrm{d}t \right| < \frac{\varepsilon}{5}. \tag{4}$$

由条件 (ii) 知, 对上述 $\varepsilon > 0, \exists X > M_1 > 0$, 当 $x > X$ 时, 对 $\forall t \in [\delta, A] \subset (0, +\infty)$, 有

$$|f(x,t) - \varphi(t)| < \frac{\varepsilon}{5A}. \tag{5}$$

从而由 (1)~(5) 式得

$$\begin{aligned} \left| F(x) - \int_0^{+\infty} \varphi(t)\mathrm{d}t \right| \leqslant & \left| F(x) - \int_0^A f(x,t)\mathrm{d}t \right| + \left| \int_0^\delta f(x,t)\mathrm{d}t \right| \\ & + \left| \int_0^\delta \varphi(t)\mathrm{d}t \right| + \int_\delta^A |f(x,t) - \varphi(t)|\mathrm{d}t \\ & + \left| \int_A^{+\infty} \varphi(t)\mathrm{d}t \right| < \varepsilon. \end{aligned}$$

注 此题用到反常 (无穷区间、瑕积分) 积分一致收敛的定义和 Cauchy 准则, 还要特别注意到 0 为瑕点的情况.

例 19-z-3 解答下列各题 (积分号下幂级数的展开法):

1. 计算 $\int_0^1 \frac{\ln x}{1-x}\mathrm{d}x$.

解 由 $\frac{1}{1+x}=\sum_{n=0}^{\infty}(-1)^n x^n\ (|x|<1)$ 知

$$\ln(1+x)=\sum_{n=0}^{\infty}\frac{(-1)^n x^{n+1}}{n+1}=\sum_{n=1}^{\infty}\frac{(-1)^{n-1}x^n}{n},$$

故

$$\begin{aligned}\ln x=\ln[1+(x-1)]&=\sum_{n=1}^{\infty}\frac{(-1)^{n-1}(x-1)^n}{n}\\&=-\sum_{n=1}^{\infty}\frac{(1-x)^n}{n}\quad(0<x<1).\end{aligned}$$

所以

$$\frac{\ln x}{1-x}=-\sum_{n=1}^{\infty}\frac{(1-x)^{n-1}}{n}\quad(0<x<1).$$

由 L'Hospital 法则得 $\lim\limits_{x\to1^-}\frac{\ln x}{1-x}=-1$, 即 $x=1$ 不是瑕点. 由幂级数的逐项积分定理可知, 对 $\forall t\in(0,1]$, 有

$$\begin{aligned}\int_t^1\frac{\ln x}{1-x}\mathrm{d}x&=-\sum_{n=1}^{\infty}\int_t^1\frac{(1-x)^{n-1}}{n}\mathrm{d}x\\&=\sum_{n=1}^{\infty}\int_t^1\frac{(1-x)^{n-1}}{n}\mathrm{d}(1-x)\\&=-\sum_{n=1}^{\infty}\frac{(1-t)^n}{n^2}.\end{aligned}$$

由于 $-\sum_{n=1}^{\infty}\frac{(1-t)^n}{n^2}\Big|_{t=0}=-\sum_{n=1}^{\infty}\frac{1}{n^2}$ 收敛, 对上式两边求极限得

$$\int_0^1\frac{\ln x}{1-x}\mathrm{d}x=\lim_{t\to0^+}\int_t^1\frac{\ln x}{1-x}\mathrm{d}x=-\lim_{t\to0^+}\sum_{n=1}^{\infty}\frac{(1-t)^n}{n^2}$$

$$= -\sum_{n=1}^{\infty} \frac{1}{n^2} = -\frac{\pi^2}{6}.$$

2. 证明: $\int_0^u \frac{\ln(1-t)}{t} \mathrm{d}t = -\sum_{n=1}^{\infty} \frac{u^n}{n^2}$ $(0 \leqslant u \leqslant 1)$.

证 由于 $\frac{1}{1-t} = \sum_{n=0}^{\infty} t^n$ $(|t| < 1)$, 因此

$$\ln(1-t) = -\sum_{n=0}^{\infty} \frac{t^{n+1}}{n+1} = -\sum_{n=1}^{\infty} \frac{t^n}{n} \quad (|t| < 1).$$

于是

$$\frac{\ln(1-t)}{t} = -\sum_{n=1}^{\infty} \frac{t^{n-1}}{n} \quad (|t| < 1).$$

由幂级数的逐项积分定理可知, 对 $\forall u \in [0, 1)$, 有

$$\int_0^u \frac{\ln(1-t)}{t} \mathrm{d}t = -\sum_{n=1}^{\infty} \int_0^u \frac{t^{n-1}}{n} \mathrm{d}t = -\sum_{n=1}^{\infty} \frac{u^n}{n^2} \quad (0 \leqslant u < 1). \tag{1}$$

由于 $-\sum_{n=1}^{\infty} \frac{u^n}{n^2}\Big|_{u=1} = -\sum_{n=1}^{\infty} \frac{1}{n^2}$ 收敛, 对上式两边求极限得

$$\begin{aligned} \int_0^1 \frac{\ln(1-t)}{t} \mathrm{d}t &= \lim_{u \to 1^-} \int_0^u \frac{\ln(1-t)}{t} \mathrm{d}t = -\lim_{u \to 1^-} \sum_{n=1}^{\infty} \frac{u^n}{n^2} \\ &= -\sum_{n=1}^{\infty} \frac{1}{n^2}. \end{aligned} \tag{2}$$

综合 (1), (2) 两式, 得

$$\int_0^u \frac{\ln(1-t)}{t} \mathrm{d}t = -\sum_{n=1}^{\infty} \frac{u^n}{n^2} \quad (0 \leqslant u \leqslant 1).$$

注 上面这两题是把被积函数展成幂级数, 再根据幂级数逐项积分定理来求解. 积分号下展开法、积分号下积分法和积分号下微分法都是计算正常积分或反常积分的有效途径.

第二十章　曲线积分

§ 20.1　第一型曲线积分

内容要求　理解曲线积分的背景、定义; 掌握第一型曲线积分的性质和计算方法 (化为定积分、对称方法, 还有今后要学习的两类曲线积分的关系、曲线积分与重积分的关系 (Green 公式)、曲线积分与曲面积分的关系 (Stokes 公式)).

例 20-1-1　解答下列各题 (直角坐标与参数形式曲线的曲线积分):

1. 计算曲线积分 $\int_L (x+y)\mathrm{d}s$, 其中 L 是以 $O(0,0), A(1,0)$, $B(0,1)$ 为顶点的三角形的边.

解　由第一型曲线积分关于积分曲线的可加性知

$$\int_L (x+y)\mathrm{d}s = \int_{\overline{OA}} (x+y)\mathrm{d}s + \int_{\overline{AB}} (x+y)ds + \int_{\overline{BO}} (x+y)\mathrm{d}s.$$

又

$$\overline{OA}: \begin{cases} x = x, \\ y = 0, \end{cases} x \in [0,1] \Longrightarrow \int_{\overline{OA}} (x+y)\mathrm{d}s = \int_0^1 x\sqrt{1+0}\mathrm{d}x = \frac{1}{2};$$

$$\overline{AB}: \begin{cases} x = x, \\ y = 1-x, \end{cases} x \in [0,1] \Longrightarrow \int_{\overline{AB}} (x+y)\mathrm{d}s = \int_0^1 1\cdot\sqrt{2}\mathrm{d}x = \sqrt{2};$$

$$\overline{BO}: \begin{cases} x = 0, \\ y = y, \end{cases} y \in [0,1] \Longrightarrow \int_{\overline{BO}} (x+y)\mathrm{d}s = \int_0^1 y\cdot\sqrt{1+0}\mathrm{d}y = \frac{1}{2}.$$

所以

$$\begin{aligned}\int_L (x+y)\mathrm{d}s &= \int_{\overline{OA}} (x+y)\mathrm{d}s + \int_{\overline{AB}} (x+y)\mathrm{d}s + \int_{\overline{BO}} (x+y)\mathrm{d}s \\ &= 1+\sqrt{2}.\end{aligned}$$

2. 计算曲线积分 $\int_L (x^2+y^2)^{1/2}\mathrm{d}s$, 其中 L 是以原点为中心, R 为半径的右半圆周.

解 由于 $L:\begin{cases} x=R\cos\theta, \\ y=R\sin\theta, \end{cases}$ $\theta\in\left[-\frac{\pi}{2},\frac{\pi}{2}\right]$, 所以

$$\int_L (x^2+y^2)^{1/2}\mathrm{d}s=\int_{-\frac{\pi}{2}}^{\frac{\pi}{2}} R\sqrt{(-R\sin\theta)^2+(R\cos\theta)^2}\mathrm{d}\theta$$
$$=\int_{-\frac{\pi}{2}}^{\frac{\pi}{2}} R^2\mathrm{d}\theta=\pi R^2.$$

*3. 计算曲线积分 $\int_L xy\mathrm{d}s$, 其中 L 为椭圆 $\frac{x^2}{a^2}+\frac{y^2}{b^2}=1$ 在第一象限中的部分.

解 由于 $L:\begin{cases} x=a\cos\theta, \\ y=b\sin\theta, \end{cases}$ $\theta\in\left[0,\frac{\pi}{2}\right]$, 所以

$$\int_L xy\mathrm{d}s=\int_0^{\frac{\pi}{2}} ab\cos\theta\sin\theta\sqrt{(-a\sin\theta)^2+(b\cos\theta)^2}\mathrm{d}\theta$$
$$=ab\int_0^{\frac{\pi}{2}}\cos\theta\sin\theta\sqrt{a^2\sin^2\theta+b^2\cos^2\theta}\mathrm{d}\theta$$
$$=\frac{1}{2}ab\int_0^{\frac{\pi}{2}}\sqrt{(a^2-b^2)\sin^2\theta+b^2}\mathrm{d}(\sin^2\theta)$$
$$=\frac{1}{2}\frac{2}{3(a^2-b^2)}ab[(a^2-b^2)\sin^2\theta+b^2]^{3/2}\Big|_0^{\frac{\pi}{2}}$$
$$=\frac{ab}{3(a^2-b^2)}(a^3-b^3)=\frac{ab(a^2+ab+b^2)}{3(a+b)}.$$

4. 计算曲线积分 $\int_L |y|\mathrm{d}s$, 其中 L 为单位圆周 $x^2+y^2=1$.

解 由于 $L:\begin{cases} x=\cos\theta, \\ y=\sin\theta, \end{cases}$ $\theta\in[0,2\pi]$, 所以

$$\int_L |y|\mathrm{d}s=\int_0^{2\pi}|\sin\theta|\sqrt{\sin^2\theta+\cos^2\theta}\mathrm{d}\theta=2\int_0^{\pi}\sin\theta\mathrm{d}\theta$$
$$=-2\cos\theta\Big|_0^{\pi}=4.$$

5. 计算曲线积分 $\int_L (x^2+y^2+z^2)\mathrm{d}s$, 其中 L 为螺旋线 $x=a\cos t, y=a\sin t, z=bt$ 在 $0\leqslant t\leqslant 2\pi$ 的一段.

解
$$\begin{aligned}\int_L (x^2+y^2+z^2)\mathrm{d}s &= \int_0^{2\pi}(a^2+b^2t^2)\sqrt{a^2+b^2}\mathrm{d}t\\ &=\sqrt{a^2+b^2}\left(2\pi a^2+\frac{b^2}{3}t^3\Big|_0^{2\pi}\right)\\ &=\sqrt{a^2+b^2}\left(2\pi a^2+\frac{8b^2}{3}\pi^3\right).\end{aligned}$$

6. 计算曲线积分 $\int_L xyz\mathrm{d}s$, 其中 L 为曲线 $x=t, y=\frac{2}{3}\sqrt{2t^3}$, $z=\frac{1}{2}t^2$ 在 $0\leqslant t\leqslant 1$ 的一段.

解
$$\begin{aligned}\int_L xyz\mathrm{d}s&=\int_0^1\frac{\sqrt{2}}{3}t^{9/2}\sqrt{1+2t+t^2}\mathrm{d}t=\frac{\sqrt{2}}{3}\int_0^1 t^{9/2}(t+1)\mathrm{d}t\\ &=\frac{\sqrt{2}}{3}\left(\frac{2}{13}t^{13/2}+\frac{2}{11}t^{11/2}\right)\Big|_0^1\\ &=\frac{\sqrt{2}}{3}\left(\frac{2}{13}+\frac{2}{11}\right)=\frac{16\sqrt{2}}{143}.\end{aligned}$$

例 20-1-2 解答下列各题 (曲面相交与极坐标形式曲线的曲线积分):

*1. 计算曲线积分 $\int_L \sqrt{2y^2+z^2}\mathrm{d}s$, 其中 L 是球面 $x^2+y^2+z^2=a^2$ 与平面 $x=y$ 相交的圆周.

解 **法一** 由于 $L:\begin{cases}x^2+y^2+z^2=a^2,\\ x=y\end{cases}\Longrightarrow 2y^2+z^2=a^2$, 所以

$$\int_L \sqrt{2y^2+z^2}\mathrm{d}s=a\int_L\mathrm{d}s=2\pi a^2.$$

法二 将球面与平面的交线写成参数形式. 由于

$$L:\begin{cases}x^2+y^2+z^2=a^2,\\ x=y\end{cases}\Longrightarrow 2y^2+z^2=a^2,$$

故曲线可写成参数形式

$$L:\begin{cases} x=\dfrac{a}{\sqrt{2}}\cos\theta, \\ y=\dfrac{a}{\sqrt{2}}\cos\theta, \quad \theta\in[0,2\pi]. \\ z=a\sin\theta, \end{cases}$$

所以

$$\int_L \sqrt{2y^2+z^2}\mathrm{d}s=\int_0^{2\pi} a\sqrt{\frac{a^2}{2}\sin^2\theta+\frac{a^2}{2}\sin^2\theta+a^2\cos^2\theta}\mathrm{d}\theta=2\pi a^2.$$

注 此题中的法一用到第一型曲线积分的几何意义 (即恒为 1 的函数的第一型曲线积分就是曲线的弧长).

2. 若曲线以极坐标 $\rho=\rho(\theta)(\theta_1\leqslant\theta\leqslant\theta_2)$ 表示, 试给出计算 $\int_L f(x,y)\mathrm{d}s$ 的公式, 并用此公式计算下列曲线积分:

(1) $\int_L \mathrm{e}^{\sqrt{x^2+y^2}}\mathrm{d}s$, 其中 L 为曲线 $\rho=a$ 在 $0\leqslant\theta\leqslant\dfrac{\pi}{4}$ 的一段;

(2) $\int_L x\mathrm{d}s$, 其中 L 为对数螺线 $\rho=a\mathrm{e}^{k\theta}(k>0)$ 在圆 $r=a$ 内的部分.

解 曲线的参数形式为 $\begin{cases} x=\rho(\theta)\cos\theta, \\ y=\rho(\theta)\sin\theta, \end{cases}$ $\theta\in[\theta_1,\theta_2]$, 所以

$$\int_L f(x,y)\mathrm{d}s=\int_{\theta_1}^{\theta_2} f(\rho(\theta)\cos\theta,\rho(\theta)\sin\theta)\sqrt{[\rho'(\theta)]^2+\rho^2(\theta)}\mathrm{d}\theta.$$

(1) $\displaystyle\int_L \mathrm{e}^{\sqrt{x^2+y^2}}\mathrm{d}s=\int_0^{\frac{\pi}{4}} \mathrm{e}^a\sqrt{a^2}\mathrm{d}\theta=\frac{\pi}{4}a\mathrm{e}^a.$

(2)
$$\begin{aligned}\int_L x\mathrm{d}s&=\int_{-\infty}^0 a^2\mathrm{e}^{k\theta}\cos\theta\sqrt{1+k^2}\mathrm{e}^{k\theta}\mathrm{d}\theta \\ &=a^2\sqrt{1+k^2}\int_{-\infty}^0 \mathrm{e}^{2k\theta}\cos\theta\mathrm{d}\theta \\ &=a^2\sqrt{1+k^2}\left[\frac{\mathrm{e}^{2k\theta}}{4k^2+1}(2k\cos\theta+\sin\theta)\right] \\ &=\frac{2ka^2\sqrt{1+k^2}}{4k^2+1}.\end{aligned}$$

注 为了计算方便，要牢记下面的公式:

$$\int \mathrm{e}^{ax}\cos bx\mathrm{d}x=\frac{\mathrm{e}^{ax}}{a^2+b^2}(a\cos bx+b\sin bx)+C,$$

$$\int \mathrm{e}^{ax}\sin bx\mathrm{d}x=\frac{\mathrm{e}^{ax}}{a^2+b^2}(a\sin bx-b\cos bx)+C.$$

例 20-1-3 解答下列各题 (第一型曲线积分的应用):

1. 求曲线 $x=a,y=at,z=\frac{1}{2}at^2\ (0\leqslant t\leqslant 1,a>0)$ 的质量 m，设其线密度为 $\rho=\sqrt{\frac{2z}{a}}$.

解 由第一型曲线积分的物理背景得

$$m=\int_L \rho(x,y,z)\mathrm{d}s=\int_0^1 t\sqrt{0+a^2+a^2t^2}\mathrm{d}t=a\int_0^1 t\sqrt{1+t^2}\mathrm{d}t$$

$$=a\frac{1}{2}\cdot\frac{2}{3}(1+t^2)^{3/2}\Big|_0^1=\frac{a}{3}(2\sqrt{2}-1).$$

2. 求摆线 $\begin{cases}x=a(t-\sin t),\\ y=a(1-\cos t)\end{cases}$ $(0\leqslant t\leqslant \pi)$ 的质心，设其质量分布是均匀的.

解 由质心坐标公式得

$$\overline{x}=\frac{\int_L x\rho\mathrm{d}s}{\int_L \rho\mathrm{d}s}=\frac{\int_L x\mathrm{d}s}{\int_L \mathrm{d}s},\quad \overline{y}=\frac{\int_L y\rho\mathrm{d}s}{\int_L \rho\mathrm{d}s}=\frac{\int_L y\mathrm{d}s}{\int_L \mathrm{d}s},$$

其中 ρ 为摆线的密度，而

$$\int_L x\mathrm{d}s=\int_0^{\pi} a(t-\sin t)(a\sqrt{2}\sqrt{1-\cos t})\mathrm{d}t=2a^2\int_0^{\pi}(t-\sin t)\sin\frac{t}{2}\mathrm{d}t$$

$$=2a^2\left(\int_0^{\pi} t\sin\frac{t}{2}\mathrm{d}t-\int_0^{\pi}\sin t\sin\frac{t}{2}\mathrm{d}t\right)$$

$$=2a^2\left(-2t\cos\frac{t}{2}\Big|_0^{\pi}+2\int_0^{\pi}\cos\frac{t}{2}\mathrm{d}t-2\int_0^{\pi}\sin^2\frac{t}{2}\cos\frac{t}{2}\mathrm{d}t\right)$$

$$=2a^2\left(4\sin\frac{t}{2}\Big|_0^{\pi}-\frac{4}{3}\sin^3\frac{t}{2}\Big|_0^{\pi}\right)=2a^2\left(4-\frac{4}{3}\right)=\frac{16}{3}a^2,$$

$$\int_L y\mathrm{d}s=\int_0^{\pi} a(1-\cos t)(a\sqrt{2}\sqrt{1-\cos t})\mathrm{d}t=2a^2\int_0^{\pi}(1-\cos t)\sin\frac{t}{2}\mathrm{d}t$$

$$=4a^2\int_0^{\pi}\sin^3\frac{t}{2}\mathrm{d}t=8a^2\int_0^{\frac{\pi}{2}}\sin^3 u\mathrm{d}u=8a^2\frac{2!!}{3!!}=\frac{16}{3}a^2,$$

$$\int_L \mathrm{d}s=2a\int_0^{\pi}\sin\frac{t}{2}\mathrm{d}t=4a\int_0^{\frac{\pi}{2}}\sin u\mathrm{d}u=4a,$$

所以

$$\overline{x}=\frac{\int_L x\mathrm{d}s}{\int_L \mathrm{d}s}=\frac{4a}{3},\quad \overline{y}=\frac{\int_L y\mathrm{d}s}{\int_L \mathrm{d}s}=\frac{4a}{3}.$$

3. 证明: 若函数 $f(x,y)$ 在光滑曲线 $L: x=x(t), y=y(t), t\in[\alpha,\beta]$ 上连续, 则存在点 $(x_0,y_0)\in L$, 使得

$$\int_L f(x,y)\mathrm{d}s=f(x_0,y_0)\Delta L,$$

其中 ΔL 为 L 的弧长.

证 我们有

$$\int_L f(x,y)\mathrm{d}s=\int_{\alpha}^{\beta} f(x(t),y(t))\sqrt{[x'(t)]^2+[y'(t)]^2}\mathrm{d}t.$$

由复合函数的连续性定理知 $f(x(t),y(t))\in C[\alpha,\beta]$, $\sqrt{[x'(t)]^2+[y'(t)]^2}\in C[\alpha,\beta]$, 又 $\sqrt{[x'(t)]^2+[y'(t)]^2}$ 不变号, 从而由积分中值定理知 $\exists\, t_0\in[\alpha,\beta]$, 使得

$$\begin{aligned}\int_L f(x,y)\mathrm{d}s&=\int_{\alpha}^{\beta} f(x(t),y(t))\sqrt{[x'(t)]^2+[y'(t)]^2}\mathrm{d}t\\&=f(x(t_0),y(t_0))\int_{\alpha}^{\beta}\sqrt{[x'(t)]^2+[y'(t)]^2}\mathrm{d}t\\&=f(x_0,y_0)\Delta L,\end{aligned}$$

其中 $(x_0,y_0)=(x(t_0),y(t_0))$.

§ 20.2　第二型曲线积分

内容要求　理解第二型曲线积分的背景、物理意义; 掌握第二型曲线积分的计算以及它和第一型曲线积分的关系.

例 20-2-1　解答下列各题 (直角坐标与参数形式曲线的曲线积分):

1. 计算曲线积分 $\int_L x\mathrm{d}y - y\mathrm{d}x$, 其中 L 为图 20.1 中,

(1) 沿抛物线 $y = 2x^2$ 从 O 到 B 的一段;

(2) 沿直线 $y = 2x$ 从 O 到 B 的一段;

(3) 沿 $O \to A \to B \to O$ 的封闭曲线 $OABO$.

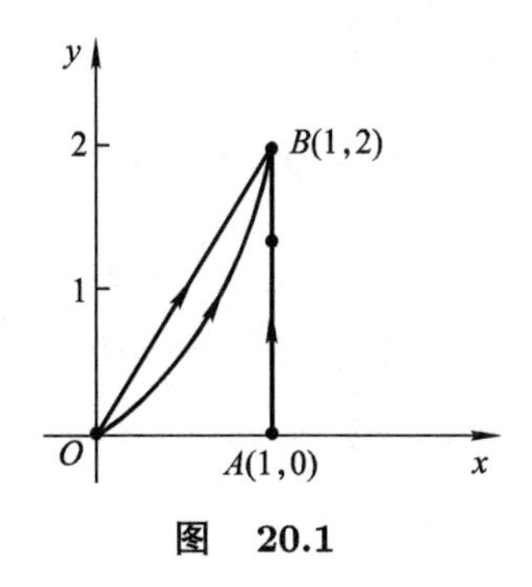

图　20.1

解　(1) $\int_L x\mathrm{d}y - y\mathrm{d}x = \int_0^1 (x \cdot 4x - 2x^2)\mathrm{d}x = 2\int_0^1 x^2\mathrm{d}x = \frac{2}{3}$.

(2) $\int_L x\mathrm{d}y - y\mathrm{d}x = \int_0^1 (x \cdot 2 - 2x)\mathrm{d}x = 0$.

(3) 由积分曲线的可加性知

$$\int_L x\mathrm{d}y - y\mathrm{d}x = \int_{\overline{OA}} x\mathrm{d}y - y\mathrm{d}x + \int_{\overline{AB}} x\mathrm{d}y - y\mathrm{d}x + \int_{\overline{BO}} x\mathrm{d}y - y\mathrm{d}x.$$

由于

$$\overline{OA}:\begin{cases}x=x,\\ y=0,\end{cases} x\in[0,1]\Longrightarrow\int_{\overline{OA}}x\mathrm{d}y-y\mathrm{d}x=0,$$

$$\overline{AB}:\begin{cases}x=1,\\ y=y,\end{cases} y\in[0,2]\Longrightarrow\int_{\overline{AB}}x\mathrm{d}y-y\mathrm{d}x=\int_0^2\mathrm{d}y=2,$$

$$\overline{BO}:\begin{cases}x=x,\\ y=2x,\end{cases} x\in[0,1]$$

$$\Longrightarrow\int_{\overline{BO}}x\mathrm{d}y-y\mathrm{d}x=-\int_{\overline{OB}}(x\cdot 2-2x)\mathrm{d}x=0,$$

所以

$$\int_L x\mathrm{d}y-y\mathrm{d}x=\int_{\overline{OA}}x\mathrm{d}y-y\mathrm{d}x+\int_{\overline{AB}}x\mathrm{d}y-y\mathrm{d}x$$
$$+\int_{\overline{BO}}x\mathrm{d}y-y\mathrm{d}x=2.$$

2. 计算曲线积分 $\int_L(2a-y)\mathrm{d}x+\mathrm{d}y$, 其中 L 为摆线

$$L:\begin{cases}x=a(t-\sin t),\\ y=a(1-\cos t)\end{cases}$$

沿 t 增加方向在 $t\in[0,2\pi]$ 的一段.

解 $\int_L(2a-y)\mathrm{d}x+\mathrm{d}y$

$$=\int_0^{2\pi}[(2a-a+a\cos t)a(1-\cos t)+a\sin t]\mathrm{d}t$$
$$=\int_0^{2\pi}(a^2-a^2\cos^2 t+a\sin t)\mathrm{d}t$$
$$=a^2\int_0^{2\pi}\sin^2 t\mathrm{d}t+a\int_0^{2\pi}\sin t\mathrm{d}t$$
$$=a^2\int_0^{2\pi}\sin^2 t\mathrm{d}t=\frac{1}{2}a^2\int_0^{2\pi}(1-\cos 2t)\mathrm{d}t=\pi a^2.$$

3. 计算曲线积分 $\oint_L\frac{-x\mathrm{d}x+y\mathrm{d}y}{x^2+y^2}$, 其中 L 为圆周 $x^2+y^2=a^2$, 依逆时针方向.

解 由于 $L:\begin{cases}x=a\cos\theta,\\ y=a\sin\theta,\end{cases}\theta\in[0,2\pi]$, 所以

$$\begin{aligned}\oint_L\frac{-x\mathrm{d}x+y\mathrm{d}y}{x^2+y^2}&=\frac{1}{a^2}\int_0^{2\pi}[(-a\cos\theta)(-a\sin\theta)+(a\sin\theta)(a\cos\theta)]\mathrm{d}\theta\\&=2\int_0^{2\pi}\sin\theta\cos\theta\mathrm{d}\theta=2\int_0^{2\pi}\sin\theta\mathrm{d}(\sin\theta)\\&=\sin^2\theta\Big|_0^{2\pi}=0.\end{aligned}$$

4. 计算曲线积分 $\oint_L y\mathrm{d}x+\sin x\mathrm{d}y$, 其中 L 为曲线 $y=\sin x$ $(0\leqslant x\leqslant\pi)$ 与 x 轴所围的闭曲线, 依顺时针方向.

解 由于

$$\oint_L y\mathrm{d}x+\sin x\mathrm{d}y=\int_{L_1}y\mathrm{d}x+\sin x\mathrm{d}y-\int_{L_2}y\mathrm{d}x+\sin x\mathrm{d}y,$$

其中 $L_1: y=\sin x\ (x\in[0,\pi]), L_2:\begin{cases}x=x,\\ y=0\end{cases}(x\in[0,\pi])$, 所以

$$\begin{aligned}\oint_L y\mathrm{d}x+\sin x\mathrm{d}y&=\int_{L_1}y\mathrm{d}x+\sin x\mathrm{d}y-\int_{L_2}y\mathrm{d}x+\sin x\mathrm{d}y\\&=\int_0^{\pi}(\sin x+\sin x\cos x)\mathrm{d}x-0\\&=-\cos x\Big|_0^{\pi}+\frac{1}{2}\sin^2 x\Big|_0^{\pi}=2.\end{aligned}$$

5. 计算曲线积分 $\int_L x\mathrm{d}x+y\mathrm{d}y+z\mathrm{d}z$, 其中 L 为从点 $(1,1,1)$ 到点 $(2,3,4)$ 的直线段.

解 由于 $L:\begin{cases}x=1+t,\\ y=1+2t,\\ z=1+3t,\end{cases}t\in[0,1]$, 所以

$$\begin{aligned}\int_L x\mathrm{d}x+y\mathrm{d}y+z\mathrm{d}z&=\int_0^1[(1+t)+2(1+2t)+3(1+3t)]\mathrm{d}t\\&=\int_0^1(6+14t)\mathrm{d}t=6+7=13.\end{aligned}$$

例 20-2-2 解答下列各题 (曲面相交形式曲线的曲线积分):

*1. 计算曲线积分 $\int_L xyz\mathrm{d}z$, 其中 L 为 $x^2+y^2+z^2=1$ 与 $y=z$ 相交的圆, 其方向按曲线依次经过第一、二、七、八卦限.

解 曲线 L 可写成如下参数形式:

$$L:\begin{cases} x=\cos\theta, \\ y=\dfrac{1}{\sqrt{2}}\sin\theta, \\ z=\dfrac{1}{\sqrt{2}}\sin\theta, \end{cases} \quad \theta\in[0,2\pi],$$

所以

$$\begin{aligned}\int_L xyz\mathrm{d}z &= \int_0^{2\pi}\frac{1}{2}(\cos\theta\sin^2\theta)\cdot\frac{1}{\sqrt{2}}\cos\theta\mathrm{d}\theta \\ &= \frac{1}{2\sqrt{2}}\int_0^{2\pi}\cos^2\theta\sin^2\theta\mathrm{d}\theta = \frac{1}{8\sqrt{2}}\int_0^{2\pi}\sin^2 2\theta\mathrm{d}\theta \\ &= \frac{1}{16\sqrt{2}}\int_0^{2\pi}(1-\cos 4\theta)\mathrm{d}\theta = \frac{1}{8\sqrt{2}}\pi.\end{aligned}$$

注 对于比较特殊的两张曲面的交线, 可以考虑将交线写成参数形式, 然后化曲线积分为定积分. 此题也可以考虑用 Stokes 公式来计算.

2. 计算曲线积分 $\int_L (y^2-z^2)\mathrm{d}x+(z^2-x^2)\mathrm{d}y+(x^2-y^2)\mathrm{d}z$, 其中 L 为球面 $x^2+y^2+z^2=1$ 在第一卦限部分的边界曲线, 其方向按曲线依次经过 xy 平面部分, yz 平面部分和 zx 平面部分.

解 法一 将球面与 x,y,z 轴的交点分别记为 $A(1,0,0)$, $B(0,1,0), C(0,0,1)$, 则

$$L=\overset{\frown}{AB}+\overset{\frown}{BC}+\overset{\frown}{CA},$$

其中

$$\overset{\frown}{AB}:\begin{cases} x=\cos\theta, \\ y=\sin\theta, \\ z=0, \end{cases} \quad \theta\in\left[0,\frac{\pi}{2}\right],$$

$$\widehat{BC}:\begin{cases}x=0,\\ y=\cos\theta,\\ z=\sin\theta,\end{cases}\quad \theta\in\left[0,\frac{\pi}{2}\right],$$

$$\widehat{CA}:\begin{cases}x=\sin\theta,\\ y=0,\\ z=\cos\theta,\end{cases}\quad \theta\in\left[0,\frac{\pi}{2}\right].$$

而

$$\begin{aligned}&\int_{\widehat{AB}}(y^2-z^2)\mathrm{d}x+(z^2-x^2)\mathrm{d}y+(x^2-y^2)\mathrm{d}z\\ &=\int_0^{\frac{\pi}{2}}[\sin^2\theta(-\sin\theta)-\cos^2\theta\cos\theta]\mathrm{d}\theta\\ &=-\int_0^{\frac{\pi}{2}}(\sin^3\theta+\cos^3\theta)\mathrm{d}\theta,\end{aligned}$$

$$\begin{aligned}&\int_{\widehat{BC}}(y^2-z^2)\mathrm{d}x+(z^2-x^2)\mathrm{d}y+(x^2-y^2)\mathrm{d}z\\ &=\int_0^{\frac{\pi}{2}}[\sin^2\theta(-\sin\theta)-\cos^2\theta\cos\theta]\mathrm{d}\theta\\ &=-\int_0^{\frac{\pi}{2}}(\sin^3\theta+\cos^3\theta)\mathrm{d}\theta,\end{aligned}$$

$$\begin{aligned}&\int_{\widehat{CA}}(y^2-z^2)\mathrm{d}x+(z^2-x^2)\mathrm{d}y+(x^2-y^2)\mathrm{d}z\\ &=\int_0^{\frac{\pi}{2}}[-\cos^2\theta\cos\theta+\sin^2\theta(-\sin\theta)]\mathrm{d}\theta\\ &=-\int_0^{\frac{\pi}{2}}(\sin^3\theta+\cos^3\theta)\mathrm{d}\theta,\end{aligned}$$

所以

$$\begin{aligned}&\int_L(y^2-z^2)\mathrm{d}x+(z^2-x^2)\mathrm{d}y+(x^2-y^2)\mathrm{d}z\\ &=-3\int_0^{\frac{\pi}{2}}(\sin^3\theta+\cos^3\theta)\mathrm{d}\theta\\ &=-3\cdot 2\cdot\frac{2!!}{3!!}=-4.\end{aligned}$$

法二 记 $P=y^2-z^2, Q=z^2-x^2, R=x^2-y^2$, 则由 Stokes 公式得

$$\begin{aligned}
&\oint_L P\mathrm{d}x+Q\mathrm{d}y+R\mathrm{d}z\\
&=\iint_S\left(\frac{\partial R}{\partial y}-\frac{\partial Q}{\partial z}\right)\mathrm{d}y\mathrm{d}z\\
&\quad+\left(\frac{\partial P}{\partial z}-\frac{\partial R}{\partial x}\right)\mathrm{d}z\mathrm{d}x+\left(\frac{\partial Q}{\partial x}-\frac{\partial P}{\partial y}\right)\mathrm{d}x\mathrm{d}y\\
&=\iint_S(-2y-2z)\mathrm{d}y\mathrm{d}z+(-2z-2x)\mathrm{d}z\mathrm{d}x+(-2x-2y)\mathrm{d}x\mathrm{d}y\\
&=\iint_S[(-2y-2z)\cos(\overrightarrow{n},x)+(-2z-2x)\cos(\overrightarrow{n},y)\\
&\quad+(-2x-2y)\cos(\overrightarrow{n},z)]\mathrm{d}S\\
&=\iint_S[(-2y-2z)x+(-2z-2x)y+(-2x-2y)z]\mathrm{d}S\\
&=\iint_S[(-2xy-2xz)+(-2yz-2xy)+(-2xz-2yz)]\mathrm{d}S\\
&=-4\iint_S(xy+xz+yz)\mathrm{d}S. \qquad (1)
\end{aligned}$$

下面计算 $\iint_S(xy+xz+yz)\mathrm{d}S$.

途径一: 化为二重积分法.

$$\begin{aligned}
&\iint_S(xy+xz+yz)\mathrm{d}S\\
&=\iint_{D_{xy}}(xy+x\sqrt{1-x^2-y^2}+y\sqrt{1-x^2-y^2})\sqrt{1+z_x^2+z_y^2}\mathrm{d}x\mathrm{d}y\\
&=\iint_{D_{xy}}(xy+x\sqrt{1-x^2-y^2}+y\sqrt{1-x^2-y^2})\frac{1}{\sqrt{1-x^2-y^2}}\mathrm{d}x\mathrm{d}y\\
&=\int_0^{\frac{\pi}{2}}\int_0^1\left(\frac{r^2}{\sqrt{1-r^2}}\cos\theta\sin\theta+r\cos\theta+r\sin\theta\right)r\mathrm{d}r.
\end{aligned}$$

而

$$\int_0^1\frac{r^3}{\sqrt{1-r^2}}\mathrm{d}r=\int_0^{\frac{\pi}{2}}\sin^3\tau\mathrm{d}\tau=\frac{2!!}{3!!}=\frac{2}{3},$$

所以

$$
\begin{aligned}
&\iint_S (xy+xz+yz)\mathrm{d}S\\
&=\int_0^{\frac{\pi}{2}}\int_0^1\left(\frac{r^2}{\sqrt{1-r^2}}\cos\theta\sin\theta+r\cos\theta+r\sin\theta\right)r\mathrm{d}r\\
&=\frac{2}{3}\int_0^{\frac{\pi}{2}}\cos\theta\sin\theta\mathrm{d}\theta+\frac{1}{3}\int_0^{\frac{\pi}{2}}\sin\theta\mathrm{d}\theta+\frac{1}{3}\int_0^{\frac{\pi}{2}}\cos\theta\mathrm{d}\theta=1. \quad (2)
\end{aligned}
$$

由 (1), (2) 两式知

$$\int_L (y^2-z^2)\mathrm{d}x+(z^2-x^2)\mathrm{d}y+(x^2-y^2)\mathrm{d}z=-4.$$

途径二: 球坐标变换法. 作球坐标变换:

$$\begin{cases} x=\sin\varphi\cos\theta,\\ y=\sin\varphi\sin\theta, \qquad \varphi\in\left[0,\dfrac{\pi}{2}\right], \quad \theta\in\left[0,\dfrac{\pi}{2}\right], \quad \mathrm{d}S=\sin\varphi\mathrm{d}\varphi\mathrm{d}\theta,\\ z=\cos\varphi, \end{cases}$$

所以

$$
\begin{aligned}
&\iint_S (xy+xz+yz)\mathrm{d}S\\
&=\int_0^{\frac{\pi}{2}}\mathrm{d}\varphi\int_0^{\frac{\pi}{2}}(\sin^2\varphi\cos\theta\sin\theta+\sin\varphi\cos\theta\cos\varphi\\
&\quad+\sin\varphi\sin\theta\cos\varphi)\sin\varphi\mathrm{d}\theta\\
&=\frac{1}{2}\int_0^{\frac{\pi}{2}}\sin^3\varphi\mathrm{d}\varphi+2\int_0^{\frac{\pi}{2}}\sin^2\varphi\cos\varphi\mathrm{d}\varphi=\frac{1}{2}\frac{2!!}{3!!}+\frac{2}{3}=1.
\end{aligned}
$$

再结合 (1) 式知

$$\int_L (y^2-z^2)\mathrm{d}x+(z^2-x^2)\mathrm{d}y+(x^2-y^2)\mathrm{d}z=-4.$$

注 这里用到后面的 Stokes 公式.

例 20-2-3 解答下列各题 (第二型曲线积分的应用):

1. 设质点受到力 $\overrightarrow{F}$ 的作用, 力的反方向指向原点, 大小与质点离原点的距离成正比. 若质点由点 $(a,0)$ 沿椭圆移动到点 $(0,b)$, 求力所做的功 W.

解 由条件知

$$\overrightarrow{F}=k\sqrt{x^2+y^2}\left(\frac{x}{\sqrt{x^2+y^2}},\frac{y}{\sqrt{x^2+y^2}}\right)=(kx,ky):=(P,Q),$$

其中 k 为比例系数. 由第二型曲线积分的物理背景知

$$W=\int_L P\mathrm{d}x+Q\mathrm{d}y,$$

其中 $L:\begin{cases}x=a\cos\theta,\\ y=b\sin\theta,\end{cases}\theta\in\left[0,\frac{\pi}{2}\right]$, 所以

$$\begin{aligned}W&=\int_L P\mathrm{d}x+Q\mathrm{d}y=k\int_L x\mathrm{d}x+y\mathrm{d}y\\&=k\int_0^{\frac{\pi}{2}}(-a^2\sin\theta\cos\theta+b^2\sin\theta\cos\theta)\mathrm{d}\theta\\&=k\left(-\frac{1}{2}a^2+\frac{1}{2}b^2\right)=\frac{1}{2}k(b^2-a^2).\end{aligned}$$

2. 设一质点受到力 $\overrightarrow{F}$ 的作用, 力的方向指向原点, 大小与质点到 xy 平面的距离成反比. 若质点沿直线 $x=at,y=bt,z=ct(c\neq 0)$ 从点 $M(a,b,c)$ 移动到点 $N(2a,2b,2c)$, 求力所做的功 W.

解 由条件知

$$\begin{aligned}\overrightarrow{F}&=-\frac{k}{|z|}\left(\frac{x}{\sqrt{x^2+y^2+z^2}},\frac{y}{\sqrt{x^2+y^2+z^2}},\frac{z}{\sqrt{x^2+y^2+z^2}}\right)\\&:=(P,Q,R),\end{aligned}$$

其中 k 为比例系数. 由第二型曲线积分的物理背景知

$$W=\int_L P\mathrm{d}x+Q\mathrm{d}y+R\mathrm{d}z,$$

其中 $L:\begin{cases}x=at,\\ y=bt,\ t\in[1,2],\\ z=ct,\end{cases}$ 所以

$$\begin{aligned}W&=\int_L P\mathrm{d}x+Q\mathrm{d}y+R\mathrm{d}z\\&=-k\int_L\frac{x}{|z|\sqrt{x^2+y^2+z^2}}\mathrm{d}x+\frac{y}{|z|\sqrt{x^2+y^2+z^2}}\mathrm{d}y\end{aligned}$$

$$
\begin{aligned}
&+\frac{z}{|z|\sqrt{x^2+y^2+z^2}}\mathrm{d}z\\
=&-k\int_1^2\left(\frac{a^2}{|c|t\sqrt{a^2+b^2+c^2}}+\frac{b^2}{|c|t\sqrt{a^2+b^2+c^2}}\right.\\
&\left.+\frac{c^2}{|c|t\sqrt{a^2+b^2+c^2}}\right)\mathrm{d}t\\
=&-\frac{k}{|c|\sqrt{a^2+b^2+c^2}}(a^2+b^2+c^2)\ln 2\\
=&-\frac{k\sqrt{a^2+b^2+c^2}}{|c|}\ln 2.
\end{aligned}
$$

例 20-2-4 解答下列各题 (第一型与第二型曲线积分的关系):

1. 证明曲线积分的估计式:

$$
\left|\int_{\widehat{AB}} P\mathrm{d}x+Q\mathrm{d}y\right|\leqslant LM,
$$

其中 L 为 $\widehat{AB}$ 的弧长, $M=\max\limits_{(x,y)\in\widehat{AB}}\sqrt{P^2+Q^2}$.

解 由第一型与第二型曲线积分的关系得

$$
\begin{aligned}
\left|\int_{\widehat{AB}} P\mathrm{d}x+Q\mathrm{d}y\right| &= \left|\int_{\widehat{AB}}[P\cos(\overrightarrow{\tau},x)+Q\cos(\overrightarrow{\tau},y)]\mathrm{d}s\right|\\
&=\left|\int_{\widehat{AB}}[(P,Q)\cdot(\cos(\overrightarrow{\tau},x),\cos(\overrightarrow{\tau},y))]\mathrm{d}s\right|\\
&\leqslant\int_{\widehat{AB}}|(P,Q)\cdot(\cos(\overrightarrow{\tau},x),\cos(\overrightarrow{\tau},y))|\,\mathrm{d}s\\
&\leqslant\int_{\widehat{AB}}\sqrt{P^2+Q^2}\mathrm{d}s\leqslant LM.
\end{aligned}
$$

2. 利用第 1 题的结论估计积分

$$
I_R=\int_{x^2+y^2=R^2}\frac{y\mathrm{d}x-x\mathrm{d}y}{(x^2+xy+y^2)^2},
$$

并求 $\lim\limits_{R\to+\infty} I_R$.

解 记 $P=\dfrac{y}{(x^2+xy+y^2)^2}, Q=\dfrac{x}{(x^2+xy+y^2)^2}$, 则

$$
\sqrt{P^2+Q^2}=\frac{\sqrt{x^2+y^2}}{(x^2+xy+y^2)^2}\leqslant\frac{\sqrt{x^2+y^2}}{\frac{1}{4}(x^2+y^2)^2}\leqslant\frac{4}{(x^2+y^2)^{3/2}}.
$$

所以

$$|I_R| = \left| \int_{x^2+y^2=R^2} \frac{y\mathrm{d}x - x\mathrm{d}y}{(x^2+xy+y^2)^2} \right| \leqslant \frac{4}{R^3} 2\pi R \to 0 \quad (R \to +\infty),$$

即

$$\lim_{R\to+\infty} I_R = 0.$$

总 练 习 题

例 20-z-1 计算下列各题 (第一型曲线积分):

1. 计算曲线积分 $\int_L y\mathrm{d}s$, 其中 L 是由曲线 $y^2 = x$ 和 $x + y = 2$ 所围成的闭曲线.

解 曲线 $y^2 = x$ 和 $x + y = 2$ 的交点坐标为 $A(1,1), B(4,-2)$, 所以

$$\begin{aligned}
\int_L y\mathrm{d}s &= \int_{\widehat{OA}} y\mathrm{d}s + \int_{\widehat{OB}} y\mathrm{d}s + \int_{\widehat{AB}} y\mathrm{d}s \\
&= \int_0^1 \sqrt{x}\sqrt{1+\frac{1}{4x}}\mathrm{d}x + \int_0^4 \left(-\sqrt{x}\sqrt{1+\frac{1}{4x}}\right)\mathrm{d}x \\
&\quad + \int_1^4 (2-x)\sqrt{2}\mathrm{d}x \\
&= -\int_1^4 \sqrt{x}\sqrt{1+\frac{1}{4x}}\mathrm{d}x + \int_1^4 (2-x)\sqrt{2}\mathrm{d}x \\
&= -\frac{1}{2}\int_1^4 \sqrt{1+4x}\mathrm{d}x + \sqrt{2}\int_1^4 (2-x)\mathrm{d}x \\
&= -\frac{1}{12}(17\sqrt{17} - 5\sqrt{5}) - \frac{3\sqrt{2}}{2}.
\end{aligned}$$

2. 计算曲线积分 $\int_L z\mathrm{d}s$, 其中 L 为圆锥螺线 $x = t\cos t, y = t\sin t, z = t$ 在 $t \in [0, t_0]$ 的一段.

解 $\int_L z\mathrm{d}s = \int_0^{t_0} t\sqrt{(\cos t - t\sin t)^2 + (\sin t + t\cos t)^2 + 1^2}\mathrm{d}t$

$$= \int_0^{t_0} t\sqrt{2+t^2}\mathrm{d}t = \frac{1}{2}\cdot\frac{2}{3}(2+t^2)^{3/2}\Big|_0^{t_0}$$

$$= \frac{1}{3}\left[(2+t_0^2)^{3/2} - 2\sqrt{2}\right].$$

*3. 计算曲线积分 $\int_L |y|\mathrm{d}s$, 其中 L 为双纽线 $(x^2+y^2)^2 = a^2(x^2-y^2)$.

解 设曲线的极坐标方程为 $\rho = \rho(\theta)$, 则

$$\begin{cases} x = \rho(\theta)\cos\theta, \\ y = \rho(\theta)\sin\theta, \end{cases} \quad \theta \in \left[-\frac{\pi}{4}, \frac{\pi}{4}\right] \cup \left[\frac{3\pi}{4}, \frac{5\pi}{4}\right].$$

代入 $(x^2+y^2)^2 = a^2(x^2-y^2)$, 得

$$\rho^2(\theta) = a^2\cos 2\theta.$$

所以

$$\begin{cases} x = a\sqrt{\cos 2\theta}\cos\theta, \\ y = a\sqrt{\cos 2\theta}\sin\theta, \end{cases} \quad \theta \in \left[-\frac{\pi}{4}, \frac{\pi}{4}\right] \cup \left[\frac{3\pi}{4}, \frac{5\pi}{4}\right],$$

且 $\theta \neq \pm\frac{\pi}{4}, \frac{3\pi}{4}, \frac{5\pi}{4}$ 时,

$$\mathrm{d}s = \sqrt{[x'(\theta)]^2 + [y'(\theta)]^2}\mathrm{d}\theta$$

$$= a\sqrt{\left(-\sqrt{\cos 2\theta}\sin\theta - \frac{\sin 2\theta\cos\theta}{\sqrt{\cos 2\theta}}\right)^2 + \left(\sqrt{\cos 2\theta}\cos\theta - \frac{\sin 2\theta\sin\theta}{\sqrt{\cos 2\theta}}\right)^2}\mathrm{d}\theta$$

$$= a\sqrt{\cos 2\theta + \frac{\sin^2 2\theta}{\cos 2\theta}} = \frac{a}{\sqrt{\cos 2\theta}}\mathrm{d}\theta.$$

因此

$$\int_L |y|\mathrm{d}s = a^2\int_{-\frac{\pi}{4}}^{\frac{\pi}{4}} \sqrt{\cos 2\theta}|\sin\theta|\frac{1}{\sqrt{\cos 2\theta}}\mathrm{d}\theta$$

$$+ a^2\int_{\frac{3\pi}{4}}^{\frac{5\pi}{4}} \sqrt{\cos 2\theta}|\sin\theta|\frac{1}{\sqrt{\cos 2\theta}}\mathrm{d}\theta$$

$$= 2a^2\int_0^{\frac{\pi}{4}} \sin\theta\mathrm{d}\theta + a^2\int_{\frac{3\pi}{4}}^{\pi} \sin\theta\mathrm{d}\theta - a^2\int_{\pi}^{\frac{5\pi}{4}} \sin\theta\mathrm{d}\theta$$

$$= -2a^2\cos\theta\Big|_0^{\frac{\pi}{4}} - a^2\cos\theta\Big|_{\frac{3\pi}{4}}^{\pi} + a^2\cos\theta\Big|_{\pi}^{\frac{5\pi}{4}} = 4a^2\left(1 - \frac{\sqrt{2}}{2}\right).$$

例 20-z-2 解答下列各题 (第二型曲线积分):

1. 计算曲线积分 $\int_L xy^2\mathrm{d}y-x^2y\mathrm{d}x$, 其中 L 为以 a 为半径, 圆心在原点的右半圆周, 从最上面一点 A 到最下面一点 B.

解 **法一** 由于 $L:\begin{cases}x=a\cos\theta,\\ y=a\sin\theta,\end{cases}\theta\in\left[-\frac{\pi}{2},\frac{\pi}{2}\right]$, 所以

$$\begin{aligned}\int_L xy^2\mathrm{d}y-x^2y\mathrm{d}x&=-\int_{-\frac{\pi}{2}}^{\frac{\pi}{2}}(a^4\cos^2\theta\sin^2\theta+a^4\cos^2\theta\sin^2\theta)\mathrm{d}\theta\\&=-4a^4\int_0^{\frac{\pi}{2}}\cos^2\theta\sin^2\theta\mathrm{d}\theta=-a^4\int_0^{\frac{\pi}{2}}\sin^2 2\theta\mathrm{d}\theta\\&=-a^4\int_0^{\frac{\pi}{2}}\frac{1-\cos4\theta}{2}\mathrm{d}\theta=-\frac{\pi}{4}a^4.\end{aligned}$$

法二 添补线段 $\overline{BA}: x=0, y\in[-a,a]$ 与右半圆周组成闭曲线, 则由 Green 公式有

$$\begin{aligned}&\int_L xy^2\mathrm{d}y-x^2y\mathrm{d}x+\int_{\overline{BA}}xy^2\mathrm{d}y-x^2y\mathrm{d}x\\&=-\iint_D\left[\frac{\partial}{\partial x}(xy^2)-\frac{\partial}{\partial y}(-x^2y)\right]\mathrm{d}x\mathrm{d}y=-\iint_D(x^2+y^2)\mathrm{d}x\mathrm{d}y\\&=-\int_{-\frac{\pi}{2}}^{\frac{\pi}{2}}\mathrm{d}\theta\int_0^a r^2\cdot r\mathrm{d}r=-\frac{\pi}{4}a^4,\end{aligned}$$

其中 D 为闭曲线所围成的右半圆区域. 而

$$\int_{\overline{BA}}xy^2\mathrm{d}y-x^2y\mathrm{d}x=\int_{\overline{BA}}0\cdot y^2\mathrm{d}y-0^2y\mathrm{d}0=0,$$

所以

$$\int_L xy^2\mathrm{d}y-x^2y\mathrm{d}x=-\frac{\pi}{4}a^4.$$

2. 计算曲线积分 $\int_L\frac{\mathrm{d}y-\mathrm{d}x}{x-y}$, 其中 L 是抛物线 $y=x^2-4$ 从点 $A(0,-4)$ 到点 $B(2,0)$ 的一段.

解 $\int_L\frac{\mathrm{d}y-\mathrm{d}x}{x-y}=\int_L\frac{1}{y-x}\mathrm{d}x-\frac{1}{y-x}\mathrm{d}y$

$$
\begin{aligned}
&= \int_0^2 \left(\frac{1}{x^2 - x - 4} - \frac{2x}{x^2 - x - 4} \right) \mathrm{d}x \\
&= \int_0^2 \frac{1 - 2x}{x^2 - x - 4} \mathrm{d}x = -\ln |x^2 - x - 4| \Big|_0^2 = \ln 2.
\end{aligned}
$$

注 此题在添补成闭曲线后也可以用 Green 公式来求, 但运算过程并不简单, 这里不再给出.

3. 计算曲线积分 $\displaystyle\int_L y^2 \mathrm{d}x + z^2 \mathrm{d}y + x^2 \mathrm{d}z$, 其中 L 是 Viviani 曲线

$$
x^2 + y^2 + z^2 = a^2, \quad x^2 + y^2 = ax \quad (z \geqslant 0, a > 0),
$$

且若从 x 轴正向看去, L 是沿着逆时针方向进行的.

解 **法一** 由于 $x^2 + y^2 = ax \Longleftrightarrow \left(x - \dfrac{a}{2}\right)^2 + y^2 = \dfrac{a^2}{4}$, 令

$$
\begin{cases}
x = \dfrac{a}{2} + \dfrac{a}{2} \cos\theta, \\
y = \dfrac{a}{2} \sin\theta,
\end{cases}
\quad \theta \in [0, 2\pi],
$$

代入 $x^2 + y^2 + z^2 = a^2$, 得 $z = a \sin \dfrac{\theta}{2}$, 所以 Viviani 曲线的参数方程为

$$
\begin{cases}
x = \dfrac{a}{2} + \dfrac{a}{2} \cos\theta, \\
y = \dfrac{a}{2} \sin\theta, \\
z = a \sin \dfrac{\theta}{2},
\end{cases}
\quad \theta \in [0, 2\pi].
$$

故

$$
\begin{aligned}
&\int_L y^2 \mathrm{d}x + z^2 \mathrm{d}y + x^2 \mathrm{d}z \\
&= \int_0^{2\pi} \left[\left(\frac{a}{2} \sin\theta \right)^2 \left(-\frac{a}{2} \sin\theta \right)^2 + \left(a \sin \frac{\theta}{2} \right)^2 \left(\frac{a}{2} \cos\theta \right) \right. \\
&\quad \left. + a^2 \left(\frac{1 + \cos\theta}{2} \right)^2 \left(\frac{a}{4} \cos \frac{\theta}{2} \right) \right] \mathrm{d}\theta \\
&= -\frac{\pi}{4} a^3.
\end{aligned}
$$

法二 记 $P=y^2,Q=z^2,R=x^2$, 则由 Stokes 公式得

$$\begin{aligned}
&\int_L y^2\mathrm{d}x+z^2\mathrm{d}y+x^2\mathrm{d}z\\
&\quad=\iint_S\left(\frac{\partial R}{\partial y}-\frac{\partial Q}{\partial z}\right)\mathrm{d}y\mathrm{d}z\\
&\qquad+\left(\frac{\partial P}{\partial z}-\frac{\partial R}{\partial x}\right)\mathrm{d}z\mathrm{d}x+\left(\frac{\partial Q}{\partial x}-\frac{\partial P}{\partial y}\right)\mathrm{d}x\mathrm{d}y\\
&\quad=-2\iint_S z\mathrm{d}y\mathrm{d}z+x\mathrm{d}z\mathrm{d}x+y\mathrm{d}x\mathrm{d}y\\
&\quad=-2\iint_S[z\cos(\overrightarrow{n},x)+x\cos(\overrightarrow{n},y)+y\cos(\overrightarrow{n},z)]\mathrm{d}S,
\end{aligned}$$

其中 $S:z=\sqrt{a^2-x^2-y^2},(x,y)\in D_{xy}:=\{(x,y)|x^2+y^2\leqslant ax\}$, 取上侧, 且

$$(\cos(\overrightarrow{n},x),\cos(\overrightarrow{n},y),\cos(\overrightarrow{n},z))=\left(\frac{x}{a},\frac{y}{a},\frac{z}{a}\right).$$

所以

$$\int_L y^2\mathrm{d}x+z^2\mathrm{d}y+x^2\mathrm{d}z=-\frac{2}{a}\iint_S(zx+xy+yz)\mathrm{d}S.$$

由于曲面 S 关于 xy 平面对称, 所以

$$\iint_S xy\mathrm{d}S=\iint_S zy\mathrm{d}S=0,$$

从而

$$\begin{aligned}
&\int_L y^2\mathrm{d}x+z^2\mathrm{d}y+x^2\mathrm{d}z\\
&\quad=-\frac{2}{a}\iint_S zx\mathrm{d}S=-\frac{2}{a}\iint_{D_{xy}}x\sqrt{a^2-x^2-y^2}\sqrt{1+z_x^2+z_y^2}\mathrm{d}x\mathrm{d}y\\
&\quad=-2\iint_{D_{xy}}x\mathrm{d}x\mathrm{d}y=-2\int_0^{2\pi}\mathrm{d}\theta\int_0^{\frac{a}{2}}\left(\frac{a}{2}+r\cos\theta\right)r\mathrm{d}r\\
&\quad=-2\int_0^{2\pi}\left(\frac{1}{16}a^3+\frac{a^3}{24}\cos\theta\right)\mathrm{d}\theta=-\frac{\pi}{4}a^3.
\end{aligned}$$

例 20-z-3 解答下列各题 (第一型与第二型曲线积分的比较):

1. 设 $f(x,y)$ 为连续函数, 试计算曲线积分 $\int_L f(x,y)\mathrm{d}s$, $\int_L f(x,y)\mathrm{d}x$, $\int_L f(x,y)\mathrm{d}y$, 其中曲线 L 如下:

(1) L 为从点 $A(a,a)$ 到点 $C(b,a)$ 的直线段;

(2) L 为连接 $A(a,a), C(b,a), B(b,b)$ 三点的三角形的边, 取逆时针方向 (图 20.2).

解 (1) 不妨设 $a<b$. 由于 $L: \begin{cases} x=x, \\ y=a, \end{cases} x\in[a,b]$, 所以

$$\int_L f(x,y)\mathrm{d}s = \int_a^b f(x,a)\sqrt{1^2+0^2}\mathrm{d}x = \int_a^b f(x,a)\mathrm{d}x,$$

$$\int_L f(x,y)\mathrm{d}x = \int_a^b f(x,a)\mathrm{d}x,$$

$$\int_L f(x,y)\mathrm{d}y = \int_a^b f(x,a)\cdot 0\mathrm{d}x = 0.$$

(2) 不妨设 $a<b$. 由于

$$\overline{AC}: \begin{cases} x=x, \\ y=a, \end{cases} x\in[a,b],$$

$$\overline{CB}: \begin{cases} x=b, \\ y=y, \end{cases} y\in[a,b],$$

$$\overline{AB}: \begin{cases} x=x, \\ y=x, \end{cases} x\in[a,b],$$

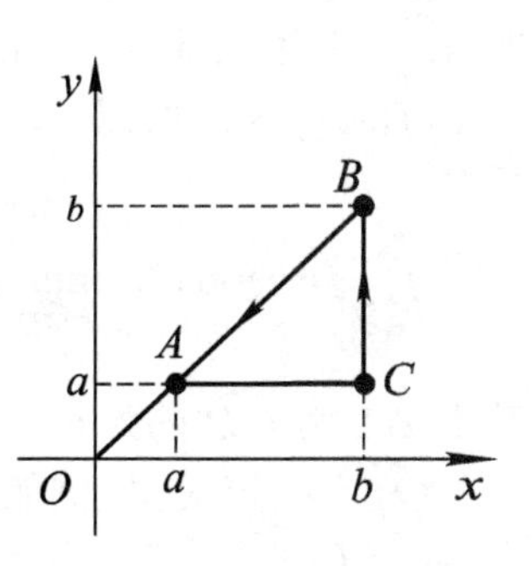

图 20.2

所以

$$\begin{aligned}\int_L f(x,y)\mathrm{d}s &= \int_{\overline{AC}} f(x,y)\mathrm{d}s + \int_{\overline{CB}} f(x,y)\mathrm{d}s + \int_{\overline{BA}} f(x,y)\mathrm{d}s \\ &= \int_a^b f(x,a)\sqrt{1^2+0^2}\mathrm{d}x + \int_a^b f(b,y)\sqrt{0^2+1^2}\mathrm{d}y \\ &\quad + \int_a^b f(x,x)\sqrt{1^2+1^2}\mathrm{d}x \\ &= \int_a^b f(x,a)\mathrm{d}x + \int_a^b f(b,y)\mathrm{d}y + \sqrt{2}\int_a^b f(x,x)\mathrm{d}x,\end{aligned}$$

$$\begin{aligned}\int_L f(x,y)\mathrm{d}x &= \int_{\overline{AC}} f(x,y)\mathrm{d}x + \int_{\overline{CB}} f(x,y)\mathrm{d}x + \int_{\overline{BA}} f(x,y)\mathrm{d}x \\ &= \int_a^b f(x,a)\mathrm{d}x + \int_b^a f(x,x)\mathrm{d}x,\end{aligned}$$

$$\begin{aligned}\int_L f(x,y)\mathrm{d}y &= \int_{\overline{AC}} f(x,y)\mathrm{d}y + \int_{\overline{CB}} f(x,y)\mathrm{d}y + \int_{\overline{BA}} f(x,y)\mathrm{d}y \\ &= \int_a^b f(b,y)\mathrm{d}y + \int_b^a f(y,y)\mathrm{d}y.\end{aligned}$$

2. 设 $f(x,y)$ 为定义在按段光滑的平面曲线弧段 $\widehat{AB}$ 上的非负连续函数, 且在 $\widehat{AB}$ 上不恒为零.

(1) 证明: $\int_{\widehat{AB}} f(x,y)\mathrm{d}s > 0$;

(2) 试问: 在相同条件下, 第二型曲线积分 $\int_{\widehat{AB}} f(x,y)\mathrm{d}x > 0$ 是否成立? 为什么?

解 (1) 由连续函数的性质知, 存在 $\widehat{CD} \subset \widehat{AB}$, 使得 $f(x,y)$ 在 $\widehat{CD}$ 上恒大于零. 由闭集上连续函数的最值定理知 $m := \min\limits_{x\in\widehat{CD}} f(x,y) > 0$, 所以

$$\int_{\widehat{AB}} f(x,y)\mathrm{d}s \geqslant \min_{x\in\widehat{CD}} f(x,y) \int_{\widehat{CD}} \mathrm{d}s = \min_{x\in\widehat{CD}} f(x,y)\Delta L > 0,$$

其中 ΔL 为 $\widehat{CD}$ 的弧长.

(2) 不一定成立. 例如, $\widehat{AB}$ 为从点 $A(1,1)$ 到点 $B(0,0)$ 的线段, 即 $\widehat{BA}: \begin{cases} x = x, \\ y = x, \end{cases}$ $x \in [0,1]$, 且 $f(x,y) = x^2 + y^2 + 1 > 0$, 但有

$$\int_{\widehat{AB}} f(x,y)\mathrm{d}x = \int_1^0 (2x^2+1)\mathrm{d}x = -\frac{2}{3} - 1 = -\frac{5}{3} < 0.$$

第二十一章　重　积　分

§ 21.1　二重积分的概念

内容要求　理解平面图形的面积定义、可求面积的充分必要条件和充分条件; 掌握二重积分的背景、概念 (分割、作和、求极限、任意分割、任意取); 理解二重积分可积的必要条件(性质)、充分条件、充分必要条件. 定积分是在可求长的区间上的积分, 曲线积分是在可求长的曲线上的积分, 二重积分是在可求面积的平面区域上的积分.

例 21-1-1　解答下面各题 (二重积分的概念):

1. 把重积分 $\iint_D xy\mathrm{d}x\mathrm{d}y$ 作为积分和的极限, 计算此积分, 其中 $D=[0,1]\times[0,1]$ 为正方形区域, 要求用直线网

$$x=\frac{i}{n},\quad y=\frac{j}{n}$$

分割这个正方形区域为许多小正方形区域, 每个小正方形区域取其右顶点作为节点.

解　由二重积分的定义知

$$\begin{aligned}\iint_D xy\mathrm{d}x\mathrm{d}y&=\lim_{n\to\infty}\sum_{i,j=1}^{n}\left(\frac{i}{n}\frac{j}{n}\right)\frac{1}{n^2}\\&=\lim_{n\to\infty}\left(\sum_{i=1}^{n}\frac{i}{n}\right)\left(\sum_{j=1}^{n}\frac{j}{n}\right)\frac{1}{n^2}\\&=\lim_{n\to\infty}\frac{1}{n^4}\left[\frac{n(n+1)}{2}\right]^2=\frac{1}{4}.\end{aligned}$$

注　由二重积分的累次积分法得

$$\iint_D xy\mathrm{d}x\mathrm{d}y=\int_0^1 x\mathrm{d}x\cdot\int_0^1 y\mathrm{d}y=\frac{1}{4}.$$

在没有特殊说明的情况下, 一般不采用定义计算二重积分; 对于特殊情况下的二重积分, 可以应用二重积分的几何意义做快速计算.

2. 设 $D=[0,1]\times[0,1]$, 证明: 函数

$$f(x,y)=\begin{cases}1, & (x,y)\in G=(\mathbb{Q}\times\mathbb{Q})\cap D,\\ 0, & (x,y)\in D\setminus G\end{cases}$$

在 D 上不可积.

证 对区域 $D=[0,1]\times[0,1]$ 的任何分割 $T=\{\sigma_1,\sigma_2,\cdots,\sigma_n\}$, 若取 $(\xi_i,\eta_i)\in\sigma_i$, 其中 ξ_i,η_i 均为有理数, 则有

$$\sum_{i=1}^{n} f(\xi_i,\eta_i)\Delta\sigma_i=\sum_{i=1}^{n}\Delta\sigma_i=S_D=1; \tag{1}$$

若取 $(\xi_i,\eta_i)\in\sigma_i$, 其中 ξ_i,η_i 至少有一个为无理数, 则有

$$\sum_{i=1}^{n} f(\xi_i,\eta_i)\cdot\Delta\sigma_i=\sum_{i=1}^{n}0\cdot\Delta\sigma_i=0. \tag{2}$$

因此, 由 (1), (2) 两式知 $\lim\limits_{\|T\|\to 0}\sum\limits_{i=1}^{n} f(\xi_i,\eta_i)\Delta\sigma_i$ 不存在, 再由二重积分的定义知 $f(x,y)$ 在 D 上不可积.

注 用定义判定函数不可积和定积分中的类似问题没实质性差别.

例 21-1-2 解答下列各题 (二重积分的性质):

1. 证明: 若函数 $f(x,y)$ 在有界闭区域 D 上可积, 则 $f(x,y)$ 在 D 上有界.

证 假设 $f(x,y)$ 在 D 上无界, 则对区域 D 的任何分割 $T=\{\sigma_1,\sigma_2,\cdots,\sigma_n\}$, 必存在某个 σ_k, 使得 $f(x,y)$ 在 σ_k 上无界.

当 $i\neq k$ 时, 任取 $P_i\in\sigma_i$, 记

$$G=\left|\sum_{i\neq k} f(P_i)\Delta\sigma_i\right|,\quad I=\iint_D f(x,y)\mathrm{d}x\mathrm{d}y.$$

由于 $f(x,y)$ 在 σ_k 上无界, 所以存在 $P_k\in\sigma_k$, 使得

$$|f(P_k)|>\frac{|I|+1+G}{\Delta\sigma_k}.$$

于是

$$\left|\sum_i f(P_i)\Delta\sigma_i\right| = \left|\sum_{i\neq k} f(P_i)\Delta\sigma_i + f(P_k)\Delta\sigma_k\right|$$

$$\geqslant |f(P_k)\Delta\sigma_k| - \left|\sum_{i\neq k} f(P_i)\Delta\sigma_i\right| > |I| + 1. \tag{1}$$

另一方面, 由于 $f(x,y)$ 在有界闭区域 D 上可积, 对 $\varepsilon = 1, \exists\delta > 0$, 对任意分割 T, 当 $\|T\| < \delta$ 时, 有

$$\left|\sum_i f(P_i)\Delta\sigma_i - I\right| < 1 \Longrightarrow \left|\sum_i f(P_i)\Delta\sigma_i\right| < |I| + 1. \tag{2}$$

这样 (1) 式与 (2) 式矛盾. 故 $f(x,y)$ 在 D 上有界.

注 这是二重积分可积的必要条件, 定积分中也有同样的结果. 如果二元函数无界或者积分区域无界, 就是广义二重积分.

2. 证明: 若函数 $f(x,y)$ 在有界闭区域 D 上连续, $g(x,y)$ 在 D 上可积且不变号, 则存在 $(\xi,\eta)\in D$, 使得

$$\iint_D f(x,y)g(x,y)\mathrm{d}x\mathrm{d}y = f(\xi,\eta)\iint_D g(x,y)\mathrm{d}x\mathrm{d}y.$$

证 记 $M = \max\limits_D f(x,y), m = \min\limits_D f(x,y)$, 不妨设 $g(x,y) \geqslant 0$ (否则考虑 $-g(x,y)$), 则 $\iint_D g(x,y)\mathrm{d}x\mathrm{d}y \geqslant 0$, 且

$$m\iint_D g(x,y)\mathrm{d}x\mathrm{d}y \leqslant \iint_D f(x,y)g(x,y)\mathrm{d}x\mathrm{d}y \leqslant M\iint_D g(x,y)\mathrm{d}x\mathrm{d}y. \tag{1}$$

若 $M = m$, 则 $f(x,y)$ 恒为常数, 从而由 (1) 式得

$$\iint_D f(x,y)g(x,y)\mathrm{d}x\mathrm{d}y = M\iint_D g(x,y)\mathrm{d}x\mathrm{d}y = m\iint_D g(x,y)\mathrm{d}x\mathrm{d}y.$$

故任取 $(\xi,\eta)\in D$, 有结论成立.

若 $\iint_D g(x,y)\mathrm{d}x\mathrm{d}y = 0$, 则由 (1) 式知

$$\iint_D f(x,y)g(x,y)\mathrm{d}x\mathrm{d}y = 0.$$

故任取 $(\xi,\eta)\in D$, 有结论成立.

若 $M>m$ 且 $\iint_D g(x,y)\mathrm{d}x\mathrm{d}y>0$, 则由 (1) 式得

$$\mu:=\frac{\iint_D f(x,y)g(x,y)\mathrm{d}x\mathrm{d}y}{\iint_D g(x,y)\mathrm{d}x\mathrm{d}y}\in[m,M].$$

由连续函数的介值定理知, 存在 $(\xi,\eta)\in D$, 使得 $f(\xi,\eta)=\mu$, 即

$$\iint_D f(x,y)g(x,y)\mathrm{d}x\mathrm{d}y=f(\xi,\eta)\iint_D g(x,y)\mathrm{d}x\mathrm{d}y.$$

注 证明方法和定积分中的第一中值定理基本相同.

3. 若函数 $f(x,y)$ 在有界闭区域 D 上连续, 则存在 $(\xi,\eta)\in D$, 使得

$$\iint_D f(x,y)\mathrm{d}x\mathrm{d}y=f(\xi,\eta)S_D,$$

其中 S_D 为积分区域 D 的面积.

证 只要在第 2 题的证明中取 $g(x,y)\equiv 1$ 即可.

4. 应用积分中值定理估计如下积分的值:

$$\iint_D \frac{1}{100+\cos^2 x+\cos^2 y}\mathrm{d}x\mathrm{d}y,\quad D:|x|+|y|\leqslant 10.$$

解 由于 $f(x,y):=\dfrac{1}{100+\cos^2 x+\cos^2 y}$ 在有界闭区域 $D:|x|+|y|\leqslant 10$ 上连续, 由积分中值定理知存在 $(\xi,\eta)\in D$, 使得

$$\begin{aligned}\iint_D \frac{1}{100+\cos^2 x+\cos^2 y}\mathrm{d}x\mathrm{d}y&=\frac{1}{100+\cos^2\xi+\cos^2\eta}S_D\\&=\frac{200}{100+\cos^2\xi+\cos^2\eta}.\end{aligned}$$

所以

$$\frac{100}{51}=\frac{200}{102}\leqslant\iint_D \frac{1}{100+\cos^2 x+\cos^2 y}\mathrm{d}x\mathrm{d}y\leqslant\frac{200}{100}=2.$$

注 这个积分是在闭矩形区域 $D:|x|+|y|\leqslant 10$ 上的积分, 用累次积分或者积分变换都很难计算出具体数值, 也就是说所学的

积分方法并不能计算所有的二重积分, 有些初等函数的定积分也是很难计算的.

5. 若函数 $f(x,y)$ 在有界闭区域 D 上连续, 且在 D 的任何子区域 $D' \subset D$ 上有

$$\iint_{D'} f(x,y)\mathrm{d}x\mathrm{d}y = 0,$$

则在 D 上有 $f(x,y) \equiv 0$.

证 反证法. 假设在 D 上 $f(x,y)$ 不恒为零, 即存在 $(x_0,y_0) \in D$, 使得 $f(x_0,y_0) \neq 0$. 不妨设 $f(x_0,y_0) > 0$, 则由连续函数的局部保号性知, $\exists D_1 \subset D$, 使得 $f(x,y)$ 在 D_1 上满足: 对 $\forall(x,y) \in D_1, f(x,y) > \dfrac{1}{2}f(x_0,y_0)$. 这样

$$\iint_{D_1} f(x,y)\mathrm{d}x\mathrm{d}y > \frac{1}{2}f(x_0,y_0)S_{D_1} > 0.$$

这与已知条件矛盾, 所以在 D 上有 $f(x,y) \equiv 0$.

§ 21.2 二重积分的累次积分法

内容要求 掌握累次积分理论及其证明; 深刻理解两个累次积分有时存在计算难度的区别, 能灵活选取合适的累次积分.

例 21-2-1 解答下列各题 (化为累次积分、改变累次积分次序):

1. 设函数 $f(x,y)$ 在有界闭区域 D 上连续, 试将二重积分 $\iint_D f(x,y)\mathrm{d}x\mathrm{d}y$ 化为不同积分次序的累次积分, 其中 D 如下:

(1) D 是由不等式 $y \leqslant x, y \geqslant a, x \leqslant b\ (0 < a < b)$ 所确定的闭区域 (图 21.1(a));

(2) D 是由不等式 $y \leqslant x, y \geqslant 0, x^2+y^2 \leqslant 1$ 所确定的闭区域 (图 21.1(b));

(3) D 是由不等式 $x^2+y^2 \leqslant 1, x+y \geqslant 1$ 所确定的闭区域 (图 21.1(c));

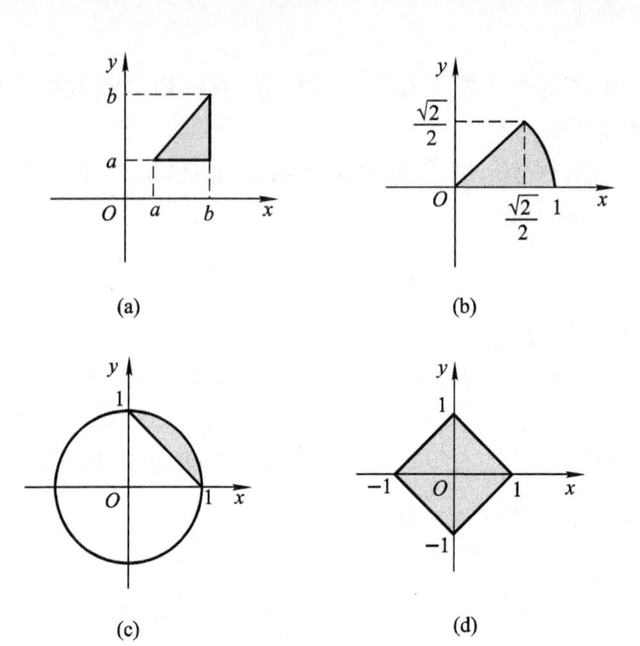

图 21.1

(4) $D=\{(x,y)||x|+|y|\leqslant 1\}$ (图 21.1(d)).

解 (1) $\iint_D f(x,y)\mathrm{d}x\mathrm{d}y=\int_a^b \mathrm{d}x\int_a^x f(x,y)\mathrm{d}y$

$$=\int_a^b \mathrm{d}y\int_y^b f(x,y)\mathrm{d}x.$$

(2) $\iint_D f(x,y)\mathrm{d}x\mathrm{d}y=\int_0^{\frac{\sqrt{2}}{2}}\mathrm{d}x\int_0^x f(x,y)\mathrm{d}y+\int_{\frac{\sqrt{2}}{2}}^1\mathrm{d}x\int_0^{\sqrt{1-x^2}} f(x,y)\mathrm{d}y$

$$=\int_0^{\frac{\sqrt{2}}{2}}\mathrm{d}y\int_y^{\sqrt{1-y^2}} f(x,y)\mathrm{d}x.$$

(3) $\iint_D f(x,y)\mathrm{d}x\mathrm{d}y=\int_0^1\mathrm{d}x\int_{1-x}^{\sqrt{1-x^2}} f(x,y)\mathrm{d}y$

$$=\int_0^1\mathrm{d}y\int_{1-y}^{\sqrt{1-y^2}} f(x,y)\mathrm{d}x.$$

(4) $\iint_D f(x,y)\mathrm{d}x\mathrm{d}y=\int_{-1}^0\mathrm{d}x\int_{-(x+1)}^{1+x} f(x,y)\mathrm{d}y+\int_0^1\mathrm{d}x\int_{x-1}^{1-x} f(x,y)\mathrm{d}y$

$$= \int_{-1}^{0} \mathrm{d}y \int_{-(1+y)}^{1+y} f(x,y)\mathrm{d}x + \int_{0}^{1} \mathrm{d}y \int_{y-1}^{1-y} f(x,y)\mathrm{d}x.$$

2. 改变下列累次积分的积分次序:

(1) $\int_0^2 \mathrm{d}x \int_x^{2x} f(x,y)\mathrm{d}y$;

(2) $\int_{-1}^1 \mathrm{d}x \int_{-\sqrt{1-x^2}}^{1-x^2} f(x,y)\mathrm{d}y$;

(3) $\int_0^{2a} \mathrm{d}x \int_{\sqrt{2ax-x^2}}^{\sqrt{2ax}} f(x,y)\mathrm{d}y$;

(4) $\int_0^1 \mathrm{d}x \int_0^{x^2} f(x,y)\mathrm{d}y + \int_1^3 \mathrm{d}x \int_0^{\frac{1}{2}(3-x)} f(x,y)\mathrm{d}y$;

解 (1) 积分区域如图 21.2(a) 所示, 所以

$$\int_0^2 \mathrm{d}x \int_x^{2x} f(x,y)\mathrm{d}y = \int_0^2 \mathrm{d}y \int_{\frac{y}{2}}^{y} f(x,y)\mathrm{d}x + \int_2^4 \mathrm{d}y \int_{\frac{y}{2}}^{2} f(x,y)\mathrm{d}x.$$

(2) 积分区域如图 21.2(b) 所示, 所以

$$\int_{-1}^1 \mathrm{d}x \int_{-\sqrt{1-x^2}}^{1-x^2} f(x,y)\mathrm{d}y = \int_{-1}^0 \mathrm{d}y \int_{-\sqrt{1-y^2}}^{\sqrt{1-y^2}} f(x,y)\mathrm{d}x + \int_0^1 \mathrm{d}y \int_{-\sqrt{1-y}}^{\sqrt{1-y}} f(x,y)\mathrm{d}x.$$

(3) 积分区域如图 21.2(c) 所示, 所以

$$\int_0^{2a} \mathrm{d}x \int_{\sqrt{2ax-x^2}}^{\sqrt{2ax}} f(x,y)\mathrm{d}y$$

$$= \int_0^a \mathrm{d}y \int_{\frac{y^2}{2a}}^{a-\sqrt{a^2-y^2}} f(x,y)\mathrm{d}x + \int_0^a \mathrm{d}y \int_{a+\sqrt{a^2-y^2}}^{2a} f(x,y)\mathrm{d}x + \int_a^{2a} \mathrm{d}y \int_{\frac{y^2}{2a}}^{2a} f(x,y)\mathrm{d}x.$$

(4) 积分区域如图 21.2(d) 所示, 所以

$$\int_0^1 \mathrm{d}x \int_0^{x^2} f(x,y)\mathrm{d}y + \int_1^3 \mathrm{d}x \int_0^{\frac{1}{2}(3-x)} f(x,y)\mathrm{d}y = \int_0^1 \mathrm{d}y \int_{\sqrt{y}}^{3-2y} f(x,y)\mathrm{d}x.$$

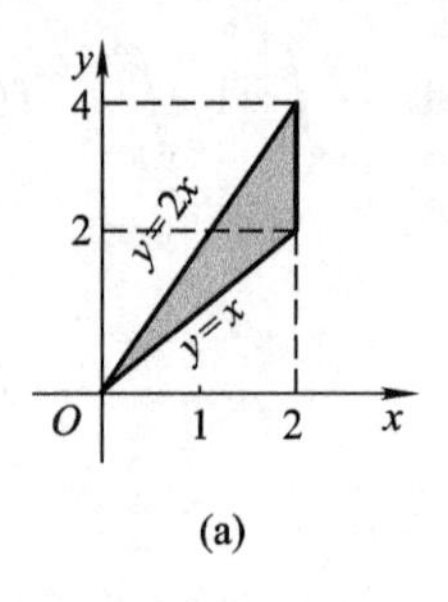

(a)

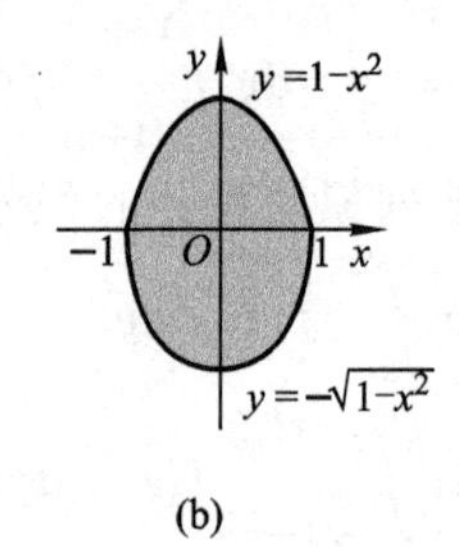

(b)

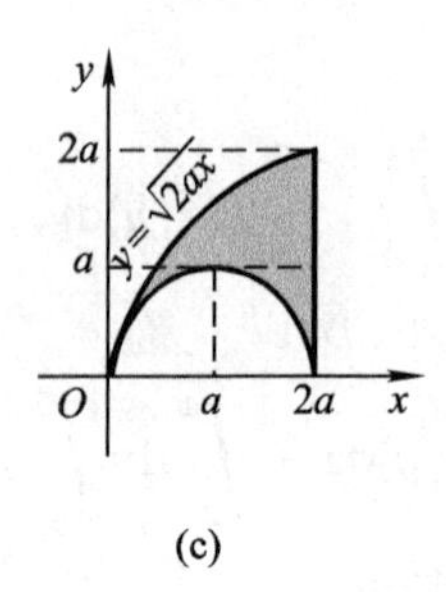

(c)

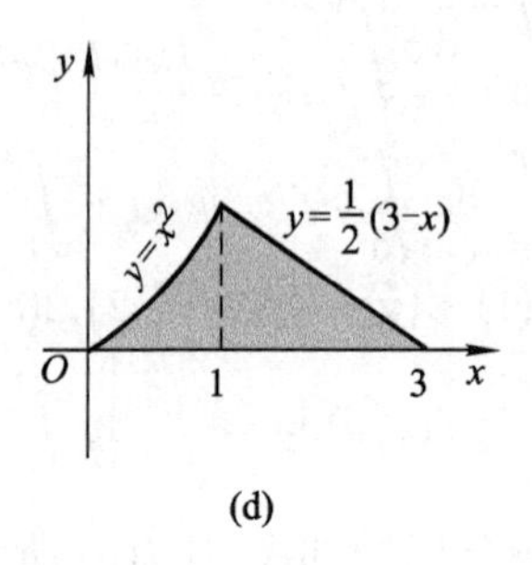

(d)

图 21.2

例 21-2-2 解答下列各题 (累次积分法):

1. 计算二重积分 $\iint_D xy^2\mathrm{d}x\mathrm{d}y$, 其中 D 是由抛物线 $y^2=2px$ 与直线 $x=\dfrac{p}{2}$ $(p>0)$ 所围成的闭区域.

解 由累次积分法得

$$\iint_D xy^2\mathrm{d}x\mathrm{d}y=\int_{-p}^{p}y^2\mathrm{d}y\int_{\frac{y^2}{2p}}^{\frac{p}{2}}x\mathrm{d}x=\frac{1}{2}\int_{-p}^{p}y^2\left(\frac{p^2}{4}-\frac{y^4}{4p^2}\right)\mathrm{d}y$$

$$=\frac{p^5}{12}-\frac{p^5}{28}=\frac{p^5}{21}.$$

2. 计算二重积分 $\iint_D (x^2+y^2)\mathrm{d}x\mathrm{d}y$, 其中

$$D=\{(x,y)|0\leqslant x\leqslant 1,\sqrt{x}\leqslant y\leqslant 2\sqrt{x}\}.$$

解 由累次积分法得

$$\iint_D (x^2+y^2)\mathrm{d}x\mathrm{d}y=\int_0^1\mathrm{d}x\int_{\sqrt{x}}^{2\sqrt{x}}(x^2+y^2)\mathrm{d}y$$

$$= \int_0^1 \left(x^{5/2} + \frac{7}{3}x^{3/2}\right) \mathrm{d}x = \frac{2}{7} + \frac{7}{3} \cdot \frac{2}{5} = \frac{128}{105}.$$

3. 计算二重积分 $\displaystyle\iint_D \frac{1}{\sqrt{2a-x}} \mathrm{d}x\mathrm{d}y (a > 0)$, 其中 D 是由圆弧 $(x-a)^2 + (y-a)^2 = a^2 (x \leqslant a, y \leqslant a)$ 与坐标轴围成的闭区域;

解 由累次积分法得

$$\begin{aligned}\iint_D \frac{1}{\sqrt{2a-x}} \mathrm{d}x\mathrm{d}y &= \int_0^a \mathrm{d}x \int_0^{a-\sqrt{a^2-(x-a)^2}} \frac{1}{\sqrt{2a-x}} \mathrm{d}y \\ &= \int_0^a \left(\frac{a}{\sqrt{2a-x}} - \sqrt{x}\right) \mathrm{d}x \\ &= \left(2\sqrt{2} - \frac{8}{3}\right) a^{3/2}.\end{aligned}$$

4. 计算二重积分 $\displaystyle\iint_D \sqrt{x} \mathrm{d}x\mathrm{d}y$, 其中 $D = \{(x,y) | x^2 + y^2 \leqslant x\}$.

解 由累次积分法得

$$\begin{aligned}\iint_D \sqrt{x} \mathrm{d}x\mathrm{d}y &= \int_0^1 \mathrm{d}x \int_{-\sqrt{x-x^2}}^{\sqrt{x-x^2}} \sqrt{x} \mathrm{d}y \\ &= 2\int_0^1 x\sqrt{1-x} \mathrm{d}x = -\frac{4}{3} \int_0^1 x \mathrm{d}(1-x)^{3/2} \\ &= -\frac{4}{3} \left[x(1-x)^{3/2}\Big|_0^1 - \int_0^1 (1-x)^{3/2} \mathrm{d}x\right] \\ &= \frac{4}{3} \int_0^1 (1-x)^{3/2} \mathrm{d}x = -\frac{8}{15}(1-x)^{5/2}\Big|_0^1 = \frac{8}{15}.\end{aligned}$$

注 二重积分化为累次积分时有两种累次积分次序, 但计算难度有时会有很大差别, 选取合适的累次积分次序至关重要.

例 21-2-3 解答下列各题 (二重积分的应用):

1. 求由坐标平面及平面 $x = 2, y = 3, x + y + z = 4$ 所围成几何体的体积 (图 21.3(a)).

解 记几何体在 xy 平面上的投影为 D (图 21.3(b)), 则由二重积分的几何意义知

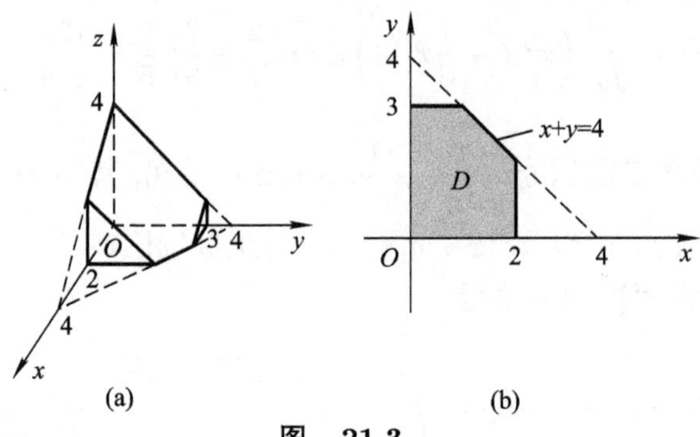

图 21.3

$$
\begin{aligned}
V &= \iint_D (4-x-y)\mathrm{d}x\mathrm{d}y \\
&= \int_0^2 \mathrm{d}y \int_0^2 (4-x-y)\mathrm{d}x \\
&\quad + \int_2^3 \mathrm{d}y \int_0^{(4-y)} (4-x-y)\mathrm{d}x \\
&= 9\frac{1}{6}.
\end{aligned}
$$

2. 设函数 $f(x)$ 在 $[a,b]$ 上连续, 证明不等式:

$$\left[\int_a^b f(x)\mathrm{d}x\right]^2 \leqslant (b-a)\int_a^b f^2(x)\mathrm{d}x,$$

其中等号仅在 $f(x)$ 为常数函数时成立.

证 先证明不等式成立.

法一 积分不等式法. 由

$$\left|\int_a^b f(x)g(x)\mathrm{d}x\right| \leqslant \left[\int_a^b |f(x)|^p\mathrm{d}x\right]^{\frac{1}{p}} \left[\int_a^b |g(x)|^q\mathrm{d}x\right]^{\frac{1}{q}},$$

$$\frac{1}{p}+\frac{1}{q}=1, \quad p,q>1$$

得

$$\left|\int_a^b f(x)\mathrm{d}x\right| = \left|\int_a^b f(x)\cdot 1\mathrm{d}x\right| \leqslant \left[\int_a^b f^2(x)\mathrm{d}x\right]^{\frac{1}{2}} \left(\int_a^b 1\mathrm{d}x\right)^{\frac{1}{2}},$$

即

$$\left[\int_a^b f(x)\mathrm{d}x\right]^2 \leqslant (b-a)\int_a^b f^2(x)\mathrm{d}x.$$

法二 累次积分法. 我们有

$$\begin{aligned}\left[\int_a^b f(x)\mathrm{d}x\right]^2 &= \int_a^b f(x)\mathrm{d}x\int_a^b f(y)\mathrm{d}y = \iint_D f(x)f(y)\mathrm{d}x\mathrm{d}y\\ &\leqslant \frac{1}{2}\iint_D [f^2(x)+f^2(y)]\mathrm{d}x\mathrm{d}y\\ &= \iint_D f^2(x)\mathrm{d}x\mathrm{d}y = \int_a^b \mathrm{d}y\int_a^b f(x)\mathrm{d}x\\ &= (b-a)\int_a^b f^2(x)\mathrm{d}x.\end{aligned}$$

下面证明等号成立的充分必要条件. 由连续函数和二重积分的性质可得

$$\begin{aligned}f(x)f(y)=\frac{1}{2}[f^2(x)+f^2(y)] &\Longleftrightarrow [f(x)-f(y)]^2=0\\ &\Longleftrightarrow f(x)=f(y), \forall x,y\in[a,b],\end{aligned}$$

由法二知不等式中等号仅在 $f(x)$ 为常数函数时成立.

注 用法一证明等号成立的充分必要条件比较困难, 法二可以方便证明等号成立的充分必要条件.

3. 设平面区域 D 在 x,y 轴上的投影长度分别为 l_x,l_y, D 的面积为 S_D, (α,β) 为 D 内任意一点, 证明:

(1) $\left|\iint_D (x-\alpha)(y-\beta)\mathrm{d}x\mathrm{d}y\right| \leqslant l_x l_y S_D$;

(2) $\left|\iint_D (x-\alpha)(y-\beta)\mathrm{d}x\mathrm{d}y\right| \leqslant \frac{1}{4}l_x^2 l_y^2$.

证 (1) 设 D 在 x,y 轴上的投影分别为 $[a,b],[c,d]$, 则

$$l_x=b-a,\quad l_y=d-c,\quad D\subset[a,b]\times[c,d].$$

若 (α,β) 为 D 内的点, 则对 $\forall(x,y)\in D$, 有 $|x-\alpha|\leqslant l_x, |y-\beta|\leqslant l_y$.

由二重积分的不等式性质知

$$\begin{aligned}\left|\iint_D (x-\alpha)(y-\beta)\mathrm{d}x\mathrm{d}y\right| &\leqslant \iint_D |x-\alpha||y-\beta|\mathrm{d}x\mathrm{d}y \\ &\leqslant l_x l_y \iint_D \mathrm{d}x\mathrm{d}y = l_x l_y S_D.\end{aligned}$$

(2)
$$\begin{aligned}\left|\iint_D (x-\alpha)(y-\beta)\mathrm{d}x\mathrm{d}y\right| &\leqslant \iint_{[a,b]\times[c,d]} |x-\alpha||y-\beta|\mathrm{d}x\mathrm{d}y \\ &= \int_a^b |x-\alpha|\mathrm{d}x \cdot \int_c^d |y-\beta|\mathrm{d}y \\ &= \left[\int_a^\alpha (\alpha-x)\mathrm{d}x + \int_\alpha^b (x-\alpha)\mathrm{d}x\right] \\ &\quad \cdot \left[\int_c^\beta (\beta-y)\mathrm{d}y + \int_\beta^d (y-\beta)\mathrm{d}y\right] \\ &= \frac{1}{4}[(\alpha-a)^2+(b-\alpha)^2][(\beta-c)^2+(d-\beta)^2] \\ &\leqslant \frac{1}{4}(b-a)^2(d-c)^2 = \frac{1}{4}l_x^2 l_y^2.\end{aligned}$$

例 21-2-4 解答下列各题 (重积分与累次积分的关系):

1. 设 $D=[0,1]\times[0,1]$, 函数

$$f(x,y)=\begin{cases} 1/q_x+1/q_y, & (x,y)\in G=(\mathbb{Q}\times\mathbb{Q})\cap \operatorname{int}(D), \\ 0, & (x,y)\in D\setminus G, \end{cases}$$

其中 q_x 表示有理数 x 化为既约分数后的分母, $\operatorname{int}(D)$ 表示 D 的内部, 证明: $f(x,y)$ 在 D 上的二重积分存在而两个累次积分不存在.

证 令

$$g(x,y)=\begin{cases} 1/q_x, & (x,y)\in G=(\mathbb{Q}\times\mathbb{Q})\cap \operatorname{int}(D), \\ 0, & (x,y)\in D\backslash G, \end{cases}$$

$$h(x,y)=\begin{cases} 1/q_y & (x,y)\in G=(\mathbb{Q}\times\mathbb{Q})\cap \operatorname{int}(D), \\ 0, & (x,y)\in D\backslash G, \end{cases}$$

则

$$f(x,y)=g(x,y)+h(x,y).$$

只要证明 $g(x,y)$ 与 $h(x,y)$ 在 $D=[0,1]\times[0,1]$ 上的二重积分存在即可.

先证 $g(x,y)$ 在 $D=[0,1]\times[0,1]$ 上的二重积分存在. 事实上, 用 p_x, p_y 表示有理数 x,y 化为既约真分数后的分子. 对 $\forall\varepsilon>0(0<\varepsilon<1)$, 使得 $\dfrac{1}{q_x}\geqslant\dfrac{\varepsilon}{2}\left(\Longleftrightarrow q_x\leqslant\dfrac{2}{\varepsilon}\right)$ 的正整数 q_x 至多有有限个, 从而对应的 $(0,1)$ 的既约分数 $\dfrac{p_x}{q_x}$ 也至多有有限个. 设这有限个既约分数为 $x_1,x_2,\cdots,x_k$, 且 $0<x_i<x_{i+1}<1(i=1,2,\cdots,k-1)$. 取

$$\delta=\frac{\varepsilon}{4k}\min_{0\leqslant i\leqslant k}(x_{i+1}-x_i)<\frac{\varepsilon}{4k}\quad(x_0=0,x_{k+1}=1),$$

记

$$\begin{aligned}&I_i=[x_i-\delta,x_i+\delta]\quad(i=1,2,\cdots,k),\\&J_i=[x_i+\delta,x_{i+1}-\delta]\quad(i=1,2,\cdots,k-1),\\&J_0=[0,x_1+\delta],\quad J_k=[x_k+\delta,1],\end{aligned}$$

则得到 D 的一个分割 T:

$$\begin{aligned}&J_0\times[0,1],\ \ I_1\times[0,1],\ \ J_1\times[0,1],\ \ I_2\times[0,1],\ \ J_2\times[0,1],\ \ \cdots,\\&I_k\times[0,1],\ \ J_k\times[0,1],\end{aligned}$$

它们依次记为 $\sigma_0,\sigma_2,\cdots,\sigma_{2k+1}$.

记 $M_i=\sum\limits_{(x,y)\in\sigma_i}g(x,y), m_i=\inf\limits_{(x,y)\in\sigma_i}g(x,y)$, 则 $M_i\leqslant1, m_i=0$, 从而

$$\begin{aligned}S(T)-s(T)&=\sum_{i=1}^{2k+1}\omega_i^g\Delta\sigma_i<\sum_{i=0}^{k}\frac{\varepsilon}{2}\cdot\Delta J_i+\sum_{i=1}^{k}1\cdot\Delta I_i\\&<\frac{\varepsilon}{2}+k\cdot2\delta<\varepsilon.\end{aligned}$$

由可积的第二充要条件知 $g(x,y)$ 在 D 上的二重积分存在.

同理可证 $h(x,y)$ 在 D 上的二重积分存在.

下面证明两个累次积分不存在.

先证明 $\int_0^1 \mathrm{d}y \int_0^1 f(x,y)\mathrm{d}x$ 不存在. 当 y 为无理数时,

$$f(x,y)=0 \Longrightarrow \int_0^1 f(x,y)\mathrm{d}x = 0.$$

当 y 为有理数时, 若 x 为无理数, 则 $f(x,y)=0$; 若 x 为有理数, 则

$$f(x,y)=\frac{1}{q_x}+\frac{1}{q_y}\geqslant \frac{1}{q_y}.$$

从而, 对 $[0,1]$ 的任意分割 T, 有

$$\sum_i \omega_i \Delta x_i \geqslant \sum_i \frac{1}{q_y}\Delta x_i = \frac{1}{q_y}.$$

由可积的充分必要条件知, 当 y 为有理数时, $\int_0^1 f(x,y)\mathrm{d}x$ 不存在, 从而 $\int_0^1 \mathrm{d}y \int_0^1 f(x,y)\mathrm{d}x$ 不存在.

同理可知 $\int_0^1 \mathrm{d}x \int_0^1 f(x,y)\mathrm{d}y$ 也不存在.

2. 设 $D=[0,1]\times[0,1]$, 函数

$$f(x,y)=\begin{cases} 1, & (x,y)\in G=(\mathbb{Q}\times\mathbb{Q})\cap \operatorname{int}(D) \text{ 且 } q_x=q_y, \\ 0, & (x,y)\in D\setminus G, \text{ 或 } (x,y)\in G \text{ 且 } q_x\neq q_y, \end{cases}$$

其中 q_x 表示有理数 x 化为既约分数后的分母, 证明: $f(x,y)$ 在 D 上的两个累次积分存在, 但二重积分不存在.

证 先证两个累次积分存在. 当 y 为无理数时,

$$f(x,y)=0 \Longrightarrow \int_0^1 f(x,y)\mathrm{d}x = 0;$$

当 y 为有理数 $\dfrac{p_y}{q_y}$ 时, $f(x,y)=\begin{cases} 1, & x=p_x/q_y, \\ 0, & x\neq p_x/q_y, \end{cases}$ 即仅在 x 的有限个点处 $f(x,y)=1$. 由定积分的性质知 $\int_0^1 f(x,y)\mathrm{d}x=0$, 从而有

$$\int_0^1 \mathrm{d}y \int_0^1 f(x,y)\mathrm{d}x = 0.$$

同理可得

$$\int_0^1 \mathrm{d}x \int_0^1 f(x,y)\mathrm{d}y = 0.$$

下证二重积分不存在. 对 $D=[0,1]\times[0,1]$ 用平行于坐标轴的直线将 D 分成若干个小正方形区域 σ_i. 若取 $(\xi_i,\eta_i)=\left(\dfrac{p_i}{q_i},\dfrac{\overline{p}_i}{q_i}\right)$, 则

$$\sum_i f(\xi_i,\eta_i)\Delta\sigma_i = \sum_i \Delta\sigma_i = S_D = 1;$$

若取 $(\xi_i,\eta_i)\neq\left(\dfrac{p_i}{q_i},\dfrac{\overline{p}_i}{q_i}\right)$, 则

$$\sum_i f(\xi_i,\eta_i)\Delta\sigma_i = \sum_i 0\cdot\Delta\sigma_i = 0.$$

由二重积分的定义可知 $f(x,y)$ 在 D 上的二重积分不存在.

§ 21.3 二重积分的换元积分法

内容要求 了解换元积分的必要性. 了解积分变换的基本出发点是简化积分区域和被积函数. 在二者不可兼得的情况下, 以简化积分区域为第一目标. 掌握积分变换的关键点: 找出选取变换的突破口 (从被积函数或积分区域中找); 准确确定新变量的范围; 想到一题多解.

例 21-3-1 解答下列各题 (已知变换, 化二重积分为累次积分):

1. 引入给定的新变量 u,v, 将下列积分化为累次积分:

(1) $\displaystyle\int_0^2 \mathrm{d}x \int_{1-x}^{2-x} f(x,y)\mathrm{d}y$, 令 $\begin{cases} u=x+y, \\ v=x-y; \end{cases}$

(2) $\displaystyle\iint_D f(x,y)\mathrm{d}x\mathrm{d}y, D=\{(x,y)|\sqrt{x}+\sqrt{y}\leqslant\sqrt{a}, x\geqslant 0, y\geqslant 0\}$, 令

$$\begin{cases} x=u\cos^4 v, \\ y=u\sin^4 v; \end{cases}$$

(3) $\iint_D f(x,y)\mathrm{d}x\mathrm{d}y, D=\{(x,y)|x+y\leqslant a, x\geqslant 0, y\geqslant 0\}$, 令

$$\begin{cases} x+y=u, \\ y=uv. \end{cases}$$

解 (1) 由于

$$\begin{cases} u=x+y, \\ v=x-y \end{cases} \Longleftrightarrow \begin{cases} x=\dfrac{u+v}{2}, \\ y=\dfrac{u-v}{2} \end{cases} \Longrightarrow \frac{\partial(x,y)}{\partial(u,v)}=\begin{vmatrix} \dfrac{1}{2} & \dfrac{1}{2} \\ \dfrac{1}{2} & -\dfrac{1}{2} \end{vmatrix}=-\frac{1}{2},$$

$D_{xy}=\{(x,y)|x\in[0,2], 1\leqslant x+y\leqslant 2\}$,

又由正则变换的性质可得

$$D_{uv}=\{(u,v)|u\in[1,2], 0\leqslant u+v\leqslant 4\},$$

所以

$$\begin{aligned} \int_0^2 \mathrm{d}x\int_{1-x}^{2-x} f(x,y)\mathrm{d}y &= \iint_{D_{xy}} f(x,y)\mathrm{d}x\mathrm{d}y \\ &= \iint_{D_{uv}} f\left(\frac{u+v}{2},\frac{u-v}{2}\right)\frac{1}{2}\mathrm{d}u\mathrm{d}v \\ &= \frac{1}{2}\int_1^2 \mathrm{d}u\int_{-u}^{4-u} f\left(\frac{u+v}{2},\frac{u-v}{2}\right)\mathrm{d}v. \end{aligned}$$

(2) 由于

$$\begin{aligned} \frac{\partial(x,y)}{\partial(u,v)} &= \begin{vmatrix} \cos^4 v & -4u\cos^3 v\sin v \\ \sin^4 v & 4u\sin^3 v\cos v \end{vmatrix} \\ &= 4u\sin^3 v\cos^5 v+4u\cos^3 v\sin^5 v \\ &= 4u\sin^3 v\cos^3 v, \end{aligned}$$

又由正则变换的性质可得

$$D_{uv}=\left\{(u,v)\middle|u\in[0,a], v\in\left[0,\frac{\pi}{2}\right]\right\},$$

所以

$$
\begin{aligned}
\iint_D f(x,y)\mathrm{d}x\mathrm{d}y &= \iint_{D_{uv}} f(u\cos^4 v, u\sin^4 v)4u\sin^3 v\cos^3 v\mathrm{d}u\mathrm{d}v \\
&= 4\int_0^a \mathrm{d}u\int_0^{\frac{\pi}{2}} f(u\cos^4 v, u\sin^4 v)u\sin^3 v\cos^3 v\mathrm{d}v \\
&= 4\int_0^{\frac{\pi}{2}} \mathrm{d}v\int_0^a f(u\cos^4 v, u\sin^4 v)u\sin^3 v\cos^3 v\mathrm{d}u.
\end{aligned}
$$

(3) 由于

$$
\begin{cases} x+y=u, \\ y=uv \end{cases} \Longleftrightarrow \begin{cases} x=u-uv \\ y=uv \end{cases} \Longrightarrow \frac{\partial(x,y)}{\partial(u,v)} = \begin{vmatrix} 1-v & -u \\ v & u \end{vmatrix} = u,
$$

又由正则变换的性质可得

$$
D_{uv} = \{(u,v)|u\in[0,a], v\in[0,1]\},
$$

所以

$$
\begin{aligned}
\iint_D f(x,y)\mathrm{d}x\mathrm{d}y &= \iint_{D_{uv}} f(u-uv, uv)u\mathrm{d}u\mathrm{d}v \\
&= \int_0^a \mathrm{d}u\int_0^1 f(u-uv, uv)u\mathrm{d}v \\
&= \int_0^1 \mathrm{d}v\int_0^a f(u-uv, uv)u\mathrm{d}u.
\end{aligned}
$$

2. 对积分 $\iint_D f(x,y)\mathrm{d}x\mathrm{d}y$ 进行极坐标变换, 并写出变换后不同积分次序的累次积分, 其中 D 如下:

(1) D 为由不等式 $a^2 \leqslant x^2+y^2 \leqslant b^2, y\geqslant 0$ 所确定的闭区域;

(2) $D=\{(x,y)|x^2+y^2\leqslant y, x\geqslant 0\}$;

*(3) $D=\{(x,y)|0\leqslant x\leqslant 1, 0\leqslant x+y\leqslant 1\}$.

解 (1) 积分区域是圆环区域的上半部分, 根据积分区域的特点取变换

$$
\begin{cases} x=r\cos\theta, \\ y=r\sin\theta, \end{cases} \quad \theta\in[0,\pi], \quad r\in[a,b], \quad |J(r,\theta)|=r,
$$

所以

$$\iint_D f(x,y)\mathrm{d}x\mathrm{d}y = \int_0^{\pi}\mathrm{d}\theta\int_a^b f(r\cos\theta, r\sin\theta)r\mathrm{d}r$$
$$= \int_a^b \mathrm{d}r\int_0^{\pi} f(r\cos\theta, r\sin\theta)r\mathrm{d}\theta.$$

(2) 积分区域是以 $\left(0,\dfrac{1}{2}\right)$ 为圆心, $\dfrac{1}{2}$ 为半径的圆盘的右半部分, 可根据积分区域的特点取变换.

法一 若取 $\begin{cases} x = r\cos\theta, \\ y = r\sin\theta, \end{cases}$ $\theta\in\left[0,\dfrac{\pi}{2}\right], r\in[0,\sin\theta], |J(r,\theta)| = r,$ 则

$$\iint_D f(x,y)\mathrm{d}x\mathrm{d}y = \int_0^{\frac{\pi}{2}}\mathrm{d}\theta\int_0^{\sin\theta} f(r\cos\theta, r\sin\theta)r\mathrm{d}r.$$

法二 若取 $\begin{cases} x = r\cos\theta, \\ y = \dfrac{1}{2} + r\sin\theta, \end{cases}$ $\theta\in\left[-\dfrac{\pi}{2},\dfrac{\pi}{2}\right], r\in\left[0,\dfrac{1}{2}\right], |J(r,\theta)| = r,$ 则

$$\iint_D f(x,y)\mathrm{d}x\mathrm{d}y = \int_{-\frac{\pi}{2}}^{\frac{\pi}{2}}\mathrm{d}\theta\int_0^{\frac{1}{2}} f\left(r\cos\theta, \frac{1}{2} + r\sin\theta\right)r\mathrm{d}r$$
$$= \int_0^{\frac{1}{2}}\mathrm{d}r\int_{-\frac{\pi}{2}}^{\frac{\pi}{2}} f\left(r\cos\theta, \frac{1}{2} + r\sin\theta\right)r\mathrm{d}\theta.$$

(3) 积分区域是第一、四象限中的平行四边形区域, 根据积分区域的特点取变换

$$\begin{cases} x = r\cos\theta, \\ y = r\sin\theta, \end{cases} \quad |J(r,\theta)| = r,$$

此时

$$D_{r\theta} = \left\{(r,\theta)\middle|\theta\in\left[-\frac{\pi}{4},0\right], r\in[0,\sec\theta]\right\}$$
$$\cup\left\{(r,\theta)\middle|\theta\in\left[0,\frac{\pi}{2}\right], r\in\left[0,\frac{1}{\sin\theta+\cos\theta}\right]\right\},$$

或者

$$D_{r\theta} = \mathrm{I} \cup \mathrm{II} \cup \mathrm{III} \cup \mathrm{IV},$$

其中

$$\mathrm{I} = \left\{ (r,\theta) \middle| r \in \left[0, \frac{\sqrt{2}}{2}\right], \theta \in \left[-\frac{\pi}{4}, \frac{\pi}{2}\right] \right\},$$

$$\mathrm{II} = \left\{ (r,\theta) \middle| r \in \left[\frac{\sqrt{2}}{2}, 1\right], \theta \in \left[-\frac{\pi}{4}, \frac{\pi}{4} - \arccos\frac{1}{\sqrt{2}r}\right] \right\},$$

$$\mathrm{III} = \left\{ (r,\theta) \middle| r \in \left[\frac{\sqrt{2}}{2}, 1\right], \theta \in \left[\frac{\pi}{4} + \arccos\frac{1}{\sqrt{2}r}, \frac{\pi}{2}\right] \right\},$$

$$\mathrm{IV} = \left\{ (r,\theta) \middle| r \in [1, \sqrt{2}], \theta \in \left[-\frac{\pi}{4}, -\arccos\frac{1}{r}\right] \right\}$$

(图 21.4), 所以

$$\begin{aligned}
\iint_D f(x,y)\mathrm{d}x\mathrm{d}y &= \int_{-\frac{\pi}{4}}^{0} \mathrm{d}\theta \int_0^{\sec\theta} rf(r\cos\theta, r\sin\theta)\mathrm{d}r \\
&\quad + \int_0^{\frac{\pi}{2}} \mathrm{d}\theta \int_0^{\frac{1}{\sin\theta+\cos\theta}} rf(r\cos\theta, r\sin\theta)\mathrm{d}r \\
&= \int_0^{\frac{\sqrt{2}}{2}} \mathrm{d}r \int_{-\frac{\pi}{4}}^{\frac{\pi}{2}} rf(r\cos\theta, r\sin\theta)\mathrm{d}\theta \\
&\quad + \int_{\frac{\sqrt{2}}{2}}^{1} \mathrm{d}r \int_{-\frac{\pi}{4}}^{\frac{\pi}{4}-\arccos\frac{1}{\sqrt{2}r}} rf(r\cos\theta, r\sin\theta)\mathrm{d}\theta \\
&\quad + \int_{\frac{\sqrt{2}}{2}}^{1} \mathrm{d}r \int_{\frac{\pi}{4}+\arccos\frac{1}{\sqrt{2}r}}^{\frac{\pi}{2}} rf(r\cos\theta, r\sin\theta)\mathrm{d}\theta \\
&\quad + \int_1^{\sqrt{2}} \mathrm{d}r \int_{-\frac{\pi}{4}}^{-\arccos\frac{1}{r}} rf(r\cos\theta, r\sin\theta)\mathrm{d}\theta.
\end{aligned}$$

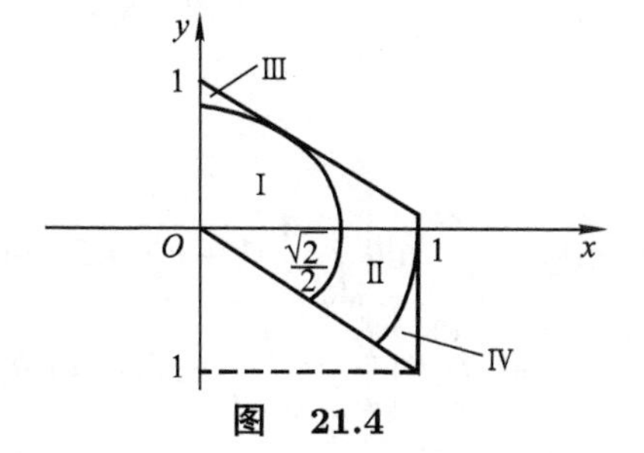

图 21.4

注 变换后参数的范围由正则变换的性质确定.

例 21-3-2 解答下列各题 (选合适变换计算二重积分):

1. 计算下列二重积分:

(1) $\iint_D \sin\sqrt{x^2+y^2}\mathrm{d}x\mathrm{d}y$, 其中 $D=\{(x,y)|\pi^2\leqslant x^2+y^2\leqslant 4\pi^2\}$;

(2) $\iint_D (x+y)\mathrm{d}x\mathrm{d}y$, 其中 $D=\{(x,y)|x^2+y^2\leqslant x+y\}$;

(3) $\iint_D |xy|\mathrm{d}x\mathrm{d}y$, 其中 $D=\{(x,y)|x^2+y^2\leqslant a^2\}$;

(4) $\iint_D f'(x^2+y^2)\mathrm{d}x\mathrm{d}y$, 其中 $D=\{(x,y)|x^2+y^2\leqslant R^2\}$.

解 (1) 根据被积函数和积分区域的特点, 选取变换

$$\begin{cases} x=r\cos\theta, \\ y=r\sin\theta, \end{cases} \quad \theta\in[0,2\pi], \quad r\in[\pi,2\pi], \quad |J(r,\theta)|=r,$$

所以

$$\begin{aligned}\iint_D \sin\sqrt{x^2+y^2}\mathrm{d}x\mathrm{d}y &= \int_0^{2\pi}\mathrm{d}\theta\int_\pi^{2\pi} r\sin r\mathrm{d}r \\ &= 2\pi\left(-r\cos r\Big|_\pi^{2\pi}+\int_\pi^{2\pi}\cos r\mathrm{d}r\right)=-6\pi^2.\end{aligned}$$

(2) 积分区域是以 $\left(\dfrac{1}{2},\dfrac{1}{2}\right)$ 为圆心, $\dfrac{1}{\sqrt{2}}$ 为半径的圆盘, 根据积分区域的特点并注意到被积分函数的特点, 选取变换

$$\begin{cases} x=\dfrac{1}{2}+r\cos\theta, \\ y=\dfrac{1}{2}+r\sin\theta, \end{cases} \quad \theta\in[0,2\pi], \quad r\in\left[0,\frac{1}{\sqrt{2}}\right], \quad |J(r,\theta)|=r,$$

所以

$$\begin{aligned}\iint_D (x+y)\mathrm{d}x\mathrm{d}y &= \int_0^{2\pi}\mathrm{d}\theta\int_0^{\frac{1}{\sqrt{2}}}[1+r(\cos\theta+\sin\theta)]r\mathrm{d}r \\ &= \int_0^{2\pi}\left[\frac{1}{4}+\frac{1}{6\sqrt{2}}(\cos\theta+\sin\theta)\right]\mathrm{d}\theta=\frac{1}{2}\pi.\end{aligned}$$

(3) 根据积分区域的特点, 选取变换

$$\begin{cases} x = r\cos\theta, \\ y = r\sin\theta, \end{cases} \quad \theta \in [0, 2\pi], \quad r \in [0, a], \quad |J(r,\theta)| = r,$$

所以

$$\begin{aligned}
\iint_D |xy|\mathrm{d}x\mathrm{d}y &= \int_0^{2\pi} \mathrm{d}\theta \int_0^a r^2 |\sin\theta\cos\theta| r\mathrm{d}r \\
&= \frac{1}{4}a^4 \int_0^{2\pi} |\sin\theta\cos\theta|\mathrm{d}\theta \\
&= \frac{1}{4}a^4 \bigg(\int_0^{\frac{\pi}{2}} \sin\theta\cos\theta\mathrm{d}\theta - \int_{\frac{\pi}{2}}^{\pi} \sin\theta\cos\theta\mathrm{d}\theta \\
&\quad + \int_{\pi}^{\frac{3\pi}{2}} \sin\theta\cos\theta\mathrm{d}\theta - \int_{\frac{3\pi}{2}}^{2\pi} \sin\theta\cos\theta\mathrm{d}\theta \bigg) \\
&= \frac{1}{4}a^4 \left(\frac{1}{2} + \frac{1}{2} + \frac{1}{2} + \frac{1}{2} \right) = \frac{1}{2}a^4.
\end{aligned}$$

(4) 根据被积函数和积分区域的特点, 选取变换

$$\begin{cases} x = r\cos\theta, \\ y = r\sin\theta, \end{cases} \quad \theta \in [0, 2\pi], \quad r \in [0, R], \quad |J(r,\theta)| = r,$$

所以

$$\begin{aligned}
\iint_D f'(x^2+y^2)\mathrm{d}x\mathrm{d}y &= \int_0^{2\pi} \mathrm{d}\theta \int_0^R f'(r^2) r\mathrm{d}r = 2\pi \cdot \frac{1}{2} f(r^2)\Big|_0^R \\
&= \pi[f(R^2) - f(0)].
\end{aligned}$$

2. 计算下列二重积分:

(1) $\iint_D (x+y)\sin(x-y)\mathrm{d}x\mathrm{d}y$, 其中 $D = \{(x,y) | 0 \leqslant x+y \leqslant \pi,$ $0 \leqslant x-y \leqslant \pi\}$;

(2) $\iint_D \mathrm{e}^{\frac{y}{x+y}}\mathrm{d}x\mathrm{d}y$, 其中 $D = \{(x,y) | x+y \leqslant 1, x \geqslant 0, y \geqslant 0\}$.

解 (1) 根据被积函数和积分区域的特点, 选取变换

$$\begin{cases} u = x + y, \\ v = x - y, \end{cases} u \in [0, \pi], v \in [0, \pi] \Longrightarrow \begin{cases} x = \dfrac{u+v}{2}, \\ y = \dfrac{u-v}{2} \end{cases}$$

$$\Longrightarrow \left|\frac{\partial(x,y)}{\partial(u,v)}\right| = \frac{1}{2},$$

所以

$$\iint_D (x+y)\sin(x-y)\mathrm{d}x\mathrm{d}y = \frac{1}{2}\int_0^\pi \mathrm{d}u \int_0^\pi u\sin v\mathrm{d}v$$

$$= \frac{1}{4}\pi^2 \cdot 2 = \frac{1}{2}\pi^2.$$

(2) 根据被积函数的特点和积分区域的特点, 选取变换

$$\begin{cases} u = x + y, \\ v = y, \end{cases} u \in [0, 1],\ 0 \leqslant v \leqslant u \Longrightarrow \begin{cases} x = u - v, \\ y = v \end{cases}$$

$$\Longrightarrow \frac{\partial(x,y)}{\partial(u,v)} = \begin{vmatrix} 1 & -1 \\ 0 & 1 \end{vmatrix} = 1,$$

所以

$$\iint_D \mathrm{e}^{\frac{y}{x+y}}\mathrm{d}x\mathrm{d}y = \int_0^1 \mathrm{d}u \int_0^u \mathrm{e}^{v/u} \cdot 1\mathrm{d}v = \int_0^1 \left(u\mathrm{e}^{v/u}\Big|_0^u\right)\mathrm{d}u$$

$$= \int_0^1 [u(\mathrm{e}-1)]\mathrm{d}u = \frac{1}{2}(\mathrm{e}-1).$$

3. 选取合适的变换, 把下列二重积分化为累次积分:

(1) $\displaystyle\iint_D f(\sqrt{x^2+y^2})\mathrm{d}x\mathrm{d}y$, 其中 $D = \{(x,y) | x^2+y^2 \leqslant 1\}$;

*(2) $\displaystyle\iint_D f(\sqrt{x^2+y^2})\mathrm{d}x\mathrm{d}y$, 其中 $D = \{(x,y) || y| \leqslant |x|, |x| \leqslant 1\}$;

(3) $\displaystyle\iint_D f(x+y)\mathrm{d}x\mathrm{d}y$, 其中 $D = \{(x,y) || x| + |y| \leqslant 1\}$;

(4) $\displaystyle\iint_D f(xy)\mathrm{d}x\mathrm{d}y$, 其中 $D = \{(x,y) | x \leqslant y \leqslant 4x, 1 \leqslant xy \leqslant 2\}$.

解 (1) 根据被积函数和积分区域的特点, 选取变换

$$\begin{cases} x = r\cos\theta, \\ y = r\sin\theta, \end{cases} \theta \in [0, 2\pi], \quad r \in [0, 1], \quad |J(r,\theta)| = r,$$

所以

$$\iint_D f\sqrt{(x^2+y^2)}\mathrm{d}x\mathrm{d}y = \int_0^{2\pi}\mathrm{d}\theta\int_0^1 f(r)r\mathrm{d}r = 2\pi\int_0^1 rf(r)\mathrm{d}r.$$

(2) 根据被积函数的特点和积分区域的对称性 (图 21.5), 可知

$$\iint_D f(\sqrt{x^2+y^2})\mathrm{d}x\mathrm{d}y = 4\iint_{D_1} f(\sqrt{x^2+y^2})\mathrm{d}x\mathrm{d}y,$$

其中 $D_1 = \{(x,y)|x \in [0,1], 0 \leqslant y \leqslant x\}$. 根据被积函数的特点, 选取变换

$$\begin{cases} x = r\cos\theta, \\ y = r\sin\theta, \end{cases} \quad \left|\frac{\partial(x,y)}{\partial(r,\theta)}\right| = r,$$

这时 D_1 可表示为如下的 $D_{r\theta}$:

$$\begin{aligned} D_{r\theta} &= \left\{(r,\theta)\middle| r \in [0,1], \theta \in \left[0, \frac{\pi}{4}\right]\right\} \\ &\quad \cup \left\{(r,\theta)\middle| r \in \left[1, \frac{1}{\cos\theta}\right], \theta \in \left[0, \frac{\pi}{4}\right]\right\} \\ &= \left\{(r,\theta)\middle| r \in [0,1], \theta \in \left[0, \frac{\pi}{4}\right]\right\} \\ &\quad \cup \left\{(r,\theta)\middle| r \in [1, \sqrt{2}], \theta \in \left[\arccos\frac{1}{r}, \frac{\pi}{4}\right]\right\}, \end{aligned}$$

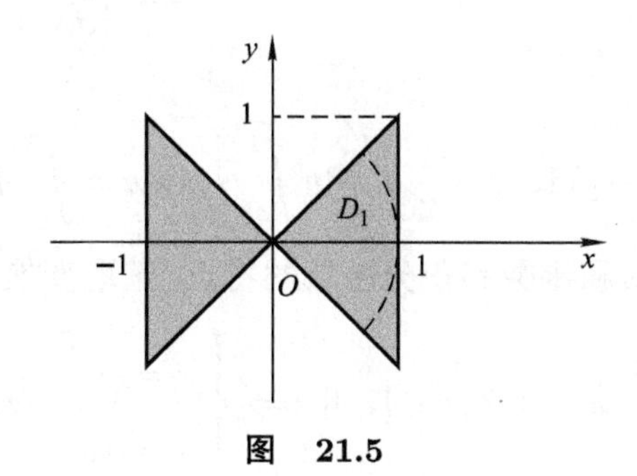

图 21.5

所以结合累次积分的积分次序交换定理得

$$\begin{aligned}
&\iint_{D_1} f(\sqrt{x^2+y^2})\mathrm{d}x\mathrm{d}y \\
&= \int_0^{\frac{\pi}{4}} \mathrm{d}\theta \int_0^1 rf(r)\mathrm{d}r + \int_0^{\frac{\pi}{4}} \mathrm{d}\theta \int_1^{\frac{1}{\cos\theta}} rf(r)\mathrm{d}r \\
&= \frac{\pi}{4}\int_0^1 rf(r)\mathrm{d}r + \int_0^{\frac{\pi}{4}} \mathrm{d}\theta \int_1^{\frac{1}{\cos\theta}} rf(r)\mathrm{d}r \\
&= \frac{\pi}{4}\int_0^1 rf(r)\mathrm{d}r + \int_1^{\sqrt{2}} \mathrm{d}r \int_{\arccos\frac{1}{r}}^{\frac{\pi}{4}} rf(r)\mathrm{d}\theta \\
&= \frac{\pi}{4}\int_0^1 rf(r)\mathrm{d}r + \int_1^{\sqrt{2}} \left(\frac{\pi}{4} - \arccos\frac{1}{r}\right) rf(r)\mathrm{d}r \\
&= \frac{\pi}{4}\int_0^{\sqrt{2}} rf(r)\mathrm{d}r - \int_1^{\sqrt{2}} rf(r)\arccos\frac{1}{r}\mathrm{d}r,
\end{aligned}$$

从而

$$\begin{aligned}
\iint_D f(\sqrt{x^2+y^2})\mathrm{d}x\mathrm{d}y &= 4\iint_{D_1} f(\sqrt{x^2+y^2})\mathrm{d}x\mathrm{d}y \\
&= \pi\int_0^{\sqrt{2}} rf(r)\mathrm{d}r - 4\int_1^{\sqrt{2}} rf(r)\arccos\frac{1}{r}\mathrm{d}r.
\end{aligned}$$

(3) 根据被积函数和积分区域的特点, 选取变换

$$\begin{cases} u = x+y, \\ v = x-y, \end{cases} u\in[-1,1], v\in[-1,1] \Longleftrightarrow \begin{cases} x = \dfrac{u+v}{2}, \\ y = \dfrac{u-v}{2} \end{cases}$$

$$\Longrightarrow \left|\frac{\partial(x,y)}{\partial(u,v)}\right| = \frac{1}{2},$$

所以

$$\iint_D f(x+y)\mathrm{d}x\mathrm{d}y = \frac{1}{2}\int_{-1}^1 \mathrm{d}v \int_{-1}^1 f(u)\mathrm{d}u = \int_{-1}^1 f(u)\mathrm{d}u.$$

(4) 根据被积函数和积分区域的特点, 选取变换

$$\begin{cases} u = xy, \\ v = \dfrac{y}{x}, \end{cases} u\in[1,2], v\in[1,4] \Longleftrightarrow \begin{cases} x = \sqrt{\dfrac{u}{v}}, \\ y = \sqrt{uv}, \end{cases} (x,y)\in D,$$

这时

$$\frac{\partial(x,y)}{\partial(u,v)}=\begin{vmatrix}\dfrac{1}{2}(uv)^{-1/2} & -\dfrac{1}{2}\sqrt{u}v^{-3/2}\\ \dfrac{1}{2}\sqrt{v}u^{-1/2} & \dfrac{1}{2}\sqrt{u}v^{-1/2}\end{vmatrix}=\frac{1}{2v},$$

所以

$$\iint_D f(xy)\mathrm{d}x\mathrm{d}y=\frac{1}{2}\int_1^4\frac{1}{v}\mathrm{d}v\int_1^2 f(u)\mathrm{d}u=\ln 2\int_1^2 f(u)\mathrm{d}u.$$

例 21-3-3 解答下列各题 (二重积分的应用):

1. 求由下列曲线所围成的平面图形 D 的面积:

(1) $x+y=a, x+y=b, y=\alpha x, y=\beta x\ (0<a<b, 0<\alpha<\beta)$;

(2) $\left(\dfrac{x^2}{a^2}+\dfrac{y^2}{b^2}\right)^2=x^2+y^2$;

(3) $(x^2+y^2)^2=2a^2(x^2-y^2)\ (x^2+y^2\geqslant a^2)$.

解 由二重积分的几何意义知 $S_D=\displaystyle\iint_D \mathrm{d}x\mathrm{d}y$.

(1) 由平面图形的特点, 选取变换

$$\begin{cases}u=x+y,\\ v=\dfrac{y}{x},\end{cases} u\in[a,b], v\in[\alpha,\beta]\Longleftrightarrow\begin{cases}x=\dfrac{u}{1+v},\\ y=\dfrac{uv}{1+v},\end{cases}$$

这时

$$\frac{\partial(x,y)}{\partial(u,v)}=\begin{vmatrix}\dfrac{1}{1+v} & -\dfrac{u}{(1+v)^2}\\ \dfrac{v}{1+v} & \dfrac{u}{(1+v)^2}\end{vmatrix}=\frac{u}{(1+v)^2},$$

所以

$$\begin{aligned}S_D&=\iint_D \mathrm{d}x\mathrm{d}y=\int_a^b \mathrm{d}u\int_\alpha^\beta\frac{u}{(1+v)^2}\mathrm{d}v\\ &=\frac{1}{2}(b^2-a^2)\left(-\frac{1}{1+v}\bigg|_\alpha^\beta\right)=\frac{1}{2}\frac{(b^2-a^2)(\beta-\alpha)}{(1+\alpha)(1+\beta)}.\end{aligned}$$

(2) 由平面图形 D 的特点, 选取变换

$$\begin{cases}x=ar\cos\theta,\\ y=br\sin\theta,\end{cases}\quad\left|\frac{\partial(x,y)}{\partial(r,\theta)}\right|=abr,$$

这时 D 可表示为如下的 $D_{r\theta}$:

$$D_{r\theta}=\left\{(r,\theta)\middle|\theta\in[0,2\pi],r\in\left[0,\sqrt{a^2\cos^2\theta+b^2\sin^2\theta}\ \right]\right\},$$

所以

$$\begin{aligned}S_D&=\iint_D \mathrm{d}x\mathrm{d}y=\int_0^{2\pi}\mathrm{d}\theta\int_0^{\sqrt{a^2\cos^2\theta+b^2\sin^2\theta}}abr\mathrm{d}r\\&=\frac{1}{2}ab\int_0^{2\pi}(a^2\cos^2\theta+b^2\sin^2\theta)\mathrm{d}\theta\\&=\frac{1}{2}a^3b\int_0^{2\pi}\cos^2\theta\mathrm{d}\theta+\frac{1}{2}ab^3\int_0^{2\pi}\sin^2\theta\mathrm{d}\theta=\frac{1}{2}\pi ab(a^2+b^2).\end{aligned}$$

(3) 由积分区域的特点 (图 21.6), 先取变换

$$\begin{cases}x=r\cos\theta,\\y=r\sin\theta,\end{cases}\quad\left|\frac{\partial(x,y)}{\partial(r,\theta)}\right|=r,$$

这时 D 可表示为如下的 $D_{r\theta}$:

$$D_{r\theta}=\left\{(r,\theta)\middle|\theta\in\left[-\frac{\pi}{6},\frac{\pi}{6}\right]\cup\left[\frac{5\pi}{6},\frac{7\pi}{6}\right],r\in\left[a,a\sqrt{2\cos2\theta}\right]\right\},$$

所以

$$\begin{aligned}S_D&=\iint_D \mathrm{d}x\mathrm{d}y=4\int_0^{\frac{\pi}{6}}\mathrm{d}\theta\int_a^{a\sqrt{2\cos2\theta}}r\mathrm{d}r=2a^2\int_0^{\frac{\pi}{6}}(2\cos2\theta-1)\mathrm{d}\theta\\&=2a^2(\sin2\theta-\theta)\Big|_0^{\frac{\pi}{6}}=2a^2\left(\frac{\sqrt{3}}{2}-\frac{\pi}{6}\right).\end{aligned}$$

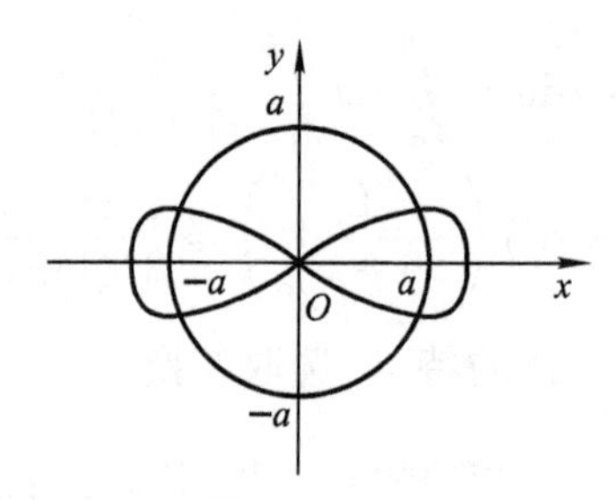

图 21.6

2. 求下列几何体的体积:

(1) 由旋转抛物面 $z=x^2+y^2$ 和平面 $z=x+y$ 所围成的几何体;

(2) 由曲面 $z^2=\dfrac{x^2}{4}+\dfrac{y^2}{9}$ 和 $2z=\dfrac{x^2}{4}+\dfrac{y^2}{9}$ 所围成的几何体.

解 (1) 旋转抛物面 $z=x^2+y^2$ 与平面 $z=x+y$ 所围成的几何体在 xy 平面上的投影的边界曲线为

$$x^2+y^2=x+y \Longleftrightarrow \left(x-\frac{1}{2}\right)^2+\left(y-\frac{1}{2}\right)^2=\frac{1}{2},$$

即所围成几何体在 xy 平面上的投影区域为

$$D_{xy}=\left\{(x,y)\middle|\left(x-\frac{1}{2}\right)^2+\left(y-\frac{1}{2}\right)^2\leqslant\frac{1}{2}\right\},$$

所以所求的几何体体积为

$$V=\iint_{D_{xy}}[(x+y)-(x^2+y^2)]\mathrm{d}x\mathrm{d}y.$$

取变换

$$\begin{cases} x=\dfrac{1}{2}+r\cos\theta, \\ y=\dfrac{1}{2}+r\sin\theta, \end{cases} \quad \theta\in[0,2\pi], \quad r\in\left[0,\frac{1}{\sqrt{2}}\right], \quad |J(r,\theta)|=r,$$

得

$$V=\iint_{D_{xy}}[(x+y)-(x^2+y^2)]\mathrm{d}x\mathrm{d}y=\int_0^{2\pi}\mathrm{d}\theta\int_0^{\frac{1}{\sqrt{2}}}\left(\frac{1}{2}-r^2\right)r\mathrm{d}r$$
$$=2\pi\left(\frac{1}{8}-\frac{1}{16}\right)=\frac{\pi}{8}.$$

(2) 两曲面所围成的几何体在 xy 平面上的投影的边界曲线为

$$\sqrt{\frac{x^2}{4}+\frac{y^2}{9}}=\frac{1}{2}\left(\frac{x^2}{4}+\frac{y^2}{9}\right) \Longleftrightarrow \sqrt{\frac{x^2}{4}+\frac{y^2}{9}}=2 \Longleftrightarrow \frac{x^2}{16}+\frac{y^2}{36}=1,$$

即所围成几何体在 xy 平面上的投影区域为

$$D_{xy}=\left\{(x,y)\middle|\frac{x^2}{16}+\frac{y^2}{36}\leqslant 1\right\},$$

所以所求的几何体体积为

$$V=\iint_{D_{xy}}\left[\sqrt{\frac{x^2}{4}+\frac{y^2}{9}}-\frac{1}{2}\left(\frac{x^2}{4}+\frac{y^2}{9}\right)\right]\mathrm{d}x\mathrm{d}y.$$

取变换

$$\begin{cases}x=4r\cos\theta,\\ y=6r\sin\theta,\end{cases}\theta\in[0,2\pi],\quad r\in[0,1],\quad |J(r,\theta)|=24r,$$

得

$$\begin{aligned}V&=\iint_{D_{xy}}\left[\sqrt{\frac{x^2}{4}+\frac{y^2}{9}}-\frac{1}{2}\left(\frac{x^2}{4}+\frac{y^2}{9}\right)\right]\mathrm{d}x\mathrm{d}y\\&=24\int_0^{2\pi}\mathrm{d}\theta\int_0^1(2r-2r^2)r\mathrm{d}r=48\pi\left(\frac{2}{3}-\frac{1}{2}\right)=8\pi.\end{aligned}$$

3. 设 $f(x,y)$ 为连续函数, 且 $f(x,y)=f(y,x)$, 证明:

$$\int_0^1\mathrm{d}x\int_0^x f(x,y)\mathrm{d}y=\int_0^1\mathrm{d}x\int_0^x f(1-x,1-y)\mathrm{d}y.$$

证 $\int_0^1\mathrm{d}x\int_0^x f(x,y)\mathrm{d}y$ 的积分区域为 $D_{xy}=\{(x,y)|x\in[0,1],$ $0\leqslant y\leqslant x\}$. 取变换

$$\begin{cases}x=1-u,\\ y=1-v\end{cases}\Longleftrightarrow\begin{cases}u=1-x,\\ v=1-y\end{cases}\Longrightarrow\frac{\partial(x,y)}{\partial(u,v)}=1,$$

由正则变换的性质得 D_{xy} 可表示为如下的 D_{uv}:

$$D_{uv}=\{(u,v)|v\in[0,1],0\leqslant u\leqslant v\},$$

所以

$$\begin{aligned}\int_0^1\mathrm{d}x\int_0^x f(x,y)\mathrm{d}y&=\int_0^1\mathrm{d}v\int_0^v f(1-u,1-v)\cdot 1\mathrm{d}u\\&=\int_0^1\mathrm{d}v\int_0^v f(1-v,1-u)\cdot 1\mathrm{d}u\\&=\int_0^1\mathrm{d}x\int_0^x f(1-x,1-y)\mathrm{d}y.\end{aligned}$$

§ 21.4 Green 公式及其应用

内容要求 掌握 Green 公式及其应用; 掌握曲线积分的计算方法: 化为定积分, 对称方法, 用 Green 公式 (平面曲线) 化为二重积分, 用 Stokes 公式 (空间曲线) 化为曲面积分, 积分与路径无关时取特殊路径或求出原函数再用 Newton-Leibniz 公式.

例 21-4-1 解答下列各题 (用 Green 公式计算曲线积分):

1. 计算下列曲线积分:

(1) $\oint_L (x+y)^2\mathrm{d}x-(x^2+y^2)\mathrm{d}y$, 其中 L 是以 $A(1,1), B(3,2), C(2,5)$ 为顶点的三角形的边, 取正向;

(2) $\int_{\widehat{AB}} (\mathrm{e}^x\sin y-my)\mathrm{d}x+(\mathrm{e}^x\cos y-m)\mathrm{d}y$, 其中 m 为常数, $\widehat{AB}$ 为由点 $(a,0)$ 到点 $(0,0)$ 经过圆 $x^2+y^2=ax\ (a>0)$ 上半部的路线;

(3) $\oint_L xy^2\mathrm{d}x-x^2y\mathrm{d}y$, 其中 L 为圆周 $x^2+y^2=a^2$, 取正向.

解 (1) **法一** 化为定积分. 由于

$$\begin{aligned}\oint_L (x+y)^2\mathrm{d}x-(x^2+y^2)\mathrm{d}y=&\int_{\overline{AB}}(x+y)^2\mathrm{d}x-(x^2+y^2)\mathrm{d}y\\&+\int_{\overline{BC}}(x+y)^2\mathrm{d}x-(x^2+y^2)\mathrm{d}y\\&+\int_{\overline{CA}}(x+y)^2\mathrm{d}x-(x^2+y^2)\mathrm{d}y,\end{aligned}$$

分别写出 $\overline{AB},\overline{BC},\overline{CA}$ 的方程:

$$\begin{aligned}&\overline{AB}: y=\frac{1}{2}(x+1), x\in[1,3],\quad \overline{BC}: y=-3x+11, x\in[2,3],\\&\overline{CA}: y=4x+3, x\in[1,2],\end{aligned}$$

再化为定积分计算即可, 这里从略. 也可以写出它们的参数形式来计算.

法二 化为二重积分. 由 Green 公式有

$$
\begin{aligned}
&\oint_L (x+y)^2 \mathrm{d}x - (x^2+y^2)\mathrm{d}y \\
&\quad = \iint_D \left[-\frac{\partial}{\partial x}(x^2+y^2) - \frac{\partial}{\partial y}(x+y)^2\right] \mathrm{d}x\mathrm{d}y \\
&\quad = \iint_D [-2x - 2(x+y)]\mathrm{d}x\mathrm{d}y.
\end{aligned}
$$

对此二重积分分块累次积分可得

$$
\begin{aligned}
\iint_D [-2x-2(x+y)]\mathrm{d}x\mathrm{d}y &= -2\int_1^2 \mathrm{d}x \int_{\frac{1}{2}(x+1)}^{4x-3} (2x+y)\mathrm{d}y \\
&\quad -2\int_2^3 \mathrm{d}x \int_{\frac{1}{2}(x+1)}^{-3x+11} (2x+y)\mathrm{d}y \\
&= -46\frac{2}{3}.
\end{aligned}
$$

(2) 由于被积分函数的特点, 如果利用路线的参数方程计算比较困难. 为此, 采用 Green 公式计算. 补充路径 $L_1 : y = 0, x \in [0, a]$, 则

$$
\begin{aligned}
&\left(\int_{\widehat{AB}} + \int_{L_1}\right) (\mathrm{e}^x \sin y - my)\mathrm{d}x + (\mathrm{e}^x \cos y - m)\mathrm{d}y \\
&\quad = \iint_D \left[\frac{\partial}{\partial x}(\mathrm{e}^x \cos y - m) - \frac{\partial}{\partial y}(\mathrm{e}^x \sin y - my)\right] \mathrm{d}x\mathrm{d}y \\
&\quad = \iint_D m\mathrm{d}x\mathrm{d}y = \frac{1}{2}m\pi\frac{a^2}{4} = \frac{1}{8}m\pi a^2,
\end{aligned}
$$

其中 D 为 $\widehat{AB}$ 与 L_1 所围成的闭区域. 所以

$$
\begin{aligned}
&\int_{\widehat{AB}} (\mathrm{e}^x \sin y - my)\mathrm{d}x + (\mathrm{e}^x \cos y - m)\mathrm{d}y \\
&\quad = \frac{1}{8}m\pi a^2 - \int_{L_1} (\mathrm{e}^x \sin y - my)\mathrm{d}x + (\mathrm{e}^x \cos y - m)\mathrm{d}y \\
&\quad = \frac{1}{8}m\pi a^2 - 0 = \frac{1}{8}m\pi a^2.
\end{aligned}
$$

(3) **法一** 化为定积分. 写出圆周的曲线方程, 化为定积分来计算, 这里从略.

法二 化为二重积分. 由 Green 公式有

$$\oint_L xy^2\mathrm{d}x - x^2y\mathrm{d}y = \iint_D \left[\frac{\partial}{\partial x}(-x^2y) - \frac{\partial}{\partial y}(xy^2)\right]\mathrm{d}x\mathrm{d}y$$
$$= -4\iint_D xy\mathrm{d}x\mathrm{d}y$$
$$= -4\int_0^{2\pi}\mathrm{d}\theta\int_0^a r^2\cos\theta\sin\theta\cdot r\mathrm{d}r = 0,$$

其中 D 为圆周 L 所围成的圆盘.

2. 计算由下列曲线所围成的平面图形的面积:

(1) 星形线: $\begin{cases} x = a\cos^3 t, \\ y = a\sin^3 t \end{cases}$ (图 21.7);

(2) 双扭线: $(x^2+y^2)^2 = a^2(x^2-y^2)$ (图 21.8).

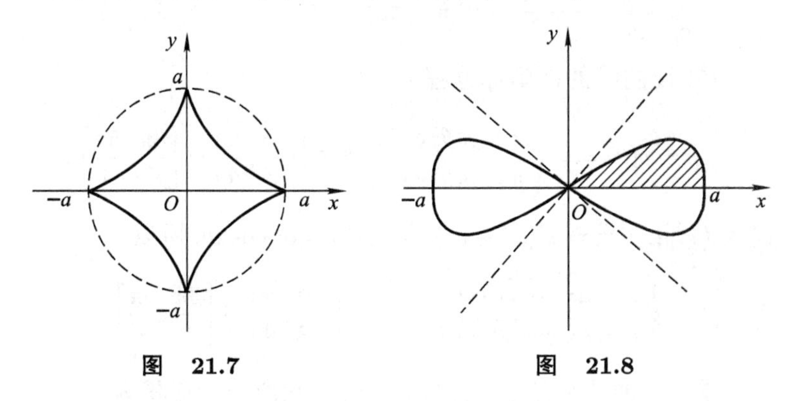

图 21.7　　图 21.8

解 (1) **法一** 曲线积分法. 由 Green 公式知所求的面积为

$$S = \frac{1}{2}\int_L -y\mathrm{d}x + x\mathrm{d}y$$
$$= \frac{1}{2}\int_0^{2\pi}[-a\sin^3 t\cdot 3a\cos^2 t(-\sin t) + a\cos^3 t\cdot 3a\sin^2 t\cos t]\mathrm{d}t$$
$$= \frac{3a^2}{2}\int_0^{2\pi}\sin^2 t\cos^2 t\mathrm{d}t = \frac{3a^2}{8}\int_0^{2\pi}\sin^2 2t\mathrm{d}t$$
$$= \frac{3a^2}{8}\int_0^{2\pi}\frac{1-\cos 4t}{2}\mathrm{d}t = \frac{3}{8}\pi a^2.$$

法二 二重积分法. 由二重积分的几何意义知所求的面积为

$$S=\iint_D \mathrm{d}x\mathrm{d}y.$$

令

$$\begin{cases} x=r\cos^3 t, \\ y=r\sin^3 t, \end{cases} \quad t\in[0,2\pi], r\in[0,a],$$

此时

$$\frac{\partial(x,y)}{\partial(r,t)}=\begin{vmatrix} \cos^3 t & -3r\cos^2 t\sin t \\ \sin^3 t & 3r\sin^2 t\cos t \end{vmatrix}=3r\sin^2 t\cos^2 t,$$

所以

$$S=\iint_D \mathrm{d}x\mathrm{d}y=\int_0^{2\pi}\mathrm{d}t\int_0^a 3r\sin^2 t\cos^2 t\mathrm{d}r=\frac{3}{8}a^2\int_0^{2\pi}\sin^2 2t\mathrm{d}t$$
$$=\frac{3}{8}a^2\int_0^{2\pi}\frac{1-\cos 4t}{2}\mathrm{d}t=\frac{3}{8}\pi a^2.$$

(2) 设曲线的极坐标方程为

$$\rho=\rho(\theta)\Longrightarrow\begin{cases} x=\rho(\theta)\cos\theta, \\ y=\rho(\theta)\sin\theta, \end{cases} \theta\in\left[-\frac{\pi}{4},\frac{\pi}{4}\right]\cup\left[\frac{3\pi}{4},\frac{5\pi}{4}\right],$$

代入 $(x^2+y^2)^2=a^2(x^2-y^2)$ 得 $\rho^2(\theta)=a^2\cos 2\theta$, 所以

$$\begin{cases} x=a\sqrt{\cos 2\theta}\cos\theta, \\ y=a\sqrt{\cos 2\theta}\sin\theta \end{cases} \quad \theta\in\left[-\frac{\pi}{4},\frac{\pi}{4}\right]\cup\left[\frac{3\pi}{4},\frac{5\pi}{4}\right].$$

法一 曲线积分法. 由 Green 公式知所求的面积为

$$\begin{aligned} S&=\frac{1}{2}\int_L -y\mathrm{d}x+x\mathrm{d}y \\ &=\frac{1}{2}\left(\int_{-\frac{\pi}{4}}^{\frac{\pi}{4}}+\int_{\frac{3\pi}{4}}^{\frac{5\pi}{4}}\right) \\ &\quad\cdot\left[-a\sqrt{\cos 2\theta}\sin\theta\left(-a\frac{\sin 2\theta}{\sqrt{\cos 2\theta}}\cos\theta-a\sqrt{\cos 2\theta}\sin\theta\right)\right. \\ &\quad\left.+a\sqrt{\cos 2\theta}\cos\theta\left(-a\frac{\sin 2\theta}{\sqrt{\cos 2\theta}}\sin\theta+a\sqrt{\cos 2\theta}\cos\theta\right)\right]\mathrm{d}\theta \\ &=\frac{1}{2}\left(\int_{-\frac{\pi}{4}}^{\frac{\pi}{4}}+\int_{\frac{3\pi}{4}}^{\frac{5\pi}{4}}\right)a^2\cos 2\theta\mathrm{d}\theta=\frac{a^2}{4}\left(\sin 2\theta\Big|_{-\frac{\pi}{4}}^{\frac{\pi}{4}}+\sin 2\theta\Big|_{\frac{3\pi}{4}}^{\frac{5\pi}{4}}\right)=a^2. \end{aligned}$$

法二 二重积分法. 由二重积分的几何意义知所求的面积为

$$S=\iint_D \mathrm{d}x\mathrm{d}y.$$

令

$$\begin{cases} x=r\sqrt{\cos 2\theta}\cos\theta, \\ y=r\sqrt{\cos 2\theta}\sin\theta, \end{cases}\quad \theta\in\left[-\frac{\pi}{4},\frac{\pi}{4}\right]\cup\left[\frac{3\pi}{4},\frac{5\pi}{4}\right], r\in[0,a],$$

此时

$$\frac{\partial(x,y)}{\partial(r,\theta)}=\begin{vmatrix} \sqrt{\cos 2\theta}\cos\theta & -r\dfrac{\sin 2\theta}{\sqrt{\cos 2\theta}}\cos\theta-r\sqrt{\cos 2\theta}\sin\theta \\ \sqrt{\cos 2\theta}\sin\theta & -r\dfrac{\sin 2\theta}{\sqrt{\cos 2\theta}}\sin\theta+r\sqrt{\cos 2\theta}\cos\theta \end{vmatrix}=r\cos 2\theta,$$

所以

$$\begin{aligned} S&=\iint_D \mathrm{d}x\mathrm{d}y=\int_{-\frac{\pi}{4}}^{\frac{\pi}{4}}\mathrm{d}\theta\int_0^a r\cos 2\theta\mathrm{d}r+\int_{\frac{3\pi}{4}}^{\frac{5\pi}{4}}\mathrm{d}\theta\int_0^a r\cos 2\theta\mathrm{d}r \\ &=\frac{a^2}{2}\int_{-\frac{\pi}{4}}^{\frac{\pi}{4}}\cos 2\theta\mathrm{d}\theta+\frac{a^2}{2}\int_{\frac{3\pi}{4}}^{\frac{5\pi}{4}}\cos 2\theta\mathrm{d}\theta=a^2. \end{aligned}$$

例 21-4-2 解答下列各题 (积分与路径无关的问题):

1. 验证下列积分与路线无关, 并求它们的值:

(1) $\displaystyle\int_{(0,0)}^{(1,1)}(x-y)(\mathrm{d}x-\mathrm{d}y)$;

(2) $\displaystyle\int_{(0,0)}^{(x,y)}(2x\cos y-y^2\sin x)\mathrm{d}x+(2y\cos x-x^2\sin y)\mathrm{d}y$;

(3) $\displaystyle\int_{(2,1)}^{(1,2)}\frac{y\mathrm{d}x-x\mathrm{d}y}{x^2}$, 沿在右半平面的路线;

(4) $\displaystyle\int_{(1,0)}^{(6,8)}\frac{x\mathrm{d}x+y\mathrm{d}y}{\sqrt{x^2+y^2}}$, 沿不通过原点的路线;

*(5) $\displaystyle\int_{(2,1)}^{(1,2)}\varphi(x)\mathrm{d}x+\psi(y)\mathrm{d}y$, 其中 φ,ψ 为连续函数.

解 (1) 由于

$$P=x-y, Q=y-x\Longrightarrow\frac{\partial Q}{\partial x}-\frac{\partial P}{\partial y}=0,$$

由平面曲线积分与路径无关的条件可知积分 $\int_{(0,0)}^{(1,1)} (x-y)(\mathrm{d}x-\mathrm{d}y)$ 与路径无关.

法一 特殊路径法. 连接点 $A(0,0), B(1,1)$ 的直线方程为 (也可以写成参数形式) $y=x, x\in[0,1]$, 所以

$$\int_{(0,0)}^{(1,1)} (x-y)(\mathrm{d}x-\mathrm{d}y) = \int_{(0,0)}^{(1,1)} (x-y)\mathrm{d}x+(y-x)\mathrm{d}y = 0.$$

法二 Newton-Leibniz 公式法 (原函数法). 由于

$$\mathrm{d}u = (x-y)\mathrm{d}x+(y-x)\mathrm{d}y,$$

所以

$$u_x = x-y \Longrightarrow u = \frac{1}{2}x^2 - xy + \varphi(y),$$
$$u_y = y-x = -x+\varphi'(y) \Longrightarrow \varphi(y) = \frac{1}{2}y^2 + C.$$

故

$$u = \frac{1}{2}x^2 + \frac{1}{2}y^2 - xy + C,$$

从而有

$$\int_{(0,0)}^{(1,1)} (x-y)(\mathrm{d}x-\mathrm{d}y) = \left(\frac{1}{2}x^2+\frac{1}{2}y^2-xy\right)\Bigg|_{(0,0)}^{(1,1)} = 0.$$

(2) 由于

$$P = 2x\cos y - y^2\sin x,\ Q = 2y\cos x - x^2\sin y$$
$$\Longrightarrow \frac{\partial Q}{\partial x} = -2y\sin x - 2x\sin y = \frac{\partial P}{\partial y},$$

由平面曲线积分与路径无关的条件可知积分

$$\int_{(0,0)}^{(x,y)} (2x\cos y - y^2\sin x)\mathrm{d}x + (2y\cos x - x^2\sin y)\mathrm{d}y$$

与路径无关.

法一 特殊路径法. 取如图 21.9 所示的路径, 有

$$
\begin{aligned}
&\int_{(0,0)}^{(x,y)}(2x\cos y-y^2\sin x)\mathrm{d}x+(2y\cos x-x^2\sin y)\mathrm{d}y\\
&=\int_{\overline{OA}}(2x\cos y-y^2\sin x)\mathrm{d}x+(2y\cos x-x^2\sin y)\mathrm{d}y\\
&\quad+\int_{\overline{AB}}(2x\cos y-y^2\sin x)\mathrm{d}x+(2y\cos x-x^2\sin y)\mathrm{d}y\\
&=\int_0^x 2x\mathrm{d}x+\int_0^y(2y\cos x-x^2\sin y)\mathrm{d}y\\
&=x^2+y^2\cos x+x^2\cos y-x^2=y^2\cos x+x^2\cos y.
\end{aligned}
$$

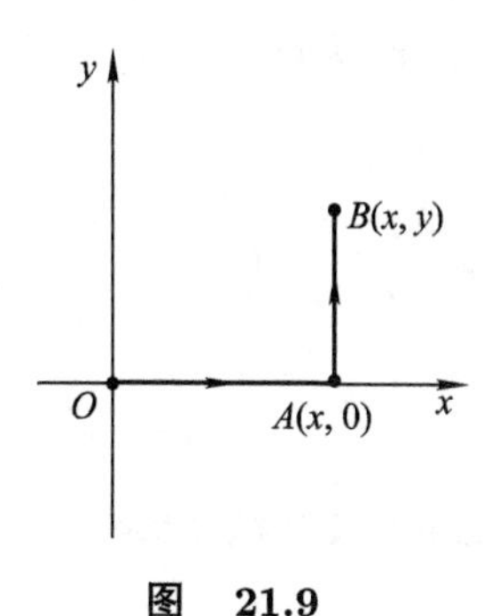

图 21.9

法二 Newton-Leibniz 公式法 (原函数法). 由于

$$\mathrm{d}u=(2x\cos y-y^2\sin x)\mathrm{d}x+(2y\cos x-x^2\sin y)\mathrm{d}y,$$

所以

$$
\begin{aligned}
&u_x=2x\cos y-y^2\sin x\Longrightarrow u=x^2\cos y+y^2\cos x+\varphi(y),\\
&u_y=2y\cos x-x^2\sin y=2y\cos x-x^2\sin y+\varphi'(y)\Longrightarrow\varphi(y)=C.
\end{aligned}
$$

因此

$$u=x^2\cos y+y^2\cos x+C,$$

从而

$$\int_{(0,0)}^{(x,y)}(2x\cos y-y^2\sin x)\mathrm{d}x+(2y\cos x-x^2\sin y)\mathrm{d}y$$

$$=(x^2\cos y+y^2\cos x)\Big|_{(0,0)}^{(x,y)}=x^2\cos y+y^2\cos x.$$

(3) 由于

$$P=\frac{y}{x^2},Q=-\frac{1}{x}\Longrightarrow\frac{\partial Q}{\partial x}=\frac{1}{x^2}=\frac{\partial P}{\partial y},$$

由平面曲线积分与路径无关的条件可知 $\int_{(2,1)}^{(1,2)}\frac{y\mathrm{d}x-x\mathrm{d}y}{x^2}$ 沿在右半平面的路线积分与路径无关.

法一 特殊路径法. 连接点 $A(2,1),B(1,2)$ 的直线方程为 $y=-x+3,x\in[1,2]$, 所以

$$\int_{(2,1)}^{(1,2)}\frac{y\mathrm{d}x-x\mathrm{d}y}{x^2}=-\int_1^2\frac{(-x+3)-x\cdot(-1)}{x^2}\mathrm{d}x$$

$$=-\int_1^2\frac{3}{x^2}\mathrm{d}x=\frac{3}{x}\Big|_1^2=-\frac{3}{2}.$$

法二 Newton-Leibniz 公式法 (原函数法). 由于

$$\mathrm{d}u=\frac{y\mathrm{d}x-x\mathrm{d}y}{x^2},$$

所以

$$u_x=\frac{y}{x^2}\Longrightarrow u=-\frac{y}{x}+\varphi(y),$$

$$u_y=-\frac{1}{x}=-\frac{1}{x}+\varphi'(y)\Longrightarrow\varphi(y)=C\Longrightarrow u=-\frac{y}{x}+C.$$

故

$$\int_{(2,1)}^{(1,2)}\frac{y\mathrm{d}x-x\mathrm{d}y}{x^2}=-\frac{y}{x}\Big|_{(2,1)}^{(1,2)}=-2+\frac{1}{2}=-\frac{3}{2}.$$

(4) 由于

$$P=\frac{x}{\sqrt{x^2+y^2}},Q=\frac{y}{\sqrt{x^2+y^2}}\Longrightarrow\frac{\partial Q}{\partial x}=-\frac{xy}{(x^2+y^2)^{3/2}}=\frac{\partial P}{\partial y},$$

由平面曲线积分与路径无关的条件可知 $\int_{(1,0)}^{(6,8)}\frac{x\mathrm{d}x+y\mathrm{d}y}{\sqrt{x^2+y^2}}$ 沿不通过原点的路线积分与路径无关.

法一 特殊路径法. 取连接点 $A(1,0),B(6,0),C(6,8)$ 的折线为积分路径, 得

$$\begin{aligned}\int_{(1,0)}^{(6,8)}\frac{x\mathrm{d}x+y\mathrm{d}y}{\sqrt{x^2+y^2}}&=\int_{\overline{AB}}\frac{x\mathrm{d}x+y\mathrm{d}y}{\sqrt{x^2+y^2}}+\int_{\overline{BC}}\frac{x\mathrm{d}x+y\mathrm{d}y}{\sqrt{x^2+y^2}}\\&=\int_1^6\mathrm{d}x+\int_0^8\frac{y}{\sqrt{36+y^2}}\mathrm{d}y\\&=6+\sqrt{36+y^2}\Big|_0^8=5+10-6=9.\end{aligned}$$

法二 Newton-Leibniz 公式法 (原函数法). 由于

$$\mathrm{d}u=\frac{x\mathrm{d}x+y\mathrm{d}y}{\sqrt{x^2+y^2}},$$

所以

$$u=\sqrt{x^2+y^2}+C.$$

因此

$$\int_{(1,0)}^{(6,8)}\frac{x\mathrm{d}x+y\mathrm{d}y}{\sqrt{x^2+y^2}}=\sqrt{x^2+y^2}\Big|_{(1,0)}^{(6,8)}=9.$$

(5) 由积分与路径无关的等价条件知, 只需说明存在函数 $u(x,y)$, 使得

$$\mathrm{d}u=\varphi(x)\mathrm{d}x+\psi(y)\mathrm{d}y.$$

取

$$u=\int_2^x\varphi(t)\mathrm{d}t+\int_1^y\psi(t)\mathrm{d}t,$$

则

$$\mathrm{d}u=\varphi(x)\mathrm{d}x+\psi(y)\mathrm{d}y.$$

所以

$$\int_{(2,1)}^{(1,2)} \varphi(x)\mathrm{d}x + \psi(y)\mathrm{d}y = u(x,y)\Big|_{(2,1)}^{(1,2)} = \int_2^1 \varphi(t)\mathrm{d}t + \int_1^2 \psi(t)\mathrm{d}t.$$

2. 求下列全微分的原函数:

(1) $(x^2+2xy-y^2)\mathrm{d}x+(x^2-2xy-y^2)\mathrm{d}y$;

(2) $\mathrm{e}^x[\mathrm{e}^y(x-y+2)+y]\mathrm{d}x+\mathrm{e}^x[\mathrm{e}^y(x-y)+1]\mathrm{d}y$;

*(3) $f(\sqrt{x^2+y^2})x\mathrm{d}x+f(\sqrt{x^2+y^2})y\mathrm{d}y$, 其中 f 为连续函数.

解 (1) 由于

$$P=x^2+2xy-y^2, Q=x^2-2xy-y^2 \Longrightarrow \frac{\partial Q}{\partial x}=-2x-2y=\frac{\partial P}{\partial y},$$

所以积分与路径无关且存在原函数.

法一 折线积分法. 所求的函数为

$$\begin{aligned}u&=\int_{(x_0,y_0)}^{(x,y)}(x^2+2xy-y^2)\mathrm{d}x+(x^2-2xy-y^2)\mathrm{d}y\\&=\int_{x_0}^{x}(x^2+2xy_0-y_0^2)\mathrm{d}x+\int_{y_0}^{y}(x^2-2xy-y^2)\mathrm{d}y\\&=\frac{1}{3}x^3+x^2y-xy^2-\frac{1}{3}y^3+C.\end{aligned}$$

法二 偏微分方程通解法. 设

$$\mathrm{d}u=(x^2+2xy-y^2)\mathrm{d}x+(x^2-2xy-y^2)\mathrm{d}y,$$

则

$$u_x=x^2+2xy-y^2 \Longrightarrow u=\frac{1}{3}x^3+x^2y-xy^2+\varphi(y),$$

又

$$u_y=x^2-2xy-y^2=x^2-2xy+\varphi'(y) \Longrightarrow \varphi(y)=-\frac{1}{3}y^3+C,$$

故 $u=\frac{1}{3}x^3+x^2y-xy^2-\frac{1}{3}y^3+C$.

(2) 由于

$$P = \mathrm{e}^x[\mathrm{e}^y(x-y+2)+y], Q = \mathrm{e}^x[\mathrm{e}^y(x-y)+1]$$
$$\Longrightarrow \frac{\partial Q}{\partial x} = \mathrm{e}^x[\mathrm{e}^y(x-y+1)+1] = \frac{\partial P}{\partial y},$$

所以积分与路径无关且存在原函数.

法一 折线积分法. 所求的函数为

$$\begin{aligned}
u &= \int_{(0,0)}^{(x,y)} \mathrm{e}^x[\mathrm{e}^y(x-y+2)+y]\mathrm{d}x + \mathrm{e}^x[\mathrm{e}^y(x-y)+1]\mathrm{d}y \\
&= \int_0^x (x+2)\mathrm{e}^x\mathrm{d}x + \int_0^y \mathrm{e}^x[\mathrm{e}^y(x-y)+1]\mathrm{d}y \\
&= (x+1)\mathrm{e}^x\big|_0^x + [(x-y+1)\mathrm{e}^{x+y} + y\mathrm{e}^x]\big|_0^y \\
&= (x+1)\mathrm{e}^x - 1 + [(x-y+1)\mathrm{e}^{x+y} + y\mathrm{e}^x] - (x+1)\mathrm{e}^x \\
&= (x-y+1)\mathrm{e}^{x+y} + y\mathrm{e}^x + C.
\end{aligned}$$

法二 偏微分方程通解法. 设

$$\mathrm{d}u = \mathrm{e}^x[\mathrm{e}^y(x-y+2)+y]\mathrm{d}x + \mathrm{e}^x[\mathrm{e}^y(x-y)+1]\mathrm{d}y,$$

则

$$u_x = \mathrm{e}^x[\mathrm{e}^y(x-y+2)+y] \Longrightarrow u = (x-y+1)\mathrm{e}^{x+y} + y\mathrm{e}^x + \varphi(y),$$

又

$$u_y = \mathrm{e}^x[\mathrm{e}^y(x-y)+1] = \mathrm{e}^x[\mathrm{e}^y(x-y)+1] + \varphi'(y) \Longrightarrow \varphi(y) = C,$$

所以 $u = (x-y+1)\mathrm{e}^{x+y} + y\mathrm{e}^x + C$.

(3) 由于

$$f(\sqrt{x^2+y^2})x\mathrm{d}x + f(\sqrt{x^2+y^2})y\mathrm{d}y = \frac{1}{2}f(\sqrt{x^2+y^2})\mathrm{d}(x^2+y^2),$$

即

$$u = \frac{1}{2}\int f(\sqrt{t})\mathrm{d}t, \quad t = x^2+y^2.$$

例 21-4-3 解答下列各题 (积分与路径无关的问题):

1. 为了使曲线积分 $\int_L F(x,y)(y\mathrm{d}x+x\mathrm{d}y)$ 与积分路线无关, 可微函数 $F(x,y)$ 应满足怎样的条件?

解 记 $P=yF(x,y), Q=xF(x,y)$. 由于 $F(x,y)$ 可微, 积分与路径无关的充分必要条件为

$$\frac{\partial Q}{\partial x}=\frac{\partial P}{\partial y} \iff F(x,y)+xF_x(x,y)=F(x,y)+yF_y(x,y)$$
$$\iff xF_x(x,y)=yF_y(x,y),$$

即可微函数 $F(x,y)$ 应满足

$$xF_x(x,y)=yF_y(x,y).$$

2. 设函数 $f(u)$ 具有一阶连续导数, 证明: 对任何光滑闭曲线 L, 有

$$\oint_L f(xy)(y\mathrm{d}x+x\mathrm{d}y)=0.$$

证 记 $P=yf(xy), Q=xf(xy)$. 由于

$$\frac{\partial Q}{\partial x}=f(xy)+xyf'(xy)=\frac{\partial P}{\partial y},$$

由 Green 公式得

$$\oint_L f(xy)(y\mathrm{d}x+x\mathrm{d}y)=\iint_D\left(\frac{\partial Q}{\partial x}-\frac{\partial P}{\partial y}\right)\mathrm{d}x\mathrm{d}y=0.$$

*3. 计算曲线积分 $\int_{\widehat{AMB}}[\varphi(y)\mathrm{e}^x-my]\mathrm{d}x+[\varphi'(y)\mathrm{e}^x-m]\mathrm{d}y$, 其中 $\varphi(y)$ 和 $\varphi'(y)$ 为连续函数, $\widehat{AMB}$ 为连接点 $A(x_1,y_1)$ 和点 $B(x_2,y_2)$ 的任何路线, 但与线段 AB 围成的平面区域的面积为 S.

解 记 $P=\varphi(y)\mathrm{e}^x-my, Q=\varphi'(y)\mathrm{e}^x-m$. 由于

$$\frac{\partial Q}{\partial x}-\frac{\partial P}{\partial y}=\varphi'(y)\mathrm{e}^x-[\varphi'(y)\mathrm{e}^x-m]=m,$$

由 Green 公式有

$$\begin{aligned}
&\int_{\widehat{AMB}}[\varphi(y)\mathrm{e}^x-my]\mathrm{d}x+[\varphi'(y)\mathrm{e}^x-m]\mathrm{d}y\\
&=\int_{\widehat{AMBA}}[\varphi(y)\mathrm{e}^x-my]\mathrm{d}x+[\varphi'(y)\mathrm{e}^x-m]\mathrm{d}y\\
&\quad+\int_{\overline{AB}}[\varphi(y)\mathrm{e}^x-my]\mathrm{d}x+[\varphi'(y)\mathrm{e}^x-m]\mathrm{d}y\\
&=\pm\iint_D\left(\frac{\partial Q}{\partial x}-\frac{\partial P}{\partial y}\right)\mathrm{d}x\mathrm{d}y+\int_{\overline{AB}}[\varphi(y)\mathrm{e}^x-my]\mathrm{d}x\\
&\quad+[\varphi'(y)\mathrm{e}^x-m]\mathrm{d}y\\
&=\pm mS+\int_{\overline{AB}}[\varphi(y)\mathrm{e}^x-my]\mathrm{d}x+[\varphi'(y)\mathrm{e}^x-m]\mathrm{d}y\\
&=\pm mS+\int_{\overline{AB}}\mathrm{d}[\varphi(y)\mathrm{e}^x-mxy]+\int_{\overline{AB}}m(x-1)\mathrm{d}y\\
&=\pm mS+[\varphi(y)\mathrm{e}^x-mxy]\Big|_{(x_1,y_1)}^{(x_2,y_2)}+\int_{x_1}^{x_2}m(x-1)\frac{y_2-y_1}{x_2-x_1}\mathrm{d}x\\
&=\pm mS+\{[\varphi(y_2)\mathrm{e}^{x_2}-mx_2y_2]-[\varphi(y_1)\mathrm{e}^{x_1}-mx_1y_1]\}\\
&\quad+\frac{1}{2}m\frac{y_2-y_1}{x_2-x_1}[(x_2-1)^2-(x_1-1)^2]\\
&=\pm mS+\{[\varphi(y_2)\mathrm{e}^{x_2}-mx_2y_2]-[\varphi(y_1)\mathrm{e}^{x_1}-mx_1y_1]\}\\
&\quad+\frac{1}{2}m(y_2-y_1)(x_1+x_2-2),
\end{aligned}$$

其中 D 为 $\widehat{AMB}$ 与线段 AB 所围成的闭区域.

例 21-4-4 解答下列各题 (两类曲线积分的关系):

1. 求积分值 $I=\oint_L[x\cos(\overrightarrow{n},x)+y\cos(\overrightarrow{n},y)]\mathrm{d}s$, 其中 L 为包围有界区域的闭曲线, $\overrightarrow{n}$ 为 L 的外法线方向.

解 由于

$$\cos(\overrightarrow{n},x)=\cos(\overrightarrow{\tau},y),$$
$$\cos(\overrightarrow{n},y)=-\cos(\overrightarrow{\tau},x),$$

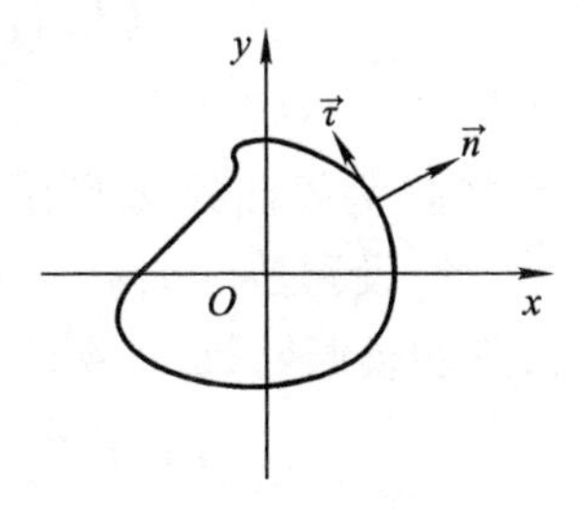

图 21.10

其中 $\overrightarrow{\tau}$ 为 L 的逆时针方向的切向方向 (图 21.10), 所以由两类曲线积分的关系

及 Green 公式得

$$\begin{aligned}
I &= \oint_L [x\cos(\overrightarrow{n},x)+y\cos(\overrightarrow{n},y)]\mathrm{d}s \\
&= \oint_L [x\cos(\overrightarrow{\tau},y)-y\cos(\overrightarrow{\tau},x)]\mathrm{d}s \\
&= \oint_L (-y)\mathrm{d}x+x\mathrm{d}y \\
&= \iint_D \left[\frac{\partial x}{\partial x}-\frac{\partial(-y)}{\partial y}\right]\mathrm{d}x\mathrm{d}y \\
&= 2S_D,
\end{aligned}$$

其中 D 为闭曲线 L 所围成的闭区域

2. 证明: 若 L 为平面上的闭曲线, $\overrightarrow{l}$ 为任意方向向量, 则

$$\oint_L \cos(\overrightarrow{n},\overrightarrow{l})\mathrm{d}s=0,$$

其中 $\overrightarrow{n}$ 为曲线 L 的外法线方向.

证 设 $\overrightarrow{l}=(a,b)$, 不妨设 $\overrightarrow{n}=(\cos(\overrightarrow{n},x),\cos(\overrightarrow{n},y))$, 则

$$\begin{aligned}
\cos(\overrightarrow{n},\overrightarrow{l}) &= \frac{a}{\sqrt{a^2+b^2}}\cos(\overrightarrow{n},x)+\frac{b}{\sqrt{a^2+b^2}}\cos(\overrightarrow{n},y) \\
&= \frac{a}{\sqrt{a^2+b^2}}\cos(\overrightarrow{\tau},y)-\frac{b}{\sqrt{a^2+b^2}}\cos(\overrightarrow{\tau},x).
\end{aligned}$$

所以, 由两类曲线积分的关系及 Green 公式得

$$\begin{aligned}
\oint_L \cos(\overrightarrow{n},\overrightarrow{l})\mathrm{d}s &= \oint_L \left[\frac{a}{\sqrt{a^2+b^2}}\cos(\overrightarrow{\tau},y)-\frac{b}{\sqrt{a^2+b^2}}\cos(\overrightarrow{\tau},x)\right]\mathrm{d}s \\
&= \oint_L \left(-\frac{b}{\sqrt{a^2+b^2}}\mathrm{d}x+\frac{a}{\sqrt{a^2+b^2}}\mathrm{d}y\right) \\
&= \iint_D \left[\frac{\partial}{\partial x}\left(\frac{a}{\sqrt{a^2+b^2}}\right)-\frac{\partial}{\partial y}\left(-\frac{b}{\sqrt{a^2+b^2}}\right)\right]\mathrm{d}x\mathrm{d}y \\
&= 0,
\end{aligned}$$

其中 D 为闭曲线 L 所围成的闭区域.

3. 设函数 $u(x,y)$ 在光滑闭曲线 L 所围成的闭区域 D 上具有二阶连续偏导数, 证明:

$$\iint_D \left(\frac{\partial^2 u}{\partial x^2}+\frac{\partial^2 u}{\partial y^2}\right)\mathrm{d}x\mathrm{d}y=\oint_L \frac{\partial u}{\partial \overrightarrow{n}}\mathrm{d}s,$$

其中 $\dfrac{\partial u}{\partial \overrightarrow{n}}$ 是 $u(x,y)$ 沿 L 的外法线方向 $\overrightarrow{n}$ 的方向导数.

证
$$\begin{aligned}\oint_L \frac{\partial u}{\partial \overrightarrow{n}}\mathrm{d}s &= \oint_L [u_x\cos(\overrightarrow{n},x)+u_y\cos(\overrightarrow{n},y)]\mathrm{d}s\\ &= \oint_L [u_x\cos(\overrightarrow{\tau},y)-u_y\cos(\overrightarrow{\tau},x)]\mathrm{d}s\\ &= \oint_L (-u_y)\mathrm{d}x+u_x\mathrm{d}y\\ &= \iint_D \left(\frac{\partial^2 u}{\partial x^2}+\frac{\partial^2 u}{\partial y^2}\right)\mathrm{d}x\mathrm{d}y.\end{aligned}$$

§ 21.5 三 重 积 分

内容要求 理解几何体的体积定义、可求体积的充分必要条件和充分条件; 掌握三重积分的背景、概念 (分割、作和、求极限、任意分割、任意取); 理解三重积分可知的必要条件 (性质)、充分条件、充分必要条件; 重点掌握三重积分的计算方法 (累次积分的几种形式、换元积分法中变换选取的根据和不唯一性).

例 21-5-1 解答下列各题 (累次积分定理的证明):

1. 设函数 $f(x,y,z)$ 在长方体 $V=[a,b]\times[c,d]\times[e,h]$ 上可积, 若对 $\forall x\in[a,b]$, 二重积分 $I(x)=\displaystyle\iint_D f(x,y,z)\mathrm{d}y\mathrm{d}z$ 存在, 其中 $D=[c,d]\times[e,h]$, 则积分 $\displaystyle\int_a^b \mathrm{d}x\iint_D f(x,y,z)\mathrm{d}y\mathrm{d}z$ 也存在, 且

$$\iiint_V f(x,y,z)\mathrm{d}x\mathrm{d}y\mathrm{d}z=\int_a^b \mathrm{d}x\iint_D f(x,y,z)\mathrm{d}y\mathrm{d}z.$$

证 只需证明

$$\lim_{\|T_x\|\to 0}\sum_i I(\xi_i)\Delta x_i=\iiint_V f(x,y,z)\mathrm{d}x\mathrm{d}y\mathrm{d}z.$$

用平行于坐标平面的平面做分割 T_V, 把 V 分割成多个小长方体

$$V_{ijk}=[x_{i-1},x_i]\times[y_{j-1},y_j]\times[z_{k-1},z_k].$$

函数 $f(x,y,z)$ 在长方体 $V=[a,b]\times[c,d]\times[e,h]$ 上可积, 因此有界. 记

$$m_{ijk}=\inf_{V_{ijk}} f(x,y,z),\quad M_{ijk}=\sup_{V_{ijk}} f(x,y,z).$$

对 $\forall \xi_i\in[x_{i-1},x_i]$, 有

$$\begin{aligned}\sum_i\sum_{j,k} m_{ijk}\Delta y_j\Delta z_k\Delta x_i &\leqslant \sum_i I(\xi_i)\Delta x_i\\ &\leqslant \sum_i\sum_{j,k} M_{ijk}\Delta y_i\Delta z_k\Delta x_i. \qquad (1)\end{aligned}$$

再由函数 $f(x,y,z)$ 在长方体 $V=[a,b]\times[c,d]\times[e,h]$ 上可积的定义知

$$\begin{aligned}\lim_{\|T_V\|\to 0}\sum_i\sum_{j,k} m_{ijk}\Delta y_j\Delta z_k\Delta x_i &= \lim_{\|T_V\|\to 0}\sum_i\sum_{j,k} M_{ijk}\Delta y_j\Delta z_k\Delta x_i\\ &= \iiint_V f(x,y,z)\mathrm{d}x\mathrm{d}y\mathrm{d}z. \qquad (2)\end{aligned}$$

注意到

$$\|T_x\|\to 0 \Longrightarrow \|T_V\|\to 0, \qquad (3)$$

其中 T_x 为分割 T_V 所对应的 $[a,b]$ 的分割. 由 (1), (2) (3) 三式及两边夹定理知

$$\begin{aligned}\iiint_V f(x,y,z)\mathrm{d}x\mathrm{d}y\mathrm{d}z &= \lim_{\|T_V\|\to 0}\sum_i I(\xi_i)\Delta x_i\\ &= \lim_{\|T_x\|\to 0}\sum_i I(\xi)\Delta x.\end{aligned}$$

2. 设 $V\subset[a,b]\times[c,d]\times[e,h]$, 若函数 $f(x,y,z)$ 在 V 上可积, 且对 $\forall z\in[e,h], \varphi(z)=\iint_{D_z} f(x,y,z)\mathrm{d}x\mathrm{d}y$ 存在, 其中 D_z 是截面 $\{(x,y)|(x,y,z)\in V\}$, 则积分 $\int_e^h \varphi(z)\mathrm{d}z$ 也存在, 且

$$\iiint_V f(x,y,z)\mathrm{d}x\mathrm{d}y\mathrm{d}z=\int_e^h \mathrm{d}z\iint_{D_z} f(x,y,z)\mathrm{d}x\mathrm{d}y.$$

证 令

$$F(x,y,z)=\begin{cases} f(x,y,z), & (x,y,z)\in V,\\ 0, & (x,y,z)\in V_0\setminus V,\end{cases}$$

其中 $V_0=[a,b]\times[c,d]\times[e,h]$, 对 $F(x,y,z)$ 应用长方体区域上的累次积分定理可知

$$\iiint_V f(x,y,z)\mathrm{d}x\mathrm{d}y\mathrm{d}z=\int_e^h \mathrm{d}z\iint_{D_z} f(x,y,z)\mathrm{d}x\mathrm{d}y.$$

例 21-5-2 计算下列各题 (累次积分法、换元积分法):

1. 计算三重积分 $\iiint_V (xy+z^2)\mathrm{d}x\mathrm{d}y\mathrm{d}z$, 其中 $V=[-2,5]\times[-3,3]\times[0,1]$.

解

$$\begin{aligned}\iiint_V (xy+z^2)\mathrm{d}x\mathrm{d}y\mathrm{d}z&=\int_{-2}^5 \mathrm{d}x\int_{-3}^3 \mathrm{d}y\int_0^1 (xy+z^2)\mathrm{d}z\\ &=\int_{-2}^5 \mathrm{d}x\int_{-3}^3\left(xy+\frac{1}{3}\right)\mathrm{d}y\\ &=\int_{-2}^5 2\mathrm{d}x=14.\end{aligned}$$

2. 计算三重积分 $\iiint_V x\cos y\cos z\mathrm{d}x\mathrm{d}y\mathrm{d}z$, 其中 $V=[0,1]\times\left[0,\frac{\pi}{2}\right]\times\left[0,\frac{\pi}{2}\right]$.

解

$$\begin{aligned}\iiint_V x\cos y\cos z\mathrm{d}x\mathrm{d}y\mathrm{d}z&=\int_0^1 x\mathrm{d}x\int_0^{\frac{\pi}{2}}\cos y\mathrm{d}y\int_0^{\frac{\pi}{2}}\cos z\mathrm{d}z\\ &=\frac{1}{2}\cdot 1\cdot 1=\frac{1}{2}.\end{aligned}$$

3. 计算三重积分 $\iiint_V \frac{\mathrm{d}x\mathrm{d}y\mathrm{d}z}{(1+x+y+z)^3}$, 其中 V 是由 $x+y+z=1$ 与三个坐标平面所围成的闭区域.

解 $\iiint_V \frac{\mathrm{d}x\mathrm{d}y\mathrm{d}z}{(1+x+y+z)^3}$

$$= \int_0^1 \mathrm{d}x \int_0^{1-x} \mathrm{d}y \int_0^{1-x-y} \frac{1}{(1+x+y+z)^3}\mathrm{d}z$$

$$= \int_0^1 \mathrm{d}x \int_0^{1-x} \left[-\frac{1}{2}(1+x+y+z)^{-2}\Big|_0^{1-x-y}\right] \mathrm{d}y$$

$$= \frac{1}{2}\int_0^1 \mathrm{d}x \int_0^{1-x} \left[(1+x+y)^{-2} - \frac{1}{4}\right] \mathrm{d}y$$

$$= \frac{1}{2}\int_0^1 \left[-(1+x+y)^{-1} - \frac{1}{4}y\right]\Big|_0^{1-x} \mathrm{d}x$$

$$= -\frac{1}{4}\int_0^1 \left[1 - 2(1+x)^{-1} + \frac{1}{2}(1-x)\right] \mathrm{d}x$$

$$= -\frac{1}{4}\left[1 - 2\ln(1+x)\Big|_0^1 + \frac{1}{2}\left(x - \frac{1}{2}x^2\right)\Big|_0^1\right]$$

$$= -\frac{1}{4}\left(1 - 2\ln 2 + \frac{1}{4}\right) = -\frac{5}{16} + \frac{1}{2}\ln 2.$$

*4. 计算三重积分 $\iiint_V y\cos(x+z)\mathrm{d}x\mathrm{d}y\mathrm{d}z$, 其中 V 是由曲面 $y=\sqrt{x}$ 与平面 $y=0, z=0, x+z=\frac{\pi}{2}$ 所围成的区域.

解 $\iiint_V y\cos(x+z)\mathrm{d}x\mathrm{d}y\mathrm{d}z$

$$= \iint_{D_{xy}} \mathrm{d}x\mathrm{d}y \int_0^{\frac{\pi}{2}-x} y\cos(x+z)\mathrm{d}z$$

$$= \iint_{D_{xy}} y\left(\sin\frac{\pi}{2} - \sin x\right)\mathrm{d}x\mathrm{d}y$$

$$= \int_0^{\frac{\pi}{2}} \mathrm{d}x \int_0^{\sqrt{x}} y(1-\sin x)\mathrm{d}y = \frac{1}{2}\int_0^{\frac{\pi}{2}} x(1-\sin x)\mathrm{d}x$$

$$= \frac{1}{4}x^2\Big|_0^{\frac{\pi}{2}} + \frac{1}{2}(x\cos x - \sin x)\Big|_0^{\frac{\pi}{2}} = \frac{\pi^2}{16} - \frac{1}{2}.$$

5. 计算三重积分 $\iiint_V z^2\mathrm{d}x\mathrm{d}y\mathrm{d}z$, 其中 V 由 $x^2+y^2+z^2 \leqslant r^2$

和 $x^2+y^2+z^2\leqslant 2rz$ 所确定 (图 21.11).

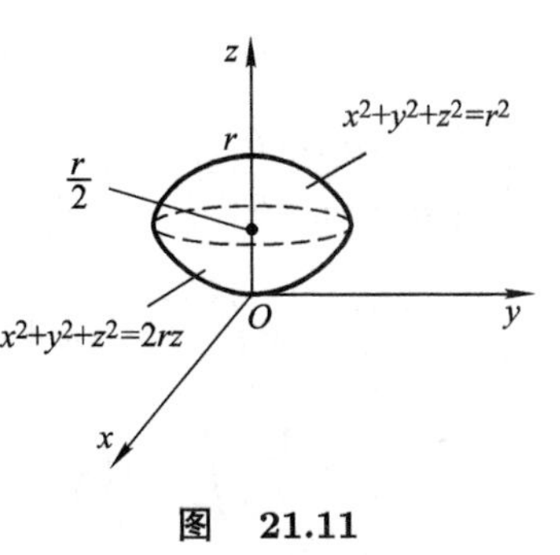

图 21.11

解 用平行于 xy 平面的平面截区域 V, 截面是一个圆:

$$D_{1z}: x^2+y^2\leqslant 2rz-z^2 \quad \left(0\leqslant z\leqslant \frac{r}{2}\right),$$

$$D_{2z}: x^2+y^2\leqslant r^2-z^2 \quad \left(\frac{r}{2}\leqslant z\leqslant r\right).$$

故

$$\begin{aligned}
\iiint_V z^2\mathrm{d}x\mathrm{d}y\mathrm{d}z &= \int_0^{\frac{r}{2}}\mathrm{d}z\iint_{D_1z} z^2\mathrm{d}x\mathrm{d}y+\int_{\frac{r}{2}}^{r}\mathrm{d}z\iint_{D_2z} z^2\mathrm{d}x\mathrm{d}y\\
&= \int_0^{\frac{r}{2}}\mathrm{d}z\iint_{x^2+y^2\leqslant 2rz-z^2} z^2\mathrm{d}x\mathrm{d}y\\
&\quad +\int_{\frac{r}{2}}^{r}\mathrm{d}z\iint_{x^2+y^2\leqslant r^2-z^2} z^2\mathrm{d}x\mathrm{d}y\\
&= \pi\int_0^{\frac{r}{2}} z^2(2rz-z^2)\mathrm{d}z+\pi\int_{\frac{r}{2}}^{r} z^2(r^2-z^2)\mathrm{d}z\\
&= \pi\left(\frac{1}{2}rz^4-\frac{1}{5}z^5\right)\Big|_0^{\frac{r}{2}}+\pi\left(\frac{1}{3}r^2z^3-\frac{1}{5}z^5\right)\Big|_{\frac{r}{2}}^{r}\\
&= \pi\left(\frac{1}{32}r^5+\frac{1}{3}r^5-\frac{1}{24}r^5-\frac{1}{5}r^5\right)=\frac{59}{480}\pi r^5.
\end{aligned}$$

注 也可以用柱坐标变换和投影法求解此题.

6. 计算积分 $\int_0^1\mathrm{d}x\int_0^{\sqrt{1-x^2}}\mathrm{d}y\int_{\sqrt{x^2+y^2}}^{\sqrt{2-x^2-y^2}} z^2\mathrm{d}z$.

解 我们有

$$\begin{aligned}
&\int_0^1\mathrm{d}x\int_0^{\sqrt{1-x^2}}\mathrm{d}y\int_{\sqrt{x^2+y^2}}^{\sqrt{2-x^2-y^2}} z^2\mathrm{d}z\\
&=\frac{1}{3}\iint_{D_{xy}}\left[\left(\sqrt{2-x^2-y^2}\right)^3-\left(\sqrt{x^2+y^2}\right)^3\right]\mathrm{d}x\mathrm{d}y,
\end{aligned}$$

其中

$$D_{xy}=\{(x,y)|x^2+y^2\leqslant 1,x\geqslant 0,y\geqslant 0\}.$$

令 $\begin{cases}x=r\cos\theta,\\ y=r\sin\theta,\end{cases}\theta\in\left[0,\dfrac{\pi}{2}\right],r\in[0,1],J(r,\theta)=r$, 则

$$\begin{aligned}&\int_0^1\mathrm{d}x\int_0^{\sqrt{1-x^2}}\mathrm{d}y\int_{\sqrt{x^2+y^2}}^{\sqrt{2-x^2-y^2}}z^2\mathrm{d}z\\&=\frac{1}{3}\iint_{D_{xy}}\left[\left(\sqrt{2-x^2-y^2}\right)^3-\left(\sqrt{x^2+y^2}\right)^3\right]\mathrm{d}x\mathrm{d}y\\&=\frac{1}{3}\int_0^{\frac{\pi}{2}}\mathrm{d}\theta\int_0^1\left[\left(\sqrt{2-r^2}\right)^3-r^3\right]r\mathrm{d}r\\&=\frac{\pi}{15}\left(2\sqrt{2}-1\right).\end{aligned}$$

7. 设 $V=\left\{(x,y,z)\left|\dfrac{x^2}{a^2}+\dfrac{y^2}{b^2}+\dfrac{z^2}{c^2}\leqslant 1\right.\right\}$, 计算下列积分:

(1) $\displaystyle\iiint_V\sqrt{1-\frac{x^2}{a^2}-\frac{y^2}{b^2}-\frac{z^2}{c^2}}\mathrm{d}x\mathrm{d}y\mathrm{d}z$;

(2) $\displaystyle\iiint_V \mathrm{e}^{\sqrt{\frac{x^2}{a^2}+\frac{y^2}{b^2}+\frac{z^2}{c^2}}}\mathrm{d}x\mathrm{d}y\mathrm{d}z$.

解 根据被积函数与积分区域的特点, 选取变换

$$\begin{cases}x=ar\sin\varphi\cos\theta,\\ y=br\sin\varphi\sin\theta,\quad \varphi\in[0,\pi],\quad\theta\in[0,2\pi],\quad r\in[0,1].\\ z=cr\cos\varphi,\end{cases}$$

此时

$$\left|\frac{\partial(x,y,z)}{\partial(r,\varphi,\theta)}\right|=abcr^2\sin\varphi.$$

$$\begin{aligned}(1)\ &\iiint_V\sqrt{1-\frac{x^2}{a^2}-\frac{y^2}{b^2}-\frac{z^2}{c^2}}\mathrm{d}x\mathrm{d}y\mathrm{d}z\\&=\int_0^{2\pi}\mathrm{d}\theta\int_0^{\pi}\mathrm{d}\varphi\int_0^1\sqrt{1-r^2}abcr^2\sin\varphi\mathrm{d}r\\&=2\pi abc\int_0^{\pi}\sin\varphi\mathrm{d}\varphi\int_0^1\sqrt{1-r^2}r^2\mathrm{d}r\\&=4\pi abc\int_0^1\sqrt{1-r^2}r^2\mathrm{d}r=4\pi abc\int_0^{\frac{\pi}{2}}\cos t\sin^2 t\cos t\mathrm{d}t\end{aligned}$$

$$= \pi abc\int_0^{\frac{\pi}{2}}\sin^2 2t\mathrm{d}t = \pi abc\int_0^{\frac{\pi}{2}}\frac{1-\cos 4t}{2}\mathrm{d}t$$
$$= \frac{1}{4}\pi^2 abc.$$

(2) $$\iiint_V \mathrm{e}^{\sqrt{\frac{x^2}{a^2}+\frac{y^2}{b^2}+\frac{z^2}{c^2}}}\mathrm{d}x\mathrm{d}y\mathrm{d}z$$
$$= abc\int_0^{2\pi}\mathrm{d}\theta\int_0^{\pi}\sin\varphi\mathrm{d}\varphi\int_0^1 r^2\mathrm{e}^r\mathrm{d}r$$
$$= 4\pi abc\int_0^1 r^2\mathrm{e}^r\mathrm{d}r = 4\pi abc(\mathrm{e}-2).$$

例 21-5-3 解答下列各题 (三重积分的应用):

1. 求由曲面 $z = x^2+y^2, z = 2(x^2+y^2), y = x, y = x^2$ 所围成的几何体的体积.

解 由三重积分的几何意义得所求的体积为

$$V = \iiint_V \mathrm{d}x\mathrm{d}y\mathrm{d}z = \iint_{D_{xy}}\mathrm{d}x\mathrm{d}y\int_{x^2+y^2}^{2(x^2+y^2)}\mathrm{d}z$$
$$= \iint_{D_{xy}}(x^2+y^2)\mathrm{d}x\mathrm{d}y,$$

这里仍用 V 表示几何体, 其中 $D_{xy} = \{(x,y)|x\in[0,1], x^2\leqslant y\leqslant x\}$, 从而

$$V = \iiint_V \mathrm{d}x\mathrm{d}y\mathrm{d}z = \iint_{D_{xy}}\mathrm{d}x\mathrm{d}y\int_{x^2+y^2}^{2(x^2+y^2)}\mathrm{d}z$$
$$= \iint_{D_{xy}}(x^2+y^2)\mathrm{d}x\mathrm{d}y = \int_0^1\mathrm{d}x\int_{x^2}^{x}(x^2+y^2)\mathrm{d}y$$
$$= \int_0^1\left[x^2(x-x^2)+\frac{1}{3}(x^3-x^6)\right]\mathrm{d}x = \frac{3}{35}.$$

2. 求曲面 $\left(\dfrac{x}{a}+\dfrac{y}{b}\right)^2+\left(\dfrac{z}{c}\right)^2\leqslant 1$ $(x\geqslant 0, y\geqslant 0, z\geqslant 0, a>0, b>0, c>0)$ 所围成的几何体的体积.

解 由三重积分的几何意义得所求的体积为

$$V = \iiint_V \mathrm{d}x\mathrm{d}y\mathrm{d}z.$$

由积分区域的特点, 选取变换

$$\begin{cases} x = ar\sin\varphi\cos^2\theta, \\ y = br\sin\varphi\sin^2\theta, \\ z = cr\cos\varphi, \end{cases} \quad \theta \in \left[0, \frac{\pi}{2}\right],\ \varphi \in \left[0, \frac{\pi}{2}\right],\ r \in [0,1],$$

此时

$$\begin{aligned} \frac{\partial(x,y,z)}{\partial(r,\varphi,\theta)} &= \begin{vmatrix} a\sin\varphi\cos^2\theta & ar\cos\varphi\cos^2\theta & -2ar\sin\varphi\sin\theta\cos\theta \\ b\sin\varphi\sin^2\theta & br\cos\varphi\sin^2\theta & 2br\sin\varphi\sin\theta\cos\theta \\ c\cos\varphi & -cr\sin\varphi & 0 \end{vmatrix} \\ &= 2abcr^2\sin\varphi\sin\theta\cos\theta, \end{aligned}$$

所以

$$\begin{aligned} V &= \iiint_V \mathrm{d}x\mathrm{d}y\mathrm{d}z = 2abc\int_0^{\frac{\pi}{2}} \sin\theta\cos\theta\mathrm{d}\theta \int_0^{\frac{\pi}{2}} \sin\varphi\mathrm{d}\varphi \int_0^1 r^2\mathrm{d}r \\ &= 2\cdot\frac{1}{2}\cdot 1\cdot\frac{1}{3}abc = \frac{1}{3}abc. \end{aligned}$$

3. 设球体 $x^2+y^2+z^2 \leqslant 2x$ 上各点的密度大小为该点到坐标原点的距离, 求该球体的质量.

解 由三重积分的物理意义得所求的质量为

$$m = \iiint_V \sqrt{x^2+y^2+z^2}\mathrm{d}x\mathrm{d}y\mathrm{d}z,$$

其中 $V: x^2+y^2+z^2 \leqslant 2x$. 根据被积函数的特点, 选取变换

$$\begin{cases} x = r\sin\varphi\cos\theta, \\ y = r\sin\varphi\sin\theta, \\ z = r\cos\varphi, \end{cases} \quad \theta \in \left[-\frac{\pi}{2}, \frac{\pi}{2}\right],\ \varphi \in [0,\pi],\ r \in [0, 2\sin\varphi\cos\theta],$$

此时

$$\left|\frac{\partial(x,y,z)}{\partial(r,\varphi,\theta)}\right| = r^2\sin\varphi,$$

所以

$$\begin{aligned}
m &= \iiint_V \sqrt{x^2+y^2+z^2}\mathrm{d}x\mathrm{d}y\mathrm{d}z \\
&= \int_{-\frac{\pi}{2}}^{\frac{\pi}{2}} \mathrm{d}\theta \int_0^{\pi} \mathrm{d}\varphi \int_0^{2\sin\varphi\cos\theta} r^3 \sin\varphi \mathrm{d}r \\
&= 4\int_{-\frac{\pi}{2}}^{\frac{\pi}{2}} \mathrm{d}\theta \int_0^{\pi} \sin^4\varphi\cos^4\theta\sin\varphi\mathrm{d}\varphi \\
&= 8\int_0^{\frac{\pi}{2}} \cos^4\theta\mathrm{d}\theta \int_0^{\pi} \sin^5\varphi\mathrm{d}\varphi \\
&= 8\int_0^{\frac{\pi}{2}} \cos^4\theta\mathrm{d}\theta \cdot 2\int_0^{\frac{\pi}{2}} \sin^5\varphi\mathrm{d}\varphi \\
&= 8\cdot\frac{3!!}{4!!}\frac{\pi}{2}\cdot 2\cdot\frac{4!!}{5!!} = \frac{8}{5}\pi.
\end{aligned}$$

§ 21.6 重积分的应用

内容要求 掌握重积分的几何应用: 计算曲面面积的公式; 掌握重积分的物理应用: 求质心、转动惯量、外力的计算公式.

例 21-6-1 解答下列各题 (曲面的面积):

1. 求曲面 $az=xy$ 包含在柱面 $x^2+y^2=a^2$ 内那部分的面积.

解 所求曲面的面积为

$$S=\iint_D \sqrt{1+z_x^2+z_y^2}\mathrm{d}x\mathrm{d}y, \quad D=\{(x,y)|x^2+y^2\leqslant a^2\}.$$

由于

$$z_x=\frac{1}{a}y, \quad z_y=\frac{1}{a}x,$$

所以

$$\sqrt{1+z_x^2+z_y^2}=\frac{1}{a}\sqrt{a^2+x^2+y^2}.$$

令

$$\begin{cases} x=r\cos\theta, \\ y=r\sin\theta, \end{cases} \theta\in[0,2\pi], r\in[0,a] \Longrightarrow \left|\frac{\partial(x,y)}{\partial(r,\theta)}\right|=r,$$

所以

$$\begin{aligned}S &= \iint_D \sqrt{1+z_x^2+z_y^2}\mathrm{d}x\mathrm{d}y = \frac{1}{a}\iint_D \sqrt{a^2+x^2+y^2}\mathrm{d}x\mathrm{d}y \\ &= \frac{1}{a}\int_0^{2\pi}\mathrm{d}\theta\int_0^a \sqrt{a^2+r^2}r\mathrm{d}r = \frac{1}{a}2\pi\left[\frac{1}{2}\cdot\frac{2}{3}(a^2+r^2)^{3/2}\right]\Big|_0^a \\ &= \frac{2}{3}a^2\pi(2^{3/2}-1).\end{aligned}$$

注 也可以利用第一型曲面积分并取被积函数为 1 来得到曲面的面积.

2. 求锥面 $z=\sqrt{x^2+y^2}$ 被柱面 $z^2=2x$ 所截部分的面积.

解 由于

$$\begin{cases} z=\sqrt{x^2+y^2}, \\ z^2=2x \end{cases} \Longrightarrow x^2+y^2=2x \Longrightarrow D=\{(x,y)|x^2+y^2\leqslant 2x\},$$

且

$$\begin{aligned} z=\sqrt{x^2+y^2} \Longrightarrow z_x &= \frac{x}{\sqrt{x^2+y^2}}, z_y=\frac{y}{\sqrt{x^2+y^2}} \\ &\Longrightarrow \sqrt{1+z_x^2+z_y^2}=\sqrt{2},\end{aligned}$$

所以所求的面积为

$$S=\iint_D \sqrt{1+z_x^2+z_y^2}\mathrm{d}x\mathrm{d}y=\sqrt{2}\iint_D \mathrm{d}x\mathrm{d}y=\sqrt{2}\pi.$$

3. 求曲面

$$\begin{cases} x=(b+a\cos\psi)\cos\varphi, \\ y=(b+a\cos\psi)\sin\varphi, \qquad \varphi\in[0,2\pi],\ \psi\in[0,2\pi] \\ z=a\sin\psi, \end{cases}$$

的面积, 其中常数 a,b 满足 $0\leqslant a\leqslant b$.

解 参数形式曲面的面积公式为

$$S=\iint_D \sqrt{EG-F^2}\mathrm{d}\varphi\mathrm{d}\psi, \quad D=[0,2\pi]\times[0,2\pi],$$

而

$$
\begin{aligned}
E &= x_\psi^2 + y_\psi^2 + z_\psi^2 \\
&= a^2 \sin^2 \psi \cos^2 \varphi + a^2 \sin^2 \psi \sin^2 \varphi + a^2 \cos^2 \psi \\
&= a^2, \\
F &= x_\psi x_\varphi + y_\psi y_\varphi + z_\psi z_\varphi \\
&= a \sin \psi \cos \varphi (b + a \cos \psi) \sin \varphi \\
&\quad - a \sin \psi \sin \varphi (b + a \cos \psi) \cos \varphi + 0 \\
&= 0, \\
G &= x_\varphi^2 + y_\varphi^2 + z_\varphi^2 \\
&= (b + a \cos \psi)^2 \sin^2 \varphi + (b + a \cos \psi)^2 \cos^2 \varphi + 0 \\
&= (b + a \cos \psi)^2,
\end{aligned}
$$

所以

$$
\begin{aligned}
S &= \iint_D \sqrt{EG - F^2} \mathrm{d}\varphi \mathrm{d}\psi = \int_0^{2\pi} \mathrm{d}\varphi \int_0^{2\pi} a(b + a \cos \psi) \mathrm{d}\psi \\
&= 2\pi \cdot 2\pi ab = 4\pi^2 ab.
\end{aligned}
$$

4. 求如下螺旋面的面积:

$$
\begin{cases}
x = r \cos \varphi, \\
y = r \sin \varphi, \qquad r \in [0, a], \quad \varphi \in [0, 2\pi]. \\
z = b\varphi,
\end{cases}
$$

解 参数形式曲面的面积公式为

$$
S = \iint_D \sqrt{EG - F^2} \mathrm{d}\varphi \mathrm{d}r, \quad D = [0, 2\pi] \times [0, a],
$$

而

$$
\begin{aligned}
E &= x_r^2 + y_r^2 + z_r^2 = \cos^2 \varphi + \sin^2 \varphi + 0 = 1, \\
F &= x_r x_\varphi + y_r y_\varphi + z_r z_\varphi = -r \cos \varphi \sin \varphi + r \sin \varphi \cos \varphi + 0 = 0, \\
G &= x_\varphi^2 + y_\varphi^2 + z_\varphi^2 = r^2 \sin^2 \varphi + r^2 \cos^2 \varphi + b^2 = r^2 + b^2,
\end{aligned}
$$

所以

$$
\begin{aligned}
S &= \iint_D \sqrt{EG-F^2}\mathrm{d}\varphi\mathrm{d}r = \int_0^{2\pi}\mathrm{d}\varphi\int_0^a\sqrt{r^2+b^2}\mathrm{d}r \\
&= 2\pi\left[\frac{r}{2}\sqrt{r^2+b^2}+\frac{b^2}{2}\ln(r+\sqrt{r^2+b^2})\right]\Bigg|_0^a \\
&= \pi\left[a\sqrt{a^2+b^2}+b^2\ln(a+\sqrt{a^2+b^2})-b^2\ln b\right].
\end{aligned}
$$

例 21-6-2 解答下列各题 (物体的质心):

1. 求下列密度均匀的平面薄板的质心:

(1) 半椭圆薄板 $D:\dfrac{x^2}{a^2}+\dfrac{y^2}{b^2}\leqslant 1, y\geqslant 0$;

(2) 高为 h, 底分别为 a 和 b 的等腰梯形薄板 D.

解 (1) 由于平面薄板关于 y 轴对称, 且密度均匀, 所以 $\overline{x}=0$. 由质心坐标公式及广义极坐标变换得

$$
\begin{aligned}
\overline{y} &= \frac{\displaystyle\iint_D y\mathrm{d}x\mathrm{d}y}{\displaystyle\iint_D \mathrm{d}x\mathrm{d}y} = \frac{2}{\pi ab}\int_0^{\pi}\mathrm{d}\theta\int_0^1 br\sin\theta\cdot abr\mathrm{d}r \\
&= \frac{2b}{\pi}\int_0^{\pi}\sin\theta\mathrm{d}\theta\int_0^1 r^2\mathrm{d}r = \frac{4b}{3\pi}.
\end{aligned}
$$

所以质心的坐标为 $\left(0,\dfrac{4b}{3\pi}\right)$.

(2) 以底边的中点为原点, 底边为 x 轴建立直角坐标系 (图 21.12). 由于平面薄板关于 y 轴对称, 且密度均匀, 所以 $\overline{x}=0$. 由质心坐标公式得

$$
\begin{aligned}
\overline{y} &= \frac{\displaystyle\iint_D y\mathrm{d}x\mathrm{d}y}{\displaystyle\iint_D \mathrm{d}x\mathrm{d}y} = \frac{2}{(a+b)h}\int_0^h y\mathrm{d}y\int_{\frac{a-b}{2h}y-\frac{a}{2}}^{\frac{b-a}{2h}y+\frac{a}{2}}\mathrm{d}x \\
&= \frac{2}{(a+b)h}\int_0^h y\left(\frac{b-a}{h}y+a\right)\mathrm{d}y \\
&= \frac{2}{(a+b)h}\left(\frac{b-a}{3}h^2+\frac{a}{2}h^2\right) = \frac{a+2b}{3(a+b)}h.
\end{aligned}
$$

所以质心的坐标为 $\left(0, \dfrac{a+2b}{3(a+b)}h\right)$.

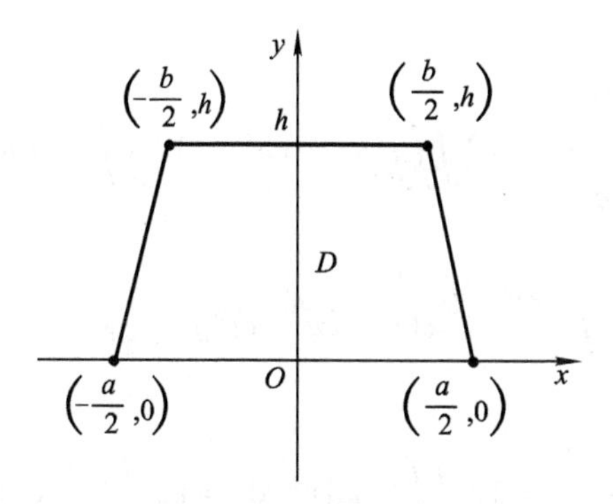

图　21.12

2. 求下列密度均匀的立体的质心:

(1) 由 $z \leqslant 1-x^2-y^2, z \geqslant 0$ 确定的立体 V;

(2) 由坐标平面及平面 $x+2y-z=1$ 所围成的四面体 V.

解　(1) 由于几何体关于 zx, yz 平面对称, 且密度均匀, 所以 $\overline{x}=\overline{y}=0$. 由质心坐标公式得

$$\overline{z}=\frac{\displaystyle\iiint_V z\mathrm{d}x\mathrm{d}y\mathrm{d}z}{\displaystyle\iiint_V \mathrm{d}x\mathrm{d}y\mathrm{d}z}=\frac{\displaystyle\iint_{x^2+y^2\leqslant 1}\mathrm{d}x\mathrm{d}y\int_0^{1-x^2-y^2} z\mathrm{d}z}{\displaystyle\iint_{x^2+y^2\leqslant 1}\mathrm{d}x\mathrm{d}y\int_0^{1-x^2-y^2}\mathrm{d}z}$$

$$=\frac{\displaystyle\frac{1}{2}\iint_{x^2+y^2\leqslant 1}(1-x^2-y^2)^2\mathrm{d}x\mathrm{d}y}{\displaystyle\iint_{x^2+y^2\leqslant 1}(1-x^2-y^2)\mathrm{d}x\mathrm{d}y}=\frac{\displaystyle\frac{1}{2}\int_0^{2\pi}\mathrm{d}\theta\int_0^1(1-r^2)^2 r\mathrm{d}r}{\displaystyle\int_0^{2\pi}\mathrm{d}\theta\int_0^1(1-r^2)r\mathrm{d}r}$$

$$=\frac{\pi\left[-\dfrac{1}{2}\cdot\dfrac{1}{3}(1-r^2)^3\right]\Bigg|_0^1}{2\pi\left(\dfrac{1}{2}r^2-\dfrac{1}{4}r^4\right)\Bigg|_0^1}=\frac{\dfrac{1}{6}}{2\cdot\dfrac{1}{4}}=\frac{1}{3}.$$

所以质心的坐标为 $\left(0,0,\dfrac{1}{3}\right)$.

(2) 由坐标平面及平面 $x+2y-z=1$ 所围的四面体的体积为 $\frac{1}{12}$. 由质心坐标公式及三重积分的几何意义得

$$\overline{x}=\frac{\iiint_V x\mathrm{d}x\mathrm{d}y\mathrm{d}z}{\iiint_V \mathrm{d}x\mathrm{d}y\mathrm{d}z}=12\iiint_V x\mathrm{d}x\mathrm{d}y\mathrm{d}z=12\iint_{D_{xy}}\mathrm{d}x\mathrm{d}y\int_{x+2y-1}^{0}x\mathrm{d}z$$

$$=-12\int_0^1\mathrm{d}x\int_0^{-\frac{1}{2}(x-1)}x(x+2y-1)\mathrm{d}y=\frac{1}{4},$$

$$\overline{y}=\frac{\iiint_V y\mathrm{d}x\mathrm{d}y\mathrm{d}z}{\iiint_V \mathrm{d}x\mathrm{d}y\mathrm{d}z}=12\iiint_V y\mathrm{d}x\mathrm{d}y\mathrm{d}z=12\iint_{D_{xy}}\mathrm{d}x\mathrm{d}y\int_{x+2y-1}^{0}y\mathrm{d}z$$

$$=-12\int_0^1\mathrm{d}x\int_0^{-\frac{1}{2}(x-1)}y(x+2y-1)\mathrm{d}y=\frac{1}{8},$$

$$\overline{z}=\frac{\iiint_V z\mathrm{d}x\mathrm{d}y\mathrm{d}z}{\iiint_V \mathrm{d}x\mathrm{d}y\mathrm{d}z}=12\iiint_V z\mathrm{d}x\mathrm{d}y\mathrm{d}z=12\iint_{D_{xy}}\mathrm{d}x\mathrm{d}y\int_{x+2y-1}^{0}z\mathrm{d}z$$

$$=-6\int_0^1\mathrm{d}x\int_0^{-\frac{1}{2}(x-1)}(x+2y-1)^2\mathrm{d}y=-\frac{1}{4},$$

其中 D_{xy} 为 V 在 xy 平面上的投影区域. 所以质心的坐标为 $\left(\frac{1}{4},\frac{1}{8},-\frac{1}{4}\right)$.

例 21-6-3 解答下列各题 (物体的转动惯量):

1. 求下列密度均匀的平面薄板的转动惯量:

(1) 半径为 R 的圆形薄板关于切线的转动惯量;

(2) 边长分别为 a 和 b 且夹角为 φ 的平行四边形薄板关于边 b 的转动惯量.

解 (1) 设圆形薄板为 $D: x^2+y^2\leqslant R^2$, 切线为 $x=R$ (图 21.13), 又设密度为 ρ. 圆板上任意点 (x,y) 到切线 $x=R$ 的距离

为 $R-x$, 从而由转动惯量公式得所求的转动惯量为

$$
\begin{aligned}
J &= \rho\iint_D (R-x)^2\mathrm{d}x\mathrm{d}y = \rho\int_0^{2\pi}\mathrm{d}\theta\int_0^R (R-r\cos\theta)^2\cdot r\mathrm{d}r \\
&= \frac{5}{4}\pi\rho R^4.
\end{aligned}
$$

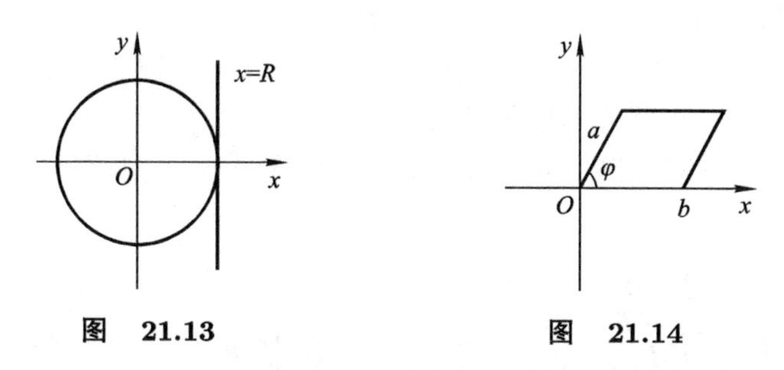

图 21.13 图 21.14

(2) 如图 21.14 所示建立坐标系, 并设密度为 ρ. 平行四边形板上任意点 (x,y) 到 x 轴的距离为 y, 从而由转动惯量公式得所求的转动惯量为

$$
J = \rho\iint_D y^2\mathrm{d}x\mathrm{d}y = \rho\int_0^{a\sin\varphi} y^2\mathrm{d}y\int_{y\cot\varphi}^{b+y\cot\varphi}\mathrm{d}x = \frac{1}{3}\rho ba^3\sin^3\varphi.
$$

2. 求边长为 a, 密度均匀的立方体关于其任意棱的转动惯量.

解 任取立方体一条棱, 以它的一个端点为原点, 它所在直线为 z 轴建立坐标系 (图 21.15). 立方体内任意点 (x,y,z) 到 z 轴的距离为 $\sqrt{x^2+y^2}$, 从而由转动惯量公式得立方体关于 z 轴上的棱的转动惯量为

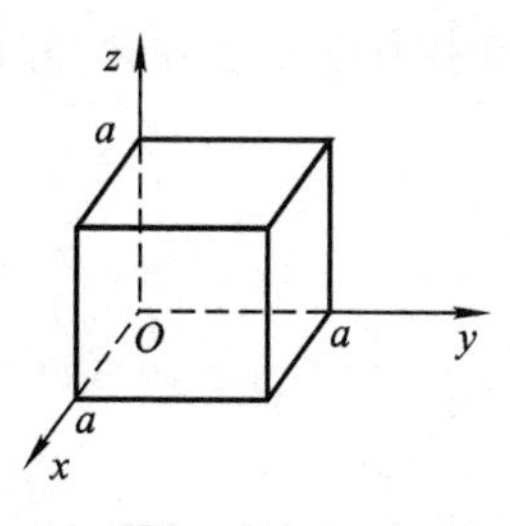

图 21.15

$$
\begin{aligned}
J_z &= \rho \iiint_V (x^2+y^2)\mathrm{d}x\mathrm{d}y\mathrm{d}z = \rho\int_0^a \mathrm{d}x\int_0^a \mathrm{d}y\int_0^a (x^2+y^2)\mathrm{d}z \\
&= \rho a\int_0^a \mathrm{d}x\int_0^a (x^2+y^2)\mathrm{d}y = \rho a\int_0^a \left(\frac{1}{3}a^3+x^2a\right)\mathrm{d}x \\
&= \frac{2}{3}\rho a^5.
\end{aligned}
$$

例 21-6-4 解答下列各题 (引力):

1. 求密度均匀的薄片 $x^2+y^2\leqslant R^2, z=0$ 对于 z 轴上一点 $(0,0,c)(c>0)$ 处的单位质量的引力.

解 由对称性可知引力在 z 轴方向. 假设引力为 $\overrightarrow{F}=(P,Q,R)$, 则

$$
\begin{aligned}
&P=Q=0, \\
&R = k\rho\iint_{x^2+y^2\leqslant R^2} \frac{c}{(x^2+y^2+c^2)^{\frac{3}{2}}}\mathrm{d}x\mathrm{d}y \\
&\quad = k\rho c\int_0^{2\pi}\mathrm{d}\theta\int_0^R \frac{1}{(r^2+c^2)^{3/2}}r\mathrm{d}r \\
&\quad = 2\pi k\rho c[-(r^2+c^2)^{-1/2}]\Big|_0^R = 2\pi k\rho c\left(\frac{1}{c}-\frac{1}{\sqrt{R^2+c^2}}\right) \\
&\quad = 2\pi k\rho\left(1-\frac{c}{\sqrt{R^2+c^2}}\right),
\end{aligned}
$$

其中 ρ 为密度, k 为引力系数. 故

$$
\overrightarrow{F} = \left(0,0,2\pi k\rho\left(1-\frac{c}{\sqrt{R^2+c^2}}\right)\right).
$$

2. 求密度均匀的柱体 $x^2+y^2\leqslant a^2, 0\leqslant z\leqslant h$ 对于点 $(0,0,c)$ $(c>h)$ 处的单位质量的引力.

解 由对称性可知引力在 z 轴方向. 假设引力为 $\overrightarrow{F}=(P,Q,R)$, 则

$$
\begin{aligned}
&P=Q=0, \\
&R = k\rho\iiint_V \frac{z-c}{[x^2+y^2+(z-c)^2]^{3/2}}\mathrm{d}x\mathrm{d}y\mathrm{d}z \\
&\quad = k\rho\iint_{x^2+y^2\leqslant a^2}\mathrm{d}x\mathrm{d}y\int_0^h \frac{z-c}{[x^2+y^2+(z-c)^2]^{3/2}}\mathrm{d}z
\end{aligned}
$$

$$
\begin{aligned}
&= k\rho \iint_{x^2+y^2 \leqslant a^2} \{-[x^2+y^2+(z-c)^2]^{-1/2}\}\Big|_0^h \mathrm{d}x\mathrm{d}y \\
&= k\rho \iint_{x^2+y^2 \leqslant a^2} \{(x^2+y^2+c^2)^{-1/2} - [x^2+y^2+(h-c)^2]^{-1/2}\}\mathrm{d}x\mathrm{d}y \\
&= k\rho \int_0^{2\pi} \mathrm{d}\theta \int_0^a \{(r^2+c^2)^{-1/2} - [r^2+(h-c)^2]^{-1/2}\} r\mathrm{d}r \\
&= 2\pi k\rho \{(r^2+c^2)^{1/2} - [r^2+(h-c)^2]^{1/2}\}\Big|_0^a \\
&= 2\pi k\rho \left[\sqrt{a^2+c^2} - c - \sqrt{a^2+(h-c)^2} + (c-h)\right] \\
&= 2\pi k\rho \left[-h + \sqrt{a^2+c^2} - \sqrt{a^2+(h-c)^2}\right],
\end{aligned}
$$

其中 ρ 为密度, k 为引力系数.

3. 求密度均匀的正圆锥体 (高为 h, 底半径为 R, 图 21.16) 对于在其顶点处质量为 m 的质点的引力.

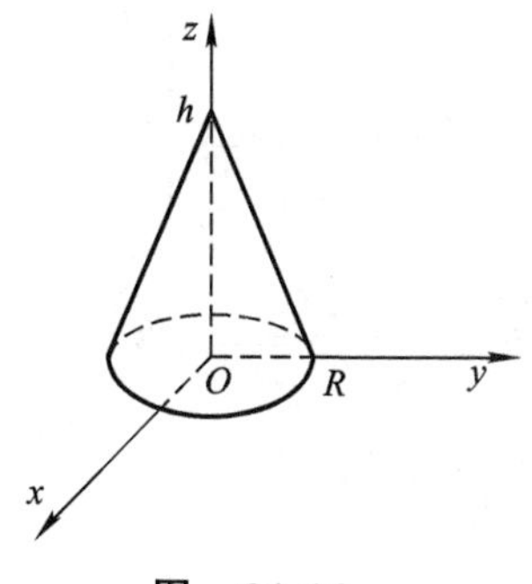

图 21.16

解 以底面中心为原点, z 轴过顶点建立直角坐标系, 则圆锥面方程为

$$
z = h\left(1 - \frac{1}{R}\sqrt{x^2+y^2}\right).
$$

由对称性可知引力在 z 轴方向. 假设引力为 $\vec{F} = (P, Q, R)$, 则

$$
P = Q = 0, \quad R = km\rho \iiint_V \frac{z-h}{[x^2+y^2+(z-h)^2]^{3/2}} \mathrm{d}x\mathrm{d}y\mathrm{d}z,
$$

其中 ρ 为密度, k 为引力系数.

法一 1+2 投影法.

$$
\begin{aligned}
R &= km\rho\iiint_V \frac{z-h}{[x^2+y^2+(z-h)^2]^{3/2}}\mathrm{d}x\mathrm{d}y\mathrm{d}z\\
&= km\rho\iint_{x^2+y^2\leqslant R^2}\mathrm{d}x\mathrm{d}y\int_0^{h\left(1-\frac{1}{R}\sqrt{x^2+y^2}\right)}\frac{z-h}{[x^2+y^2+(z-h)^2]^{3/2}}\mathrm{d}z\\
&= km\rho\iint_{x^2+y^2\leqslant R^2}\{-[x^2+y^2+(z-h)^2]^{-1/2}\}\Big|_0^{h\left(1-\frac{1}{R}\sqrt{x^2+y^2}\right)}\mathrm{d}x\mathrm{d}y\\
&= km\rho\iint_{x^2+y^2\leqslant R^2}\left\{(x^2+y^2+h^2)^{-1/2}\right.\\
&\quad\left.-\left[x^2+y^2+\frac{h^2}{R^2}(x^2+y^2)\right]^{-1/2}\right\}\mathrm{d}x\mathrm{d}y\\
&= km\rho\int_0^{2\pi}\mathrm{d}\theta\int_0^R\left\{(r^2+h^2)^{-1/2}-\left[\left(1+\frac{h^2}{R^2}\right)r^2\right]^{-1/2}\right\}r\mathrm{d}r\\
&= 2\pi km\rho\left[(r^2+h^2)^{1/2}-\frac{1}{\sqrt{1+\frac{h^2}{R^2}}}\right]\Bigg|_0^R\\
&= 2\pi km\rho\left(\sqrt{R^2+h^2}-\frac{R^2}{\sqrt{R^2+h^2}}-h\right)\\
&= 2\pi km\rho\left(\frac{h^2}{\sqrt{R^2+h^2}}-h\right).
\end{aligned}
$$

法二 2+1 截面法. 过点 z 的截面为 $D_z: x^2+y^2\leqslant\left(\frac{h-z}{h}R\right)^2$, 所以

$$
\begin{aligned}
R &= km\rho\iiint_V \frac{z-h}{[x^2+y^2+(z-h)^2]^{3/2}}\mathrm{d}x\mathrm{d}y\mathrm{d}z\\
&= km\rho\int_0^h dz\iint_{D_z}\frac{z-h}{[x^2+y^2+(z-h)^2]^{3/2}}\mathrm{d}x\mathrm{d}y\\
&= km\rho\int_0^h\mathrm{d}z\int_0^{2\pi}\mathrm{d}\theta\int_0^{\frac{h-z}{h}R}\frac{z-h}{[r^2+(z-h)^2]^{3/2}}r\mathrm{d}r\\
&= 2\pi km\rho\int_0^h(z-h)\left\{-[r^2+(z-h)^2]^{-1/2}\Big|_0^{\frac{h-z}{h}R}\right\}\mathrm{d}z
\end{aligned}
$$

$$= 2\pi km\rho \int_0^h (z-h) \left\{ -\frac{1}{z-h} - \left[\left(\frac{h-z}{h} R \right)^2 + (z-h)^2 \right]^{-1/2} \right\} \mathrm{d}z$$

$$= 2\pi km\rho \left(\frac{h^2}{\sqrt{R^2+h^2}} - h \right).$$

总 练 习 题

例 21-z-1 解答下列各题 (重积的计算):

1. 求下列函数在指定区域内的平均值:

(1) $f(x,y) = \sin^2 x \cos^2 y, D = [0,\pi] \times [0,\pi]$;

(2) $f(x,y,z) = x^2+y^2+z^2, V = \{(x,y,z) | x^2+y^2+z^2 \leqslant x+y+z\}$.

解 (1) 由平均值公式得 $f(x,y)$ 在 D 内的平均值为

$$\overline{f} = \frac{1}{|D|} \iint_D \sin^2 x \cos^2 y \mathrm{d}x\mathrm{d}y = \frac{1}{\pi^2} \int_0^\pi \cos^2 y \mathrm{d}y \int_0^\pi \sin^2 x \mathrm{d}x$$

$$= \frac{1}{\pi^2} \int_0^\pi \frac{1+\cos 2y}{2} \mathrm{d}y \int_0^\pi \frac{1-\sin 2x}{2} \mathrm{d}x$$

$$= \frac{1}{\pi^2} \cdot \frac{\pi}{2} \cdot \frac{\pi}{2} = \frac{1}{4}.$$

(2) 由平均值公式得 $f(x,y,z)$ 在 V 内的平均值为

$$\overline{f} = \frac{1}{|V|} \iiint_V (x^2+y^2+z^2) \mathrm{d}x\mathrm{d}y\mathrm{d}z.$$

令

$$\begin{cases} x = \dfrac{1}{2} + r\sin\varphi\cos\theta, \\ y = \dfrac{1}{2} + r\sin\varphi\sin\theta, \quad \theta \in [0,2\pi], \quad \varphi \in [0,\pi], \quad r \in \left[0, \dfrac{\sqrt{3}}{2}\right], \\ z = \dfrac{1}{2} + r\cos\varphi, \end{cases}$$

此时

$$\left| \frac{\partial(x,y,z)}{\partial(r,\varphi,\theta)} \right| = r^2 \sin\varphi,$$

所以

$$\begin{aligned}
\overline{f} &= \frac{1}{|V|}\iiint_V (x^2+y^2+z^2)\mathrm{d}x\mathrm{d}y\mathrm{d}z \\
&= \frac{1}{\frac{4}{3}\pi\cdot\frac{3\sqrt{3}}{8}}\int_0^{2\pi}\mathrm{d}\theta\int_0^{\pi}\mathrm{d}\varphi\int_0^{\frac{\sqrt{3}}{2}}\left[\left(\frac{1}{2}+r\sin\varphi\cos\theta\right)^2\right. \\
&\quad \left.+\left(\frac{1}{2}+r\sin\varphi\sin\theta\right)^2+\left(\frac{1}{2}+r\cos\varphi\right)^2\right]r^2\sin\varphi\mathrm{d}r \\
&= \frac{2}{\sqrt{3}\pi}\int_0^{2\pi}\mathrm{d}\theta\int_0^{\pi}\mathrm{d}\varphi\int_0^{\frac{\sqrt{3}}{2}}\left(\frac{3}{4}+r\sin\varphi\cos\theta+r\sin\varphi\sin\theta\right. \\
&\quad \left.+r\cos\varphi+r^2\right)r^2\sin\varphi\mathrm{d}r \\
&= \frac{2}{\sqrt{3}\pi}\int_0^{2\pi}\mathrm{d}\theta\int_0^{\pi}\left(\frac{3}{4}\cdot\frac{1}{3}\cdot\frac{3\sqrt{3}}{8}\sin\varphi+\frac{1}{4}\cdot\frac{9}{16}\sin^2\varphi\cos\theta\right. \\
&\quad \left.+\frac{1}{4}\cdot\frac{9}{16}\sin^2\varphi\sin\theta+\frac{1}{4}\cdot\frac{9}{16}\sin\varphi\cos\varphi+\frac{1}{5}\cdot\frac{9\sqrt{3}}{32}\sin\varphi\right)\mathrm{d}\varphi \\
&= \frac{2}{\sqrt{3}\pi}\int_0^{2\pi}\left(\frac{3}{4}\cdot\frac{1}{3}\cdot\frac{3\sqrt{3}}{8}\cdot 2+\frac{1}{4}\cdot\frac{9}{16}\cdot\frac{\pi}{2}\cos\theta\right. \\
&\quad \left.+\frac{1}{4}\cdot\frac{9}{16}\cdot\frac{\pi}{2}\sin\theta+\frac{1}{5}\cdot\frac{9\sqrt{3}}{32}\cdot 2\right)\mathrm{d}\theta \\
&= \frac{2}{\sqrt{3}\pi}\left(\frac{3}{4}\cdot\frac{1}{3}\cdot\frac{3\sqrt{3}}{8}\cdot 2\cdot 2\pi+\frac{1}{5}\cdot\frac{9\sqrt{3}}{32}\cdot 2\cdot 2\pi\right) \\
&= \frac{3}{4}+\frac{9}{20}=\frac{24}{20}=\frac{6}{5}.
\end{aligned}$$

2. 计算下列二重积分:

(1) $\displaystyle\iint_{\substack{0\leqslant x\leqslant 2\\ 0\leqslant y\leqslant 2}}[x+y]\mathrm{d}x\mathrm{d}y$;

(2) $\displaystyle\iint_{x^2+y^2\leqslant 4}\operatorname{sgn}(x^2-y^2+2)\mathrm{d}x\mathrm{d}y$.

解 (1) 如图 21.17 所示, 由二重积分关于积分区域的可加性

得

$$\iint_{\substack{0\leqslant x\leqslant 2\\0\leqslant y\leqslant 2}}[x+y]\mathrm{d}x\mathrm{d}y=\iint_{D_1}0\mathrm{d}x\mathrm{d}y+\iint_{D_2}1\mathrm{d}x\mathrm{d}y+\iint_{D_3}2\mathrm{d}x\mathrm{d}y$$

$$+\iint_{D_4}3\mathrm{d}x\mathrm{d}y$$

$$=\frac{3}{2}+2\cdot\frac{3}{2}+3\cdot\frac{1}{2}=6.$$

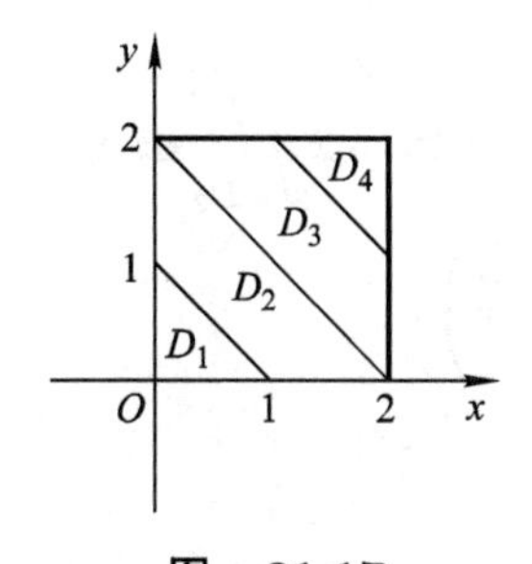

图 21.17

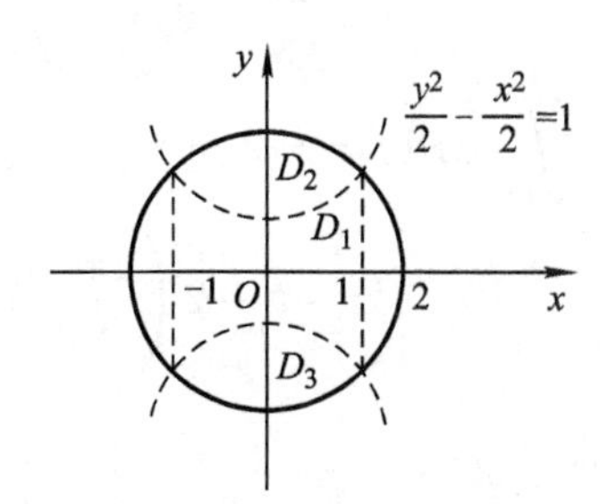

图 21.18

(2) $\operatorname{sgn}(x^2-y^2+2)=\begin{cases}1, & (x,y)\in D_1,\\ -1, & (x,y)\in D_2\cup D_3,\end{cases}$ 其中 D_1,D_2,D_3 如图 21.18 所示. 由二重积分关于积分区域的可加性得

$$\iint_{x^2+y^2\leqslant 4}\operatorname{sgn}(x^2-y^2+2)\mathrm{d}x\mathrm{d}y$$

$$=\iint_{D_1}\mathrm{d}x\mathrm{d}y-\iint_{D_2}\mathrm{d}x\mathrm{d}y-\iint_{D_3}\mathrm{d}x\mathrm{d}y,$$

而

$$\iint_{D_3}\mathrm{d}x\mathrm{d}y=\iint_{D_2}\mathrm{d}x\mathrm{d}y=\int_{-1}^{1}\mathrm{d}x\int_{\sqrt{2+x^2}}^{\sqrt{4-x^2}}\mathrm{d}y$$

$$=\int_{-1}^{1}(\sqrt{4-x^2}-\sqrt{2+x^2})\mathrm{d}x$$

$$=2\int_{0}^{1}(\sqrt{4-x^2}-\sqrt{x^2+2})\mathrm{d}x$$

$$=8\int_{0}^{\frac{\pi}{6}}\cos^2\theta\mathrm{d}\theta-2\int_{0}^{1}\sqrt{x^2+2}\mathrm{d}x$$

$$= 8\int_0^{\frac{\pi}{6}} \frac{1+\cos 2\theta}{2}\mathrm{d}\theta$$

$$-2\left[\frac{x}{2}\sqrt{x^2+2}+\ln(x+\sqrt{x^2+2})\right]\Bigg|_0^1$$

$$= 8\left(\frac{\pi}{12}+\frac{1}{4}\frac{\sqrt{3}}{2}\right)-2\left[\frac{1}{2}\sqrt{3}+\ln(1+\sqrt{3})-\ln\sqrt{2}\right]$$

$$= \frac{2\pi}{3}-2\ln\frac{1+\sqrt{3}}{\sqrt{2}},$$

$$\iint_{D_1}\mathrm{d}x\mathrm{d}y = S_{D_1} = S_{圆}-S_{D_2}-S_{D_3} = 4\pi-2\iint_{D_2}\mathrm{d}x\mathrm{d}y$$

$$= 4\pi-2\left(\frac{2\pi}{3}-2\ln\frac{1+\sqrt{3}}{\sqrt{2}}\right),$$

所以

$$\iint_{x^2+y^2\leqslant 4}\operatorname{sgn}(x^2-y^2+2)\mathrm{d}x\mathrm{d}y$$

$$= \iint_{D_1}\mathrm{d}x\mathrm{d}y-\iint_{D_2}\mathrm{d}x\mathrm{d}y-\iint_{D_3}\mathrm{d}x\mathrm{d}y$$

$$= 4\pi-4\left(\frac{2\pi}{3}-2\ln\frac{1+\sqrt{3}}{\sqrt{2}}\right).$$

3. 设函数 $f(x)$ 和 $g(x)$ 在 $[a,b]$ 上可积, 证明:

$$\left[\int_a^b f(x)g(x)\mathrm{d}x\right]^2 \leqslant \int_a^b f^2(x)\mathrm{d}x\cdot\int_a^b g^2(x)\mathrm{d}x.$$

证　法一 当 $\int_a^b g^2(x)\mathrm{d}x=0$ 时, 显然成立. 当 $\int_a^b g^2(x)\mathrm{d}x\neq 0$ 时, 由于 $[f(x)+\lambda g(x)]^2\geqslant 0$, 所以

$$0\leqslant\int_a^b [f(x)+\lambda g(x)]^2\mathrm{d}x$$

$$= \int_a^b f^2(x)\mathrm{d}x+2\lambda\int_a^b f(x)g(x)\mathrm{d}x+\lambda^2\int_a^b g^2(x)\mathrm{d}x.$$

这是关于 λ 的一元二次不等式, 由不等式判别法可知

$$\Delta=4\left[\int_a^b f(x)g(x)\mathrm{d}x\right]^2-4\int_a^b f^2(x)\mathrm{d}x\cdot\int_a^b g^2(x)\mathrm{d}x\leqslant 0,$$

即

$$\left[\int_a^b f(x)g(x)\mathrm{d}x\right]^2\leqslant\int_a^b f^2(x)\mathrm{d}x\cdot\int_a^b g^2(x)\mathrm{d}x.$$

法二 由于

$$\begin{aligned}
0&\leqslant\iint_{[a,b]\times[a,b]}[f(x)g(y)-f(y)g(x)]^2\mathrm{d}x\mathrm{d}y\\
&=\iint_{[a,b]\times[a,b]}f^2(x)g^2(y)\mathrm{d}x\mathrm{d}y\\
&\quad-2\iint_{[a,b]\times[a,b]}f(x)g(x)f(y)g(y)\mathrm{d}x\mathrm{d}y\\
&\quad+\iint_{[a,b]\times[a,b]}f^2(y)g^2(x)\mathrm{d}x\mathrm{d}y\\
&=\int_a^b f^2(x)\mathrm{d}x\int_a^b g^2(y)\mathrm{d}y-2\int_a^b f(x)g(x)\mathrm{d}x\cdot\int_a^b f(y)g(y)\mathrm{d}y\\
&\quad+\int_a^b f^2(y)\mathrm{d}y\int_a^b g^2(x)\mathrm{d}x\\
&=2\left\{\int_a^b f^2(x)\mathrm{d}x\cdot\int_a^b g^2(x)\mathrm{d}x-\left[\int_a^b f(x)g(x)\mathrm{d}x\right]^2\right\},
\end{aligned}$$

所以

$$\left[\int_a^b f(x)g(x)\mathrm{d}x\right]^2\leqslant\int_a^b f^2(x)\mathrm{d}x\cdot\int_a^b g^2(x)\mathrm{d}x.$$

例 21-z-2 解答下列各题 (Green 公式、积分与路径无关):

1. 计算曲线积分 $\int_L xy^2\mathrm{d}y-x^2y\mathrm{d}x$, 其中 L 为上半圆周 $x^2+y^2=a^2\ (0\leqslant y\leqslant a)$ 从点 $(a,0)$ 到点 $(-a,0)$ 的一段.

解 **法一** 令 $\begin{cases} x = a\cos\theta, \\ y = a\sin\theta, \end{cases}$ $\theta \in [0, \pi]$, 则

$$\begin{aligned}
\int_L xy^2\mathrm{d}y - x^2y\mathrm{d}x &= \int_0^{\pi} (a^4\cos^2\theta\sin^2\theta + a^4\cos^2\theta\sin^2\theta)\mathrm{d}\theta \\
&= 2a^4\int_0^{\pi} \sin^2\theta\cos^2\theta\mathrm{d}\theta = \frac{1}{2}a^4\int_0^{\pi}\sin^2 2\theta\mathrm{d}\theta \\
&= \frac{1}{2}a^4\int_0^{\pi}\frac{1-\cos 4\theta}{2}\mathrm{d}\theta = \frac{\pi}{4}a^4.
\end{aligned}$$

法二 设 $L_1: y = 0, x \in [-a, a]$, 则由 Green 公式得

$$\begin{aligned}
&\int_L xy^2\mathrm{d}y - x^2y\mathrm{d}x + \int_{L_1} xy^2\mathrm{d}y - x^2y\mathrm{d}x \\
&= \iint_D (y^2 + x^2)\mathrm{d}x\mathrm{d}y = \int_0^{\pi}\mathrm{d}\theta\int_0^a r^2\cdot r\mathrm{d}r = \frac{\pi}{4}a^4,
\end{aligned}$$

其中 D 为 L 与 L_1 构成的闭曲线所围的闭区域. 而

$$\int_{L_1} xy^2\mathrm{d}y - x^2y\mathrm{d}x = 0,$$

故

$$\int_L xy^2\mathrm{d}y - x^2y\mathrm{d}x = \frac{\pi}{4}a^4.$$

2. 设 $u(x,y), v(x,y)$ 是具有二阶连续偏导数的函数, 证明:

(1) $$\begin{aligned}&\iint_D v\left(\frac{\partial^2 u}{\partial x^2} + \frac{\partial^2 u}{\partial y^2}\right)\mathrm{d}x\mathrm{d}y \\ &= -\iint_D \left(\frac{\partial u}{\partial x}\frac{\partial v}{\partial x} + \frac{\partial u}{\partial y}\frac{\partial v}{\partial y}\right)\mathrm{d}x\mathrm{d}y + \oint_L v\frac{\partial u}{\partial \overrightarrow{n}}\mathrm{d}s;\end{aligned}$$

(2) $$\begin{aligned}&\iint_D \left[u\left(\frac{\partial^2 v}{\partial x^2} - \frac{\partial^2 v}{\partial y^2}\right) - v\left(\frac{\partial^2 u}{\partial x^2} + \frac{\partial^2 u}{\partial y^2}\right)\right]\mathrm{d}x\mathrm{d}y \\ &= \oint_L \left(u\frac{\partial v}{\partial \overrightarrow{n}} - v\frac{\partial u}{\partial \overrightarrow{n}}\right)\mathrm{d}s,\end{aligned}$$

其中 D 为光滑曲线 L 所围的闭区域.

证 (1) 由于

$$\begin{aligned}
\oint_L v\frac{\partial u}{\partial \overrightarrow{n}}\mathrm{d}s &= \oint_L v\left[\frac{\partial u}{\partial x}\cos(\overrightarrow{n}, x) + \frac{\partial u}{\partial y}\cos(\overrightarrow{n}, y)\right]\mathrm{d}s \\
&= \oint_L v\left[\frac{\partial u}{\partial x}\cos(\overrightarrow{\tau}, y) - \frac{\partial u}{\partial y}\cos(\overrightarrow{\tau}, x)\right]\mathrm{d}s
\end{aligned}$$

$$
\begin{aligned}
&= \oint_L -v\frac{\partial u}{\partial y}\mathrm{d}x + v\frac{\partial u}{\partial x}\mathrm{d}y \\
&= \iint_D \left[\frac{\partial}{\partial x}\left(v\frac{\partial u}{\partial x}\right) - \frac{\partial}{\partial y}\left(-v\frac{\partial u}{\partial y}\right)\right]\mathrm{d}x\mathrm{d}y \\
&= \iint_D v\left(\frac{\partial^2 u}{\partial x^2} + \frac{\partial^2 u}{\partial y^2}\right)\mathrm{d}x\mathrm{d}y \\
&\quad + \iint_D \left(\frac{\partial u}{\partial x}\frac{\partial v}{\partial x} + \frac{\partial u}{\partial y}\frac{\partial v}{\partial y}\right)\mathrm{d}x\mathrm{d}y.
\end{aligned}
$$

所以

$$
\begin{aligned}
&\iint_D v\left(\frac{\partial^2 u}{\partial x^2} + \frac{\partial^2 u}{\partial y^2}\right)\mathrm{d}x\mathrm{d}y \\
&\quad = -\iint_D \left(\frac{\partial u}{\partial x}\frac{\partial v}{\partial x} + \frac{\partial u}{\partial y}\frac{\partial v}{\partial y}\right)\mathrm{d}x\mathrm{d}y + \oint_L v\frac{\partial u}{\partial \overrightarrow{n}}\mathrm{d}s.
\end{aligned}
$$

(2) 由于

$$
\begin{aligned}
&\oint_L \left(u\frac{\partial v}{\partial \overrightarrow{n}} - v\frac{\partial u}{\partial \overrightarrow{n}}\right)\mathrm{d}s \\
&\quad = \oint_L u\left[\frac{\partial v}{\partial x}\cos(\overrightarrow{n}, x) + \frac{\partial v}{\partial y}\cos(\overrightarrow{n}, y)\right]\mathrm{d}s \\
&\qquad - \oint_L v\left[\frac{\partial u}{\partial x}\cos(\overrightarrow{n}, x) + \frac{\partial u}{\partial y}\cos(\overrightarrow{n}, y)\right]\mathrm{d}s \\
&\quad = \oint_L u\left[\frac{\partial v}{\partial x}\cos(\overrightarrow{\tau}, y) - \frac{\partial v}{\partial y}\cos(\overrightarrow{\tau}, x)\right]\mathrm{d}s \\
&\qquad - \oint_L v\left[\frac{\partial u}{\partial x}\cos(\overrightarrow{\tau}, y) - \frac{\partial u}{\partial y}\cos(\overrightarrow{\tau}, x)\right]\mathrm{d}s \\
&\quad = \oint_L -u\frac{\partial v}{\partial y}\mathrm{d}x + u\frac{\partial v}{\partial x}\mathrm{d}y - \oint_L -v\frac{\partial u}{\partial y}\mathrm{d}x + v\frac{\partial u}{\partial x}\mathrm{d}y \\
&\quad = \iint_D \left[\frac{\partial}{\partial x}\left(u\frac{\partial v}{\partial x}\right) - \frac{\partial}{\partial y}\left(-u\frac{\partial v}{\partial y}\right)\right]\mathrm{d}x\mathrm{d}y \\
&\qquad - \iint_D \left[\frac{\partial}{\partial x}\left(v\frac{\partial u}{\partial x}\right) - \frac{\partial}{\partial y}\left(-v\frac{\partial u}{\partial y}\right)\right]\mathrm{d}x\mathrm{d}y \\
&\quad = \iint_D u\left(\frac{\partial^2 v}{\partial x^2} + \frac{\partial^2 v}{\partial y^2}\right)\mathrm{d}x\mathrm{d}y - \iint_D v\left(\frac{\partial^2 u}{\partial x^2} + \frac{\partial^2 u}{\partial y^2}\right)\mathrm{d}x\mathrm{d}y,
\end{aligned}
$$

所以

$$\iint_D \left[u\left(\frac{\partial^2 v}{\partial x^2}+\frac{\partial^2 v}{\partial y^2}\right)-v\left(\frac{\partial^2 u}{\partial x^2}+\frac{\partial^2 u}{\partial y^2}\right)\right]\mathrm{d}x\mathrm{d}y$$

$$=\oint_L \left(u\frac{\partial v}{\partial \overrightarrow{n}}-v\frac{\partial u}{\partial \overrightarrow{n}}\right)\mathrm{d}s.$$

3. 求指数 λ, 使得曲线积分

$$k=\int_{(s_0,t_0)}^{(s,t)} \frac{x}{y}r^\lambda \mathrm{d}x-\frac{x^2}{y^2}r^\lambda \mathrm{d}y \quad (r^2=x^2+y^2)$$

与路径无关, 并求 k.

解 由积分与路径无关的充分必要条件得

$$\begin{aligned}0&=-\frac{\partial}{\partial x}\left(\frac{x^2}{y^2}r^\lambda\right)-\frac{\partial}{\partial y}\left(\frac{x}{y}r^\lambda\right)\\&=-\frac{2x}{y^2}r^\lambda-\lambda\frac{x^2}{y^2}r^{\lambda-1}\frac{x}{r}+\frac{x}{y^2}r^\lambda-\lambda\frac{x}{y}r^{\lambda-1}\frac{y}{r}\\&=-\frac{x}{y^2}r^\lambda-\lambda\frac{x^3}{y^2}r^{\lambda-2}-\lambda x r^{\lambda-2},\end{aligned}$$

即 $-xr^2-\lambda x^3-\lambda xy^2=0$, 所以

$$-x(x^2+y^2)-\lambda x^3-\lambda xy^2=0 \Longrightarrow \lambda=-1,$$

此时

$$k=\int_{(s_0,t_0)}^{(s,t)} \frac{x}{y\sqrt{x^2+y^2}}\mathrm{d}x-\frac{x^2}{y^2\sqrt{x^2+y^2}}\mathrm{d}y.$$

法一 折线积分法. 选取如图 21.19 所示的积分路径, 得

$$\begin{aligned}k&=\int_{(s_0,t_0)}^{(s,t)} \frac{x}{y\sqrt{x^2+y^2}}\mathrm{d}x-\frac{x^2}{y^2\sqrt{x^2+y^2}}\mathrm{d}y\\&=\int_{s_0}^{s}\frac{x}{t_0\sqrt{x^2+t_0^2}}\mathrm{d}x-\int_{t_0}^{t}\frac{s^2}{y^2\sqrt{s^2+y^2}}\mathrm{d}y\\&=\frac{1}{t_0}\sqrt{x^2+t_0^2}\Big|_{s_0}^{s}-s^2\int_{t_0}^{t}\frac{1}{y^2\sqrt{s^2+y^2}}\mathrm{d}y\\&=\frac{1}{t_0}\left(\sqrt{s^2+t_0^2}-\sqrt{s_0^2+t_0^2}\right)-s^2\int_{t_0}^{t}\frac{1}{y^2\sqrt{s^2+y^2}}\mathrm{d}y,\end{aligned}$$

而

$$\int \frac{1}{y^2\sqrt{s^2+y^2}}\mathrm{d}y = \int \frac{1}{s^2\tan^2 t}\frac{1}{s\sec t}s\sec^2 t\mathrm{d}t$$

$$= \frac{1}{s^2}\int \frac{\sec t}{\tan^2 t}\mathrm{d}t$$

$$= \frac{1}{s^2}\int \frac{\cos t}{\sin^2 t}\mathrm{d}t$$

$$= \frac{1}{s^2}\int \frac{1}{\sin^2 t}\mathrm{d}(\sin t)$$

$$= -\frac{1}{s^2}\frac{1}{\sin t} + C$$

$$= -\frac{1}{s^2}\frac{\sqrt{y^2+s^2}}{y} + C,$$

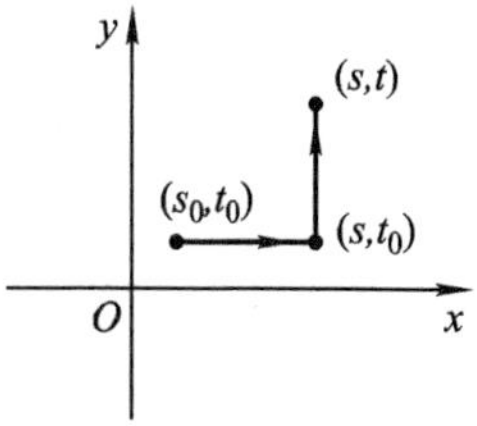

图 21.19

所以

$$k = \frac{1}{t_0}\left(\sqrt{s^2+t_0^2} - \sqrt{s_0^2+t_0^2}\right) - s^2\int_{t_0}^{t}\frac{1}{y^2\sqrt{s^2+y^2}}\mathrm{d}y$$

$$= \frac{1}{t_0}\left(\sqrt{s^2+t_0^2} - \sqrt{s_0^2+t_0^2}\right) + \left.\frac{\sqrt{y^2+s^2}}{y}\right|_{t_0}^{t}$$

$$= \frac{1}{t_0}\left(\sqrt{s^2+t_0^2} - \sqrt{s_0^2+t_0^2}\right) + \frac{\sqrt{t^2+s^2}}{t} - \frac{\sqrt{t_0^2+s^2}}{t_0}$$

$$= \frac{\sqrt{t^2+s^2}}{t} - \frac{\sqrt{t_0^2+s_0^2}}{t_0}.$$

法二 偏微分方程通解法. 设

$$\mathrm{d}u = \frac{x}{y\sqrt{x^2+y^2}}\mathrm{d}x - \frac{x^2}{y^2\sqrt{x^2+y^2}}\mathrm{d}y,$$

则

$$u_x = \frac{x}{y\sqrt{x^2+y^2}} \Longrightarrow u = \frac{\sqrt{x^2+y^2}}{y} + \varphi(y),$$

$$u_y = -\frac{x^2}{y^2\sqrt{x^2+y^2}} = -\frac{\sqrt{x^2+y^2}}{y^2} + \frac{1}{\sqrt{x^2+y^2}} + \varphi'(y)$$

$$= -\frac{x^2}{y^2\sqrt{x^2+y^2}} + \varphi'(y)$$

$$\Longrightarrow \varphi(y) = C.$$

所以

$$\begin{aligned}
u &= \frac{\sqrt{x^2+y^2}}{y}+C,\\
k &= \int_{(s_0,t_0)}^{(s,t)} \frac{x}{y\sqrt{x^2+y^2}}\mathrm{d}x-\frac{x^2}{y^2\sqrt{x^2+y^2}}\mathrm{d}y\\
&= \left.\frac{\sqrt{x^2+y^2}}{y}\right|_{(s_0,t_0)}^{(s,t)}=\frac{\sqrt{t^2+s^2}}{t}-\frac{\sqrt{t_0^2+s_0^2}}{t_0}.
\end{aligned}$$

例 21-z-3 解答下列各题 (积分函数的性质):

1. 求极限 $\lim\limits_{\rho\to 0}\dfrac{1}{\pi\rho^2}\displaystyle\iint_{x^2+y^2\leqslant\rho^2} f(x,y)\mathrm{d}x\mathrm{d}y$, 其中 $f(x,y)$ 为连续函数.

解 法一 由积分区域的特点, 作变换

$$\begin{cases} x=r\cos\theta, \\ y=r\sin\theta, \end{cases}\quad \theta\in[0,2\pi],\quad r\in[0,\rho],$$

则

$$\begin{aligned}
\frac{1}{\pi\rho^2}\iint_{x^2+y^2\leqslant\rho^2} f(x,y)\mathrm{d}x\mathrm{d}y &= \frac{1}{\pi\rho^2}\int_0^{2\pi}\mathrm{d}\theta\int_0^{\rho} f(r\cos\theta,r\sin\theta)r\mathrm{d}r\\
&= \frac{1}{\pi\rho^2}\int_0^{2\pi}\left[\int_0^{\rho} f(r\cos\theta,r\sin\theta)r\mathrm{d}r\right]\mathrm{d}\theta.
\end{aligned}$$

由 L'Hospital 法则与含参量积分的求导公式得

$$\begin{aligned}
&\lim_{\rho\to 0}\frac{1}{\pi\rho^2}\iint_{x^2+y^2\leqslant\rho^2} f(x,y)\mathrm{d}x\mathrm{d}y\\
&= \lim_{\rho\to 0}\frac{1}{\pi\rho^2}\int_0^{2\pi}\left[\int_0^{\rho} f(r\cos\theta,r\sin\theta)r\mathrm{d}r\right]\mathrm{d}\theta\\
&= \lim_{\rho\to 0}\frac{1}{2\pi\rho}\int_0^{2\pi} f(\rho\cos\theta,\rho\sin\theta)\rho\mathrm{d}\theta\\
&= \lim_{\rho\to 0}\frac{1}{2\pi}\int_0^{2\pi} f(\rho\cos\theta,\rho\sin\theta)\mathrm{d}\theta\\
&= \frac{1}{2\pi}\int_0^{2\pi} f(0,0)\mathrm{d}\theta = f(0,0).
\end{aligned}$$

法二 由积分中值定理得

$$\begin{aligned}&\lim_{\rho\to 0}\frac{1}{\pi\rho^2}\iint_{x^2+y^2\leqslant\rho^2}f(x,y)\mathrm{d}x\mathrm{d}y\\&=\lim_{\rho\to 0}\frac{1}{\pi\rho^2}f(\xi,\eta)\iint_{x^2+y^2\leqslant\rho^2}\mathrm{d}x\mathrm{d}y\\&=\lim_{\rho\to 0}f(\xi,\eta)=f(0,0),\end{aligned}$$

其中 $(\xi,\eta)\in\{(x,y)|x^2+y^2\leqslant\rho^2\}$.

2. 设函数 $f(x,y)$ 在 $[0,\pi]\times[0,\pi]$ 上连续, 且恒取正值, 试求

$$\lim_{n\to+\infty}\iint_{\substack{0\leqslant x\leqslant\pi\\0\leqslant y\leqslant\pi}}\sin x\cdot[f(x,y)]^{1/n}\mathrm{d}x\mathrm{d}y.$$

解 由积分中值定理得

$$\begin{aligned}&\lim_{n\to\infty}\iint_{\substack{0\leqslant x\leqslant\pi\\0\leqslant y\leqslant\pi}}\sin x\cdot[f(x,y)]^{1/n}\mathrm{d}x\mathrm{d}y\\&=\lim_{n\to\infty}[f(\xi,\eta)]^{1/n}\iint_{\substack{0\leqslant x\leqslant\pi\\0\leqslant y\leqslant\pi}}\sin x\mathrm{d}x\mathrm{d}y\\&=\iint_{\substack{0\leqslant x\leqslant\pi\\0\leqslant y\leqslant\pi}}\sin x\mathrm{d}x\mathrm{d}y=\int_0^\pi\mathrm{d}y\int_0^\pi\sin x\mathrm{d}x=2\pi,\end{aligned}$$

其中 $(\xi,\eta)\in[0,\pi]\times[0,\pi]$. 实事上, 由于 $f(x,y)$ 在 $[0,\pi]\times[0,\pi]$ 上连续, 由闭区域上连续函数的最值定理知 $\exists M,m>0$, 使得 $m\leqslant f(x,y)\leqslant M$. 所以

$$m^{\frac{1}{n}}\leqslant[f(\xi,\eta)]^{\frac{1}{n}}\leqslant M^{\frac{1}{n}}.$$

由两边夹定理知

$$\lim_{n\to\infty}[f(\xi,\eta)]^{\frac{1}{n}}=1.$$

3. 求 $F'(t)$, 设

(1) $F(t)=\iint_{\substack{0.1\leqslant x\leqslant t\\0.1\leqslant y\leqslant t}}\mathrm{e}^{tx/y^2}\mathrm{d}x\mathrm{d}y$;

(2) $F(t)=\iiint_{x^2+y^2+z^2\leqslant t^2}f(x^2+y^2+z^2)\mathrm{d}x\mathrm{d}y\mathrm{d}z$, 其中 $f(u)$ 为可微函数;

(3) $F(t)=\iiint_{\substack{0\leqslant x\leqslant t\\0\leqslant y\leqslant t\\0\leqslant z\leqslant t}} f(xyz)\mathrm{d}x\mathrm{d}y\mathrm{d}z$, 其中 $f(u)$ 为可微函数.

解 (1) 令

$$\begin{cases} x=ut, \\ y=vt, \end{cases} \quad (u,v)\in D:=[0.1,1]\times[0.1,1],$$

这时

$$\left|\frac{\partial(x,y)}{\partial(u,v)}\right|=t^2,$$

则

$$F(t)=\iint_{\substack{0.1\leqslant x\leqslant t\\0.1\leqslant y\leqslant t}} \mathrm{e}^{tx/y^2}\mathrm{d}x\mathrm{d}y=\iint_D t^2\mathrm{e}^{u/v^2}\mathrm{d}u\mathrm{d}v.$$

所以

$$\begin{aligned} F'(t)&=\left(\iint_D t^2\mathrm{e}^{u/v^2}\mathrm{d}u\mathrm{d}v\right)'=2t\iint_D \mathrm{e}^{u/v^2}\mathrm{d}u\mathrm{d}v \\ &=\frac{2}{t}t^2\iint_D \mathrm{e}^{u/v^2}\mathrm{d}u\mathrm{d}v=\frac{2}{t}F(t). \end{aligned}$$

(2) 令

$$\begin{cases} x=r\sin\varphi\cos\theta, \\ y=r\sin\varphi\sin\theta, \\ z=r\cos\varphi, \end{cases} \quad \varphi\in[0,\pi],\ \theta\in[0,2\pi],\ r\in[0,t],$$

这时

$$\left|\frac{\partial(x,y,z)}{\partial(r,\varphi,\theta)}\right|=r^2\sin\varphi,$$

则

$$\begin{aligned} F(t)&=\iiint_{x^2+y^2+z^2\leqslant t^2} f(x^2+y^2+z^2)\mathrm{d}x\mathrm{d}y\mathrm{d}z \\ &=\int_0^{2\pi}\mathrm{d}\theta\int_0^{\pi}\sin\varphi\mathrm{d}\varphi\int_0^t r^2f(r^2)\mathrm{d}r \\ &=4\pi\int_0^t r^2f(r^2)\mathrm{d}r. \end{aligned}$$

所以

$$F'(t) = 4\pi t^2 f(t^2).$$

(3) 令

$$\begin{cases} x = ut, \\ y = vt, \\ z = wt \end{cases} \quad (u,v,w) \in V := [0,1]\times[0,1]\times[0,1],$$

这时

$$\left|\frac{\partial(x,y,z)}{\partial(u,v,w)}\right| = t^3,$$

则

$$F(t) = \iiint\limits_{\substack{0\leqslant x\leqslant t\\0\leqslant y\leqslant t\\0\leqslant z\leqslant t}} f(xyz)\mathrm{d}x\mathrm{d}y\mathrm{d}z = \iiint_V t^3 f(t^3uvw)\mathrm{d}u\mathrm{d}v\mathrm{d}w$$
$$= t^3 \iiint_V f(t^3uvw)\mathrm{d}u\mathrm{d}v\mathrm{d}w.$$

所以

$$\begin{aligned} F'(t) &= \left[\iiint_V t^3 f(t^3uvw)\mathrm{d}u\mathrm{d}v\mathrm{d}w\right]' \\ &= 3t^2 \iiint_V f(t^3uvw)\mathrm{d}u\mathrm{d}v\mathrm{d}w + 3t^3t^2 \iiint_V uvwf'(t^3uvw)\mathrm{d}u\mathrm{d}v\mathrm{d}w \\ &= \frac{3}{t}F(t) + 3t^3t^2 \iiint_V uvwf'(t^3uvw)\mathrm{d}u\mathrm{d}v\mathrm{d}w \\ &= \frac{3}{t}F(t) + \frac{3}{t}\iiint_V (ut)(vt)(wt)f'(t^3uvw)\mathrm{d}(ut)\mathrm{d}(vt)\mathrm{d}(wt) \\ &= \frac{3}{t}\left[F(t) + \iiint\limits_{\substack{0\leqslant x\leqslant t\\0\leqslant y\leqslant t\\0\leqslant z\leqslant t}} xyzf'(xyz)\mathrm{d}x\mathrm{d}y\mathrm{d}z\right]. \end{aligned}$$

4. 设 $f(t) = \int_1^{t^2} \mathrm{e}^{-x^2}\mathrm{d}x$, 求 $\int_0^1 tf(t)\mathrm{d}t$.

解　法一　由累次积分的积分次序交换定理得

$$\int_0^1 tf(t)\mathrm{d}t = \int_0^1 \mathrm{d}t \int_1^{t^2} t\mathrm{e}^{-x^2}\mathrm{d}x = -\int_0^1 \mathrm{d}t \int_{t^2}^1 t\mathrm{e}^{-x^2}\mathrm{d}x$$

$$= -\int_0^1 \mathrm{d}x \int_0^{\sqrt{x}} t\mathrm{e}^{-x^2}\mathrm{d}t = -\frac{1}{2}\int_0^1 x\mathrm{e}^{-x^2}\mathrm{d}x$$
$$= \frac{1}{4}\mathrm{e}^{-x^2}\Big|_0^1 = \frac{1}{4}\left(\frac{1}{\mathrm{e}} - 1\right).$$

法二 由于 $f'(t) = \dfrac{\mathrm{d}}{\mathrm{d}t}\left(\displaystyle\int_1^{t^2} \mathrm{e}^{-x^2}\mathrm{d}x\right) = 2t\mathrm{e}^{-t^4}, f(1) = 0$, 所以

$$\int_0^1 tf(t)\mathrm{d}t = \frac{1}{2}\int_0^1 f(t)\mathrm{d}t^2 = \frac{1}{2}t^2 f(t)\Big|_0^1 - \frac{1}{2}\int_0^1 t^2 f'(t)\mathrm{d}t$$
$$= -\int_0^1 t^3\mathrm{e}^{-t^4}\mathrm{d}t = \frac{1}{4}\int_0^1 \mathrm{e}^{-t^4}\mathrm{d}(t^{-4})$$
$$= \frac{1}{4}\mathrm{e}^{-t^4}\Big|_0^1 = \frac{1}{4}(\mathrm{e}^{-1} - 1).$$

例 21-z-4 解答下列各题 (三重积分的计算):

1. 证明:

$$\iiint_V f(x,y,z)\mathrm{d}x\mathrm{d}y\mathrm{d}z = abc\iiint_\Omega f(ax,by,cz)\mathrm{d}x\mathrm{d}y\mathrm{d}z,$$

其中

$$V: \frac{x^2}{a^2} + \frac{y^2}{b^2} + \frac{z^2}{c^2} \leqslant 1, \quad \Omega: x^2 + y^2 + z^2 \leqslant 1.$$

证 由目标等式的特点, 取变换

$$\begin{cases} x = au, \\ y = bv, \qquad (u,v,w) \in \Omega = \{(x,y,z) | x^2 + y^2 + z^2 \leqslant 1\}, \\ z = cz, \end{cases}$$

此时

$$\left|\frac{\partial(x,y,z)}{\partial(u,v,w)}\right| = abc,$$

则

$$\iiint_V f(x,y,z)\mathrm{d}x\mathrm{d}y\mathrm{d}z = abc\iiint_\Omega f(au,bv,cw)\mathrm{d}u\mathrm{d}v\mathrm{d}w$$
$$= abc\iiint_\Omega f(ax,by,cz)\mathrm{d}x\mathrm{d}y\mathrm{d}z.$$

2. 试将三重积分 $\iiint_V f(x,y,z)\mathrm{d}x\mathrm{d}y\mathrm{d}z$ 化为柱坐标系和球坐标系下的三次积分, 其中 V 为图 21.20 所示的单位正方体.

解 (1) 将单位正方体 V 划分为两个区域: $\Omega_1 : ABO\text{-}A_1B_1O_1$; $\Omega_2 : BCO\text{-}B_1C_1O_1$. 作柱坐标变换 $\begin{cases} x = r\cos\theta, \\ y = r\sin\theta, \\ z = z, \end{cases}$ 则

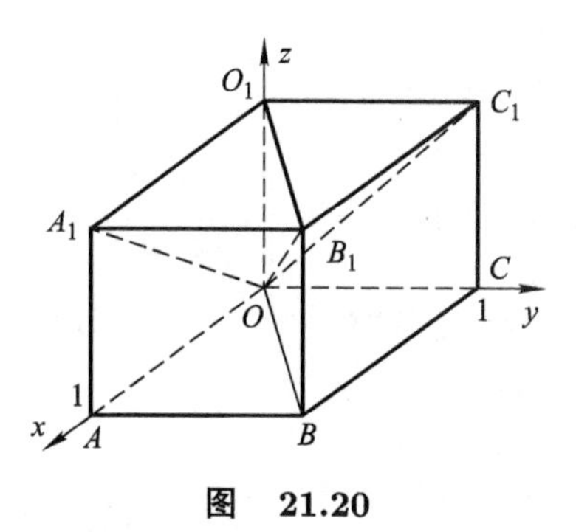

图 21.20

Ω_1 和 Ω_2 的参数范围分别为

$$\begin{cases} r \in \left[0, \dfrac{1}{\cos\theta}\right], \\ \theta \in \left[0, \dfrac{\pi}{4}\right], \\ z \in [0,1], \end{cases} \qquad \begin{cases} r \in \left[0, \dfrac{1}{\sin\theta}\right], \\ \theta \in \left[\dfrac{\pi}{4}, \dfrac{\pi}{2}\right], \\ z \in [0,1], \end{cases} \qquad \text{且} \quad \left|\frac{\partial(x,y,z)}{\partial(r,\theta,z)}\right| = r,$$

故

$$\begin{aligned} &\iiint_V f(x,y,z)\mathrm{d}x\mathrm{d}y\mathrm{d}z \\ &= \int_0^1 \mathrm{d}z \int_0^{\frac{\pi}{4}} \mathrm{d}\theta \int_0^{\frac{1}{\cos\theta}} f(r\cos\theta, r\sin\theta, z) r\mathrm{d}r \\ &\quad + \int_0^1 \mathrm{d}z \int_{\frac{\pi}{4}}^{\frac{\pi}{2}} \mathrm{d}\theta \int_0^{\frac{1}{\sin\theta}} f(r\cos\theta, r\sin\theta, z) r\mathrm{d}r. \end{aligned}$$

(2) 将 V 划分为 4 个区域: $V_1 : O\text{-}A_1B_1O_1$; $V_2 : O\text{-}B_1C_1O_1$;

$V_3: O\text{-}ABB_1A_1$; $V_4: O\text{-}BCC_1B_1$ (图 21.20). 令

$$\begin{cases} x = r\sin\varphi\cos\theta, \\ y = r\sin\varphi\sin\theta, \\ z = r\cos\varphi \end{cases} \Longrightarrow \left|\frac{\partial(x,y,z)}{\partial(r,\varphi,\theta)}\right| = r^2\sin\varphi,$$

则 $V_1: O\text{-}A_1B_1O_1$ 的参数范围为

$$\begin{cases} \theta \in \left[0, \dfrac{\pi}{4}\right], \\ \begin{cases} x = r\sin\varphi\cos\theta = 1, \\ z = r\cos\varphi = 1 \end{cases} \Longrightarrow \varphi \in [0, \operatorname{arccot}\cos\theta], \\ z = r\cos\varphi \leqslant 1 \Longrightarrow r \in \left[0, \dfrac{1}{\cos\varphi}\right]; \end{cases}$$

$V_2: O\text{-}B_1C_1O_1$ 的参数范围为

$$\begin{cases} \theta \in \left[\dfrac{\pi}{4}, \dfrac{\pi}{2}\right], \\ \begin{cases} y = r\sin\varphi\sin\theta = 1, \\ z = r\cos\varphi = 1 \end{cases} \Longrightarrow \varphi \in [0, \operatorname{arccot}\sin\theta], \\ z = r\cos\varphi \leqslant 1 \Longrightarrow r \in \left[0, \dfrac{1}{\cos\varphi}\right]; \end{cases}$$

$V_3: O\text{-}ABB_1A_1$ 的参数范围为

$$\begin{cases} \theta \in \left[0, \dfrac{\pi}{4}\right], \\ \begin{cases} x = r\sin\varphi\cos\theta = 1, \\ z = r\cos\varphi = 1 \end{cases} \Longrightarrow \varphi \in \left[\operatorname{arccot}\cos\theta, \dfrac{\pi}{2}\right], \\ x = r\sin\varphi\cos\theta \leqslant 1 \Longrightarrow r \in \left[0, \dfrac{1}{\sin\varphi\cos\theta}\right]; \end{cases}$$

$V_4: O\text{-}BCC_1B_1$ 的参数范围为

$$\begin{cases} \theta \in \left[\dfrac{\pi}{4}, \dfrac{\pi}{2}\right], \\ \begin{cases} y = r\sin\varphi\sin\theta = 1, \\ z = r\cos\varphi = 1 \end{cases} \Longrightarrow \varphi \in \left[\operatorname{arccot}\sin\theta, \dfrac{\pi}{2}\right], \\ y = r\sin\varphi\sin\theta \leqslant 1 \Longrightarrow r \in \left[0, \dfrac{1}{\sin\varphi\sin\theta}\right]. \end{cases}$$

故

$$
\begin{aligned}
&\iiint_V f(x,y,z)\mathrm{d}x\mathrm{d}y\mathrm{d}z \\
&=\int_0^{\frac{\pi}{4}}\mathrm{d}\theta\int_0^{\operatorname{arc}\cot\cos\theta}\mathrm{d}\varphi\int_0^{\frac{1}{\cos\varphi}}r^2\sin\varphi \\
&\quad\cdot f(r\sin\varphi\cos\theta,r\sin\varphi\sin\theta,r\cos\varphi)\mathrm{d}r \\
&\quad+\int_{\frac{\pi}{4}}^{\frac{\pi}{2}}\mathrm{d}\theta\int_0^{\operatorname{arc}\cot\sin\theta}\mathrm{d}\varphi \\
&\quad\cdot\int_0^{\frac{1}{\cos\varphi}}r^2\sin\varphi f(r\sin\varphi\cos\theta,r\sin\varphi\sin\theta,r\cos\varphi)\mathrm{d}r \\
&\quad+\int_0^{\frac{\pi}{4}}\mathrm{d}\theta\int_{\operatorname{arc}\cot\cos\theta}^{\frac{\pi}{2}}\mathrm{d}\varphi\int_0^{\frac{1}{\sin\varphi\cos\theta}}r^2\sin\varphi \\
&\quad\cdot f(r\sin\varphi\cos\theta,r\sin\varphi\sin\theta,r\cos\varphi)\mathrm{d}r \\
&\quad+\int_{\frac{\pi}{4}}^{\frac{\pi}{2}}\mathrm{d}\theta\int_{\operatorname{arc}\cot\sin\theta}^{\frac{\pi}{2}}\mathrm{d}\varphi\int_0^{\frac{1}{\sin\varphi\sin\theta}}r^2\sin\varphi \\
&\quad\cdot f(r\sin\varphi\cos\theta,r\sin\varphi\sin\theta,r\cos\varphi)\mathrm{d}r.
\end{aligned}
$$

例 21-z-5 解答下列各题 (重积分的应用):

1. 求由椭圆 $(a_1x+b_1y+c_1)^2+(a_2x+b_2y+c_2)^2=1$ 所界区域 D 的面积, 其中 $a_1b_2-a_2b_1\neq 0$.

解 令

$$
\begin{cases} u=a_1x+b_1y+c_1, \\ v=a_2x+b_2y+c_2, \end{cases}\quad (u,v)\in\Omega:=\{(u,v)|u^2+v^2\leqslant 1\},
$$

则

$$
\left|\frac{\partial(x,y)}{\partial(u,v)}\right|=\frac{1}{\left|\dfrac{\partial(u,v)}{\partial(x,y)}\right|}=\frac{1}{|a_1b_2-a_2b_1|},
$$

从而所求的面积为

$$
S_D=\iint_D\mathrm{d}x\mathrm{d}y=\iint_\Omega\frac{1}{|a_1b_2-a_2b_1|}\mathrm{d}u\mathrm{d}v=\frac{1}{|a_1b_2-a_2b_1|}\pi.
$$

2. 设

$$\Delta=\begin{vmatrix}a_1 & b_1 & c_1\\ a_2 & b_2 & c_2\\ a_3 & b_3 & c_3\end{vmatrix}\neq 0,$$

求由平面

$$\begin{cases}a_1x+b_1y+c_1z=\pm h_1,\\ a_2x+b_2y+c_2z=\pm h_2,\\ a_3x+b_3y+c_3z=\pm h_3\end{cases}$$

所界平行六面体的体积.

解 令

$$\begin{cases}u=a_1x+b_1y+c_1z,\\ v=a_2x+b_2y+c_2z,\\ w=a_3x+b_3y+c_3z,\end{cases}$$

则

$$(u,v,w)\in\Omega:=[-h_1,h_1]\times[-h_2,h_2]\times[-h_3,h_3],$$

且

$$\left|\frac{\partial(x,y,z)}{\partial(u,v,w)}\right|=\frac{1}{\left|\dfrac{\partial(u,v,w)}{\partial(x,y,z)}\right|}=\frac{1}{|\Delta|},$$

从而所求的体积为

$$V=\iiint_V \mathrm{d}x\mathrm{d}y\mathrm{d}z=\iiint_\Omega \frac{1}{|\Delta|}\mathrm{d}u\mathrm{d}v\mathrm{d}z=\frac{8}{|\Delta|}h_1h_2h_3.$$

3. 求摆线 $L:\begin{cases}x=a(t-\sin t),\\ y=a(1-\cos t)\end{cases}$ $(t\in[0,\pi])$ 的质心, 设其质量分布是均匀的.

解 由质心坐标公式有

$$\overline{x}=\frac{\int_L x\rho\mathrm{d}s}{\int_L \rho\mathrm{d}s}=\frac{\int_L x\mathrm{d}s}{\int_L \mathrm{d}s},\quad \overline{y}=\frac{\int_L y\rho\mathrm{d}s}{\int_L \rho\mathrm{d}s}=\frac{\int_L y\mathrm{d}s}{\int_L \mathrm{d}s},$$

其中 ρ 为曲线 L 的密度, 而

$$\begin{aligned}
\int_L \mathrm{d}s &= \int_0^\pi \sqrt{[x'(t)]^2+[y'(t)]^2}\mathrm{d}t = 2a\int_0^\pi \sin\frac{t}{2}\mathrm{d}t \\
&= -4a\cos\frac{t}{2}\bigg|_0^\pi = 4a, \\
\int_L x\mathrm{d}x &= \int_0^\pi a(t-\sin t)\sqrt{[x'(t)]^2+[y'(t)]^2}\mathrm{d}t \\
&= 2a^2\int_0^\pi (t-\sin t)\sin\frac{t}{2}\mathrm{d}t \\
&= 2a^2\left(\int_0^\pi t\sin\frac{t}{2}\mathrm{d}t - 2\int_0^\pi \cos\frac{t}{2}\sin^2\frac{t}{2}\mathrm{d}t\right) \\
&= 2a^2\left(-2t\cos\frac{t}{2}\bigg|_0^\pi + 2\int_0^\pi \cos\frac{t}{2}\mathrm{d}t - \frac{4}{3}\sin^3\frac{t}{2}\bigg|_0^\pi\right) \\
&= 2a^2\left(4-\frac{4}{3}\right) = \frac{16}{3}a^2, \\
\int_L y\mathrm{d}x &= \int_0^\pi a(1-\cos t)\sqrt{[x'(t)]^+[y'(t)]^2}\mathrm{d}t \\
&= 2a^2\int_0^\pi (1-\cos t)\sin\frac{t}{2}\mathrm{d}t = 4a^2\int_0^\pi \sin^3\frac{t}{2}\mathrm{d}t \\
&= 8a^2\int_0^{\frac{\pi}{2}} \sin^3 u\mathrm{d}u = 8a^2\frac{2!!}{3!!} = \frac{16}{3}a^2,
\end{aligned}$$

所以

$$\overline{x} = \frac{\displaystyle\int_L x\mathrm{d}s}{\displaystyle\int_L \mathrm{d}s} = \frac{4}{3}a, \quad \overline{y} = \frac{\displaystyle\int_L y\mathrm{d}s}{\displaystyle\int_L \mathrm{d}s} = \frac{4}{3}a,$$

即质心的坐标为 $\left(\dfrac{4}{3}a, \dfrac{4}{3}a\right)$.

4. 求螺旋线 $L: \begin{cases} x = a\cos t, \\ y = a\sin t, \\ z = bt \end{cases}$ $(0 \leqslant t \leqslant 2\pi)$ 对 z 轴的转动惯量, 设 L 的密度为 1.

解 由转动惯量公式得所求的转动惯量为

$$\begin{aligned}J_z &= \int_L (x^2+y^2)\rho\mathrm{d}s = a^2\int_0^{2\pi}\sqrt{(x')^2+(y')^2+(z')^2}\mathrm{d}t \\ &= a^2\int_0^{2\pi}\sqrt{a^2+b^2}\mathrm{d}t = 2\pi a^2\sqrt{a^2+b^2}.\end{aligned}$$

5. 设有一质量分布不均匀的圆弧 $L:\begin{cases}x=r\cos\theta,\\ y=r\sin\theta\end{cases}(0\leqslant\theta\leqslant\pi)$, 其密度为 $\rho=a\theta$ (a 为常数), 求它对原点 $(0,0)$ 处质量为 m 的质点的引力.

解 设引力 $\overrightarrow{F}=(P,Q)$, 则由引力公式得

$$\begin{aligned}P &= k\int_L \frac{xm\rho}{r^3}\mathrm{d}s = km\int_0^{\pi}\frac{r\cos\theta}{r^3}a\theta\sqrt{(x')^2+(y')^2}\mathrm{d}\theta \\ &= \frac{akm}{r}\int_0^{\pi}\theta\cos\theta\mathrm{d}\theta = \frac{akm}{r}\left(\theta\sin\theta\Big|_0^{\pi} - \int_0^{\pi}\sin\theta\mathrm{d}\theta\right) \\ &= -2\frac{akm}{r}, \\ Q &= k\int_L \frac{ym\rho}{r^3}\mathrm{d}s = km\int_0^{\pi}\frac{r\sin\theta}{r^3}a\theta\sqrt{(x')^2+(y')^2}\mathrm{d}\theta \\ &= \frac{akm}{r}\int_0^{\pi}\theta\sin\theta\mathrm{d}\theta = \frac{akm}{r}\left(-\theta\cos\theta\Big|_0^{\pi} + \int_0^{\pi}\cos\theta\mathrm{d}\theta\right) \\ &= \frac{akm\pi}{r},\end{aligned}$$

其中 k 为引力系数. 所以

$$\overrightarrow{F}=\left(-2\frac{akm}{r},\frac{akm\pi}{r}\right).$$

第二十二章　曲面积分

§ 22.1　第一型曲面积分

内容要求　理解第一型曲面积分的背景、定义、可积的必要条件、充分条件和充分必要条件; 掌握第一型曲面积分的计算方法: 曲面为显形式与参数形式时化为二重积分的计算公式、对称方法.

例 22-1-1　解答下列各题 (第一型曲面积分的计算):

1. 计算曲面积分 $\iint_S (x+y+z)\mathrm{d}S$, 其中 S 是上半球面 $x^2+y^2+z^2=a^2, z\geqslant 0$.

解　由于 $S: z=\sqrt{a^2-x^2-y^2}$, 所以

$$\sqrt{1+z_x^2+z_y^2}=\sqrt{1+\left(\frac{x}{\sqrt{a^2-x^2-y^2}}\right)^2+\left(\frac{y}{\sqrt{a^2-x^2-y^2}}\right)^2}$$
$$=\frac{a}{\sqrt{a^2-x^2-y^2}},$$

从而

$$\begin{aligned}&\iint_S (x+y+z)\mathrm{d}S\\&=\iint_{x^2+y^2\leqslant a^2}(x+y+\sqrt{a^2-x^2-y^2})\frac{a}{\sqrt{a^2-x^2-y^2}}\mathrm{d}x\mathrm{d}y\\&=\int_0^{2\pi}\mathrm{d}\theta\int_0^a (r\cos\theta+r\sin\theta+\sqrt{a^2-r^2})\frac{a}{\sqrt{a^2-r^2}}r\mathrm{d}r\\&=2\pi\int_0^a ar\mathrm{d}r=\pi a^3.\end{aligned}$$

注　可以用对称性得 $\iint_S x\mathrm{d}S=\iint_S y\mathrm{d}S=0$.

2. 计算曲面积分 $\iint_S (x^2+y^2)\mathrm{d}S$, 其中 S 为立体 $\sqrt{x^2+y^2} \leqslant z \leqslant 1$ 的边界曲面.

解 记

$$S_1: z=1, (x,y) \in D=\{(x,y)|x^2+y^2 \leqslant 1\},$$
$$S_2: z=\sqrt{x^2+y^2}, (x,y) \in D=\{(x,y)|x^2+y^2 \leqslant 1\},$$

则

$$\begin{aligned}
&\iint_S (x^2+y^2)\mathrm{d}S = \iint_{S_1} (x^2+y^2)\mathrm{d}S + \iint_{S_2} (x^2+y^2)\mathrm{d}S \\
&= \iint_D (x^2+y^2)\sqrt{1+0^2+0^2}\mathrm{d}x\mathrm{d}y \\
&\quad + \iint_D (x^2+y^2)\sqrt{1+\left(\frac{x}{\sqrt{x^2+y^2}}\right)^2+\left(\frac{y}{\sqrt{x^2+y^2}}\right)^2}\mathrm{d}x\mathrm{d}y \\
&= (1+\sqrt{2})\iint_D (x^2+y^2)\mathrm{d}x\mathrm{d}y \\
&= (1+\sqrt{2})\int_0^{2\pi}\mathrm{d}\theta\int_0^1 r^2\cdot r\mathrm{d}r = \frac{\pi}{2}(1+\sqrt{2}).
\end{aligned}$$

3. 计算曲面积分 $\iint_S \frac{\mathrm{d}S}{x^2+y^2}$, 其中 S 为柱面 $x^2+y^2=R^2$ 被平面 $z=0, z=H$ 所截得的部分.

解 $\iint_S \frac{\mathrm{d}S}{x^2+y^2} = \iint_S \frac{\mathrm{d}S}{R^2} = \frac{1}{R^2}\iint_S \mathrm{d}S = \frac{1}{R^2}2\pi RH = \frac{2\pi H}{R}$,

这里用到 $\iint_S \mathrm{d}S$ 表示曲面 S 的面积.

4. 计算曲面积分 $\iint_S xyz\mathrm{d}S$, 其中 S 为平面 $x+y+z=1$ 在第一卦限的部分.

解 由于

$$S: z=1-x-y, (x,y) \in D=\{(x,y)|x\in[0,1], y\in[0,1-x]\},$$
$$\sqrt{1+z_x^2+z_y^2}=\sqrt{1+(-1)^2+(-1)^2}=\sqrt{3},$$

所以

$$\begin{aligned}\iint_S xyz\mathrm{d}S &= \iint_D xy(1-x-y)\sqrt{3}\mathrm{d}x\mathrm{d}y \\ &= \sqrt{3}\int_0^1 \mathrm{d}x\int_0^{1-x} xy(1-x-y)\mathrm{d}y \\ &= \sqrt{3}\int_0^1 \left[\frac{1}{2}x(1-x)^2 - \frac{1}{2}x^2(1-x)^2 - \frac{1}{3}x(1-x)^3\right]\mathrm{d}x \\ &= \frac{\sqrt{3}}{6}\int_0^1 x(1-x)^3\mathrm{d}x = \frac{\sqrt{3}}{6}\int_0^1 x(-x^3+3x^2-3x+1)\mathrm{d}x \\ &= \frac{\sqrt{3}}{6}\left(-\frac{1}{5}+\frac{3}{4}-1+\frac{1}{2}\right) = \frac{\sqrt{3}}{120}.\end{aligned}$$

5. 计算曲面积分 $\iint_S z^2\mathrm{d}S$, 其中 S 为圆锥表面的一部分:

$$S:\begin{cases} x = r\sin\theta\cos\varphi, \\ y = r\sin\theta\sin\varphi, \\ z = r\cos\theta, \end{cases} \qquad (r,\varphi)\in D:\begin{cases} 0\leqslant r\leqslant a, \\ 0\leqslant\varphi\leqslant 2\pi, \end{cases}$$

这里 $\theta\ \left(0<\theta<\dfrac{\pi}{2}\right)$ 为常数.

解 由于

$$\begin{aligned} &E = x_r^2+y_r^2+z_r^2 = \sin^2\theta\cos^2\varphi+\sin^2\theta\sin^2\varphi+\cos^2\theta = 1, \\ &F = x_r x_\varphi + y_r y_\varphi + z_r z_\varphi \\ &\quad = -r\sin^2\theta\cos\varphi\sin\varphi + r\sin^2\theta\sin\varphi\cos\varphi = 0, \\ &G = x_\varphi^2+y_\varphi^2+z_\varphi^2 = r^2\sin^2\theta\sin^2\varphi + r^2\sin^2\theta\cos^2\varphi = r^2\sin^2\theta, \end{aligned}$$

所以

$$\begin{aligned}\iint_S z^2\mathrm{d}S &= \iint_D r^2\cos^2\theta\sqrt{EG-F^2}\mathrm{d}r\mathrm{d}\varphi = \iint_D r^3\cos^2\theta\sin\theta\mathrm{d}r\mathrm{d}\varphi \\ &= \int_0^{2\pi}\mathrm{d}\varphi\int_0^a r^3\cos^2\theta\sin\theta\mathrm{d}r = \frac{\pi}{2}a^4\cos^2\theta\sin\theta.\end{aligned}$$

注 方程 $\begin{cases} x = r\sin\theta\cos\varphi, \\ y = r\sin\theta\sin\varphi, \\ z = r\cos\varphi, \end{cases}$ 当 r,φ,θ 为参数时, 表示球或者

球的一部分; 当 θ 固定时, 表示圆锥面; 当 r 固定时, 表示球面或者球面的一部分; 当 φ 固定时, 表示平面.

例 22-1-2 解答下列各题 (第一型曲面积分的应用):

1. 求均匀曲面 $S: x^2+y^2+z^2=a^2, x\geqslant 0, y\geqslant 0, z\geqslant 0$ 的质心.

解 由质心坐标公式有

$$\overline{x}=\frac{\iint_S x\rho \mathrm{d}S}{\iint_S \rho \mathrm{d}S}=\frac{\iint_S x\mathrm{d}S}{\iint_S \mathrm{d}S},\quad \overline{y}=\frac{\iint_S y\mathrm{d}S}{\iint_S \mathrm{d}S},\quad \overline{z}=\frac{\iint_S z\mathrm{d}S}{\iint_S \mathrm{d}S},$$

其中 ρ 为曲面 S 的密度, 而

$$\iint_S \mathrm{d}S=\frac{1}{8}4\pi a^2=\frac{1}{2}\pi a^2.$$

由于

$$S: z=\sqrt{a^2-x^2-y^2},\quad (x,y)\in D=\{(x,y)|x^2+y^2\leqslant a^2, x\geqslant 0, y\geqslant 0\},$$

$$\begin{aligned}\sqrt{1+z_x^2+z_y^2}&=\sqrt{1+\left(\frac{x}{\sqrt{a^2-x^2-y^2}}\right)^2+\left(\frac{y}{\sqrt{a^2-x^2-y^2}}\right)^2}\\&=\frac{a}{\sqrt{a^2-x^2-y^2}},\end{aligned}$$

所以

$$\begin{aligned}\iint_S x\mathrm{d}S&=\iint_D x\sqrt{1+z_x^2+z_y^2}\mathrm{d}x\mathrm{d}y=\iint_D x\frac{a}{\sqrt{a^2-x^2-y^2}}\mathrm{d}x\mathrm{d}y\\&=a\int_0^{\frac{\pi}{2}}\mathrm{d}\theta\int_0^a r\cos\theta\frac{1}{\sqrt{a^2-r^2}}r\mathrm{d}r=a\int_0^a\frac{r^2}{\sqrt{a^2-r^2}}\mathrm{d}r\\&=a\int_0^{\frac{\pi}{2}}\frac{a^2\sin^2 t}{a\cos t}a\cos t\mathrm{d}t=a^3\int_0^{\frac{\pi}{2}}\sin^2 t\mathrm{d}t\\&=a^3\int_0^{\frac{\pi}{2}}\frac{1-\cos 2t}{2}\mathrm{d}t=\frac{\pi}{4}a^3,\end{aligned}$$

$$\iint_S y\mathrm{d}S=\iint_D y\sqrt{1+z_x^2+z_y^2}\mathrm{d}x\mathrm{d}y=\iint_D y\frac{a}{\sqrt{a^2-x^2-y^2}}\mathrm{d}x\mathrm{d}y$$

$$
\begin{aligned}
&= a\int_0^{\frac{\pi}{2}}\mathrm{d}\theta\int_0^a r\sin\theta\frac{1}{\sqrt{a^2-r^2}}r\mathrm{d}r = a\int_0^a\frac{r^2}{\sqrt{a^2-r^2}}\mathrm{d}r\\
&= a\int_0^{\frac{\pi}{2}}\frac{a^2\sin^2 t}{a\cos t}a\cos t\mathrm{d}t = a^3\int_0^{\frac{\pi}{2}}\sin^2 t\mathrm{d}t\\
&= a^3\int_0^{\frac{\pi}{2}}\frac{1-\cos 2t}{2}\mathrm{d}t = \frac{\pi}{4}a^3,
\end{aligned}
$$

$$
\begin{aligned}
\iint_S z\mathrm{d}S &= \iint_D z\sqrt{1+z_x^2+z_y^2}\mathrm{d}x\mathrm{d}y\\
&= \iint_D \sqrt{a^2-x^2-y^2}\frac{a}{\sqrt{a^2-x^2-y^2}}\mathrm{d}x\mathrm{d}y\\
&= a\iint_D \mathrm{d}x\mathrm{d}y = \frac{1}{4}\pi a^3.
\end{aligned}
$$

故

$$
\overline{x} = \frac{\iint_S x\mathrm{d}S}{\iint_S \mathrm{d}S} = \frac{a}{2},\quad \overline{y} = \frac{\iint_S y\mathrm{d}S}{\iint_S \mathrm{d}S} = \frac{a}{2},\quad \overline{z} = \frac{\iint_S z\mathrm{d}S}{\iint_S \mathrm{d}S} = \frac{a}{2},
$$

即质心坐标为 $\left(\frac{a}{2},\frac{a}{2},\frac{a}{2}\right)$.

2. 求密度为 ρ 的均匀球面 $x^2+y^2+z^2=a^2\ (z\geqslant 0)$ 对于 z 轴的转动惯量.

解 由于

$$
S: z=\sqrt{a^2-x^2-y^2},\quad (x,y)\in D=\{(x,y)|x^2+y^2\leqslant a^2\},
$$

$$
\begin{aligned}
\sqrt{1+z_x^2+z_y^2} &= \sqrt{1+\left(\frac{x}{\sqrt{a^2-x^2-y^2}}\right)^2+\left(\frac{y}{\sqrt{a^2-x^2-y^2}}\right)^2}\\
&= \frac{a}{\sqrt{a^2-x^2-y^2}},
\end{aligned}
$$

由转动惯量公式得所求的转动惯量为

$$
\begin{aligned}
J_z &= \iint_S (x^2+y^2)\rho\mathrm{d}S = \iint_D (x^2+y^2)\rho\sqrt{1+z_x^2+z_y^2}\mathrm{d}x\mathrm{d}y\\
&= \iint_D (x^2+y^2)\rho\frac{a}{\sqrt{a^2-x^2-y^2}}\mathrm{d}x\mathrm{d}y
\end{aligned}
$$

$$
\begin{aligned}
&= a\rho \int_0^{2\pi} \mathrm{d}\theta \int_0^a r^2 \frac{1}{\sqrt{a^2-r^2}} \cdot r\mathrm{d}r = 2\pi a\rho \int_0^a \frac{r^3}{\sqrt{a^2-r^2}}\mathrm{d}r \\
&= 2\pi a\rho \int_0^{\frac{\pi}{2}} \frac{a^3\sin^3 t}{a\cos t} a\cos t\mathrm{d}t = 2\pi a^4\rho \int_0^{\frac{\pi}{2}} \sin^3 t\mathrm{d}t \\
&= 2\pi a^4\rho \frac{2!!}{3!!} = \frac{4}{3}\pi a^4\rho.
\end{aligned}
$$

§ 22.2　第二型曲面积分

内容要求　理解第二型曲面积分的背景、定义、可积的必要条件、充分条件和充分必要条件; 掌握第一型与第二型曲面积分的关系; 掌握第二型曲面积分的计算方法: 曲面为显形式与参数形式时化为二重积分 (注意符号的选取)、投影转化法、Gauss公式法、对称方法.

例 22-2-1　解答下列各题 (第二型曲面积分的计算):

1. 计算曲面积分 $\iint_S y(x-z)\mathrm{d}y\mathrm{d}z + x^2\mathrm{d}z\mathrm{d}x + (y^2+xz)\mathrm{d}x\mathrm{d}y$, 其中 S 为 $x=y=z=0, x=y=z=a$ 六个平面所围成的正方体表面, 并取外侧为正向.

解　法一　记

$$
\begin{aligned}
&S_1: x=a, (y,z)\in D_{yz}=\{(y,z)|0\leqslant y\leqslant a, 0\leqslant z\leqslant a\}, \\
&S_2: y=a, (z,x)\in D_{zx}=\{(z,x)|0\leqslant z\leqslant a, 0\leqslant x\leqslant a\}, \\
&S_3: z=a, (x,y)\in D_{xy}=\{(x,y)|0\leqslant x\leqslant a, 0\leqslant y\leqslant a\}, \\
&S_4: x=0, (y,z)\in D_{yz}, \quad S_5: y=0, (z,x)\in D_{zx}, \\
&S_6: z=0, (x,y)\in D_{xy},
\end{aligned}
$$

则

$$
\begin{aligned}
&\iint_S y(x-z)\mathrm{d}y\mathrm{d}z + x^2\mathrm{d}z\mathrm{d}x + (y^2+xz)\mathrm{d}x\mathrm{d}y \\
&= \left(\iint_{S_1} + \iint_{S_2} + \iint_{S_3} + \iint_{S_4} + \iint_{S_5} + \iint_{S_6}\right) \\
&\quad \cdot [y(x-z)\mathrm{d}y\mathrm{d}z + x^2\mathrm{d}z\mathrm{d}x + (y^2+xz)\mathrm{d}x\mathrm{d}y]
\end{aligned}
$$

$$
\begin{aligned}
&= \iint_{S_1} y(a-z)\mathrm{d}y\mathrm{d}z + \iint_{S_2} x^2\mathrm{d}z\mathrm{d}x + \iint_{S_3} (y^2+ax)\mathrm{d}x\mathrm{d}y \\
&\quad + \iint_{S_4} y(0-z)\mathrm{d}y\mathrm{d}z + \iint_{S_5} x^2\mathrm{d}z\mathrm{d}x + \iint_{S_6} y^2\mathrm{d}x\mathrm{d}y \\
&= \iint_{D_{yz}} y(a-z)\mathrm{d}y\mathrm{d}z + \iint_{D_{zx}} x^2\mathrm{d}z\mathrm{d}x + \iint_{D_{xy}} (y^2+ax)\mathrm{d}x\mathrm{d}y \\
&\quad - \iint_{D_{yz}} (-yz)\mathrm{d}y\mathrm{d}z - \iint_{D_{zx}} x^2\mathrm{d}z\mathrm{d}x - \iint_{D_{xy}} y^2\mathrm{d}x\mathrm{d}y \\
&= \int_0^a \mathrm{d}y \int_0^a y(a-z)\mathrm{d}z + \int_0^a \mathrm{d}x \int_0^a (y^2+ax)\mathrm{d}y \\
&\quad - \int_0^a \mathrm{d}y \int_0^a (-yz)\mathrm{d}z - \int_0^a \mathrm{d}x \int_0^a y^2\mathrm{d}y \\
&= \frac{1}{4}a^4 + \frac{1}{3}a^4 + \frac{5}{6}a^4 + \frac{1}{4}a^4 - \frac{1}{3}a^4 - \frac{1}{3}a^4 = a^4.
\end{aligned}
$$

法二 记 $P = y(x-z), Q = x^2, R = (y^2+xz)$, 则由 Gauss 公式得

$$
\begin{aligned}
&\iint_S y(x-z)\mathrm{d}y\mathrm{d}z + x^2\mathrm{d}z\mathrm{d}x + (y^2+xz)\mathrm{d}x\mathrm{d}y \\
&\quad = \iiint_V \left(\frac{\partial P}{\partial x} + \frac{\partial Q}{\partial y} + \frac{\partial R}{\partial z}\right)\mathrm{d}x\mathrm{d}y\mathrm{d}z \\
&\quad = \iiint_V (y+x)\mathrm{d}x\mathrm{d}y\mathrm{d}z = \int_0^a \mathrm{d}x \int_0^a \mathrm{d}y \int_0^a (y+x)\mathrm{d}z \\
&\quad = \int_0^a \mathrm{d}x \int_0^a a(y+x)\mathrm{d}y = \int_0^a \left(\frac{1}{2}a^3 + a^2x\right)\mathrm{d}x \\
&\quad = \frac{1}{2}a^4 + \frac{1}{2}a^4 = a^4,
\end{aligned}
$$

其中 V 为 S 所围成的正方体.

注 将第二型曲面积分化为二重积分时要注意正、负号的选取.

2. 计算曲面积分 $\iint_S (x+y)\mathrm{d}y\mathrm{d}z + (y+z)\mathrm{d}z\mathrm{d}x + (z+x)\mathrm{d}x\mathrm{d}y$, 其中 S 是以原点为中心, 边长为 2 的正方体表面, 并取外侧为正向.

解 法一 记

$$S_1 : x = 1, (y,z) \in \{(y,z) | -1 \leqslant y \leqslant 1, -1 \leqslant z \leqslant 1\},$$
$$S_2 : y = 1, (z,x) \in \{(z,x) | -1 \leqslant z \leqslant 1, -1 \leqslant x \leqslant 1\},$$
$$S_3 : z = 1, (x,y) \in \{(x,y) | -1 \leqslant x \leqslant 1, -1 \leqslant y \leqslant 1\},$$
$$S_4 : x = -1, (y,z) \in \{(y,z) | -1 \leqslant y \leqslant 1, -1 \leqslant z \leqslant 1\},$$
$$S_5 : y = -1, (z,x) \in \{(z,x) | -1 \leqslant z \leqslant 1, -1 \leqslant x \leqslant 1\},$$
$$S_6 : z = -1, (x,y) \in \{(x,y) | -1 \leqslant x \leqslant 1, -1 \leqslant y \leqslant 1\},$$

则

$$\begin{aligned}
&\iint_S (x+y)\mathrm{d}y\mathrm{d}z + (y+z)\mathrm{d}z\mathrm{d}x + (z+x)\mathrm{d}x\mathrm{d}y \\
&= \left(\iint_{S_1} + \iint_{S_2} + \iint_{S_3} + \iint_{S_4} + \iint_{S_5} + \iint_{S_6}\right) \\
&\quad \cdot [(x+y)\mathrm{d}y\mathrm{d}z + (y+z)\mathrm{d}z\mathrm{d}x + (z+x)\mathrm{d}x\mathrm{d}y] \\
&= \iint_{S_1} (1+y)\mathrm{d}y\mathrm{d}z + \iint_{S_2} (1+z)\mathrm{d}z\mathrm{d}x \\
&\quad + \iint_{S_3} (1+x)\mathrm{d}x\mathrm{d}y + \iint_{S_4} (-1+y)\mathrm{d}y\mathrm{d}z \\
&\quad + \iint_{S_5} (-1+z)\mathrm{d}z\mathrm{d}x + \iint_{S_6} (-1+x)\mathrm{d}x\mathrm{d}y \\
&= \int_{-1}^{1} \mathrm{d}z \int_{-1}^{1} (1+y)\mathrm{d}y + \int_{-1}^{1} \mathrm{d}x \int_{-1}^{1} (1+z)\mathrm{d}z \\
&\quad + \int_{-1}^{1} \mathrm{d}y \int_{-1}^{1} (1+x)\mathrm{d}x - \int_{-1}^{1} \mathrm{d}z \int_{-1}^{1} (-1+y)\mathrm{d}y \\
&\quad - \int_{-1}^{1} \mathrm{d}x \int_{-1}^{1} (-1+z)\mathrm{d}z - \int_{-1}^{1} \mathrm{d}y \int_{-1}^{1} (-1+x)\mathrm{d}x \\
&= 2\left(\int_{-1}^{1} \mathrm{d}z \int_{-1}^{1} \mathrm{d}y + \int_{-1}^{1} \mathrm{d}x \int_{-1}^{1} \mathrm{d}z + \int_{-1}^{1} \mathrm{d}y \int_{-1}^{1} \mathrm{d}x\right) \\
&= 2(4+4+4) = 24.
\end{aligned}$$

法二 记 $P = x+y, Q = y+z, R = z+x$, 则由 Gauss 公式得

$$\iint_S (x+y)\mathrm{d}y\mathrm{d}z + (y+z)\mathrm{d}z\mathrm{d}x + (z+x)\mathrm{d}x\mathrm{d}y$$

$$
\begin{aligned}
&= \iiint_V \left(\frac{\partial P}{\partial x} + \frac{\partial Q}{\partial y} + \frac{\partial R}{\partial z}\right)\mathrm{d}x\mathrm{d}y\mathrm{d}z \\
&= 3\iiint_V \mathrm{d}x\mathrm{d}y\mathrm{d}z = 3\cdot 8 = 24,
\end{aligned}
$$

其中 V 为 S 所围成的正方体.

3. 计算曲面积分 $\iint_S xy\mathrm{d}y\mathrm{d}z + yz\mathrm{d}z\mathrm{d}x + xz\mathrm{d}x\mathrm{d}y$, 其中 S 是由平面 $x = y = z = 0, x + y + z = 1$ 所围的四面体表面, 并取外侧为正向.

解　法一　记

$$
\begin{aligned}
&S_1 : z = 0, (x, y) \in \{(x, y)|0 \leqslant x \leqslant 1, 0 \leqslant y \leqslant 1, x + y \leqslant 1\}, \\
&S_2 : y = 0, (z, x) \in \{(z, x)|0 \leqslant z \leqslant 1, 0 \leqslant x \leqslant 1, x + z \leqslant 1\}, \\
&S_3 : x = 0, (y, z) \in \{(y, z)|0 \leqslant y \leqslant 1, 0 \leqslant z \leqslant 1, y + z \leqslant 1\}, \\
&S_4 : x + y + z = 1, (x, y) = \{(x, y)|0 \leqslant x \leqslant 1, 0 \leqslant y \leqslant 1, x + y \leqslant 1\},
\end{aligned}
$$

则

$$
\begin{aligned}
&\iint_S xy\mathrm{d}y\mathrm{d}z + yz\mathrm{d}z\mathrm{d}x + xz\mathrm{d}x\mathrm{d}y \\
&= \left(\iint_{S_1} + \iint_{S_2} + \iint_{S_3} + \iint_{S_4}\right) xy\mathrm{d}y\mathrm{d}z + yz\mathrm{d}z\mathrm{d}x + xz\mathrm{d}x\mathrm{d}y \\
&= \iint_{S_1} x\cdot 0\mathrm{d}x\mathrm{d}y + \iint_{S_2} 0\cdot z\mathrm{d}z\mathrm{d}x + \iint_{S_3} 0\cdot y\mathrm{d}y\mathrm{d}z \\
&\quad + \iint_{S_4} xy\mathrm{d}y\mathrm{d}z + yz\mathrm{d}z\mathrm{d}x + xz\mathrm{d}x\mathrm{d}y \\
&= \iint_{S_4} xy\mathrm{d}y\mathrm{d}z + yz\mathrm{d}z\mathrm{d}x + xz\mathrm{d}x\mathrm{d}y \\
&= \iint_{D_{yz}} xy\mathrm{d}y\mathrm{d}z + \iint_{D_{zx}} yz\mathrm{d}z\mathrm{d}x + \iint_{D_{xy}} xz\mathrm{d}x\mathrm{d}y \\
&= \int_0^1 \mathrm{d}y \int_0^{1-y} (1-y-z)y\mathrm{d}z + \int_0^1 \mathrm{d}x \int_0^{1-x} (1-x-z)z\mathrm{d}z \\
&\quad + \int_0^1 \mathrm{d}x \int_0^{1-x} x(1-x-y)\mathrm{d}y = \frac{1}{8},
\end{aligned}
$$

其中 D_{yz}, D_{zx}, D_{xy} 分别为 S_4 在 yz 平面, zx 平面, xy 平面上的投影区域.

法二 记 $P=xy, Q=yz, R=xz$, 则由 Gauss 公式得

$$
\begin{aligned}
&\iint_S xy\mathrm{d}y\mathrm{d}z+yz\mathrm{d}z\mathrm{d}x+xz\mathrm{d}x\mathrm{d}y\\
&=\iiint_V\left(\frac{\partial P}{\partial x}+\frac{\partial Q}{\partial y}+\frac{\partial R}{\partial z}\right)\mathrm{d}x\mathrm{d}y\mathrm{d}z=\iiint_V(x+y+z)\mathrm{d}x\mathrm{d}y\mathrm{d}z\\
&=\iint_{D_{xy}}\mathrm{d}x\mathrm{d}y\int_0^{1-x-y}(x+y+z)\mathrm{d}z\\
&=\iint_{D_{xy}}\left[(x+y)(1-x-y)+\frac{1}{2}(1-x-y)^2\right]\mathrm{d}x\mathrm{d}y\\
&=\int_0^1\mathrm{d}x\int_0^{1-x}\left[(x+y)(1-x-y)+\frac{1}{2}(1-x-y)^2\right]\mathrm{d}y\\
&=\int_0^1\mathrm{d}x\int_0^{1-x}\left[x(1-x)+(1-2x)y-y^2\right.\\
&\qquad\left.+\frac{1}{2}(1-x)^2-y(1-x)+\frac{1}{2}y^2\right]\mathrm{d}y\\
&=\int_0^1\mathrm{d}x\int_0^{1-x}\left[x(1-x)+\frac{1}{2}(1-x)^2-xy-\frac{1}{2}y^2\right]\mathrm{d}y\\
&=\int_0^1\left[x(1-x)^2+\frac{1}{2}(1-x)^3-\frac{1}{2}x(1-x)^2-\frac{1}{6}(1-x)^3\right]\mathrm{d}x\\
&=\int_0^1\left[\frac{1}{2}x(1-x)^2+\frac{1}{3}(1-x)^3\right]\mathrm{d}x=\frac{1}{8},
\end{aligned}
$$

其中 V 为 S 所围成的四面体, D_{xy} 为 V 在 xy 平面上的投影区域.

4. 计算曲面积分 $\iint_S yz\mathrm{d}z\mathrm{d}x$, 其中 S 是球面 $x^2+y^2+z^2=1$ 的上半部分, 并取外侧为正向.

解　法一 分片投影法. 由于 S 的左、右半曲面分别为

$$
\begin{aligned}
&S_1: y=\sqrt{1-x^2-z^2},\\
&S_2: y=-\sqrt{1-x^2-z^2},
\end{aligned}
\quad (z,x)\in D_{zx}=\{(z,x)|x^2+z^2\leqslant 1, z\geqslant 0\},
$$

所以

$$
\begin{aligned}
&\iint_S yz\mathrm{d}z\mathrm{d}x=\iint_{S_1}yz\mathrm{d}z\mathrm{d}x+\iint_{S_2}yz\mathrm{d}z\mathrm{d}x\\
&=\iint_{D_{zx}}z\sqrt{1-x^2-z^2}\mathrm{d}z\mathrm{d}x-\iint_{D_{zx}}z(-\sqrt{1-x^2-z^2})\mathrm{d}z\mathrm{d}x
\end{aligned}
$$

$$= 2\iint_{D_{yz}} z\sqrt{1-x^2-z^2}\mathrm{d}z\mathrm{d}x = 2\int_0^{\pi}\mathrm{d}\theta\int_0^1 r\sin\theta\sqrt{1-r^2}\cdot r\mathrm{d}r$$

$$= 4\int_0^1 r^2\sqrt{1-r^2}\mathrm{d}r = 4\int_0^{\frac{\pi}{2}}\sin^2 t\cdot\cos t\cdot\cos t\mathrm{d}t$$

$$= 4\int_0^{\frac{\pi}{2}}\sin^2 t\cos^2 t\mathrm{d}t = \int_0^{\frac{\pi}{2}}\sin^2 2t\mathrm{d}t = \int_0^{\frac{\pi}{2}}\frac{1-\cos 4t}{2}\mathrm{d}t = \frac{\pi}{4}.$$

法二 投影转化法. 由于

$$(\cos(\overrightarrow{n},x),\cos(\overrightarrow{n},y),\cos(\overrightarrow{n},z)) = \pm(x,y,z),$$

又取曲面上侧为正向, 所以

$$(\cos(\overrightarrow{n},x),\cos(\overrightarrow{n},y),\cos(\overrightarrow{n},z)) = (x,y,z),$$

从而

$$\begin{aligned}\iint_S yz\mathrm{d}z\mathrm{d}x &= \iint_S yz\cos(\overrightarrow{n},y)\mathrm{d}S = \iint_S yz\frac{\cos(\overrightarrow{n},y)}{\cos(\overrightarrow{n},z)}\mathrm{d}x\mathrm{d}y\\ &= \iint_S y^2\mathrm{d}x\mathrm{d}y = \iint_{D_{xy}} y^2\mathrm{d}x\mathrm{d}y\\ &= \int_0^{2\pi}\mathrm{d}\theta\int_0^1 r^2\sin^2\theta\cdot r\mathrm{d}r\\ &= \frac{1}{4}\int_0^{2\pi}\frac{1-\cos 2\theta}{2} = \frac{\pi}{4},\end{aligned}$$

其中 D_{xy} 为 S 在 xy 平面上的投影区域.

法三 Gauss 公式法. 记

$$S_1: z=0,\ (x,y)\in D_{xy} = \{(x,y)|x^2+y^2\leqslant 1\},$$

$$P=0,\quad Q=yz,\quad R=0,$$

则由 Gauss 公式得

$$\iint_S yz\mathrm{d}z\mathrm{d}x + \iint_{S_1} yz\mathrm{d}z\mathrm{d}x = \iiint_V\left(\frac{\partial P}{\partial x}+\frac{\partial Q}{\partial y}+\frac{\partial R}{\partial z}\right)\mathrm{d}x\mathrm{d}y\mathrm{d}z$$

$$= \iiint_V z\mathrm{d}x\mathrm{d}y\mathrm{d}z = \iint_{D_{xy}}\mathrm{d}x\mathrm{d}y\int_0^{\sqrt{1-x^2-y^2}} z\mathrm{d}z$$

$$= \frac{1}{2}\iint_{D_{xy}}(1-x^2-y^2)\mathrm{d}x\mathrm{d}y = \frac{1}{2}\int_0^{2\pi}\mathrm{d}\theta\int_0^1(1-r^2)r\mathrm{d}r$$

$$= \pi\left(\frac{1}{2}-\frac{1}{4}\right)=\frac{\pi}{4},$$

其中 V 为 S 与 S_1 所围成的立体. 所以

$$\iint_S yz\mathrm{d}z\mathrm{d}x=\frac{\pi}{4}-\iint_{S_1} yz\mathrm{d}z\mathrm{d}x=\frac{\pi}{4}-0=\frac{\pi}{4}.$$

5. 计算曲面积分 $\iint_S x^2\mathrm{d}y\mathrm{d}z+y^2\mathrm{d}z\mathrm{d}x+z^2\mathrm{d}x\mathrm{d}y$, 其中 S 是球面 $(x-a)^2+(y-b)^2+(z-c)^2=R^2$, 并取外侧为正向.

解　法一　投影转化法. 设 $S_{上}, S_{下}$ 分别为球面 S 的上、下半球面. 由于取外侧为正向, 所以

$$(\cos(\overrightarrow{n},x),\cos(\overrightarrow{n},y),\cos(\overrightarrow{n},z))=\frac{1}{R}(x-a,y-b,z-c),$$

从而

$$\begin{aligned}
&\iint_S x^2\mathrm{d}y\mathrm{d}z+y^2\mathrm{d}z\mathrm{d}x+z^2\mathrm{d}x\mathrm{d}y\\
&=\iint_{S_{上}} x^2\mathrm{d}y\mathrm{d}z+y^2\mathrm{d}z\mathrm{d}x+z^2\mathrm{d}x\mathrm{d}y\\
&\quad+\iint_{S_{下}} x^2\mathrm{d}y\mathrm{d}z+y^2\mathrm{d}z\mathrm{d}x+z^2\mathrm{d}x\mathrm{d}y\\
&=\iint_{S_{上}}\left[x^2\frac{\cos(\overrightarrow{n},x)}{\cos(\overrightarrow{n},z)}+y^2\frac{\cos(\overrightarrow{n},y)}{\cos(\overrightarrow{n},z)}+z^2\right]\mathrm{d}x\mathrm{d}y\\
&\quad+\iint_{S_{下}}\left[x^2\frac{\cos(\overrightarrow{n},x)}{\cos(\overrightarrow{n},z)}+y^2\frac{\cos(\overrightarrow{n},y)}{\cos(\overrightarrow{n},z)}+z^2\right]\mathrm{d}x\mathrm{d}y\\
&=\iint_{S_{上}}\left(x^2\frac{x-a}{z-c}+y^2\frac{y-b}{z-c}+z^2\right)\mathrm{d}x\mathrm{d}y\\
&\quad+\iint_{S_{下}}\left(x^2\frac{x-a}{z-c}+y^2\frac{y-b}{z-c}+z^2\right)\mathrm{d}x\mathrm{d}y\\
&=\iint_{D_{xy}}\left\{x^2\frac{x-a}{\sqrt{R^2-(x-a)^2-(y-b)^2}}\right.\\
&\quad+y^2\frac{y-b}{\sqrt{R^2-(x-a)^2-(y-b)^2}}
\end{aligned}$$

$$
\begin{aligned}
&+\left[c+\sqrt{R^2-(x-a)^2-(y-b)^2}\right]^2\Bigg\}\mathrm{d}x\mathrm{d}y\\
&-\iint_{D_{xy}}\Bigg\{x^2\frac{x-a}{-\sqrt{R^2-(x-a)^2-(y-b)^2}}\\
&+y^2\frac{y-b}{-\sqrt{R^2-(x-a)^2-(y-b)^2}}\\
&+\left[c-\sqrt{R^2-(x-a)^2-(y-b)^2}\right]^2\Bigg\}\mathrm{d}x\mathrm{d}y\\
=&2\iint_{D_{xy}}\Bigg[x^2\frac{x-a}{\sqrt{R^2-(x-a)^2-(y-b)^2}}\\
&+y^2\frac{y-b}{\sqrt{R^2-(x-a)^2-(y-b)^2}}\\
&+2c\sqrt{R^2-(x-a)^2-(y-b)^2}\Bigg]\mathrm{d}x\mathrm{d}y,
\end{aligned}
$$

其中 $D_{xy}:(x-a)^2+(y-b)^2\leqslant R^2$. 令

$$
\begin{cases}x=a+r\cos\theta,\\ y=b+r\sin\theta,\end{cases}\quad \theta\in[0,2\pi],r\in[0,R]\Longrightarrow\left|\frac{\partial(x,y)}{\partial(r,\theta)}\right|=r,
$$

所以

$$
\begin{aligned}
&\iint_S x^2\mathrm{d}y\mathrm{d}z+y^2\mathrm{d}z\mathrm{d}x+z^2\mathrm{d}x\mathrm{d}y\\
&=2\iint_{D_{xy}}\Bigg[x^2\frac{x-a}{\sqrt{R^2-(x-a)^2-(y-b)^2}}\\
&\quad+y^2\frac{y-b}{\sqrt{R^2-(x-a)^2-(y-b)^2}}\\
&\quad+2c\sqrt{R^2-(x-a)^2-(y-b)^2}\Bigg]\mathrm{d}x\mathrm{d}y\\
&=2\int_0^{2\pi}\mathrm{d}\theta\int_0^R\Bigg[(a+r\cos\theta)^2\frac{r\cos\theta}{\sqrt{R^2-r^2}}\\
&\quad+(b+r\sin\theta)^2\frac{r\sin\theta}{\sqrt{R^2-r^2}}+2c\sqrt{R^2-r^2}\Bigg]r\mathrm{d}r\\
&=2\int_0^{2\pi}\mathrm{d}\theta\int_0^R\left(a^2\frac{r^2\cos\theta}{\sqrt{R^2-r^2}}+b^2\frac{r^2\sin\theta}{\sqrt{R^2-r^2}}\right)\mathrm{d}r
\end{aligned}
$$

$$+4\int_0^{2\pi}\mathrm{d}\theta\int_0^R\left(a\cos^2\theta\frac{r^3}{\sqrt{R^2-r^2}}+b\sin^2\theta\frac{r^3}{\sqrt{R^2-r^2}}\right)\mathrm{d}r$$

$$+2\int_0^{2\pi}\mathrm{d}\theta\int_0^R\left(\cos^3\theta\frac{r^4}{\sqrt{R^2-r^2}}+\sin^3\theta\frac{r^4}{\sqrt{R^2-r^2}}\right)\mathrm{d}r$$

$$+4c\int_0^{2\pi}\mathrm{d}\theta\int_0^R\sqrt{R^2-r^2}r\mathrm{d}r$$

$$=4\int_0^{2\pi}\mathrm{d}\theta\int_0^R\left(a\cos^2\theta\frac{r^3}{\sqrt{R^2-r^2}}+b\sin^2\theta\frac{r^3}{\sqrt{R^2-r^2}}\right)\mathrm{d}r$$

$$+4c\int_0^{2\pi}\mathrm{d}\theta\int_0^R\sqrt{R^2-r^2}r\mathrm{d}r$$

$$=4\left(a\int_0^{2\pi}\cos^2\theta\mathrm{d}\theta+b\int_0^{2\pi}\sin^2\theta\mathrm{d}\theta\right)\int_0^R\frac{r^3}{\sqrt{R^2-r^2}}\mathrm{d}r$$

$$+4c\int_0^{2\pi}\mathrm{d}\theta\int_0^R\sqrt{R^2-r^2}r\mathrm{d}r$$

$$=4\pi(a+b)\int_0^{\frac{\pi}{2}}\frac{R^3\sin^3 t}{R\cos t}R\cos t\mathrm{d}t+8\pi c\left[-\frac{1}{3}(R^2-r^2)^{3/2}\bigg|_0^R\right]$$

$$=4\pi(a+b)R^3\frac{2!!}{3!!}+\frac{8}{3}\pi cR^3=\frac{8}{3}\pi(a+b+c)R^3.$$

法二 Gauss 公式法. 记 $P=x^2,Q=y^2,R=z^2$, 则由 Gauss 公式得

$$\iint_S x^2\mathrm{d}y\mathrm{d}z+y^2\mathrm{d}z\mathrm{d}x+z^2\mathrm{d}x\mathrm{d}y$$

$$=\iiint_V\left(\frac{\partial P}{\partial x}+\frac{\partial Q}{\partial y}+\frac{\partial R}{\partial z}\right)\mathrm{d}x\mathrm{d}y\mathrm{d}z=2\iiint_V(x+y+z)\mathrm{d}x\mathrm{d}y\mathrm{d}z$$

$$=2\iint_{D_{xy}}\mathrm{d}x\mathrm{d}y\int_{c-\sqrt{R^2-(x-a)^2-(y-b)^2}}^{c+\sqrt{R^2-(x-a)^2-(y-b)^2}}(x+y+z)\mathrm{d}z$$

$$=4\iint_{D_{xy}}(x+y)\sqrt{R^2-(x-a)^2-(y-b)^2}\mathrm{d}x\mathrm{d}y$$

$$+\iint_{D_{xy}}\left\{\left[c+\sqrt{R^2-(x-a)^2-(y-b)^2}\right]^2\right.$$

$$\left.-\left[c-\sqrt{R^2-(x-a)^2-(y-b)^2}\right]^2\right\}\mathrm{d}x\mathrm{d}y,$$

其中V为S所围成的球体, D_{xy}为V在xy平面上的投影区域. 令

$$\begin{cases} x = a + r\cos\theta, \\ y = b + r\sin\theta, \end{cases} \theta \in [0, 2\pi], r \in [0, R] \Longrightarrow \left| \frac{\partial(x, y)}{\partial(r, \theta)} \right| = r,$$

则

$$\begin{aligned}
&\iint_S x^2 \mathrm{d}y\mathrm{d}z + y^2 \mathrm{d}z\mathrm{d}x + z^2 \mathrm{d}x\mathrm{d}y \\
&= 4\iint_{D_{xy}} (x + y)\sqrt{R^2 - (x - a)^2 - (y - b)^2} \mathrm{d}x\mathrm{d}y \\
&\quad + 4c\iint_{D_{xy}} \sqrt{R^2 - (x - a)^2 - (y - b)^2} \mathrm{d}x\mathrm{d}y \\
&= 4\int_0^{2\pi} \mathrm{d}\theta \int_0^R (a + r\cos\theta + b + r\sin\theta)\sqrt{R^2 - r^2} r\mathrm{d}r \\
&\quad + 4c\int_0^{2\pi} \mathrm{d}\theta \int_0^R \sqrt{R^2 - r^2} r\mathrm{d}r \\
&= 4\int_0^{2\pi} \mathrm{d}\theta \int_0^R (a + b)\sqrt{R^2 - r^2} r\mathrm{d}r \\
&\quad + 4\int_0^{2\pi} \mathrm{d}\theta \int_0^R (\cos\theta + \sin\theta)\sqrt{R^2 - r^2} r^2\mathrm{d}r \\
&\quad + 4c\int_0^{2\pi} \mathrm{d}\theta \int_0^R \sqrt{R^2 - r^2} r\mathrm{d}r \\
&= \frac{8}{3}\pi(a + b)R^3 + \frac{8}{3}\pi c R^3 = \frac{8}{3}\pi(a + b + c)R^3.
\end{aligned}$$

法三 对称方法. 先计算 $\iint_S z^2 \mathrm{d}x\mathrm{d}y$. 由于

$$\begin{aligned}
&S : z = c \pm \sqrt{R^2 - (x - a)^2 - (y - b)^2}, \\
&(x, y) \in D_{xy} = \{(x, y) | (x - a)^2 + (y - b)^2 \leqslant R^2\},
\end{aligned}$$

所以

$$\begin{aligned}
\iint_S z^2 \mathrm{d}x\mathrm{d}y &= \iint_{D_{xy}} \left[c + \sqrt{R^2 - (x - a)^2 - (y - b)^2}\right]^2 \mathrm{d}x\mathrm{d}y \\
&\quad - \iint_{D_{xy}} \left[c - \sqrt{R^2 - (x - a)^2 - (y - b)^2}\right]^2 \mathrm{d}x\mathrm{d}y \\
&= 4c\iint_{D_{xy}} \sqrt{R^2 - (x - a)^2 - (y - b)^2} \mathrm{d}x\mathrm{d}y,
\end{aligned}$$

令

$$\begin{cases} x = a + r\cos\theta, \\ y = b + r\sin\theta, \end{cases} \theta \in [0, 2\pi], r \in [0, R] \Longrightarrow \left|\frac{\partial(x,y)}{\partial(r,\theta)}\right| = r,$$

故

$$\begin{aligned}\iint_S z^2 \mathrm{d}x\mathrm{d}y &= 4c\iint_{D_{xy}} \sqrt{R^2-(x-a)^2-(y-b)^2}\mathrm{d}x\mathrm{d}y \\ &= 4c\int_0^{2\pi}\mathrm{d}\theta\int_0^R \sqrt{R^2-r^2}r\mathrm{d}r \\ &= 8\pi c\left[-\frac{1}{3}(R^2-r^2)^{3/2}\Big|_0^R\right] = \frac{8}{3}\pi c R^3.\end{aligned}$$

同理可得

$$\iint_S x^2\mathrm{d}y\mathrm{d}z = \frac{8}{3}\pi a R^3, \quad \iint_S y^2\mathrm{d}z\mathrm{d}x = \frac{8}{3}\pi b R^3.$$

所以

$$\iint_S x^2\mathrm{d}y\mathrm{d}z + y^2\mathrm{d}z\mathrm{d}x + z^2\mathrm{d}x\mathrm{d}y = \frac{8}{3}\pi(a+b+c)R^3.$$

6. 计算曲面积分 $I = \iint_S f(x)\mathrm{d}y\mathrm{d}z + g(y)\mathrm{d}z\mathrm{d}x + h(z)\mathrm{d}x\mathrm{d}y$, 其中 S 是平行六面体 $0 \leqslant x \leqslant a, 0 \leqslant y \leqslant b, 0 \leqslant z \leqslant c$ 的表面, 并取外侧为正向, $f(x), g(y), h(z)$ 为 S 上的连续函数.

解 由于被积分函数仅是连续函数, 因此不能用 Gauss 公式. 记

$$\begin{aligned}&S_1: x = a, (y,z) \in D_{yz} = \{(y,z)|0 \leqslant y \leqslant b, 0 \leqslant z \leqslant c\}, \\ &S_2: y = b, (z,x) \in D_{zx} = \{(x,y)|0 \leqslant z \leqslant c, 0 \leqslant x \leqslant a\}, \\ &S_3: z = c, (x,y) \in D_{xy} = \{(x,y)|0 \leqslant x \leqslant a, 0 \leqslant y \leqslant b\}, \\ &S_4: x = 0, (y,z) \in D_{yz}, \quad S_5: y = 0, (z,x) \in D_{zx}, \\ &S_6: z = 0, (x,y) \in D_{xy},\end{aligned}$$

则

$$
\begin{aligned}
I &= \iint_S f(x)\mathrm{d}y\mathrm{d}z + g(y)\mathrm{d}z\mathrm{d}x + h(z)\mathrm{d}x\mathrm{d}y \\
&= \left(\iint\limits_{S_1} + \iint\limits_{S_2} + \iint\limits_{S_3} + \iint\limits_{S_4} + \iint\limits_{S_5} + \iint\limits_{S_6}\right) \\
&\quad \cdot [f(x)\mathrm{d}y\mathrm{d}z + g(y)\mathrm{d}z\mathrm{d}x + h(z)\mathrm{d}x\mathrm{d}y] \\
&= \iint_{S_1} f(a)\mathrm{d}y\mathrm{d}z + \iint_{S_2} g(b)\mathrm{d}z\mathrm{d}x + \iint_{S_3} h(c)\mathrm{d}x\mathrm{d}y \\
&\quad + \iint_{S_4} f(0)\mathrm{d}y\mathrm{d}z + \iint_{S_5} g(0)\mathrm{d}z\mathrm{d}x + \iint_{S_6} h(0)\mathrm{d}x\mathrm{d}y \\
&= \iint_{D_{yz}} f(a)\mathrm{d}y\mathrm{d}z + \iint_{D_{zx}} g(b)\mathrm{d}z\mathrm{d}x + \iint_{D_{xy}} h(c)\mathrm{d}x\mathrm{d}y \\
&\quad - \iint_{D_{yz}} f(0)\mathrm{d}y\mathrm{d}z - \iint_{D_{zx}} g(0)\mathrm{d}z\mathrm{d}x - \iint_{D_{xy}} h(0)\mathrm{d}x\mathrm{d}y \\
&= [f(a) - f(0)]bc + [g(b) - g(0)]ac + [h(c) - h(0)]ab.
\end{aligned}
$$

例 22-2-2 解答下列各题 (第二型曲面积分的应用):

1. 设某流体的流速为 $\overrightarrow{v} = (k, y, 0)$, 求单位时间内该流体从球面 $S: x^2 + y^2 + z^2 = 4$ 的内部流过球面的流量.

解 由第二型曲面积分的物理背景可知所求的流量为

$$
I = \iint_S P\mathrm{d}y\mathrm{d}z + Q\mathrm{d}z\mathrm{d}x + R\mathrm{d}x\mathrm{d}y = \iint_S k\mathrm{d}y\mathrm{d}z + y\mathrm{d}z\mathrm{d}x + 0\mathrm{d}x\mathrm{d}y,
$$

其中 $\overrightarrow{v} = (k, y, 0) = (P, Q, R)$, 取 S 的外侧为正向.

法一 分片投影法. S 的前、后半球面, 左、右半球面分别为

$$
\begin{aligned}
&S_{\text{前}}: x = \sqrt{4 - y^2 - z^2}, \\
&S_{\text{后}}: x = \sqrt{4 - y^2 - z^2}
\end{aligned}
\quad (y, z) \in D_{yz} = \{(y, z) | y^2 + z^2 \leqslant 4\};
$$

$$
\begin{aligned}
&S_{\text{左}}: y = -\sqrt{4 - x^2 - z^2}, \\
&S_{\text{右}}: y = \sqrt{4 - x^2 - z^2}
\end{aligned}
\quad (z, x) \in D_{zx} = \{(z, x) | x^2 + z^2 \leqslant 4\}.
$$

于是

$$
\iint_S k\mathrm{d}y\mathrm{d}z = \iint_{S_{\text{前}}} k\mathrm{d}y\mathrm{d}z + \iint_{S_{\text{后}}} k\mathrm{d}y\mathrm{d}z
$$

$$= k\left(\iint_{D_{yz}} \mathrm{d}y\mathrm{d}z - \iint_{D_{yz}} \mathrm{d}y\mathrm{d}z\right) = 0.$$

$$\begin{aligned}
\iint_S y\mathrm{d}z\mathrm{d}x &= \iint_{S_{右}} y\mathrm{d}z\mathrm{d}x + \iint_{S_{左}} y\mathrm{d}z\mathrm{d}x \\
&= \iint_{D_{zx}} \sqrt{4-x^2-z^2}\mathrm{d}z\mathrm{d}x \\
&\quad - \iint_{D_{zx}} (-\sqrt{4-x^2-z^2})\mathrm{d}z\mathrm{d}x \\
&= 2\iint_{D_{zx}} \sqrt{4-x^2-z^2}\mathrm{d}z\mathrm{d}x \\
&= 2\int_0^{2\pi} \mathrm{d}\theta \int_0^2 \sqrt{4-r^2}r\mathrm{d}r \\
&= 4\pi\left[-\frac{1}{3}(4-r^2)^{3/2}\Big|_0^2\right] = \frac{32}{3}\pi.
\end{aligned}$$

所以

$$I = \iint_S k\mathrm{d}y\mathrm{d}z + y\mathrm{d}z\mathrm{d}x + 0\mathrm{d}x\mathrm{d}y = \frac{32}{3}\pi.$$

法二 投影转化法. S 的上、下半球面分别为

$$\begin{aligned} S_{上}:\ z &= \sqrt{4-x^2-y^2}, \\ S_{下}:\ z &= -\sqrt{4-x^2-y^2}, \end{aligned} \quad (x,y) \in D_{xy} = \{(x,y)|x^2+y^2 \leqslant 4\}.$$

由于取 S 的外侧为正向, 所以

$$(\cos(\overrightarrow{n},x), \cos(\overrightarrow{n},y), \cos(\overrightarrow{n},z)) = \frac{1}{2}(x,y,z),$$

从而

$$\begin{aligned}
&\iint_S k\mathrm{d}y\mathrm{d}z + y\mathrm{d}z\mathrm{d}x + 0\mathrm{d}x\mathrm{d}y \\
&= \iint_{S_{上}} k\mathrm{d}y\mathrm{d}z + y\mathrm{d}z\mathrm{d}x + 0\mathrm{d}x\mathrm{d}y + \iint_{S_{下}} k\mathrm{d}y\mathrm{d}z + y\mathrm{d}z\mathrm{d}x + 0\mathrm{d}x\mathrm{d}y \\
&= \iint_{S_{上}} \left[k\frac{\cos(\overrightarrow{n},x)}{\cos(\overrightarrow{n},z)} + y\frac{\cos(\overrightarrow{n},y)}{\cos(\overrightarrow{n},z)} + 0\right]\mathrm{d}x\mathrm{d}y
\end{aligned}$$

$$+\iint_{S_{下}}\left[k\frac{\cos(\overrightarrow{n},x)}{\cos(\overrightarrow{n},z)}+y\frac{\cos(\overrightarrow{n},y)}{\cos(\overrightarrow{n},z)}+0\right]\mathrm{d}x\mathrm{d}y$$

$$=\iint_{S_{上}}\left(k\frac{x}{z}+y\frac{y}{z}+0\right)\mathrm{d}x\mathrm{d}y+\iint_{S_{下}}\left(k\frac{x}{z}+y\frac{y}{z}+0\right)\mathrm{d}x\mathrm{d}y$$

$$=\iint_{D_{xy}}\left(k\frac{x}{\sqrt{4-x^2-y^2}}+y\frac{y}{\sqrt{4-x^2-y^2}}\right)\mathrm{d}x\mathrm{d}y$$

$$-\iint_{D_{xy}}\left(k\frac{x}{-\sqrt{4-x^2-y^2}}+y\frac{y}{-\sqrt{4-x^2-y^2}}\right)\mathrm{d}x\mathrm{d}y$$

$$=2\iint_{D_{xy}}\left(k\frac{x}{\sqrt{4-x^2-y^2}}+y\frac{y}{\sqrt{4-x^2-y^2}}\right)\mathrm{d}x\mathrm{d}y$$

$$=2\int_0^{2\pi}\mathrm{d}\theta\int_0^2\left(k\frac{r\cos\theta}{\sqrt{4-r^2}}+\frac{r^2\sin^2\theta}{\sqrt{4-r^2}}\right)r\mathrm{d}r$$

$$=2\int_0^{2\pi}\mathrm{d}\theta\int_0^2\frac{r^3\sin^2\theta}{\sqrt{4-r^2}}\mathrm{d}r=2\pi\int_0^2\frac{r^3}{\sqrt{4-r^2}}\mathrm{d}r$$

$$=2\pi\int_0^{\frac{\pi}{2}}\frac{2^3\sin^3 t}{2\cos t}\cdot 2\cos t\mathrm{d}t=16\pi\int_0^{\frac{\pi}{2}}\sin^3 t\mathrm{d}t$$

$$=16\pi\frac{2!!}{3!!}=\frac{32}{3}\pi.$$

法三 Gauss 公式法.

$$I=\iint_S P\mathrm{d}y\mathrm{d}z+Q\mathrm{d}z\mathrm{d}x+R\mathrm{d}x\mathrm{d}y=\iint_S k\mathrm{d}y\mathrm{d}z+y\mathrm{d}z\mathrm{d}x+0\mathrm{d}x\mathrm{d}y$$

$$=\iiint_V(0+1+0)\mathrm{d}x\mathrm{d}y\mathrm{d}z=\frac{4}{3}\pi\cdot 2^3=\frac{32}{3}\pi,$$

其中 V 为 S 所围成的球体.

2. 设磁场强度为 $\overrightarrow{E}=(x,y,z)$, 求从球内出发通过上半球面 $S:x^2+y^2+z^2=a^2, z\geqslant 0$ 的磁通量.

解 由第二型曲面积分的物理背景可知所求的磁通量为

$$I=\iint_S P\mathrm{d}y\mathrm{d}z+Q\mathrm{d}z\mathrm{d}x+R\mathrm{d}x\mathrm{d}y=\iint_S x\mathrm{d}y\mathrm{d}z+y\mathrm{d}z\mathrm{d}x+z\mathrm{d}x\mathrm{d}y,$$

其中 $\overrightarrow{E}=(x,y,z)=(P,Q,R)$.

法一 分片投影法. S 的前、后半曲面和左、右半曲面分别为

$$\left.\begin{array}{l}S_{前}: x=\sqrt{a^2-y^2-z^2},\\ S_{后}: x=\sqrt{a^2-y^2-z^2}\end{array}\right. \quad (y,z)\in D_{yz}=\{(y,z)|y^2+z^2\leqslant a^2, z\geqslant 0\};$$

$$\left.\begin{array}{l}S_{左}: y=-\sqrt{a^2-x^2-z^2},\\ S_{右}: y=\sqrt{a^2-x^2-z^2}\end{array}\right. \quad (z,x)\in D_{zx}=\{(z,x)|x^2+z^2\leqslant a, z\geqslant 0\}.$$

于是

$$\begin{aligned}\iint_S x\mathrm{d}y\mathrm{d}z &= \iint_{S_{前}} x\mathrm{d}y\mathrm{d}z + \iint_{S_{后}} x\mathrm{d}y\mathrm{d}z\\ &= \iint_{D_{yz}} \sqrt{a^2-y^2-z^2}\mathrm{d}y\mathrm{d}z\\ &\quad -\iint_{D_{yz}} (-\sqrt{a^2-y^2-z^2})\mathrm{d}y\mathrm{d}z\\ &= 2\iint_{D_{yz}} \sqrt{a^2-y^2-z^2}\mathrm{d}y\mathrm{d}z\\ &= 2\int_0^{\pi}\mathrm{d}\theta\int_0^a \sqrt{a^2-r^2}r\mathrm{d}r\\ &= 2\pi\left[-\frac{1}{3}(a^2-r^2)^{3/2}\Big|_0^a\right] = \frac{2\pi}{3}a^3,\end{aligned}$$

$$\begin{aligned}\iint_S y\mathrm{d}z\mathrm{d}x &= \iint_{S_{右}} y\mathrm{d}z\mathrm{d}x + \iint_{S_{左}} y\mathrm{d}z\mathrm{d}x\\ &= \iint_{D_{zx}} \sqrt{a^2-x^2-z^2}\mathrm{d}z\mathrm{d}x\\ &\quad -\iint_{D_{zx}} (-\sqrt{a^2-x^2-z^2})\mathrm{d}z\mathrm{d}x\\ &= 2\iint_{D_{zx}} \sqrt{4-x^2-z^2}\mathrm{d}z\mathrm{d}x\\ &= 2\int_0^{\pi}\mathrm{d}\theta\int_0^a \sqrt{a^2-r^2}r\mathrm{d}r\\ &= 2\pi\left[-\frac{1}{3}(a^2-r^2)^{3/2}\Big|_0^a\right] = \frac{2\pi}{3}a^3,\end{aligned}$$

$$\iint_S z\mathrm{d}x\mathrm{d}y = \iint_{D_{xy}} \sqrt{a^2-x^2-y^2}\mathrm{d}z\mathrm{d}x$$

$$= \int_0^{2\pi} \mathrm{d}\theta \int_0^a \sqrt{a^2 - r^2} r\mathrm{d}r$$
$$= 2\pi \left[-\frac{1}{3}(a^2 - r^2)^{3/2}\Big|_0^a \right] = \frac{2\pi}{3}a^3.$$

所以

$$I = \iint_S x\mathrm{d}y\mathrm{d}z + y\mathrm{d}z\mathrm{d}x + z\mathrm{d}x\mathrm{d}y = 2\pi a^3.$$

法二 投影转化法. 由于取外侧为正向, 所以

$$(\cos(\overrightarrow{n}, x), \cos(\overrightarrow{n}, y), \cos(\overrightarrow{n}, z)) = \frac{1}{a}(x, y, z),$$

从而

$$\begin{aligned}
&\iint_S x\mathrm{d}y\mathrm{d}z + y\mathrm{d}z\mathrm{d}x + z\mathrm{d}x\mathrm{d}y \\
&= \iint_S \left[x\frac{\cos(\overrightarrow{n}, x)}{\cos(\overrightarrow{n}, z)} + y\frac{\cos(\overrightarrow{n}, y)}{\cos(\overrightarrow{n}, z)} + z \right] \mathrm{d}x\mathrm{d}y \\
&= \iint_S \left(x\frac{x}{z} + y\frac{y}{z} + z \right) \mathrm{d}x\mathrm{d}y \\
&= \iint_{D_{xy}} \left(x\frac{x}{\sqrt{a^2 - x^2 - y^2}} + y\frac{y}{\sqrt{a^2 - x^2 - y^2}} + \sqrt{a^2 - x^2 - y^2} \right) \mathrm{d}x\mathrm{d}y \\
&= \int_0^{2\pi} \mathrm{d}\theta \int_0^a \left(\frac{r^2\cos^2\theta}{\sqrt{4 - r^2}} + \frac{r^2\sin^2\theta}{\sqrt{4 - r^2}} + \sqrt{a^2 - r^2} \right) r\mathrm{d}r \\
&= 2\int_0^{2\pi} \mathrm{d}\theta \int_0^a \left(\frac{r^2}{\sqrt{4 - r^2}} + \sqrt{a^2 - r^2} \right) r\mathrm{d}r \\
&= 4\pi \left[\int_0^a \frac{r^3}{\sqrt{4 - r^2}}\mathrm{d}r - \frac{1}{3}(a^2 - r^2)^{3/2}\Big|_0^a \right] \\
&= 2\pi \left(\int_0^{\frac{\pi}{2}} \frac{a^3\sin^3 t}{a\cos t} a\cos t\mathrm{d}t + \frac{1}{3}a^3 \right) = 2\pi \left(a^3 \int_0^{\frac{\pi}{2}} \sin^3 t\mathrm{d}t + \frac{1}{3}a^3 \right) \\
&= 2\pi \left(\frac{2!!}{3!!}a^3 + \frac{1}{3}a^3 \right) = 2\pi a^3.
\end{aligned}$$

法三 Gauss 公式法. 记 $S_1 : z = 0, (x, y) \in \{(x, y) | x^2 + y^2 \leqslant a^2\}$, 则由 Gauss 公式得

$$\iint_S x\mathrm{d}y\mathrm{d}z + y\mathrm{d}z\mathrm{d}x + z\mathrm{d}x\mathrm{d}y + \iint_{S_1} x\mathrm{d}y\mathrm{d}z + y\mathrm{d}z\mathrm{d}x + z\mathrm{d}x\mathrm{d}y$$
$$= \iiint_V 3\mathrm{d}x\mathrm{d}y\mathrm{d}z = 3 \cdot \frac{2}{3}\pi a^3 = 2\pi a^3,$$

其中 V 为 S 与 S_1 所围成的半球体. 而

$$\iint_{S_1} x\mathrm{d}y\mathrm{d}z + y\mathrm{d}z\mathrm{d}x + z\mathrm{d}x\mathrm{d}y = \iint_{S_1} 0\mathrm{d}x\mathrm{d}y = 0,$$

所以

$$\iint_S x\mathrm{d}y\mathrm{d}z + y\mathrm{d}z\mathrm{d}x + z\mathrm{d}x\mathrm{d}y = 2\pi a^3.$$

§ 22.3 Gauss 公式与 Stokes 公式

内容要求 掌握封闭曲面积分和曲面围成的几何体上的积分之间的关系, 即 Gauss 公式; 掌握曲面积分和曲面边界曲线积分之间的关系, 即 Stokes 公式; 掌握空间曲线积分与路径无关的定理, 空间曲线积分与路径无关时的计算方法: 折线法、原函数法.

例 22-3-1 解答下列各题 (用 Gauss 公式计算曲面积分):

1. 计算曲面积分 $\oiint_S yz\mathrm{d}y\mathrm{d}z + zx\mathrm{d}z\mathrm{d}x + xy\mathrm{d}x\mathrm{d}y$, 其中 S 是单位球面 $x^2+y^2+z^2=1$ 的外侧.

解 法一 投影转化法. S 由上、下半球面分别为

$$\begin{aligned} S_{上}: \ z &= \sqrt{1-x^2-y^2}, \\ S_{下}: \ z &= -\sqrt{1-x^2-y^2} \end{aligned} \quad (x,y) \in D_{xy} = \{(x,y) | x^2+y^2 \leqslant 1\}.$$

由于取球面外侧为正向, 所以

$$(\cos(\overrightarrow{n},x), \cos(\overrightarrow{n},y), \cos(\overrightarrow{n},z)) = (x,y,z),$$

从而

$$\begin{aligned}
&\iint_S yz\mathrm{d}y\mathrm{d}z + zx\mathrm{d}z\mathrm{d}x + xy\mathrm{d}x\mathrm{d}y \\
&= \iint_{S_{\text{上}}} yz\mathrm{d}y\mathrm{d}z + zx\mathrm{d}z\mathrm{d}x + xy\mathrm{d}x\mathrm{d}y \\
&\quad + \iint_{S_{\text{下}}} yz\mathrm{d}y\mathrm{d}z + zx\mathrm{d}z\mathrm{d}x + xy\mathrm{d}x\mathrm{d}y \\
&= \iint_{S_{\text{上}}} \left[yz\frac{\cos(\overrightarrow{n},x)}{\cos(\overrightarrow{n},z)} + zx\frac{\cos(\overrightarrow{n},y)}{\cos(\overrightarrow{n},z)} + xy\right]\mathrm{d}x\mathrm{d}y \\
&\quad + \iint_{S_{\text{下}}} \left[yz\frac{\cos(\overrightarrow{n},x)}{\cos(\overrightarrow{n},z)} + zx\frac{\cos(\overrightarrow{n},y)}{\cos(\overrightarrow{n},z)} + xy\right]\mathrm{d}x\mathrm{d}y \\
&= 3\iint_{S_{\text{上}}} xy\mathrm{d}x\mathrm{d}y + 3\iint_{S_{\text{下}}} xy\mathrm{d}x\mathrm{d}y \\
&= 3\iint_{D_{xy}} xy\mathrm{d}x\mathrm{d}y - 3\iint_{D_{xy}} xy\mathrm{d}x\mathrm{d}y = 0.
\end{aligned}$$

法二 Gauss 公式法. 记 $P = yz, Q = zx, R = xy$, 则由 Gauss 公式得

$$\begin{aligned}
\oiint_S yz\mathrm{d}y\mathrm{d}z + zx\mathrm{d}z\mathrm{d}x + xy\mathrm{d}x\mathrm{d}y &= \iiint_V \left(\frac{\partial P}{\partial x} + \frac{\partial Q}{\partial y} + \frac{\partial R}{\partial z}\right)\mathrm{d}x\mathrm{d}y\mathrm{d}z \\
&= \iiint_V 0\mathrm{d}x\mathrm{d}y\mathrm{d}z = 0,
\end{aligned}$$

其中 V 为 S 所围成的单位球体.

注 也可以使用分片投影方法.

2. 计算曲面积分 $\oiint_S x^2\mathrm{d}y\mathrm{d}z + y^2\mathrm{d}z\mathrm{d}x + z^2\mathrm{d}x\mathrm{d}y$, 其中 S 是立方体 $0 \leqslant x \leqslant a, 0 \leqslant y \leqslant a, 0 \leqslant z \leqslant a$ 表面的外侧.

解 **法一** 分片投影法. 记

$$\begin{aligned}
&S_1 : x = a, (y,z) \in D_{yz} = \{(y,z)|0 \leqslant y \leqslant a, 0 \leqslant z \leqslant a\}, \\
&S_2 : y = a, (z,x) \in D_{zx} = \{(z,x)|0 \leqslant z \leqslant a, 0 \leqslant x \leqslant a\}, \\
&S_3 : z = a, (x,y) \in D_{xy} = \{(x,y)|0 \leqslant x \leqslant a, 0 \leqslant y \leqslant a\},
\end{aligned}$$

$$S_4: x=0,(y,z)\in D_{yz},\quad S_5: y=0,(z,x)\in D_{zx},$$
$$S_6: z=0,(x,y)\in D_{xy},$$

则

$$\begin{aligned}
&\oiint_S x^2\mathrm{d}y\mathrm{d}z+y^2\mathrm{d}z\mathrm{d}x+z^2\mathrm{d}x\mathrm{d}y\\
&=\left(\iint_{S_1}+\iint_{S_2}+\iint_{S_3}+\iint_{S_4}+\iint_{S_5}+\iint_{S_6}\right)\\
&\quad\cdot(x^2\mathrm{d}y\mathrm{d}z+y^2\mathrm{d}z\mathrm{d}x+z^2\mathrm{d}x\mathrm{d}y)\\
&=\iint_{S_1}a^2\mathrm{d}y\mathrm{d}z+\iint_{S_2}a^2\mathrm{d}z\mathrm{d}x+\iint_{S_3}a^2\mathrm{d}x\mathrm{d}y\\
&\quad+\iint_{S_4}0^2\mathrm{d}y\mathrm{d}z+\iint_{S_5}0^2\mathrm{d}z\mathrm{d}x+\iint_{S_6}0^2\mathrm{d}x\mathrm{d}y\\
&=\iint_{D_{yz}}a^2\mathrm{d}y\mathrm{d}z+\iint_{D_{zx}}a^2\mathrm{d}z\mathrm{d}x+\iint_{D_{xy}}a^2\mathrm{d}x\mathrm{d}y=3a^4.
\end{aligned}$$

法二 Gauss 公式法. 记 $P=x^2,Q=y^2,R=z^2$, 则由 Gauss 公式得

$$\begin{aligned}
&\oiint_S x^2\mathrm{d}y\mathrm{d}z+y^2\mathrm{d}z\mathrm{d}x+z^2\mathrm{d}x\mathrm{d}y=\iiint_V\left(\frac{\partial P}{\partial x}+\frac{\partial Q}{\partial y}+\frac{\partial R}{\partial z}\right)\mathrm{d}x\mathrm{d}y\mathrm{d}z\\
&=2\iiint_V(x+y+z)\mathrm{d}x\mathrm{d}y\mathrm{d}z=2\iint_{D_{xy}}\mathrm{d}x\mathrm{d}y\int_0^a(x+y+z)\mathrm{d}z\\
&=2\iint_{D_{xy}}\left[a(x+y)+\frac{1}{2}a^2\right]\mathrm{d}x\mathrm{d}y\\
&=2\int_0^a\mathrm{d}x\int_0^a\left[a(x+y)+\frac{1}{2}a^2\right]\mathrm{d}y\\
&=2\int_0^a\left(a^2x+\frac{1}{2}a^3+\frac{1}{2}a^3\right)\mathrm{d}x=3a^4,
\end{aligned}$$

其中 V 为 S 所围成的立方体.

注 应用 Gauss 公式后, 计算三重积分可以用截面法, 也可以用投影法, 还可以化为三个单重积分来计算.

3. 计算曲面积分 $\oiint_S x^2\mathrm{d}y\mathrm{d}z+y^2\mathrm{d}z\mathrm{d}x+z^2\mathrm{d}x\mathrm{d}y$, 其中 S 是锥

面 $x^2+y^2=z^2$ 与平面 $z=h$ 所围成的立体 $(0\leqslant z\leqslant h)$ 的表面, 取外侧为正向.

解 Gauss 公式法. 记 $P=x^2, Q=y^2, R=z^2$, 则由 Gauss 公式得

$$\begin{aligned}
&\oiint_S x^2\mathrm{d}y\mathrm{d}z+y^2\mathrm{d}z\mathrm{d}x+z^2\mathrm{d}x\mathrm{d}y=\iiint_V\left(\frac{\partial P}{\partial x}+\frac{\partial Q}{\partial y}+\frac{\partial R}{\partial z}\right)\mathrm{d}x\mathrm{d}y\mathrm{d}z\\
&=2\iiint_V(x+y+z)\mathrm{d}x\mathrm{d}y\mathrm{d}z=2\iint_{D_{xy}}\mathrm{d}x\mathrm{d}y\int_{\sqrt{x^2+y^2}}^{h}(x+y+z)\mathrm{d}z\\
&=2\iint_{D_{xy}}\left\{(x+y)(h-\sqrt{x^2+y^2})+\frac{1}{2}[h^2-(x^2+y^2)]\right\}\mathrm{d}x\mathrm{d}y\\
&=2\int_0^{2\pi}\mathrm{d}\theta\int_0^h\left[(r\cos\theta+r\sin\theta)(h-r)+\frac{1}{2}(h^2-r^2)\right]r\mathrm{d}r\\
&=2\pi\int_0^h(h^2-r^2)r\mathrm{d}r=2\pi\left[-\frac{1}{4}(h^2-r^2)^2\Big|_0^h\right]=\frac{\pi}{2}h^4,
\end{aligned}$$

其中 V 为 S 所围成的立体, D 为 V 在 xy 平面上的投影区域.

注 这一题也可以用分片投影法和投影转化法来计算. 用 Gauss 公式化为三重积分后, 也可以用截面法和柱坐标变换法.

4. 计算曲面积分 $\oiint_S x^3\mathrm{d}y\mathrm{d}z+y^3\mathrm{d}z\mathrm{d}x+z^3\mathrm{d}x\mathrm{d}y$, 其中 S 是单位球面 $x^2+y^2+z^2=1$ 的外侧.

解 Gauss 公式法. 记 $P=x^3, Q=y^3, R=z^3$, 则由 Gauss 公式得

$$\begin{aligned}
&\oiint_S x^3\mathrm{d}y\mathrm{d}z+y^3\mathrm{d}z\mathrm{d}x+z^3\mathrm{d}x\mathrm{d}y=\iiint_V\left(\frac{\partial P}{\partial x}+\frac{\partial Q}{\partial y}+\frac{\partial R}{\partial z}\right)\mathrm{d}x\mathrm{d}y\mathrm{d}z\\
&=3\iiint_V(x^2+y^2+z^2)\mathrm{d}x\mathrm{d}y\mathrm{d}z=3\int_0^{2\pi}\mathrm{d}\theta\int_0^{\pi}\mathrm{d}\varphi\int_0^1 r^2\cdot r^2\sin\varphi\mathrm{d}r\\
&=6\pi\cdot 2\cdot\frac{1}{5}=\frac{12}{5}\pi,
\end{aligned}$$

其中 V 为 S 所围成的单位球体.

注 这一题也可以用分片投影法和投影转化法来计算. 用 Gauss 公式化为球体上的三重积分后, 可以应用球坐标变换法, 也可以应用投影法和截面法.

5. 计算曲面积分 $\iint_S x\mathrm{d}y\mathrm{d}z + y\mathrm{d}z\mathrm{d}x + z\mathrm{d}x\mathrm{d}y$, 其中 S 是上半球面 $z=\sqrt{a^2-x^2-y^2}$ 的外侧.

解 记 $S_1: z=0, (x,y)\in D=\{(x,y)|x^2+y^2\leqslant a^2\}$, 则由 Gauss 公式得

$$\iint_S x\mathrm{d}y\mathrm{d}z + y\mathrm{d}z\mathrm{d}x + z\mathrm{d}x\mathrm{d}y + \iint_{S_1} x\mathrm{d}y\mathrm{d}z + y\mathrm{d}z\mathrm{d}x + z\mathrm{d}x\mathrm{d}y$$

$$= \iiint_V \left(\frac{\partial P}{\partial x}+\frac{\partial Q}{\partial y}+\frac{\partial R}{\partial z}\right)\mathrm{d}x\mathrm{d}y\mathrm{d}z = 3\iiint_V \mathrm{d}x\mathrm{d}y\mathrm{d}z = 2\pi a^3,$$

其中 V 为 S 与 S_1 所围成的半球体. 所以

$$\iint_S x\mathrm{d}y\mathrm{d}z + y\mathrm{d}z\mathrm{d}x + z\mathrm{d}x\mathrm{d}y = 2\pi a^3 - \iint_{S_1} x\mathrm{d}y\mathrm{d}z + y\mathrm{d}z\mathrm{d}x + z\mathrm{d}x\mathrm{d}y$$

$$= 2\pi a^3 - 0 = 2\pi a^3.$$

注 这一题也可以用分片投影法和投影转化法来计算. 用 Gauss 公式化为半球体上的三重积分后, 由三重积分的几何意义很容易计算出半球体上的积分.

例 22-3-2 解答下列各题 (用 Gauss 公式计算三重积分):

1. 计算三重积分 $\iiint_V (xy+yz+zx)\mathrm{d}x\mathrm{d}y\mathrm{d}z$, 其中 V 是由 $x\geqslant 0, y\geqslant 0, 0\leqslant z\leqslant 1$ 与 $x^2+y^2\leqslant 1$ 所确定的空间闭区域 (图 22.1).

解 **法一** 1+2 投影法.

$$\iiint_V (xy+yz+zx)\mathrm{d}x\mathrm{d}y\mathrm{d}z$$

$$= \iint_{D_{xy}} \mathrm{d}x\mathrm{d}y \int_0^1 (xy+yz+zx)\mathrm{d}z$$

$$= \iint_{D_{xy}} \left[xy+\frac{1}{2}y+\frac{1}{2}x\right]\mathrm{d}x\mathrm{d}y$$

$$= \int_0^{\frac{\pi}{2}} \mathrm{d}\theta \int_0^1 \left(r^2\cos\theta\sin\theta + \frac{1}{2}r\sin\theta + \frac{1}{2}r\cos\theta\right) r\mathrm{d}x\mathrm{d}y$$

$$= \int_0^{\frac{\pi}{2}} \left(\frac{1}{4}\cos\theta\sin\theta + \frac{1}{6}\sin\theta + \frac{1}{6}\cos\theta\right)\mathrm{d}\theta$$

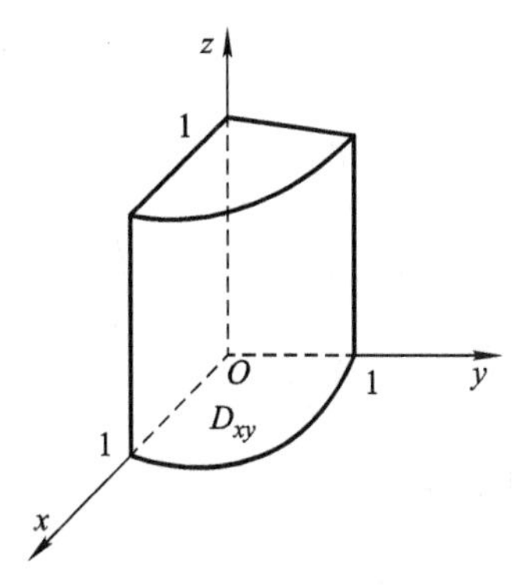

图　22.1

$$
=\frac{1}{8}+\frac{1}{6}+\frac{1}{6}=\frac{11}{24},
$$

其中 $D_{xy}=\{(x,y)|x^2+y^2\leqslant 1,x\geqslant 0,y\geqslant 0\}$ 为 V 在 xy 平面上的投影区域.

法二　Gauss 公式法. V 为四分之一柱体, 记其各面为

$$
\begin{aligned}
&S_1:x=0,(y,z)\in D_{yz}=\{(y,z)|0\leqslant y\leqslant 1,0\leqslant z\leqslant 1\},\\
&S_2:y=0,(z,x)\in D_{zx}=\{(z,x)|0\leqslant z\leqslant 1,0\leqslant x\leqslant 1\},\\
&S_3:z=0,(x,y)\in D_{xy}=\{(x,y)|x^2+y^2\leqslant 1,x\geqslant 0,y\geqslant 0\},\\
&S_4:z=1,(x,y)\in D_{xy},\quad S_5:x^2+y^2=1,0\leqslant z\leqslant 1,x\geqslant 0,y\geqslant 0,
\end{aligned}
$$

并取外侧为正向, 则由 Gauss 公式得

$$
\begin{aligned}
&\iiint_V(xy+yz+zx)\mathrm{d}x\mathrm{d}y\mathrm{d}z=\oint\!\!\!\!\oint_S xyz\mathrm{d}y\mathrm{d}z+xyz\mathrm{d}z\mathrm{d}x+xyz\mathrm{d}x\mathrm{d}y\\
&\quad=\left(\iint_{S_1}+\iint_{S_2}+\iint_{S_3}+\iint_{S_4}+\iint_{S_5}\right)\\
&\qquad\cdot(xyz\mathrm{d}y\mathrm{d}z+xyz\mathrm{d}z\mathrm{d}x+xyz\mathrm{d}x\mathrm{d}y)\\
&\quad=0+0+0+\iint_{S_4}xy\mathrm{d}x\mathrm{d}y+\iint_{S_5}xyz\mathrm{d}y\mathrm{d}z+xyz\mathrm{d}z\mathrm{d}x\\
&\quad=\iint_{D_{xy}}xy\mathrm{d}x\mathrm{d}y+\iint_{D_{yz}}yz\sqrt{1-y^2}\mathrm{d}y\mathrm{d}z\\
&\qquad+\iint_{D_{zx}}xz\sqrt{1-x^2}\mathrm{d}z\mathrm{d}x.
\end{aligned}
$$

所以

$$
\begin{aligned}
&\iiint_V (xy+yz+zx)\mathrm{d}x\mathrm{d}y\mathrm{d}z \\
&= \int_0^{\frac{\pi}{2}} \mathrm{d}\theta \int_0^1 r^2\cos\theta\sin\theta\cdot r\mathrm{d}r + \int_0^1 \mathrm{d}z \int_0^1 xz\sqrt{1-x^2}\mathrm{d}x \\
&\quad + \int_0^1 \mathrm{d}z \int_0^1 yz\sqrt{1-y^2}\mathrm{d}y \\
&= \frac{1}{8}+\frac{1}{6}+\frac{1}{6}=\frac{11}{24}.
\end{aligned}
$$

注 Gauss 公式多数情况下用于计算曲面积分, 应用 Gauss 公式将三重积分换为曲面积分时要注意选择合适的 P,Q,R.

2. 证明: 由闭曲面 S 所围成的立体的体积为

$$
V=\frac{1}{3}\oiint_S (x\cos\alpha+y\cos\beta+z\cos\gamma)\mathrm{d}S,
$$

其中 $\cos\alpha,\cos\beta,\cos\gamma$ 为曲面 S 的外法线方向余弦.

证 由第一型与第二型曲面积分的关系及 Gauss 公式得

$$
\begin{aligned}
&\frac{1}{3}\oiint_S (x\cos\alpha+y\cos\beta+z\cos\gamma)\mathrm{d}S \\
&\quad= \frac{1}{3}\oiint_S x\mathrm{d}y\mathrm{d}z+y\mathrm{d}z\mathrm{d}x+z\mathrm{d}x\mathrm{d}y \\
&\quad= \frac{1}{3}\iiint_V \left(\frac{\partial}{\partial x}x+\frac{\partial}{\partial y}y+\frac{\partial}{\partial z}z\right)\mathrm{d}x\mathrm{d}y\mathrm{d}z \\
&\quad= \frac{1}{3}\iiint_V 3\mathrm{d}x\mathrm{d}y\mathrm{d}z=\iiint_V \mathrm{d}x\mathrm{d}y\mathrm{d}z=V.
\end{aligned}
$$

3. 证明: 若 S 为封闭曲面, $\overrightarrow{l}$ 为任何固定方向, 则

$$
\oiint_S \cos(\overrightarrow{n},\overrightarrow{l})\mathrm{d}S=0,
$$

其中 $\overrightarrow{n}$ 为曲面 S 的外法线方向.

证 记 $\overrightarrow{l}=(a,b,c)$, $\overrightarrow{n}=(\cos(\overrightarrow{n},x),\cos(\overrightarrow{n},y),\cos(\overrightarrow{n},z))$, 则

$$
\begin{aligned}
\cos(\overrightarrow{n},\overrightarrow{l}) &= \frac{a}{\sqrt{a^2+b^2+c^2}}\cos(\overrightarrow{n},x)+\frac{b}{\sqrt{a^2+b^2+c^2}}\cos(\overrightarrow{n},y) \\
&\quad+\frac{c}{\sqrt{a^2+b^2+c^2}}\cos(\overrightarrow{n},z),
\end{aligned}
$$

从而由第一型与第二型曲面积分的关系及 Gauss 公式得

$$
\begin{aligned}
&\oiint_S \cos(\overrightarrow{n}, \overrightarrow{l})\mathrm{d}S \\
&= \oiint_S \left[\frac{a}{\sqrt{a^2+b^2+c^2}}\cos(\overrightarrow{n}, x) + \frac{b}{\sqrt{a^2+b^2+c^2}}\cos(\overrightarrow{n}, y)\right. \\
&\quad \left.+ \frac{c}{\sqrt{a^2+b^2+c^2}}\cos(\overrightarrow{n}, z)\right]\mathrm{d}S \\
&= \oiint_S \frac{a}{\sqrt{a^2+b^2+c^2}}\mathrm{d}y\mathrm{d}z + \frac{b}{\sqrt{a^2+b^2+c^2}}\mathrm{d}z\mathrm{d}x \\
&\quad + \frac{c}{\sqrt{a^2+b^2+c^2}}\mathrm{d}x\mathrm{d}y = \iiint_V 0\mathrm{d}x\mathrm{d}y\mathrm{d}z = 0,
\end{aligned}
$$

其中 V 为 S 所围成的立体.

4. 证明公式:

$$
\iiint_V \frac{\mathrm{d}x\mathrm{d}y\mathrm{d}z}{r} = \frac{1}{2}\oiint_S \cos(\overrightarrow{r}, \overrightarrow{n})\mathrm{d}S,
$$

其中 S 是包围 V 的曲面, $\overrightarrow{n}$ 为 S 的外法线方向, $r=\sqrt{x^2+y^2+z^2}$, $\overrightarrow{r}=(x,y,z)$.

证 记 $\overrightarrow{n}=(\cos(\overrightarrow{n}, x), \cos(\overrightarrow{n}, y), \cos(\overrightarrow{n}, z))$, 则

$$
\begin{aligned}
\cos(\overrightarrow{r}, \overrightarrow{n}) &= \frac{x}{\sqrt{x^2+y^2+z^2}}\cos(\overrightarrow{n}, x) + \frac{y}{\sqrt{x^2+y^2+z^2}}\cos(\overrightarrow{n}, y) \\
&\quad + \frac{z}{\sqrt{x^2+y^2+z^2}}\cos(\overrightarrow{n}, z),
\end{aligned}
$$

从而

$$
\begin{aligned}
&\frac{1}{2}\oiint_S \cos(\overrightarrow{r}, \overrightarrow{n})\mathrm{d}S \\
&= \frac{1}{2}\oiint_S \left[\frac{x}{\sqrt{x^2+y^2+z^2}}\cos(\overrightarrow{n}, x) + \frac{y}{\sqrt{x^2+y^2+z^2}}\cos(\overrightarrow{n}, y)\right. \\
&\quad \left.+ \frac{z}{\sqrt{x^2+y^2+z^2}}\cos(\overrightarrow{n}, z)\right]\mathrm{d}S \\
&= \frac{1}{2}\oiint_S \frac{x}{\sqrt{x^2+y^2+z^2}}\mathrm{d}y\mathrm{d}z + \frac{y}{\sqrt{x^2+y^2+z^2}}\mathrm{d}z\mathrm{d}x \\
&\quad + \frac{z}{\sqrt{x^2+y^2+z^2}}\mathrm{d}x\mathrm{d}y
\end{aligned}
$$

$$
=\frac{1}{2}\iiint_V\left[\frac{\partial}{\partial x}\left(\frac{x}{\sqrt{x^2+y^2+z^2}}\right)+\frac{\partial}{\partial y}\left(\frac{y}{\sqrt{x^2+y^2+z^2}}\right)\right.
$$

$$
\left.+\frac{\partial}{\partial z}\left(\frac{z}{\sqrt{x^2+y^2+z^2}}\right)\right]\mathrm{d}x\mathrm{d}y\mathrm{d}z
$$

$$
=\frac{1}{2}\iiint_V\left[\frac{3}{\sqrt{x^2+y^2+z^2}}-\frac{x^2+y^2+z^2}{(\sqrt{x^2+y^2+z^2})^3}\right]\mathrm{d}x\mathrm{d}y\mathrm{d}z
$$

$$
=\iiint_V\frac{1}{\sqrt{x^2+y^2+z^2}}\mathrm{d}x\mathrm{d}y\mathrm{d}z=\iiint_V\frac{\mathrm{d}x\mathrm{d}y\mathrm{d}z}{r}.
$$

注 证明曲面积分和三重积分的等式时, 一般用 Gauss 公式将曲面积分换为三重积分. 类似地, 可以利用 Green 公式来证明曲线积分和二重积分的等式.

例 22-3-3 计算下列各题 (曲线积分的计算):

1. 计算曲线积分 $\oint_L(y^2+z^2)\mathrm{d}x+(x^2+z^2)\mathrm{d}y+(x^2+y^2)\mathrm{d}z$, 其中 L 为平面 $x+y+z=1$ 与三个坐标平面的交线, 它的走向使所围平面区域在曲线的左侧.

解 **法一** 化定积分法. 如图 22.2 所示, 平面 $x+y+z=1$ 与 xy,yz,xz 平面的交线方程分别为

$$
L_1^-: y=1-x, x\in[0,1],
$$

$$
L_2^-: z=1-y, y\in[0,1],
$$

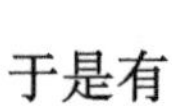

$$
L_3^-: z=1-x, x\in[0,1],
$$

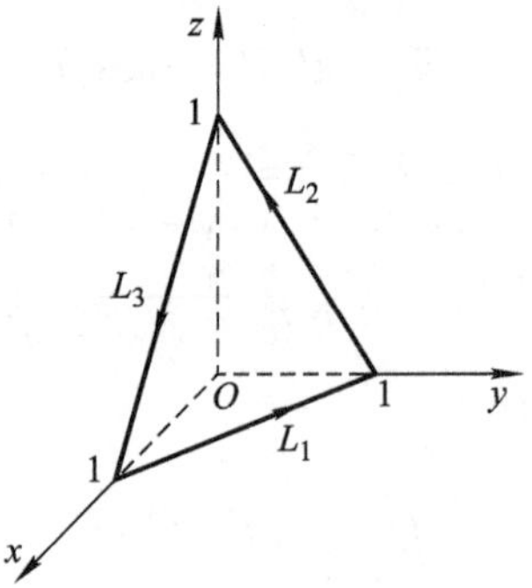

于是有

图 22.2

$$
\oint_L(y^2+z^2)\mathrm{d}x+(x^2+z^2)\mathrm{d}y+(x^2+y^2)\mathrm{d}z
$$

$$
=\left(\int_{L_1}+\int_{L_2}+\int_{L_3}\right)(y^2+z^2)\mathrm{d}x+(x^2+z^2)\mathrm{d}y+(x^2+y^2)\mathrm{d}z
$$

$$
=-\int_0^1[(1-x)^2-x^2]\mathrm{d}x-\int_0^1[(1-y)^2-y^2]\mathrm{d}y-\int_0^1[(1-x)^2-x^2]\mathrm{d}x
$$

$$
=-3\int_0^1(1-2t)\mathrm{d}t=0.
$$

法二 Stokes 公式法. 记 S 为平面 $x+y+z=1$ 被坐标平面所截得的部分, 并取上侧为正向. 由 Stokes 公式

$$\begin{aligned}&\oint_L P\mathrm{d}x+Q\mathrm{d}y+R\mathrm{d}z\\&=\iint_S\left(\frac{\partial R}{\partial y}-\frac{\partial Q}{\partial z}\right)\mathrm{d}y\mathrm{d}z+\left(\frac{\partial P}{\partial z}-\frac{\partial R}{\partial x}\right)\mathrm{d}z\mathrm{d}x+\left(\frac{\partial Q}{\partial x}-\frac{\partial P}{\partial y}\right)\mathrm{d}x\mathrm{d}y\end{aligned}$$

得

$$\begin{aligned}&\oint_L(y^2+z^2)\mathrm{d}x+(x^2+z^2)\mathrm{d}y+(x^2+y^2)\mathrm{d}z\\&=2\iint_S(y-z)\mathrm{d}y\mathrm{d}z+(z-x)\mathrm{d}z\mathrm{d}x+(x-y)\mathrm{d}x\mathrm{d}y.\end{aligned}$$

下面用两种方法计算此积分.

分片投影法:

$$\begin{aligned}\iint_S(x-y)\mathrm{d}x\mathrm{d}y&=\iint_{D_{xy}}(x-y)\mathrm{d}x\mathrm{d}y=\int_0^1\mathrm{d}x\int_0^{1-x}(x-y)\mathrm{d}y\\&=\int_0^1\left[x(1-x)-\frac{1}{2}(1-x)^2\right]\mathrm{d}x\\&=\left[\frac{1}{2}x^2-\frac{1}{3}x^3+\frac{1}{6}(1-x)^3\right]\Big|_0^1=0,\end{aligned}$$

其中 D_{xy} 为 S 在 xy 平面上的投影区域. 同理可得

$$\iint_S(y-z)\mathrm{d}y\mathrm{d}z=\iint_S(z-x)\mathrm{d}z\mathrm{d}x=0.$$

所以

$$\begin{aligned}&\oint_L(y^2+z^2)\mathrm{d}x+(x^2+z^2)\mathrm{d}y+(x^2+y^2)\mathrm{d}z\\&=2\iint_S(y-z)\mathrm{d}y\mathrm{d}z+(z-x)\mathrm{d}z\mathrm{d}x+(x-y)\mathrm{d}x\mathrm{d}y=0.\end{aligned}$$

Gauss 公式法: 分别补充 xy, yz, xz 平面上的三角形区域

D_{xy}, D_{yz}, D_{zx}:

$$D_{xy} = \{(x,y)|x+y \leqslant 1, 0 \leqslant x \leqslant 1, 0 \leqslant y \leqslant 1, z=0\},$$
$$D_{yz} = \{(y,z)|y+z \leqslant 1, 0 \leqslant y \leqslant 1, 0 \leqslant z \leqslant 1, x=0\},$$
$$D_{zx} = \{(z,x)|z+x \leqslant 1, 0 \leqslant z \leqslant 1, 0 \leqslant x \leqslant 1, y=0\},$$

与 S 围成四面体 V, 并取 V 表面外侧为正向. 由 Gauss 公式得

$$\begin{aligned}&\iint_S (y-z)\mathrm{d}y\mathrm{d}z + (z-x)\mathrm{d}z\mathrm{d}x + (x-y)\mathrm{d}x\mathrm{d}y \\ &+\left(\iint_{D_{xy}} + \iint_{Dyz} + \iint_{D_{zx}}\right)(y-z)\mathrm{d}y\mathrm{d}z + (z-x)\mathrm{d}z\mathrm{d}x + (x-y)\mathrm{d}x\mathrm{d}y \\ &= \iiint_V 0\mathrm{d}x\mathrm{d}y\mathrm{d}z = 0,\end{aligned}$$

所以

$$\begin{aligned}&\iint_S (y-z)\mathrm{d}y\mathrm{d}z + (z-x)\mathrm{d}z\mathrm{d}x + (x-y)\mathrm{d}x\mathrm{d}y \\ &= -\left(\iint_{D_{xy}} + \iint_{Dyz} + \iint_{D_{zx}}\right)(y-z)\mathrm{d}y\mathrm{d}z + (z-x)\mathrm{d}z\mathrm{d}x + (x-y)\mathrm{d}x\mathrm{d}y.\end{aligned}$$

由于

$$\begin{aligned}&\iint_{D_{xy}} (y-z)\mathrm{d}y\mathrm{d}z + (z-x)\mathrm{d}z\mathrm{d}x + (x-y)\mathrm{d}x\mathrm{d}y \\ &= \iint_{D_{xy}} (x-y)\mathrm{d}x\mathrm{d}y = \int_0^1 \mathrm{d}x \int_0^{1-x} (x-y)\mathrm{d}y \\ &= \int_0^1 \left[x(1-x) - \frac{1}{2}(1-x)^2\right]\mathrm{d}x \\ &= \left[\frac{1}{2}x^2 - \frac{1}{3}x^3 + \frac{1}{6}(1-x)^3\right]\Bigg|_0^1 = 0,\end{aligned}$$

同理

$$\iint_{D_{yz}} (y-z)\mathrm{d}y\mathrm{d}z + (z-x)\mathrm{d}z\mathrm{d}x + (x-y)\mathrm{d}x\mathrm{d}y = 0,$$
$$\iint_{D_{zx}} (y-z)\mathrm{d}y\mathrm{d}z + (z-x)\mathrm{d}z\mathrm{d}x + (x-y)\mathrm{d}x\mathrm{d}y = 0,$$

所以

$$\begin{aligned}&\iint_S (y-z)\mathrm{d}y\mathrm{d}z+(z-x)\mathrm{d}z\mathrm{d}x+(x-y)\mathrm{d}x\mathrm{d}y\\&=-\left(\iint_{D_{xy}}+\iint_{Dyz}+\iint_{D_{zx}}\right)(y-z)\mathrm{d}y\mathrm{d}z\\&\quad+(z-x)\mathrm{d}z\mathrm{d}x+(x-y)\mathrm{d}x\mathrm{d}y\\&=0,\end{aligned}$$

从而

$$\begin{aligned}&\oint_L (y^2+z^2)\mathrm{d}x+(x^2+z^2)\mathrm{d}y+(x^2+y^2)\mathrm{d}z\\&=2\iint_S (y-z)\mathrm{d}y\mathrm{d}z+(z-x)\mathrm{d}z\mathrm{d}x+(x-y)\mathrm{d}x\mathrm{d}y=0.\end{aligned}$$

2. 计算曲线积分 $\oint_L x^2y^3\mathrm{d}x+\mathrm{d}y+z\mathrm{d}z$, 其中 L 为曲面 $y^2+z^2=1$ 与平面 $x=y$ 所交的椭圆, 取正向.

解　法一　化定积分法. 交线 $\begin{cases}y^2+z^2=1,\\x=y\end{cases}$ 可写成参数形式

$$\begin{cases}x=\cos\theta,\\y=\cos\theta,\quad \theta\in[0,2\pi],\\z=\sin\theta,\end{cases}$$

所以

$$\begin{aligned}\oint_L x^2y^3\mathrm{d}x+\mathrm{d}y+z\mathrm{d}z&=\int_0^{2\pi}(-\cos^5\theta\sin\theta-\sin\theta+\sin\theta\cos\theta)\mathrm{d}\theta\\&=-\int_0^{2\pi}\cos^5\theta\sin\theta\mathrm{d}\theta=\frac{1}{6}\cos^6\theta\Big|_0^{2\pi}=0.\end{aligned}$$

法二　Stokes 公式法. 记 S 为 $y^2+z^2=1$ 与 $x=y$ 所交的曲线围成的椭圆盘, 取前侧为正向, 则由 Stokes 公式

$$\begin{aligned}&\oint_L P\mathrm{d}x+Q\mathrm{d}y+R\mathrm{d}z\\&=\iint_S\left(\frac{\partial R}{\partial y}-\frac{\partial Q}{\partial z}\right)\mathrm{d}y\mathrm{d}z+\left(\frac{\partial P}{\partial z}-\frac{\partial R}{\partial x}\right)\mathrm{d}z\mathrm{d}x+\left(\frac{\partial Q}{\partial x}-\frac{\partial P}{\partial y}\right)\mathrm{d}x\mathrm{d}y\end{aligned}$$

得

$$\oint_L x^2y^3\mathrm{d}x+\mathrm{d}y+z\mathrm{d}z=\iint_S 0\mathrm{d}y\mathrm{d}z+0\mathrm{d}z\mathrm{d}x-3x^2y^2\mathrm{d}x\mathrm{d}y$$
$$=-3\iint_S x^2y^2\mathrm{d}x\mathrm{d}y.$$

由于椭圆盘 S 在 xy 平面的投影 D_{xy} 为零面积的线段, 所以

$$\oint_L x^2y^3\mathrm{d}x+\mathrm{d}y+z\mathrm{d}z=-3\iint_S x^2y^2\mathrm{d}x\mathrm{d}y$$
$$=-3\iint_{D_{xy}} x^2y^2\mathrm{d}x\mathrm{d}y=0.$$

3. 计算曲线积分 $\oint_L (z-y)\mathrm{d}x+(x-z)\mathrm{d}y+(y-x)\mathrm{d}z$, 其中 L 为以点 $A(a,0,0),B(0,a,0),C(0,0,a)$ 为顶点的三角形, 取 $A\to B\to C\to A$ 的方向.

解　法一　化定积分法. $\overline{BA},\overline{CB},\overline{AC}$ 的方程分别为

$$\overline{BA}:\begin{cases}x+y=a,\\ z=0,\end{cases}\ x\in[0,a],\quad \overline{CB}:\begin{cases}z+y=a,\\ x=0,\end{cases}\ y\in[0,a],$$

$$\overline{AC}:\begin{cases}z+x=a,\\ y=0,\end{cases}\ z\in[0,a],$$

所以

$$\oint_L (z-y)\mathrm{d}x+(x-z)\mathrm{d}y+(y-x)\mathrm{d}z$$
$$=\left(\int_{\overline{AB}}+\int_{\overline{BC}}+\int_{\overline{CA}}\right)(z-y)\mathrm{d}x+(x-z)\mathrm{d}y+(y-x)\mathrm{d}z$$
$$=\int_a^0[-(a-x)-x]\mathrm{d}x+\int_a^0[-(a-y)-y]\mathrm{d}y$$
$$+\int_a^0[-(a-z)-z]\mathrm{d}z$$
$$=a^2+a^2+a^2=3a^2.$$

法二 记 S 为点 $A(a,0,0),B(0,a,0),C(0,0,a)$ 两两连线所围成的三角形区域, 取上侧为正向, 则由 Stokes 公式

$$\begin{aligned}&\oint_L P\mathrm{d}x+Q\mathrm{d}y+R\mathrm{d}z\\&=\iint_S\left(\frac{\partial R}{\partial y}-\frac{\partial Q}{\partial z}\right)\mathrm{d}y\mathrm{d}z+\left(\frac{\partial P}{\partial z}-\frac{\partial R}{\partial x}\right)\mathrm{d}z\mathrm{d}x+\left(\frac{\partial Q}{\partial x}-\frac{\partial P}{\partial y}\right)\mathrm{d}x\mathrm{d}y\end{aligned}$$

得

$$\begin{aligned}&\oint_L(z-y)\mathrm{d}x+(x-z)\mathrm{d}y+(y-x)\mathrm{d}z\\&=2\iint_S\mathrm{d}y\mathrm{d}z+\mathrm{d}z\mathrm{d}x+\mathrm{d}x\mathrm{d}y\\&=2\left(\iint_{D_{yz}}\mathrm{d}y\mathrm{d}z+\iint_{D_{zx}}\mathrm{d}z\mathrm{d}x+\iint_{D_{xy}}\mathrm{d}x\mathrm{d}y\right)\\&=2\left(\frac{a^2}{2}+\frac{a^2}{2}+\frac{a^2}{2}\right)=3a^2,\end{aligned}$$

其 D_{xy},D_{yz},D_{zx} 分别为 S 在 xy, yz, zx 平面上的投影区域.

4. 若 L 是平面 $x\cos\alpha+y\cos\beta+z\cos\gamma-p=0$ 上的闭曲线, 它所包围的区域的面积为 S, 求

$$I=\oint_L\begin{vmatrix}\mathrm{d}x&\mathrm{d}y&\mathrm{d}z\\\cos\alpha&\cos\beta&\cos\gamma\\x&y&z\end{vmatrix},$$

其中 L 依正向进行.

解 由 Stokes 公式、第一型与第二型曲面积分的关系及曲面积分的几何意义可得

$$\begin{aligned}I&=\oint_L(z\cos\beta-y\cos\gamma)\mathrm{d}x+(x\cos\gamma-z\cos\alpha)\mathrm{d}y+(y\cos\alpha-x\cos\beta)\mathrm{d}z\\&=\iint_{\widetilde{S}}\begin{vmatrix}\mathrm{d}y\mathrm{d}z&\mathrm{d}z\mathrm{d}x&\mathrm{d}x\mathrm{d}y\\\dfrac{\partial}{\partial x}&\dfrac{\partial}{\partial y}&\dfrac{\partial}{\partial z}\\z\cos\beta-y\cos\gamma&x\cos\gamma-z\cos\alpha&y\cos\alpha-x\cos\beta\end{vmatrix}\\&=2\iint_{\widetilde{S}}\cos\alpha\mathrm{d}y\mathrm{d}z+\cos\beta\mathrm{d}z\mathrm{d}x+\cos\gamma\mathrm{d}x\mathrm{d}y\end{aligned}$$

$$= 2\iint_{\widetilde{S}}(\cos^2\alpha + \cos^2\beta + \cos^2\gamma)\mathrm{d}S = 2\iint_{\widetilde{S}}\mathrm{d}S = 2S,$$

其中 $\widetilde{S}$ 为 L 在平面 $x\cos\alpha + y\cos\beta + z\cos\gamma - p = 0$ 上所围成的区域.

例 22-3-4 解答下列各题 (积分与路径无关的问题):

1. 求下列全微分的原函数:

(1) $yz\mathrm{d}x + xz\mathrm{d}y + xy\mathrm{d}z$;

(2) $(x^2 - 2yz)\mathrm{d}x + (y^2 - 2xz)\mathrm{d}y + (z^2 - 2yx)\mathrm{d}z$.

解 (1) 记 $P = yz, Q = xz, R = xy$. 由于

$$\frac{\partial R}{\partial y} = \frac{\partial Q}{\partial z} = x, \quad \frac{\partial P}{\partial z} = \frac{\partial R}{\partial x} = y, \quad \frac{\partial Q}{\partial x} = \frac{\partial P}{\partial y} = z,$$

由 Stokes 定理知存在 $u(x, y, z)$, 使得

$$\mathrm{d}u = yz\mathrm{d}x + xz\mathrm{d}y + xy\mathrm{d}z.$$

下面求出全微分的原函数 $u(x, y, z)$.

法一 折线积分法. 选择如图 22.3 所示的积分路径, 则有

$$u(s, t, \tau) = \int_{(0,0,0)}^{(s,t,\tau)} yz\mathrm{d}x + xz\mathrm{d}y + xy\mathrm{d}z$$
$$= \int_0^s 0\mathrm{d}x + \int_0^t 0\mathrm{d}y + \int_0^\tau st\mathrm{d}z = st\tau,$$

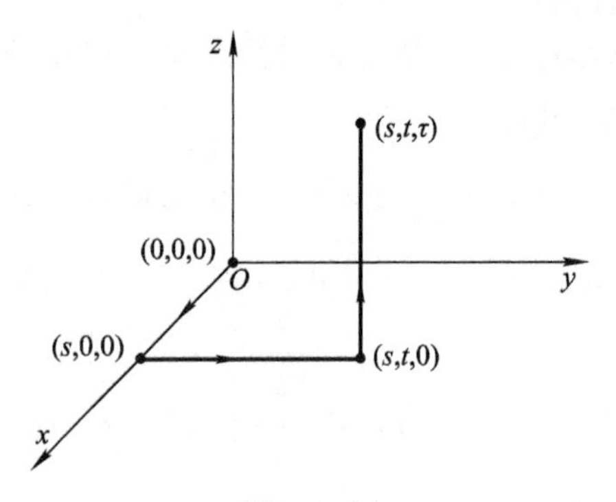

图 22.3

所以

$$u(x, y, z) = xyz + C.$$

法二 偏微分方程通解法. 由

$$\mathrm{d}u = yz\mathrm{d}x + xz\mathrm{d}y + xy\mathrm{d}z$$

知

$$u_x = yz \Longrightarrow u = xyz + \varphi(y, z),$$

又知

$$u_y = xz = xz + \varphi_y(y, z) \Longrightarrow \varphi_y(y, z) = 0 \Longrightarrow \varphi(y, z) = \psi(z),$$

即

$$u = xyz + \psi(z),$$

于是

$$u_z = xy \Longrightarrow u_z = xy = xy + \psi'(z) \Longrightarrow \psi(z) = C.$$

故

$$u = xyz + C.$$

(2) 记 $P = x^2 - 2yz, Q = y^2 - 2xz, R = z^2 - 2yx$. 由于

$$\frac{\partial R}{\partial y} = \frac{\partial Q}{\partial z} = -2x, \quad \frac{\partial P}{\partial z} = \frac{\partial R}{\partial x} = -2y, \quad \frac{\partial Q}{\partial x} = \frac{\partial P}{\partial y} = -2z,$$

由 Stokes 定理知存在 $u(x, y, z)$, 使得

$$\mathrm{d}u = (x^2 - 2yz)\mathrm{d}x + (y^2 - 2xz)\mathrm{d}y + (z^2 - 2yx)\mathrm{d}z.$$

下面求出全微分的原函数 $u(x, y, z)$.

法一 折线积分法. 我们有

$$
\begin{aligned}
u(s,t,\tau) &= \int_{(0,0,0)}^{(s,t,\tau)} (x^2-2yz)\mathrm{d}x + (y^2-2xz)\mathrm{d}y + (z^2-2yx)\mathrm{d}z \\
&= \int_0^s x^2\mathrm{d}x + \int_0^t y^2\mathrm{d}y + \int_0^\tau (z^2-2st)\mathrm{d}z \\
&= \frac{1}{3}s^3 + \frac{1}{3}t^3 + \frac{1}{3}\tau^3 - 2st\tau,
\end{aligned}
$$

所以

$$
u(x,y,z) = \frac{1}{3}x^3 + \frac{1}{3}y^3 + \frac{1}{3}z^3 - 2xyz + C.
$$

法二 偏微分方程通解法. 由

$$
\mathrm{d}u = (x^2-2yz)\mathrm{d}x + (y^2-2xz)\mathrm{d}y + (z^2-2yx)\mathrm{d}z
$$

知

$$
u_x = x^2 - 2yz \Longrightarrow u = \frac{1}{3}x^3 - 2xyz + \varphi(y,z),
$$

又知

$$
u_y = y^2 - 2xz = -2xz + \varphi_y(y,z) \Longrightarrow \varphi(y,z) = \frac{1}{3}y^3 + \psi(z),
$$

即

$$
u(x,y,z) = \frac{1}{3}x^3 - 2xyz + \frac{1}{3}y^3 + \psi(z),
$$

于是

$$
u_z = z^2 - 2yx = -2yx + \psi'(z) \Longrightarrow \psi(z) = \frac{1}{3}z^3 + C.
$$

故

$$
u(x,y,z) = \frac{1}{3}x^3 + \frac{1}{3}y^3 + \frac{1}{3}z^3 - 2xyz + C.
$$

2. 验证下列曲线积分与路线无关, 并计算其值:

(1) $\displaystyle\int_{(1,1,1)}^{(2,3,-4)} x\mathrm{d}x + y^2\mathrm{d}y - z^3\mathrm{d}z;$

(2) $\displaystyle\int_{(x_1,y_1,z_1)}^{(x_2,y_2,z_2)} \frac{x\mathrm{d}x+y\mathrm{d}y+z\mathrm{d}z}{\sqrt{x^2+y^2+z^2}}$，其中点 $(x_1,y_1,z_1),(x_2,y_2,z_2)$ 在球面 $x^2+y^2+z^2=a^2$ 上.

解 (1) 记 $P=x, Q=y^2, R=-z^3$. 由于

$$\frac{\partial R}{\partial y}=\frac{\partial Q}{\partial z}=0, \quad \frac{\partial P}{\partial z}=\frac{\partial R}{\partial x}=0, \quad \frac{\partial Q}{\partial x}=\frac{\partial P}{\partial y}=0,$$

由 Stokes 定理知存在 $u(x,y,z)$, 使得

$$\mathrm{d}u=x\mathrm{d}x+y^2\mathrm{d}y-z^3\mathrm{d}z.$$

于是积分 $\displaystyle\int_{1,1,1}^{(2,3,-4)} x\mathrm{d}x+y^2\mathrm{d}y-z^3\mathrm{d}z$ 与路线无关.

法一 折线积分法.

$$\begin{aligned}\int_{(1,1,1)}^{(2,3,-4)} x\mathrm{d}x+y^2\mathrm{d}y-z^3\mathrm{d}z&=\int_1^2 x\mathrm{d}x+\int_1^3 y^2\mathrm{d}y-\int_1^{-4} z^3\mathrm{d}z\\&=\frac{3}{2}+\frac{26}{3}-\frac{255}{4}=-53\frac{7}{12}.\end{aligned}$$

法二 求原函数法. 由于

$$\mathrm{d}\left(\frac{1}{2}x^2+\frac{1}{3}y^3-\frac{1}{4}z^4\right)=x\mathrm{d}x+y^2\mathrm{d}y-z^3\mathrm{d}z,$$

由 Newton-Leibniz 公式得

$$\int_{(1,1,1)}^{(2,3,-4)} x\mathrm{d}x+y^2\mathrm{d}y-z^3\mathrm{d}z=\left(\frac{1}{2}x^2+\frac{1}{3}y^3-\frac{1}{4}z^4\right)\Bigg|_{(1,1,1)}^{(2,3,4)}=-53\frac{7}{12}.$$

(2) 记 $P=\dfrac{x}{\sqrt{x^2+y^2+z^2}}, Q=\dfrac{y}{\sqrt{x^2+y^2+z^2}}, R=\dfrac{z}{\sqrt{x^2+y^2+z^2}}$. 由于

$$\begin{aligned}\frac{\partial R}{\partial y}&=\frac{\partial Q}{\partial z}=-\frac{yz}{(x^2+y^2+z^2)^{3/2}},\\\frac{\partial P}{\partial z}&=\frac{\partial R}{\partial x}=-\frac{xz}{(x^2+y^2+z^2)^{3/2}},\\\frac{\partial Q}{\partial x}&=\frac{\partial P}{\partial y}=-\frac{xy}{(x^2+y^2+z^2)^{3/2}},\end{aligned}$$

由 Stokes 定理知存在 $u(x,y,z)$, 使得

$$\mathrm{d}u=\frac{x\mathrm{d}x+y\mathrm{d}y+z\mathrm{d}z}{\sqrt{x^2+y^2+z^2}}.$$

于是曲线积分 $\displaystyle\int_{(x_1,y_1,z_1)}^{(x_2,y_2,z_2)}\frac{x\mathrm{d}x+y\mathrm{d}y+z\mathrm{d}z}{\sqrt{x^2+y^2+z^2}}$ 与路径无关.

法一 折线积分法.

$$\begin{aligned}
&\int_{(x_1,y_1,z_1)}^{(x_2,y_2,z_2)}\frac{x\mathrm{d}x+y\mathrm{d}y+z\mathrm{d}z}{\sqrt{x^2+y^2+z^2}}\\
=&\int_{x_1}^{x_2}\frac{x\mathrm{d}x}{\sqrt{x^2+y_1^2+z_1^2}}+\int_{y_1}^{y_2}\frac{y\mathrm{d}y}{\sqrt{x_2^2+y^2+z_1^2}}+\int_{z_1}^{z_2}\frac{z\mathrm{d}z}{\sqrt{x_2^2+y_2^2+z^2}}\\
=&\sqrt{x^2+y_1^2+z_1^2}\Big|_{x_1}^{x_2}+\sqrt{x_2^2+y^2+z_1^2}\Big|_{y_1}^{y_2}+\sqrt{x_2^2+y_2^2+z^2}\Big|_{z_1}^{z_2}\\
=&\left(\sqrt{x_2^2+y_1^2+z_1^2}-\sqrt{x_1^2+y_1^2+z_1^2}\right)\\
&+\left(\sqrt{x_2^2+y_2^2+z_1^2}-\sqrt{x_2^2+y_1^2+z_1^2}\right)\\
&+\left(\sqrt{x_2^2+y_2^2+z_2^2}-\sqrt{x_2^2+y_2^2+z_1^2}\right)\\
=&\sqrt{x_2^2+y_2^2+z_2^2}-\sqrt{x_1^2+y_1^2+z_1^2}=0.
\end{aligned}$$

法二 求原函数法. 由于

$$u_x=\frac{x}{\sqrt{x^2+y^2+z^2}}\Longrightarrow u=\sqrt{x^2+y^2+z^2}+\varphi(y,z),$$

再由

$$\begin{aligned}
u_y=\frac{y}{\sqrt{x^2+y^2+z^2}}&=\frac{y}{\sqrt{x^2+y^2+z^2}}+\varphi_y(y,z)\\
&\Longrightarrow\varphi(y,z)=\psi(z),
\end{aligned}$$

得

$$u=\sqrt{x^2+y^2+z^2}+\psi(z).$$

又有

$$u_z = \frac{z}{\sqrt{x^2+y^2+z^2}} = \frac{z}{\sqrt{x^2+y^2+z^2}} + \psi'(z) \Longrightarrow \psi(z) = C,$$

所以

$$u = \sqrt{x^2+y^2+z^2} + C.$$

故

$$\int_{(x_1,y_1,z_1)}^{(x_2,y_2,z_2)} \frac{x\mathrm{d}x + y\mathrm{d}y + z\mathrm{d}z}{\sqrt{x^2+y^2+z^2}} = \sqrt{x^2+y^2+z^2}\Big|_{(x_1,y_1,z_1)}^{(x_2,y_2,z_2)} = 0.$$

注 我们能很自然地看出此题的原函数就是 $u=\sqrt{x^2+y^2+z^2}+C$, 但是为了方便处理更一般的问题, 这里利用偏微分方程通解法给出求原函数的详细过程.

§ 22.4 场论初步

内容要求 理解梯度、散度和旋度的物理背景及计算; 掌握无旋场一定有势函数, 并会求势函数; 理解曲面积分与曲线积分的背景, 并灵活运用积分公式解决应用性问题.

例 22-4-1 解答下列各题 (梯度、散度、旋度和势函数):

1. 若 $r=\sqrt{x^2+y^2+z^2}$, 计算 $\nabla r, \nabla r^2, \nabla \frac{1}{r}, \nabla f(r), \nabla r^n (n \geqslant 3)$.

解 $\nabla r = \left(\frac{x}{\sqrt{x^2+y^2+z^2}}, \frac{y}{\sqrt{x^2+y^2+z^2}}, \frac{z}{\sqrt{x^2+y^2+z^2}}\right)$

$$= \frac{1}{r}(x,y,z),$$

$$\nabla r^2 = \nabla(x^2+y^2+z^2) = (2x,2y,2z) = 2(x,y,z),$$

$$\nabla \frac{1}{r} = \nabla \frac{1}{\sqrt{x^2+y^2+z^2}}$$

$$= \left(\frac{-x}{(x^2+y^2+z^2)^{\frac{3}{2}}}, \frac{-y}{(x^2+y^2+z^2)^{\frac{3}{2}}}, \frac{-z}{(x^2+y^2+z^2)^{\frac{3}{2}}}\right)$$

$$= -\frac{1}{r^3}(x,y,z),$$

$$\nabla f(r)=\left(f'(r)\frac{\partial r}{\partial x},f'(r)\frac{\partial r}{\partial y},f'(r)\frac{\partial r}{\partial z}\right)$$
$$=f'(r)\left(\frac{x}{\sqrt{x^2+y^2+z^2}},\frac{y}{\sqrt{x^2+y^2+z^2}},\frac{z}{\sqrt{x^2+y^2+z^2}}\right)$$
$$=f'(r)\frac{1}{r}(x,y,z),$$
$$\nabla r^n=\nabla(x^2+y^2+z^2)^{n/2}=n(x^2+y^2+z^2)^{(n-2)/2}(x,y,z)$$
$$=nr^{n-2}(x,y,z).$$

2. 求 $u=x^2+2y^2+3z^2+2xy-4x+2y-4z$ 在点 $O(0,0,0)$, $A(1,1,1),B(-1,-1,-1)$ 的梯度, 并求梯度为零的点.

解 由于

$$\nabla u=(u_x,u_y,u_z)=(2x+2y-4,2x+4y+2,6z-4),$$

所以

$$\nabla u\big|_{(0,0,0)}=(2x+2y-4,2x+4y+2,6z-4)\big|_{(0,0,0)}=(-4,2,-4),$$
$$\nabla u\big|_{(1,1,1)}=(2x+2y-4,2x+4y+2,6z-4)\big|_{(1,1,1)}=(0,8,2).$$
$$\nabla u\big|_{(-1,-1,-1)}=(2x+2y-4,2x+4y+2,6z-4)\big|_{(-1,-1,-1)}$$
$$=(-8,-4,-10).$$

令 $\nabla u=(2x+2y-4,2x+4y+2,6z-4)=(0,0,0)$, 则

$$\begin{cases}2x+2y-4=0,\\2x+4y+2=0,\\6z-4=0\end{cases}\Longrightarrow(x,y,z)=\left(5,-3,\frac{2}{3}\right),$$

即梯度为零的点是 $\left(5,-3,\dfrac{2}{3}\right)$.

3. 计算下列向量场 $\overrightarrow{A}$ 的散度与旋度:

(1) $\overrightarrow{A}=(y^2+z^2,z^2+x^2,x^2+y^2)$;

(2) $\overrightarrow{A}=(x^2yz,xy^2z,xyz^2)$;

(3) $\overrightarrow{A}=\left(\frac{x}{yz},\frac{y}{zx},\frac{z}{xy}\right)$.

解 (1) $\operatorname{div}\overrightarrow{A}=\frac{\partial}{\partial x}(y^2+z^2)+\frac{\partial}{\partial y}(z^2+x^2)+\frac{\partial}{\partial z}(x^2+y^2)=0$,

$$\begin{aligned}\operatorname{rot}\overrightarrow{A}&=\begin{vmatrix}\boldsymbol{i}&\boldsymbol{j}&\boldsymbol{k}\\ \frac{\partial}{\partial x}&\frac{\partial}{\partial y}&\frac{\partial}{\partial z}\\ y^2+z^2&z^2+x^2&x^2+y^2\end{vmatrix}\\&=(2y-2z)\boldsymbol{i}+(2z-2x)\boldsymbol{j}+(2x-2y)\boldsymbol{k}\\&=2(y-z,z-x,x-y).\end{aligned}$$

(2) $\operatorname{div}\overrightarrow{A}=\frac{\partial}{\partial x}(x^2yz)+\frac{\partial}{\partial y}(xy^2z)+\frac{\partial}{\partial z}(xyz^2)=6xyz$,

$$\begin{aligned}\operatorname{rot}\overrightarrow{A}&=\begin{vmatrix}\boldsymbol{i}&\boldsymbol{j}&\boldsymbol{k}\\ \frac{\partial}{\partial x}&\frac{\partial}{\partial y}&\frac{\partial}{\partial z}\\ x^2yz&xy^2z&xyz^2\end{vmatrix}\\&=(xz^2-xy^2)\boldsymbol{i}+(x^2y-yz^2)\boldsymbol{j}+(y^2z-x^2z)\boldsymbol{k}\\&=(xz^2-xy^2,x^2y-yz^2,y^2z-x^2z).\end{aligned}$$

(3) $\operatorname{div}\overrightarrow{A}=\frac{\partial}{\partial x}\left(\frac{x}{yz}\right)+\frac{\partial}{\partial y}\left(\frac{y}{zx}\right)+\frac{\partial}{\partial z}\left(\frac{z}{xy}\right)=\frac{1}{yz}+\frac{1}{zx}+\frac{1}{xy}$,

$$\begin{aligned}\operatorname{rot}\overrightarrow{A}&=\begin{vmatrix}\boldsymbol{i}&\boldsymbol{j}&\boldsymbol{k}\\ \frac{\partial}{\partial x}&\frac{\partial}{\partial y}&\frac{\partial}{\partial z}\\ \frac{x}{yz}&\frac{y}{zx}&\frac{z}{xy}\end{vmatrix}\\&=\left(-\frac{z}{xy^2}+\frac{y}{z^2x}\right)\boldsymbol{i}+\left(-\frac{x}{yz^2}+\frac{z}{x^2y}\right)\boldsymbol{j}+\left(-\frac{y}{zx^2}+\frac{x}{y^2z}\right)\boldsymbol{k}\\&=\left(-\frac{z}{xy^2}+\frac{y}{z^2x},-\frac{x}{yz^2}+\frac{z}{x^2y},-\frac{y}{zx^2}+\frac{x}{y^2z}\right).\end{aligned}$$

4. 证明场 $\overrightarrow{A}=(yz(2x+y+z),xz(x+2y+z),xy(x+y+2z))$ 是有势场, 并求其势函数.

解 由于

$$\operatorname{rot}\overrightarrow{A}=\begin{vmatrix} \boldsymbol{i} & \boldsymbol{j} & \boldsymbol{k} \\ \dfrac{\partial}{\partial x} & \dfrac{\partial}{\partial y} & \dfrac{\partial}{\partial z} \\ yz(2x+y+z) & xz(x+2y+z) & xy(x+y+2z) \end{vmatrix}$$

$$\begin{aligned}&=[x(x+y+2z)+xy-x(x+2y+z)-xz]\boldsymbol{i}\\&\quad+[y(2x+y+z)+yz-y(x+y+2z)-xy]\boldsymbol{j}\\&\quad+[z(x+2y+z)+xz-z(2x+y+z)-yz]\boldsymbol{k}\\&=(0,0,0),\end{aligned}$$

所以 $\overrightarrow{A}$ 是有势场. 又由 Stokes 定理可知存在 u, 使得

$$\mathrm{d}u=yz(2x+y+z)\mathrm{d}x+xz(x+2y+z)\mathrm{d}y+xy(x+y+2z)\mathrm{d}z.$$

这里 u 就是 $\overrightarrow{A}$ 的势函数. 由于

$$u_x=yz(2x+y+z)\Longrightarrow u=yz(x^2+xy+xz)+\varphi(y,z),$$

再由

$$\begin{aligned}u_y&=xz(x+2y+z)=z(x^2+xy+xz)+xyz+\varphi_y(y,z)\\&\Longrightarrow \varphi(y,z)=\psi(z),\end{aligned}$$

得

$$u=yz(x^2+xy+xz)+\psi(z).$$

又有

$$u_z=xy(x+y+2z)=y(x^2+xy+xz)+xyz+\psi'(z)\Longrightarrow\psi(z)=C,$$

所以

$$u=yz(x^2+xy+xz)+C.$$

例 22-4-2 解答下列各题 (积分的物理应用):

1. 若流体流速为 $\overrightarrow{v}=(x^2,y^2,z^2)$, 求单位时间内穿过八分之一球面 $S: x^2+y^2+z^2=1, x>0, y>0, z>0$ 的流量.

解 由第二型曲面积分的物理背景知所求的流量为

$$I=\iint_S x^2\mathrm{d}y\mathrm{d}z+y^2\mathrm{d}z\mathrm{d}x+z^2\mathrm{d}x\mathrm{d}y.$$

法一 分片投影法. 由对称性知

$$\begin{aligned}I&=\iint_S x^2\mathrm{d}y\mathrm{d}z+y^2\mathrm{d}z\mathrm{d}x+z^2\mathrm{d}x\mathrm{d}y\\&=\iint_{D_{yz}}x^2\mathrm{d}y\mathrm{d}z+\iint_{D_{xz}}y^2\mathrm{d}z\mathrm{d}x+\iint_{D_{xy}}z^2\mathrm{d}x\mathrm{d}y\\&=3\iint_{D_{xy}}(1-x^2-y^2)\mathrm{d}x\mathrm{d}y=3\int_0^{\frac{\pi}{2}}\mathrm{d}\theta\int_0^1(1-r^2)r\mathrm{d}r\\&=\frac{3\pi}{2}\left(\frac{1}{2}-\frac{1}{4}\right)=\frac{3\pi}{8},\end{aligned}$$

其中 D_{xy}, D_{yz}, D_{zx} 分别为 S 在 xy, yz, zx 平面上的投影区域.

法二 投影转化法. 球面的单位法向量为

$$(\cos(\overrightarrow{n},x),\cos(\overrightarrow{n},y),\cos(\overrightarrow{n},z))=(x,y,z),$$

所以

$$\begin{aligned}I&=\iint_S x^2\mathrm{d}y\mathrm{d}z+y^2\mathrm{d}z\mathrm{d}x+z^2\mathrm{d}x\mathrm{d}y=\iint_S\left(x^2\frac{x}{z}+y^2\frac{y}{z}+z^2\right)\mathrm{d}x\mathrm{d}y\\&=\iint_{D_{xy}}\left[\frac{x^3+y^3}{\sqrt{1-x^2-y^2}}+(1-x^2-y^2)\right]\mathrm{d}x\mathrm{d}y\\&=\int_0^{\frac{\pi}{2}}\mathrm{d}\theta\int_0^1\left[\frac{r^3\cos^3\theta+r^3\sin^3\theta}{\sqrt{1-r^2}}+(1-r^2)\right]r\mathrm{d}r\\&=\frac{4}{3}\int_0^1\frac{r^4}{\sqrt{1-r^2}}\mathrm{d}r+\frac{\pi}{2}\cdot\frac{1}{4}=\frac{4}{3}\int_0^{\frac{\pi}{2}}\frac{\sin^4 t}{\cos t}\cos t\mathrm{d}t+\frac{\pi}{8}\\&=\frac{4}{3}\cdot\frac{3!!}{4!!}\cdot\frac{\pi}{2}+\frac{\pi}{8}=\frac{3\pi}{8},\end{aligned}$$

其中 D_{xy} 为 S 在 xy 平面上的投影区域.

法三 Gauss 公式法. 添补八分之一球面 S 分别在 xy, yz, zx 平面上的投影区域 D_{xy}, D_{yz}, D_{zx}, 与 S 组成封闭曲面, 并取外侧为正向. 该封闭曲面所围成的几何区域 V 为第一卦限的八分之一单位球体. 由 Gauss 公式得

$$
\begin{aligned}
&\iint_S x^2\mathrm{d}y\mathrm{d}z + y^2\mathrm{d}z\mathrm{d}x + z^2\mathrm{d}x\mathrm{d}y \\
&\quad + \left(\iint_{D_{xy}} + \iint_{D_{yz}} + \iint_{D_{zx}}\right) x^2\mathrm{d}y\mathrm{d}z + y^2\mathrm{d}z\mathrm{d}x + z^2\mathrm{d}x\mathrm{d}y \\
&= 2\iiint_V (x+y+z)\mathrm{d}x\mathrm{d}y\mathrm{d}z \\
&= 2\int_0^{\frac{\pi}{2}} \mathrm{d}\theta \int_0^{\frac{\pi}{2}} \mathrm{d}\varphi \int_0^1 (r\sin\varphi\cos\theta + r\sin\varphi\sin\theta + r\cos\varphi) r^2 \sin\varphi \mathrm{d}r \\
&= 2\int_0^{\frac{\pi}{2}} \mathrm{d}\varphi \int_0^1 \left(\sin\varphi + \sin\varphi + \frac{\pi}{2}\cos\varphi\right) r^3 \sin\varphi \mathrm{d}r \\
&= \frac{1}{2}\int_0^{\frac{\pi}{2}} \left(2\sin\varphi + \frac{\pi}{2}\cos\varphi\right)\sin\varphi\mathrm{d}\varphi \\
&= \int_0^{\frac{\pi}{2}} \sin^2\varphi\mathrm{d}\varphi + \frac{\pi}{4}\int_0^{\frac{\pi}{2}} \sin\varphi\cos\varphi\mathrm{d}\varphi \\
&= \int_0^{\frac{\pi}{2}} \frac{1-\cos 2\varphi}{2}\mathrm{d}\varphi + \frac{\pi}{8} = \frac{\pi}{4} + \frac{\pi}{8} = \frac{3\pi}{8},
\end{aligned}
$$

所以

$$
\begin{aligned}
I &= \iint_S x^2\mathrm{d}y\mathrm{d}z + y^2\mathrm{d}z\mathrm{d}x + z^2\mathrm{d}x\mathrm{d}y \\
&= \frac{3\pi}{8} - \left(\iint_{D_{xy}} + \iint_{D_{yz}} + \iint_{D_{zx}}\right) x^2\mathrm{d}y\mathrm{d}z + y^2\mathrm{d}z\mathrm{d}x + z^2\mathrm{d}x\mathrm{d}y \\
&= \frac{3\pi}{8} - 0 = \frac{3\pi}{8}.
\end{aligned}
$$

2. 设流体流速为 $\vec{v} = (-y, x, c)$ (c 为常数), 求沿下列圆周的环流量:

(1) 圆周 $L: x^2 + y^2 = 1, z = 0$;

(2) 圆周 $L: (x-2)^2 + y^2 = 1, z = 0$.

解 设 $\overrightarrow{v}=(P,Q,R)$, 则由环流量公式得所求的环流量为

$$\begin{aligned}\oint_L \overrightarrow{v}\cdot\overrightarrow{\mathrm{d}s}&=\oint_L[P\cos(\overrightarrow{\tau},x)+Q\cos(\overrightarrow{\tau},y)+R\cos(\overrightarrow{\tau},z)]\mathrm{d}s\\&=\oint_L P\mathrm{d}x+Q\mathrm{d}y+R\mathrm{d}z.\end{aligned}$$

(1) 圆周 $x^2+y^2=1,z=0$ 的参数方程为

$$\begin{cases}x=\cos\theta,\\ y=\sin\theta, \qquad \theta\in[0,2\pi],\\ z=0,\end{cases}$$

所以

$$\begin{aligned}(\cos(\overrightarrow{\tau},x),\cos(\overrightarrow{\tau},y),\cos(\overrightarrow{\tau},z))&=\frac{1}{\sqrt{(x')^2+(y')^2+(z')^2}}(x',y',z')\\&=(-\sin\theta,\cos\theta,0),\end{aligned}$$

从而

$$\begin{aligned}\oint_L \overrightarrow{v}\cdot\overrightarrow{\mathrm{d}s}&=\oint_L P\mathrm{d}x+Q\mathrm{d}y+R\mathrm{d}z\\&=\int_0^{2\pi}[-\sin\theta\cdot(-\sin\theta)+\cos\theta\cdot\cos\theta+c\cdot 0]\mathrm{d}\theta\\&=\int_0^{2\pi}\mathrm{d}\theta=2\pi.\end{aligned}$$

(2) 圆周 $(x-2)^2+y^2=1,z=0$, 的参数方程为

$$\begin{cases}x=2+\cos\theta,\\ y=\sin\theta, \qquad \theta\in[0,2\pi],\\ z=0,\end{cases}$$

所以

$$\begin{aligned}(\cos(\overrightarrow{\tau},x),\cos(\overrightarrow{\tau},y),\cos(\overrightarrow{\tau},z))&=\frac{1}{\sqrt{(x')^2+(y')^2+(z')^2}}(x',y',z')\\&=(-\sin\theta,\cos\theta,0),\end{aligned}$$

从而

$$\begin{aligned}\oint_L \overrightarrow{v}\cdot\overrightarrow{\mathrm{d}s} &= \oint_L P\mathrm{d}x+Q\mathrm{d}y+R\mathrm{d}z\\ &=\int_0^{2\pi}[-\sin\theta\cdot(-\sin\theta)+(2+\cos\theta)\cdot\cos\theta+c\cdot 0]\mathrm{d}\theta\\ &=\int_0^{2\pi}(1+2\cos\theta)\mathrm{d}\theta=2\pi.\end{aligned}$$

总 练 习 题

例 22-z-1 解答下列各题 (多元函数的分部积分):

1. 证明: 若 $\Delta u=\dfrac{\partial^2 u}{\partial x^2}+\dfrac{\partial^2 u}{\partial y^2}+\dfrac{\partial^2 u}{\partial z^2}$, S 为包围区域 V 的曲面的外侧, 则

(1) $\displaystyle\iiint_V \Delta u\mathrm{d}x\mathrm{d}y\mathrm{d}z=\oiint_S \frac{\partial u}{\partial\overrightarrow{n}}\mathrm{d}S$;

(2) $\displaystyle\oiint_S u\frac{\partial u}{\partial\overrightarrow{n}}\mathrm{d}S=\iiint_V \nabla u\cdot\nabla u\mathrm{d}x\mathrm{d}y\mathrm{d}z+\iiint_V u\Delta u\mathrm{d}x\mathrm{d}y\mathrm{d}z$,

其中 u 在区域 V 及其边界面 S 上有二阶连续偏导数, $\dfrac{\partial u}{\partial\overrightarrow{n}}$ 为沿曲面 S 外法线的方向导数.

证 (1) 由于

$$\frac{\partial u}{\partial\overrightarrow{n}}=u_x\cos(\overrightarrow{n},x)+u_y\cos(\overrightarrow{n},y)+u_z\cos(\overrightarrow{n},z),$$

由第一型与第二型曲面积分的关系与 Gauss 公式得

$$\begin{aligned}\oiint_S\frac{\partial u}{\partial\overrightarrow{n}}\mathrm{d}S&=\oiint_S[u_x\cos(\overrightarrow{n},x)+u_y\cos(\overrightarrow{n},y)+u_z\cos(\overrightarrow{n},z)]\mathrm{d}S\\ &=\oiint_S u_x\mathrm{d}y\mathrm{d}z+u_y\mathrm{d}z\mathrm{d}x+u_z\mathrm{d}x\mathrm{d}y\\ &=\iiint_V(u_{xx}+u_{yy}+u_{zz})\mathrm{d}x\mathrm{d}y\mathrm{d}z\\ &=\iiint_V\Delta u\mathrm{d}x\mathrm{d}y\mathrm{d}z.\end{aligned}$$

(2) 由于

$$\frac{\partial u}{\partial \vec{n}}=u_x\cos(\vec{n},x)+u_y\cos(\vec{n},y)+u_z\cos(\vec{n},z),$$

由第一型与第二型曲面积分的关系与 Gauss 公式得

$$\begin{aligned}\oiint_S u\frac{\partial u}{\partial \vec{n}}\mathrm{d}S&=\oiint_S u[u_x\cos(\vec{n},x)+u_y\cos(\vec{n},y)+u_z\cos(\vec{n},z)]\mathrm{d}S\\&=\oiint_S uu_x\mathrm{d}y\mathrm{d}z+uu_y\mathrm{d}z\mathrm{d}x+uu_z\mathrm{d}x\mathrm{d}y\\&=\iiint_V\left[\frac{\partial}{\partial x}(uu_x)+\frac{\partial}{\partial y}(uu_y)+\frac{\partial}{\partial z}(uu_z)\right]\mathrm{d}x\mathrm{d}y\mathrm{d}z\\&=\iiint_V\nabla u\cdot\nabla u\mathrm{d}x\mathrm{d}y\mathrm{d}z+\iiint_V u\Delta u\mathrm{d}x\mathrm{d}y\mathrm{d}z.\end{aligned}$$

2. 设 S 为光滑闭曲面, V 为 S 所围成的闭区域; 在 V 与 S 上, 函数 $u(x,y,z)$ 的二阶偏导数连续, 函数 $w(x,y,z)$ 的偏导连续. 证明:

(1) $\displaystyle\iiint_V w\frac{\partial u}{\partial x}\mathrm{d}x\mathrm{d}y\mathrm{d}z=\oiint_S uw\mathrm{d}y\mathrm{d}z-\iiint_V u\frac{\partial w}{\partial x}\mathrm{d}x\mathrm{d}y\mathrm{d}z$;

(2) $\displaystyle\iiint_V w\Delta u\mathrm{d}x\mathrm{d}y\mathrm{d}z=\oiint_S w\frac{\partial u}{\partial \vec{n}}\mathrm{d}S-\iiint_V\nabla u\cdot\nabla w\mathrm{d}x\mathrm{d}y\mathrm{d}z$.

证 (1) 由 Gauss 公式得

$$\oiint_S uw\mathrm{d}y\mathrm{d}z=\iiint_V\frac{\partial}{\partial x}(uw)\mathrm{d}x\mathrm{d}y\mathrm{d}z=\iiint_V(uw_x+u_xw)\mathrm{d}x\mathrm{d}y\mathrm{d}z,$$

即

$$\iiint_V w\frac{\partial u}{\partial x}\mathrm{d}x\mathrm{d}y\mathrm{d}z=\oiint_S uw\mathrm{d}y\mathrm{d}z-\iiint_V u\frac{\partial w}{\partial x}\mathrm{d}x\mathrm{d}y\mathrm{d}z.$$

(2) 由于

$$\frac{\partial u}{\partial \vec{n}}=u_x\cos(\vec{n},x)+u_y\cos(\vec{n},y)+u_z\cos(\vec{n},z),$$

由第一型与第二型曲面积分的关系与 Gauss 公式得

$$\begin{aligned}\oiint_S w\frac{\partial u}{\partial \overrightarrow{n}}\mathrm{d}S &= \oiint_S w[u_x\cos(\overrightarrow{n},x)+u_y\cos(\overrightarrow{n},y)+u_z\cos(\overrightarrow{n},z)]\mathrm{d}S\\ &= \oiint_S wu_x\mathrm{d}y\mathrm{d}z+wu_y\mathrm{d}z\mathrm{d}x+wu_z\mathrm{d}x\mathrm{d}y\\ &= \iiint_V\left[\frac{\partial}{\partial x}(wu_x)+\frac{\partial}{\partial y}(wu_y)+\frac{\partial}{\partial z}(wu_z)\right]\mathrm{d}x\mathrm{d}y\mathrm{d}z\\ &= \iiint_V \nabla w\cdot\nabla u\mathrm{d}x\mathrm{d}y\mathrm{d}z+\iiint_V w\Delta u\mathrm{d}x\mathrm{d}y\mathrm{d}z.\end{aligned}$$

即

$$\iiint_V w\Delta u\mathrm{d}x\mathrm{d}y\mathrm{d}z=\oiint_S w\frac{\partial u}{\partial \overrightarrow{n}}\mathrm{d}S-\iiint_V\nabla u\cdot\nabla w\mathrm{d}x\mathrm{d}y\mathrm{d}z.$$

注 这两题考查方向导数公式, 第一型与第二型曲面积分的关系和 Gauss 公式. 对于这类问题, 一般将曲面积分化为重积分然后整理即可! 类似地, 可证明曲线积分和二重积分的关系等式.

例 22-z-2 解答下列各题 (曲线积分):

1. 设 $P=x^2+5\lambda y+3yz, Q=5x+3\lambda xz-2, R=(\lambda+2)xy-4z$.

(1) 计算 $\int_L P\mathrm{d}x+Q\mathrm{d}y+R\mathrm{d}z$, 其中 L 为螺旋线 $x=a\cos t, y=a\sin t, z=ct$ 从 $t=0$ 到 $t=2\pi$ 的一段;

(2) 设 $\overrightarrow{A}=(P,Q,R)$, 求 $\mathrm{rot}\overrightarrow{A}$;

(3) 问在什么条件下 $\overrightarrow{A}$ 为有势场, 并求势函数.

解 (1) **法一** 化定积分法.

$$\begin{aligned}&\int_L P\mathrm{d}x+Q\mathrm{d}y+R\mathrm{d}z\\ &=\int_0^{2\pi}\{-a(a^2\cos^2 t+5\lambda a\sin t+3act\sin t)\sin t\\ &\quad +a(5a\cos t+3\lambda act\cos t-2)\cos t\\ &\quad +c[(\lambda+2)a^2\sin t\cos t-4ct]\}\mathrm{d}t\\ &=\pi a^2(1-\lambda)(5-3\pi c)-8\pi^2c^2.\end{aligned}$$

法二 Stokes 公式法. 由于曲线 L 是不封闭的，添补线段 $L_1: 0\leqslant z\leqslant 2c\pi$, 与 L 组成一条闭曲线: $L_2=L\cup L_1^-$. 由 Stokes 公

式得

$$
\begin{aligned}
&\oint_{L_2} P\mathrm{d}x+Q\mathrm{d}y+R\mathrm{d}z\\
=&\iint_S\left(\frac{\partial R}{\partial y}-\frac{\partial Q}{\partial z}\right)\mathrm{d}y\mathrm{d}z+\left(\frac{\partial P}{\partial z}-\frac{\partial R}{\partial x}\right)\mathrm{d}z\mathrm{d}x+\left(\frac{\partial Q}{\partial x}-\frac{\partial P}{\partial y}\right)\mathrm{d}x\mathrm{d}y\\
=&\iint_S[(\lambda+2)x-3\lambda x]\mathrm{d}y\mathrm{d}z+[3y-(\lambda+2)y]\mathrm{d}z\mathrm{d}x\\
&+(5+3\lambda z-5\lambda-3z)\mathrm{d}x\mathrm{d}y\\
=&\iint_S 2(1-\lambda)x\mathrm{d}y\mathrm{d}z+(1-\lambda)y\mathrm{d}z\mathrm{d}x+(1-\lambda)(5-3z)\mathrm{d}x\mathrm{d}y,
\end{aligned}
$$

其中 S 为由曲线 $L_2=L\cup L_1^-$ 所围的曲面, 并取上侧为正向. 曲面 S 的参数方程为

$$
\begin{cases}x=r\cos t,\\ y=r\sin t, \qquad r\in[0,a],t\in[0,2\pi].\\ z=ct\end{cases}
$$

由于取 S 曲面的上侧为正向, 所以其单位法向量为

$$
\begin{aligned}
\overrightarrow{n}&=\frac{1}{\sqrt{EG-F^2}}\left(\frac{\partial(y,z)}{\partial(r,t)},\frac{\partial(z,x)}{\partial(r,t)},\frac{\partial(x,y)}{\partial(r,t)}\right)\\
&=\frac{1}{\sqrt{EG-F^2}}(c\sin t,-c\cos t,r).
\end{aligned}
$$

因此

$$
\begin{aligned}
&\oint_{L_2} P\mathrm{d}x+Q\mathrm{d}y+R\mathrm{d}z\\
=&\iint_S 2(1-\lambda)x\mathrm{d}y\mathrm{d}z+(1-\lambda)y\mathrm{d}z\mathrm{d}x+(1-\lambda)(5-3z)\mathrm{d}x\mathrm{d}y\\
=&2(1-\lambda)\iint_{D_{rt}} r\cos t\cdot c\sin t\mathrm{d}r\mathrm{d}t+(1-\lambda)\iint_{D_{rt}} r\sin t(-c\cos t)\mathrm{d}r\mathrm{d}t\\
&+(1-\lambda)\iint_{D_{rt}}(5-3ct)r\mathrm{d}r\mathrm{d}t\\
=&2c(1-\lambda)\int_0^{2\pi}\mathrm{d}t\int_0^a r\sin t\cos t\mathrm{d}r-c(1-\lambda)\int_0^{2\pi}\mathrm{d}t\int_0^a r\sin t\cos t\mathrm{d}r
\end{aligned}
$$

$$+(1-\lambda)\int_0^{2\pi}\mathrm{d}t\int_0^a(5-3ct)r\mathrm{d}r$$

$$=0+0+(1-\lambda)(10\pi-6c\pi^2)\cdot\frac{1}{2}a^2=(1-\lambda)(5-3\pi c)\pi a^2$$

$$=\pi a^2(1-\lambda)(5-3\pi c).$$

所以

$$\begin{aligned}&\int_L P\mathrm{d}x+Q\mathrm{d}y+R\mathrm{d}z\\ &=\oint_{L_2}P\mathrm{d}x+Q\mathrm{d}y+R\mathrm{d}z-\int_{L_1^-}P\mathrm{d}x+Q\mathrm{d}y+R\mathrm{d}z\\ &=\pi a^2(1-\lambda)(5-3\pi c)-\int_{2c\pi}^0(-4z)\mathrm{d}z\\ &=\pi a^2(1-\lambda)(5-3\pi c)-4\int_0^{2c\pi}z\mathrm{d}z\\ &=\pi a^2(1-\lambda)(5-3\pi c)-8\pi^2c^2.\end{aligned}$$

(2) 由 (1) 中法二的计算得

$$\mathrm{rot}\overrightarrow{A}=\begin{vmatrix}\boldsymbol{i}&\boldsymbol{j}&\boldsymbol{k}\\ \dfrac{\partial}{\partial x}&\dfrac{\partial}{\partial y}&\dfrac{\partial}{\partial z}\\ P&Q&R\end{vmatrix}=(2(1-\lambda)x,(1-\lambda)y,(1-\lambda)(5-3z)).$$

(3) 由 Stokes 公式知, 当

$$\begin{aligned}\mathrm{rot}\overrightarrow{A}&=\begin{vmatrix}\boldsymbol{i}&\boldsymbol{j}&\boldsymbol{k}\\ \dfrac{\partial}{\partial x}&\dfrac{\partial}{\partial y}&\dfrac{\partial}{\partial z}\\ P&Q&R\end{vmatrix}\\ &=(2(1-\lambda)x,(1-\lambda)y,(1-\lambda)(5-3z))\\ &=(0,0,0),\end{aligned}$$

即 $\lambda=1$ 时, $\overrightarrow{A}$ 为有势场. 于是, 存在势函数 $u(x,y,z)$, 使得

$$\mathrm{d}u=(x^2+5y+3yz)\mathrm{d}x+(5x+3xz-2)\mathrm{d}y+(3xy-4z)\mathrm{d}z.$$

下面求势函数 u.

法一 折线积分法. 由于

$$
\begin{aligned}
u(s,t,\tau)&=\int_{(0,0,0)}^{(s,t,\tau)}(x^2+5y+3yz)\mathrm{d}x+(5x+3xz-2)\mathrm{d}y+(3xy-4z)\mathrm{d}z\\
&=\int_0^s x^2\mathrm{d}x+\int_0^t(5s-2)\mathrm{d}y+\int_0^\tau(3st-4z)\mathrm{d}z\\
&=\frac{1}{3}s^3+(5s-2)t+3st\tau-2\tau^2,
\end{aligned}
$$

所以

$$
u(x,y,z)=\frac{1}{3}x^3+(5x-2)y+3xyz-2z^2+C.
$$

法二 偏微分方程通解法. 由于

$$
u_x=x^2+5y+3yz\Longrightarrow u=\frac{1}{3}x^3+5xy+3xyz+\varphi(y,z),
$$

又知

$$
\begin{aligned}
&u_y=5x+3xz-2=5x+3xz+\varphi_y(y,z)\\
&\quad\Longrightarrow\varphi_y(y,z)=-2\\
&\quad\Longrightarrow\varphi(y,z)=-2y+\psi(z),
\end{aligned}
$$

所以

$$
u=\frac{1}{3}x^3+5xy+3xyz-2y+\psi(z).
$$

再由

$$
u_z=3xy-4z=3xy+\psi'(z)\Longrightarrow\psi(z)=-2z^2+C
$$

得

$$
u=\frac{1}{3}x^3+5xy+3xyz-2y-2z^2+C.
$$

例 22-z-3 解答下列各题 (曲面积分):

1. 设 S 为一封闭光滑曲面, $\overrightarrow{A}=\dfrac{\overrightarrow{r}}{|\overrightarrow{r}|^3}$, 其中 $\overrightarrow{r}=(x,y,z)$, 证明: 当原点在曲面 S 的外、上、内时, 分别有

$$\oiint_S \overrightarrow{A}\cdot \mathrm{d}\overrightarrow{S}=0,2\pi,4\pi.$$

证 记由封闭曲面 S 所围成的立体为 V. 由于

$$\begin{aligned}\overrightarrow{A}&=\frac{\overrightarrow{r}}{|\overrightarrow{r}|^3}\\&=\left(\frac{x}{(x^2+y^2+z^2)^{3/2}},\frac{y}{(x^2+y^2+z^2)^{3/2}},\frac{z}{(x^2+y^2+z^2)^{3/2}}\right)\\&:=(P,Q,R),\end{aligned}$$

所以

$$\begin{aligned}\operatorname{div}\overrightarrow{A}=&\frac{\partial P}{\partial x}+\frac{\partial Q}{\partial y}+\frac{\partial R}{\partial z}\\=&\frac{1}{(x^2+y^2+z^2)^{3/2}}-3\frac{x^2}{(x^2+y^2+z^2)^{5/2}}+\frac{1}{(x^2+y^2+z^2)^{3/2}}\\&-3\frac{y^2}{(x^2+y^2+z^2)^{5/2}}+\frac{1}{(x^2+y^2+z^2)^{3/2}}-3\frac{z^2}{(x^2+y^2+z^2)^{5/2}}\\=&\frac{3}{(x^2+y^2+z^2)^{3/2}}-3\frac{x^2+y^2+z^2}{(x^2+y^2+z^2)^{5/2}}=0.\end{aligned}$$

又有

$$\begin{aligned}&(\cos(\overrightarrow{n},x),\cos(\overrightarrow{n},y),\cos(\overrightarrow{n},z))\\&=\frac{\overrightarrow{r}}{|\overrightarrow{r}|}=\left(\frac{x}{\sqrt{x^2+y^2+z^2}},\frac{y}{\sqrt{x^2+y^2+z^2}},\frac{z}{\sqrt{x^2+y^2+z^2}}\right).\end{aligned}$$

(1) 当 $(0,0,0)$ 在 S 的外部时, 由 Gauss 公式得

$$\begin{aligned}\oiint_S \overrightarrow{A}\cdot\mathrm{d}\overrightarrow{S}&=\oiint_S [P\cos(\overrightarrow{n},x)+Q\cos(\overrightarrow{n},y)+R\cos(\overrightarrow{n},z)]\mathrm{d}S\\&=\oiint_S P\mathrm{d}y\mathrm{d}z+Q\mathrm{d}z\mathrm{d}x+R\mathrm{d}x\mathrm{d}y\\&=\iiint_V\left(\frac{\partial P}{\partial x}+\frac{\partial Q}{\partial y}+\frac{\partial R}{\partial z}\right)\mathrm{d}x\mathrm{d}y\mathrm{d}z=0.\end{aligned}$$

(2) 当 $(0,0,0)$ 在 S 的内部时, 以 $O(0,0,0)$ 为球心, ε 为半径作小球 B_ε^O, 使得 $B_\varepsilon^O \subset V$ (图 22.4). 取球面 S_ε^O (B_ε^O 的边界) 的内侧为正向, 由 Gauss 公式有

$$\begin{aligned}
&\oiint_S \overrightarrow{A}\cdot\overrightarrow{\mathrm{d}S} + \oiint_{S_\varepsilon^O} \overrightarrow{A}\cdot\overrightarrow{\mathrm{d}S} \\
&= \oiint_{S\cup S_\varepsilon^O} [P\cos(\overrightarrow{n},x) + Q\cos(\overrightarrow{n},y) + R\cos(\overrightarrow{n},z)]\mathrm{d}S \\
&= \oiint_S P\mathrm{d}y\mathrm{d}z + Q\mathrm{d}z\mathrm{d}x + R\mathrm{d}x\mathrm{d}y \\
&= \iiint_{V\setminus B_\varepsilon^O} \left(\frac{\partial P}{\partial x} + \frac{\partial Q}{\partial y} + \frac{\partial R}{\partial z}\right)\mathrm{d}x\mathrm{d}y\mathrm{d}z = 0.
\end{aligned}$$

所以

$$\begin{aligned}
\oiint_S \overrightarrow{A}\cdot\overrightarrow{\mathrm{d}S} &= -\oiint_{S_\varepsilon^O} \overrightarrow{A}\cdot\overrightarrow{\mathrm{d}S} = \oiint_{S_\varepsilon^O} \frac{\overrightarrow{r}}{|\overrightarrow{r}|^3}\cdot\frac{\overrightarrow{r}}{|\overrightarrow{r}|}\mathrm{d}S \\
&= \oiint_{S_\varepsilon^O} \frac{1}{\varepsilon^2}\mathrm{d}S = 4\pi.
\end{aligned}$$

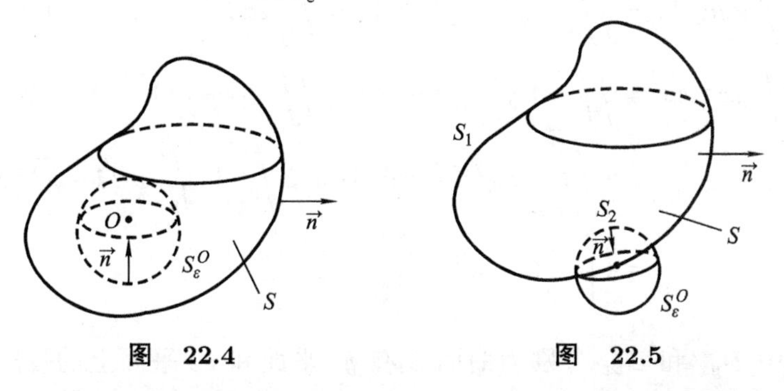

图 22.4　　　　图 22.5

(3) 当 $(0,0,0)$ 在 S 上时, 以 $O(0,0,0)$ 为球心, ε 为半径作小球 B_ε^O, 记球面 S_ε^O 为 B_ε^O 的边界, $S_1 = S\setminus(S\cap B_\varepsilon^O), S_2 = V\cap S_\varepsilon^O$, 取 S_2 的法向指向球心的一侧为正向 (图 22.5), 则

$$\oiint_S \overrightarrow{A}\cdot\overrightarrow{\mathrm{d}S} = \lim_{\varepsilon\to 0}\oiint_{S_1}\frac{1}{|\overrightarrow{r}|^2}\mathrm{d}S, \quad \text{且} \quad \oiint_{S_1\cup S_2}\overrightarrow{A}\cdot\overrightarrow{\mathrm{d}S} = 0.$$

所以

$$\oiint_S \overrightarrow{A}\cdot\overrightarrow{\mathrm{d}S} = \lim_{\varepsilon\to 0}\oiint_{S_1}\frac{1}{|\overrightarrow{r}|^2}\mathrm{d}S = -\lim_{\varepsilon\to 0}\oiint_{S_2}\overrightarrow{A}\cdot\overrightarrow{\mathrm{d}S}$$

$$
\begin{aligned}
&= \lim_{\varepsilon\to 0} \oiint_{S_2} \frac{\overrightarrow{r}}{|\overrightarrow{r}|^3} \cdot \frac{\overrightarrow{r}}{|\overrightarrow{r}|} \mathrm{d}S = \lim_{\varepsilon\to 0} \oiint_{S_2} \frac{1}{|\overrightarrow{r}|^2} \mathrm{d}S \\
&= \lim_{\varepsilon\to 0} \oiint_{S_2} \frac{1}{\varepsilon^2} \mathrm{d}S = 2\pi.
\end{aligned}
$$

2. 计算 $\iint_S xz\mathrm{d}y\mathrm{d}z+yx\mathrm{d}z\mathrm{d}x+zy\mathrm{d}x\mathrm{d}y$, 其中 S 是柱面 $x^2+y^2=1$ 在 $-1\leqslant z\leqslant 1$ 和 $x\geqslant 0$ 的部分, 曲面 S 的法向 $\overrightarrow{n}$ 和 x 轴正向成锐角.

解　法一　分片投影法. 由于柱面垂直于 xy 平面, 所以在 xy 平面投影区域的面积为零, 所以

$$
\iint_S zy\mathrm{d}x\mathrm{d}y = 0.
$$

又有

$$
\begin{aligned}
\iint_S xz\mathrm{d}y\mathrm{d}z &= \iint_{D_{yz}} \sqrt{1-y^2}z\mathrm{d}y\mathrm{d}z = \int_{-1}^{1} z\mathrm{d}z \int_{-1}^{1} \sqrt{1-y^2}\mathrm{d}y = 0, \\
\iint_S yx\mathrm{d}z\mathrm{d}x &= \iint_{D_{zx}} x\sqrt{1-x^2}\mathrm{d}z\mathrm{d}x - \iint_{D_{zx}} x(-\sqrt{1-x^2})\mathrm{d}z\mathrm{d}x \\
&= 2\iint_{D_{zx}} x\sqrt{1-x^2}\mathrm{d}z\mathrm{d}x = 2\int_{-1}^{1}\mathrm{d}z\int_0^1 x\sqrt{1-x^2}\mathrm{d}x \\
&= 4\left[-\frac{1}{3}(1-x^2)^{3/2}\right]\Bigg|_0^1 = \frac{4}{3},
\end{aligned}
$$

其中 D_{yz} 和 D_{zx} 分别为曲面 S 在 yz 平面和 zx 平面上的投影区域. 所以

$$
\iint_S xz\mathrm{d}y\mathrm{d}z + yx\mathrm{d}z\mathrm{d}x + zy\mathrm{d}x\mathrm{d}y = \frac{4}{3}.
$$

法二　投影转化法. 由于曲面 S 的法向 $\overrightarrow{n}$ 和 x 轴正向成锐角, 所以

$$
(\cos(\overrightarrow{n},x), \cos(\overrightarrow{n},y), \cos(\overrightarrow{n},z)) = (x, y, 0),
$$

从而

$$\begin{aligned}
&\iint_S xz\mathrm{d}y\mathrm{d}z + yx\mathrm{d}z\mathrm{d}x + zy\mathrm{d}x\mathrm{d}y \\
&= \iint_S \left[xz + yx\frac{\cos(\overrightarrow{n},y)}{\cos(\overrightarrow{n},x)} + zy\frac{\cos(\overrightarrow{n},z)}{\cos(\overrightarrow{n},x)}\right]\mathrm{d}y\mathrm{d}z \\
&= \iint_S (xz + y^2 + 0)\mathrm{d}y\mathrm{d}z = \iint_{D_{yz}} (\sqrt{1-y^2}z + y^2 + 0)\mathrm{d}y\mathrm{d}z \\
&= \int_{-1}^{1}\mathrm{d}z\int_{-1}^{1}(\sqrt{1-y^2}z + y^2)\mathrm{d}y = 2\cdot\frac{1}{3}y^3\Big|_{-1}^{1} = \frac{4}{3},
\end{aligned}$$

其中 D_{yz} 为 S 在 yz 平面上的投影区域.

法三 Gauss 公式法. 取

$$S_1:\begin{cases} x^2+y^2\leqslant 1, x\geqslant 0,\\ z=-1,\end{cases}$$

$$S_2:\begin{cases} x^2+y^2\leqslant 1, x\geqslant 0,\\ z=1,\end{cases}$$

$$S_3:(y,z)\in[-1,1]\times[-1,1].$$

曲面 S_1,S_2,S_3 与柱面 S 组成闭曲面, 并取外侧为正向, 则由 Gauss 公式有

$$\begin{aligned}
&\iint_S xz\mathrm{d}y\mathrm{d}z + yx\mathrm{d}z\mathrm{d}x + zy\mathrm{d}x\mathrm{d}y \\
&\quad + \left(\iint_{S_1} + \iint_{S_2} + \iint_{S_3}\right) xz\mathrm{d}y\mathrm{d}z + yx\mathrm{d}z\mathrm{d}x + zy\mathrm{d}x\mathrm{d}y \\
&= \iiint_V (z+x+y)\mathrm{d}x\mathrm{d}y\mathrm{d}z = \iint_{D_{xy}}\mathrm{d}x\mathrm{d}y\int_{-1}^{1}(z+x+y)\mathrm{d}z \\
&= 2\iint_{D_{xy}}(x+y)\mathrm{d}x\mathrm{d}y = 2\int_{-\frac{\pi}{2}}^{\frac{\pi}{2}}\mathrm{d}\theta\int_0^1 r(\cos\theta+\sin\theta)r\mathrm{d}r \\
&= \frac{2}{3}\int_{-\frac{\pi}{2}}^{\frac{\pi}{2}}(\cos\theta+\sin\theta)\mathrm{d}\theta = \frac{4}{3},
\end{aligned}$$

其中 V 为 S_1,S_2,S_3 与 S 组成的闭曲面所围成的立体, D_{yx} 为 V

在 xy 平面上的投影区域, 而

$$\left(\iint_{S_1}+\iint_{S_2}+\iint_{S_3}\right) xz\mathrm{d}y\mathrm{d}z+yx\mathrm{d}z\mathrm{d}x+yz\mathrm{d}x\mathrm{d}y$$
$$=\iint_{S_1}-y\mathrm{d}x\mathrm{d}y+\iint_{S_2} y\mathrm{d}x\mathrm{d}y+\iint_{S_3} 0\mathrm{d}y\mathrm{d}z$$
$$=-\iint_{D_{xy}}(-y)\mathrm{d}x\mathrm{d}y+\iint_{D_{xy}} y\mathrm{d}x\mathrm{d}y$$
$$=2\iint_{D_{xy}} y\mathrm{d}x\mathrm{d}y=2\int_{-\frac{\pi}{2}}^{\frac{\pi}{2}}\int_0^1 r\sin\theta\cdot r\mathrm{d}r=0,$$

所以

$$\iint_S xy\mathrm{d}y\mathrm{d}z+yx\mathrm{d}z\mathrm{d}x+zy\mathrm{d}x\mathrm{d}y=\frac{4}{3}.$$

3. 证明公式:

$$\iint_D f(m\sin\varphi\cos\theta+n\sin\varphi\sin\theta+p\cos\varphi)\sin\varphi\mathrm{d}\theta\mathrm{d}\varphi$$
$$=2\pi\int_{-1}^1 f\left(u\sqrt{m^2+n^2+p^2}\right)\mathrm{d}u,$$

这里 $D=\{(\theta,\varphi)|0\leqslant\theta\leqslant 2\pi, 0\leqslant\varphi\leqslant\pi\}, m^2+n^2+p^2>0, f(t)$ 在 $|t|<\sqrt{m^2+n^2+p^2}$ 时为连续函数.

证 第一步, 设 $S: x^2+y^2+z^2=1$, 令

$$T:\begin{cases} x=\sin\varphi\cos\theta,\\ y=\sin\varphi\sin\theta,\\ z=\cos\varphi,\end{cases}$$

易计算 $\sqrt{EG-F^2}=\sin\varphi$, 且

$$T: D=\{(\theta,\varphi)|\theta\in[0,2\pi],\varphi\in[0,\pi]\}\to S.$$

故

$$\iint_D f(m\sin\varphi\cos\theta+n\sin\varphi\sin\theta+p\cos\varphi)\sin\varphi\mathrm{d}\theta\mathrm{d}\varphi$$
$$=\iint_S f(mx+ny+pz)\mathrm{d}S. \tag{1}$$

第二步, 将坐标系 $Oxyz$ 经过旋转变成新坐标系 $O\xi\eta\zeta$, 假设新坐标轴关于原坐标轴的方向余弦为

$$\begin{aligned}O\xi &: (\cos\alpha_1, \cos\beta_1, \cos\gamma_1),\\ O\eta &: (\cos\alpha_2, \cos\beta_2, \cos\gamma_2),\\ O\zeta &: (\cos\alpha_3, \cos\beta_3, \cos\gamma_3),\end{aligned}$$

即

$$\widetilde{T}: \begin{pmatrix}\xi\\ \eta\\ \zeta\end{pmatrix} = \begin{pmatrix}\cos\alpha_1 & \cos\beta_1 & \cos\gamma_1\\ \cos\alpha_2 & \cos\beta_2 & \cos\gamma_2\\ \cos\alpha_3 & \cos\beta_3 & \cos\gamma_3\end{pmatrix}\begin{pmatrix}x\\ y\\ z\end{pmatrix}.$$

显然 $\widetilde{T}$ 是正交变换, 且

$$T: S' = \{(\xi,\eta,\zeta)|\xi^2+\eta^2+\zeta^2=1\} \to S.$$

特取

$$\begin{aligned}&(\cos\alpha_3, \cos\beta_3, \cos\gamma_3)\\ &= \left(\frac{m}{\sqrt{m^2+n^2+p^2}}, \frac{n}{\sqrt{m^2+n^2+p^2}}, \frac{p}{\sqrt{m^2+n^2+p^2}}\right).\end{aligned}$$

故

$$\iint_S f(mx+ny+pz)\mathrm{d}S = \iint_{S'} f\left(\sqrt{m^2+n^2+p^2}\zeta\right)\mathrm{d}S. \qquad (2)$$

第三步, 令

$$\begin{cases}\xi = \sqrt{1-t^2}\cos\omega,\\ \eta = \sqrt{1-t^2}\sin\omega, \quad (\omega,t)\in D_{\omega t} = \{(\omega,t)|\omega\in[0,2\pi], t\in[-1,1]\},\\ \zeta = t,\end{cases}$$

则

$$\begin{cases} E_1 = \dfrac{t^2}{1-t^2}\cos^2\omega + \dfrac{t^2}{1-t^2}\sin^2\omega + 1 = \dfrac{1}{1-t^2}, \\ G_1 = (1-t^2)\sin^2\omega + (1-t^2)\cos^2\omega + 0 = 1-t^2, \\ F_1 = \dfrac{-t}{\sqrt{1-t^2}}\cos\omega\left(-\sqrt{1-t^2}\sin\omega\right) \\ \qquad + \dfrac{-t}{\sqrt{1-t^2}}\sin\omega\left(\sqrt{1-t^2}\cos\omega\right) + 0 = 0 \end{cases}$$

$$\Longrightarrow \sqrt{E_1G_1 - F_1^2} = 1.$$

故

$$\begin{aligned} \iint_{S'} f\left(\sqrt{m^2+n^2+p^2}\zeta\right)\mathrm{d}S &= \iint_{D_{\omega t}} f\left(t\sqrt{m^2+n^2+p^2}\right)\mathrm{d}\omega\mathrm{d}t \\ &= \int_0^{2\pi}\mathrm{d}\omega\int_{-1}^{1} f\left(t\sqrt{m^2+n^2+p^2}\right)\mathrm{d}t \\ &= 2\pi\int_{-1}^{1} f\left(t\sqrt{m^2+n^2+p^2}\right)\mathrm{d}t. \quad (3) \end{aligned}$$

由 (1) (2), (3) 三式知结论成立.

思考 为何在第三步中选取柱坐标变换?